U0255908

数据库技术丛书

HBase Principle and Practice

HBase原理与实践

胡争 范欣欣 著

机械工业出版社
China Machine Press

图书在版编目（CIP）数据

HBase 原理与实践 / 胡争，范欣欣著 . —北京：机械工业出版社，2019.8（2023.1 重印）
（数据库技术丛书）

ISBN 978-7-111-63495-9

I. H… II. ①胡… ②范… III. 计算机网络 – 信息存贮 – 研究 IV. TP393.071

中国版本图书馆 CIP 数据核字（2019）第 176442 号

HBase 原理与实践

出版发行：机械工业出版社（北京市西城区百万庄大街 22 号 邮政编码：100037）

责任编辑：吴　怡	责任校对：李秋荣
印　　刷：北京建宏印刷有限公司	版　　次：2023 年 1 月第 1 版第 6 次印刷
开　　本：186mm × 240mm　1/16	印　　张：20
书　　号：ISBN 978-7-111-63495-9	定　　价：129.00 元

客服电话：（010）88361066　68326294

Preface 前 言

Apache HBase 是基于 Apache Hadoop 构建的一个高可用、高性能、多版本的分布式 NoSQL 数据库，是 Google BigTable 的开源实现，通过在廉价服务器上搭建大规模结构化存储集群，提供海量数据高性能的随机读写能力。

HBase 项目自 2006 年提交第一行代码以来，经历了 13 年的蓬勃发展。现在已经有大量企业采用 HBase 来存储和分析飞速增长的业务数据。从全球范围来看，国内 HBase 的关注度更是高居榜首，这得益于国内互联网、移动互联网、物联网等领域庞大的数据体量。诸多国内大型科技公司，如阿里巴巴、小米、腾讯、网易、华为、滴滴、快手、中国移动等，都已经把 HBase 作为极重要的基础设施，很多公司对 HBase 社区也有长期的投入。截至 2019 年 8 月，HBase 全球社区已经拥有了 83 位 HBase Committer，而国内就有 20 位左右的 Committer，占了近 1/4 的比例[1]。近一两年，HBase 在国内更是得到了长足的发展，2018 年中国 HBase 技术社区成立，一年时间里社区在多个城市相继组织了 9 次线下技术沙龙活动，为 HBase 更好地在国内各公司茁壮成长做出了卓越的贡献。

我们和社区用户多次交流后发现，很多人都希望我们能推荐一本 HBase 的书。当前市面上有关 HBase 的书籍大部分都集中于如何使用 HBase，例如部署 HBase 集群，使用客户端 API 进行读写操作以及协处理器等，诚然，这些内容对快速掌握和使用 HBase 非常有好处，但是许多 HBase 使用者并不满足于此，他们更希望能了解和掌握其内部运行原理。因此，当机械工业出版社的吴怡编辑询问我们是否有想法为 HBase 写一本书时，我们毫不犹豫地答应了。

本书从设计的角度对 HBase 的整个体系架构和各核心组件进行系统的分析和讲解。与此

[1] 目前中国区总共有 18 位 HBase Committer，其中 6 位 HBase PMC 成员（张铎 @ 小米、张洸豪、胡争 @ 小米，沈春辉、李钰、杨文龙 @ 阿里巴巴）。值得一提的是，张铎于 2019 年 7 月 18 日当选为 Apache HBase 项目的主席，他将在接下来的时间里带领 Apache HBase 社区实现 HBase 项目的更新迭代。

同时，还介绍常用的性能调优策略以及问题诊断的方法和技巧，帮助读者更好地在实际生产环境中实践。另外，本书最后章节集中介绍 HBase 2.x 版本的核心特性，例如 Procedure v2、In Memory Compaction 以及 MOB 等。

本书主要内容

本书不是一本入门级读物，本书面向那些使用 HBase 作为数据库后端存储的应用程序开发者、有一定经验的运维人员和对 HBase 内核设计感兴趣的人。

如果你想深入了解 HBase 的每个组件是如何工作的，如果你想更好地运维或者调优你的 HBase 集群，如果你想了解 HBase 2.x 版本的核心特性，就请阅读本书。想要更好地阅读本书，需要具备如下先决条件：

- 了解 HBase 的基本操作。
- 了解 C、Java 等高级语言。
- 对一些基本算法有所了解，因为本书会从源代码层面分析 HBase 的工作机制，如果你能了解这些算法，会使你更深入地理解 HBase。

本书共有 16 章，可以分为 6 个部分。

第一部分：HBase 基础部分，包含第 1、2 章。其中，第 1 章主要介绍 HBase 系统的发展历史、数据模型以及体系结构，第 2 章主要介绍 HBase 系统中常用的数据结构以及基础算法。

第二部分：HBase 系统相关组件，包含第 3、4、5 章。其中，第 3 章重点介绍 HBase 所依赖的核心组件，包括 ZooKeeper、HDFS 等，第 4 章介绍 HBase 客户端组件实现，第 5 章介绍 RegionServer 内部组件的实现。

第三部分：HBase 核心工作原理，包含第 6、7、8、9、10、11 章。其中，第 6 章详细分析 HBase 读写流程，第 7 章介绍 HBase Compaction 的实现原理，第 8 章介绍 HBase 中 Region 的迁移、合并以及分裂等操作是如何实现的，第 9 章介绍 RegionServer 宕机后如何通过 HLog 进行数据恢复，第 10 章介绍 HBase 不同集群之间的复制是如何实现的，第 11 章介绍 HBase 如何通过 Snapshot 机制完成数据的备份和恢复。

第四部分：HBase 运维调优实践，包含第 12、13、14 章。其中，第 12 章介绍 HBase 集群常用的运维管理操作，包括集群如何有效监控，基准性能如何测试等，第 13 章集中介绍 HBase 集群的常用调优技巧，第 14 章重点分析几个 HBase 实际运维案例，通过案例分析介绍 HBase 集群定位和处理问题的技巧。

第五部分：HBase 2.x 核心特性（第 15 章），介绍 HBase 最新 2.x 版本的核心功能与特性。

第六部分：HBase 高级话题（第 16 章），介绍社区中比较热门的二级索引话题，以及

HBase 内核的开发与测试。

本书的六个部分都是相互独立的话题，读者完全可以从书中任何一个部分开始阅读。当然，如果你想更加系统地学习 HBase，建议你从前往后逐章阅读。

致谢

在编写本书的过程中，我们非常感谢给予了我们如此多帮助和鼓励的朋友、家人以及同事们。首先感谢 HBase 官方社区的开发者，是他们极其卓越的工作让我们有机会写这样一本书。另外，还要感谢许许多多中国 HBase 技术社区的小伙伴，感谢他们提供丰富的 HBase 使用场景和相关解决方案，他们的经验和分享对推广和普及 HBase 项目做出了重大贡献。同时感谢我们的家人，没有他们的鼓励和支持，本书不可能完成。最后，一份特别的感谢要送给本书策划编辑吴怡，感谢她在全书撰写过程中所给予的详细指点以及有用的建议。

目　录 Contents

01 CHAPTER

第1章 HBase 概述

HBase 是目前非常热门的一款分布式 KV（KeyValue，键值）数据库系统，无论是互联网行业还是其他传统 IT 行业都在大量使用。尤其是近几年随着国内大数据理念的普及，HBase 凭借其高可靠、易扩展、高性能以及成熟的社区支持，受到越来越多企业的青睐。许多大数据系统都将 HBase 作为底层数据存储服务，例如 Kylin、OpenTSDB 等。

本章作为全书的开篇，将从 HBase 的历史发展、数据模型、体系结构、系统特性几个方面，向读者介绍这位主角。

1.1 HBase 前生今世

1. HBase 历史发展

要说清楚 HBase 的来龙去脉，还得从 Google 当年风靡一时的“三篇论文”——GFS、MapReduce、BigTable 说起。2003 年 Google 在 SOSP 会议上发表了大数据历史上第一篇公认的革命性论文——《GFS: The Google File System》，之所以称其为“革命性”是有多方面原因的：首先，Google 在该论文中第一次揭示了如何在大量廉价机器基础上存储海量数据，这让人们第一次意识到海量数据可以在不需要任何高端设备的前提下实现存储，换句话说，任何一家公司都有技术实力存储海量数据，这为之后流行的海量数据处理奠定了坚实的基础。其次，GFS 体现了非常超前的设计思想，以至于十几年之后的今天依然指导着大量的分布式系统设计，可以说，任何从事分布式系统开发的人都有必要反复阅读这篇经典论文。

2004 年，Google 又发表了另一篇非常重要的论文——《MapReduce: Simplefied Data Processing on Large Clusters》，这篇论文论述了两个方面的内容，其中之一是 MapReduce 的编程模型，在后来的很多讨论中，人们对该模型褒贬不一，该编程模型在之后的技术发展中接受了大量的架构性改进，演变成了很多其他的编程模型，例如 DAG 模型等。当然，

MapReduce 模型本身作为一种基础模型得到了保留并依然运行在很多特定领域（比如，Hive 依然依赖 MapReduce 处理长时间的 ETL 业务）。MapReduce 在 GFS 的基础上再一次将大数据往前推进了一步，论文论述了如何在大量廉价机器的基础上稳定地实现超大规模的并行数据处理，这无疑是非常重要的进步。这篇论文无论在学术界还是在工业界都得到了极度狂热的追捧。原因无非是分布式计算系统可以套用于大量真实的业务场景，几乎任何一套单机计算系统都可以用 MapReduce 去改良。

2006 年，Google 发布了第三篇重要论文——《BigTable: A Distributed Storage System for Structured Data》，用于解决 Google 内部海量结构化数据的存储以及高效读写问题。与前两篇论文相比，这篇论文更难理解一些。这是因为严格意义上来讲，BigTable 属于分布式数据库领域，需要读者具备一定的数据库基础，而且论文中提到的数据模型（多维稀疏排序映射模型）对于习惯了关系型数据库的工程师来说确实不易理解。但从系统架构来看，BigTable 还是有很多 GFS 的影子，包括 Master-Slave 模式、数据分片等。

这三篇论文在大数据历史上，甚至整个 IT 界的发展历史上都具有革命性意义。但真正让大数据"飞入寻常百姓家"，是另一个科技巨头——Yahoo。Google 的三篇论文论证了在大量廉价机器上存储、处理海量数据（结构化数据、非结构化数据）是可行的，然而并没有给出开源方案。2004 年，Doug Cutting 和 Mike Cafarella 在为他们的搜索引擎爬虫（Nutch）实现分布式架构的时候看到了 Google 的 GFS 论文以及 MapReduce 论文。他们在之后的几个月里按照论文实现出一个简易版的 HDFS 和 MapReduce，这也就是 Hadoop 的最早起源。最初这个简易系统确实可以稳定地运行在几十台机器上，但是没有经过大规模使用的系统谈不上完美。所幸他们收到了 Yahoo 的橄榄枝。在 Yahoo，Doug 领导的团队不断地对系统进行改进，促成了 Hadoop 从几十台到几百台再到几千台机器规模的演变，直到这个时候，大数据才真正在普通公司实现落地。

至于 BigTable，没有在 Yahoo 内得到实现，原因不明。一家叫做 Powerset 的公司，为了高效处理自然语言搜索产生的海量数据实现了 BigTable 的开源版本——HBase，并在发展了 2 年之后被 Apache 收录为顶级项目，正式入驻 Hadoop 生态系统。HBase 成为 Apache 顶级项目之后发展非常迅速，各大公司纷纷开始使用 HBase，HBase 社区的高度活跃性让 HBase 这个系统发展得更有活力。有意思的是，Google 在将 BigTable 作为云服务对外开放的时候，决定提供兼容 HBase 的 API。可见在业界，HBase 已经一定程度上得到了广泛的认可和使用。

2. HBase 使用现状

HBase 在国外起步很早，包括 Facebook、Yahoo、Pinterest 等大公司都大规模使用 HBase 作为基础服务。在国内 HBase 相对起步较晚，但现在各大公司对于 HBase 的使用已经越来越普遍，包括阿里巴巴、小米、华为、网易、京东、滴滴、中国电信、中国人寿等公司都使用 HBase 存储海量数据，服务于各种在线系统以及离线分析系统，其中阿里巴巴、小米以及京东更是有着数千台 HBase 的集群规模。业务场景包括订单系统、消息存储系统、用户画像、搜索推荐、安全风控以及物联网时序数据存储等。最近，阿里云、华为云等云提供商先后推出了 HBase 云服务，为国内更多公司低门槛地使用 HBase 服务提供了便利。

另外，相比其他技术社区，HBase 社区非常活跃，每天都会有大量的国内外工程师参与 HBase 系统的开发维护，大部分问题都能在社区得到快速积极的响应。近几年，HBase 社区中，国内开发者的影响力开始慢慢扩大，在某些功能领域甚至已经占据主导地位。

3.HBase 版本变迁

HBase 从 2010 年开始前前后后经历了几十个版本的升级，不断地对读写性能、系统可用性以及稳定性等方面进行改进，如图 1-1 所示。在这些版本中，有部分版本在 HBase 的发展历程中可谓功勋卓著。

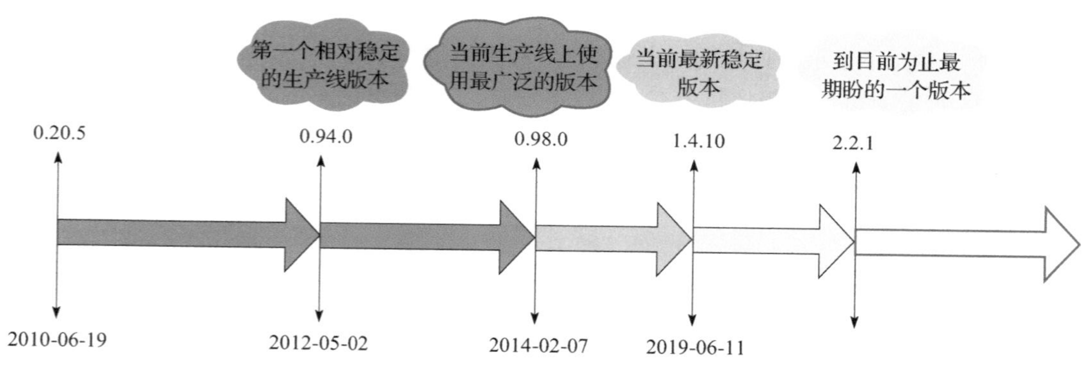

图 1-1　HBase 版本变迁

0.94.x 版本是 HBase 历史上第一个相对稳定的生产线版本，国内最早使用 HBase 的互联网公司（小米、阿里、网易等）都曾在生产线上大规模使用 0.94.x 作为服务版本，即使在当前，依然还有很多公司的业务运行在 0.94.x 版本，可见 0.94.x 版本在过去的几年时间里是多么辉煌。

之后的 2 年时间，官方在 0.94 版本之后发布了两个重要版本：0.96 版本和 0.98 版本，0.96 版本实现了很多重大的功能改进，比如 BucketCache、MSLAB、MTTR 优化等，但也因为功能太多而引入了很多 bug，导致生产线上真正投入使用的并不多。直至 0.98 版本发布。0.98 版本修复了大量的 bug，大大提升了系统可用性以及稳定性。不得不说，0.98 版本是目前业界公认的 HBase 历史上最稳定的版本之一，也是目前生产线上使用最广泛的版本之一。

2015 年 2 月，社区发布了 1.0.0 版本，这个版本带来的最大改变是规范了 HBase 的版本号，此后的版本号都统一遵循 semantic versioning 语义，如图 1-2 所示。

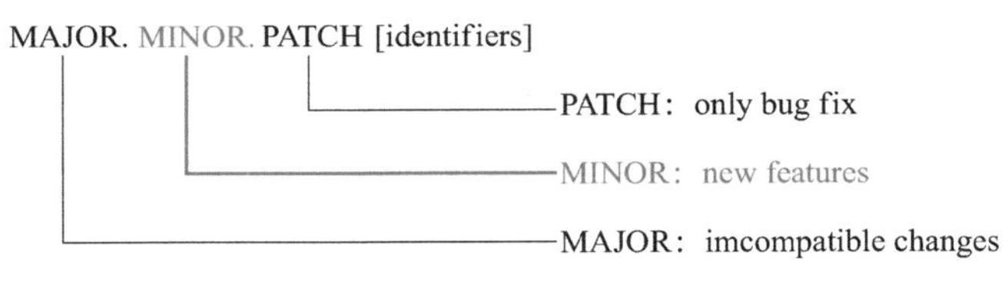

图 1-2 HBase 版本规则

比如 1.2.6 版本中 MAJOR 版本是 1，MINOR 版本是 2，PATCH 是 6。不同 MAJOR 版本不保证功能的兼容性，比如 2.x 版本不保证一定兼容 1.x 版本。MINOR 版本表示会新增新的功能，比如 1.2.x 会在 1.1.x 的基础上新增部分功能。而 PATCH 版本只负责修复 bug，因此可以理解为 MAJOR、MINOR 相同的情况下，PATCH 版本越大，系统越可靠。

在 1.0 的基础上官方先后发布了 1.1.x、1.2.x、1.3.x 以及 1.4.x 等多个版本。因为稳定性的原因，并不建议在生产线上使用 1.0.0 ～ 1.1.2 中间的版本。目前，HBase 社区推荐使用的稳定版本为 1.4.10。[⊖]

2.x 版本是接下来最受期待的一个版本（升级要慎重，请参考社区中的实践），因为最近一两年社区开发的新功能都将集中在 2.x 版本发布，2.x 包含的核心功能特别多，包括：大幅度减小 GC 影响的 offheap read path/write path 工作，极大提升系统稳定性的 Procedure V2 框架，支持多租户隔离的 RegionServer Group 功能，支持大对象存储的 MOB 功能等。

1.2 HBase 数据模型

从使用角度来看，HBase 包含了大量关系型数据库的基本概念——表、行、列，但在 BigTable 的论文中又称 HBase 为“sparse, distributed, persistent multidimensional sorted map”，即 HBase 本质来看是一个 Map。那 HBase 到底是一个什么样的数据库呢？

实际上，从逻辑视图来看，HBase 中的数据是以表形式进行组织的，而且和关系型数据库中的表一样，HBase 中的表也由行和列构成，因此 HBase 非常容易理解。但从物理视图来看，HBase 是一个 Map，由键值（KeyValue，KV）构成，不过与普通的 Map 不同，HBase 是一个稀疏的、分布式的、多维排序的 Map。接下来，笔者首先从逻辑视图层面对 HBase 中的基本概念进行介绍，接着从稀疏多维排序 Map 这个视角进行深入解析，最后从物理视图层面说明 HBase 中的数据如何存储。

1.2.1 逻辑视图

在具体了解逻辑视图之前有必要先看看 HBase 中的基本概念。

- table：表，一个表包含多行数据。
- row：行，一行数据包含一个唯一标识 rowkey、多个 column 以及对应的值。在

⊖ 随着 HBase 项目的不断更新迭代，社区推荐的稳定版也会不断更新。用户可以在这里看到当前 HBase 社区推荐使用的稳定版本：https://www.apache.org/dist/hbase/stable/。

HBase 中，一张表中所有 row 都按照 rowkey 的字典序由小到大排序。

- column：列，与关系型数据库中的列不同，HBase 中的 column 由 column family（列簇）以及 qualifier（列名）两部分组成，两者中间使用 ":" 相连。比如 contents:html，其中 contents 为列簇，html 为列簇下具体的一列。column family 在表创建的时候需要指定，用户不能随意增减。一个 column family 下可以设置任意多个 qualifier，因此可以理解为 HBase 中的列可以动态增加，理论上甚至可以扩展到上百万列。
- timestamp：时间戳，每个 cell 在写入 HBase 的时候都会默认分配一个时间戳作为该 cell 的版本，当然，用户也可以在写入的时候自带时间戳。HBase 支持多版本特性，即同一 rowkey、column 下可以有多个 value 存在，这些 value 使用 timestamp 作为版本号，版本越大，表示数据越新。
- cell：单元格，由五元组（row, column, timestamp, type, value）组成的结构，其中 type 表示 Put/Delete 这样的操作类型，timestamp 代表这个 cell 的版本。这个结构在数据库中实际是以 KV 结构存储的，其中（row, column, timestamp, type）是 K，value 字段对应 KV 结构的 V。

图 1-3 是 BigTable 中一张示例表的逻辑视图，表中主要存储网页信息。示例表中包含两行数据，两个 rowkey 分别为 com.cnn.www 和 com.example.www，按照字典序由小到大排列。每行数据有三个列簇，分别为 anchor、contents 以及 people，其中列簇 anchor 下有两列，分别为 cnnsi.com 以及 my.look.ca，其他两个列簇都仅有一列。可以看出，根据行 com.cnn.www 以及列 anchor:cnnsi.com 可以定位到数据 CNN，对应的时间戳信息是 t9。而同一行的另一列 contents:html 下却有三个版本的数据，版本号分别为 t5、t6 和 t7。

rowkey	anchor		contents	people
	cnnsi.com	my.look.ca	html	author
"com.cnn.www"	t9:CNN	t8:CNN.com	t7: "<html>..." t6: "<html>..." t5: "<html>..."	
"com.example.www"				t5:John Doe

图 1-3 HBase 逻辑视图

总体来看，HBase 的逻辑视图是比较容易理解的，需要注意的是，HBase 引入了列簇的概念，列簇下的列可以动态扩展；另外，HBase 使用时间戳实现了数据的多版本支持。

1.2.2 多维稀疏排序 Map

使用关系型数据库中表的概念来描述 HBase，对于 HBase 的入门使用大有裨益，然而，对于理解 HBase 的工作原理意义不大。要真正理解 HBase 的工作原理，需要从 KV 数据库这个视角重新对其审视。BigTable 论文中称 BigTable 为 "sparse, distributed, persistent multidimensional sorted map"，可见 BigTable 本质上是一个 Map 结构数据库，HBase 亦然，也是由一系列 KV 构成的。然而 HBase 这个 Map 系统却并不简单，有很多限定词——稀疏的、分布式的、持久性的、多维的以及排序的。接下来，我们先对这个 Map 进行解析，这对于之后理解 HBase 的工作原理非常重要。

大家都知道 Map 由 key 和 value 组成，那组成 HBase Map 的 key 和 value 分别是什么？和普通 Map 的 KV 不同，HBase 中 Map 的 key 是一个复合键，由 rowkey、column family、qualifier、type 以及 timestamp 组成，value 即为 cell 的值。举个例子，上节逻辑视图中行 "com.cnn.www" 以及列 "anchor:cnnsi.com" 对应的数值 "CNN" 实际上在 HBase 中存储为如下 KV 结构：

```
{"com.cnn.www","anchor","cnnsi.com","put","t9"} -> "CNN"
```

同理，其他的 KV 还有：

```
{"com.cnn.www","anchor","my.look.ca","put","t8"} -> "CNN.com"
{"com.cnn.www","contents","html","put","t7"} -> "<html>..."
{"com.cnn.www","contents","html","put","t6"} -> "<html>..."
{"com.cnn.www","contents","html","put","t5"} -> "<html>..."
{"com.example.www","people","author","put","t5"} -> "John Doe"
```

至此，读者对 HBase 中数据的存储形式有了初步的了解，在此基础上再来介绍多维、稀疏、排序等关键词。

- 多维：这个特性比较容易理解。HBase 中的 Map 与普通 Map 最大的不同在于，key 是一个复合数据结构，由多维元素构成，包括 rowkey、column family、qualifier、type 以及 timestamp。
- 稀疏：稀疏性是 HBase 一个突出特点。从图 1-3 逻辑表中行 "com.example.www" 可以看出，整整一行仅有一列（people:author）有值，其他列都为空值。在其他数据库中，对于空值的处理一般都会填充 null，而对于 HBase，空值不需要任何填充。这个特性为什么重要？因为 HBase 的列在理论上是允许无限扩展的，对于成百万列的表来说，通常都会存在大量的空值，如果使用填充 null 的策略，势必会造成大量空间的浪费。因此稀疏性是 HBase 的列可以无限扩展的一个重要条件。
- 排序：构成 HBase 的 KV 在同一个文件中都是有序的，但规则并不是仅仅按照 rowkey 排序，而是按照 KV 中的 key 进行排序——先比较 rowkey，rowkey 小的排在前面；如果 rowkey 相同，再比较 column，即 column family:qualifier，column 小的排在前面；如果 column 还相同，再比较时间戳 timestamp，即版本信息，timestamp 大的排在前面。这样的多维元素排序规则对于提升 HBase 的读取性能至关重要，在后面读取章节会详细分析。

- 分布式：很容易理解，构成HBase的所有Map并不集中在某台机器上，而是分布在整个集群中。

1.2.3 物理视图

与大多数数据库系统不同，HBase中的数据是按照列簇存储的，即将数据按照列簇分别存储在不同的目录中。

列簇anchor的所有数据存储在一起形成：

rowkey	timestamp	columnfamily:anchor
"com.cnn.www"	t9	anchor:cnnis.com="CNN"
"com.cnn.www"	t8	anchor:mylook.ca="CNN.com"

列簇contents的所有数据存储在一起形成：

rowkey	timestamp	columnfamily:contents
"com.cnn.www"	t7	contents:html="<html>..."
"com.cnn.www"	t6	contents:html="<html>..."
"com.cnn.www"	t5	contents:html="<html>..."

列簇people的所有数据存储在一起形成：

rowkey	timestamp	columnfamily:people
"com.example.www"	t5	people: author = "John Doe"

1.2.4 行式存储、列式存储、列簇式存储

为什么HBase要将数据按照列簇分别存储？回答这个问题之前需要先了解两个非常常见的概念：行式存储、列式存储，这是数据存储领域比较常见的两种数据存储方式。

行式存储：行式存储系统会将一行数据存储在一起，一行数据写完之后再接着写下一

行，最典型的如 MySQL 这类关系型数据库，如图 1-4 所示。

id	name	age	sex
001	John	28	x
002	Jane	30	y
003	Jim	25	x

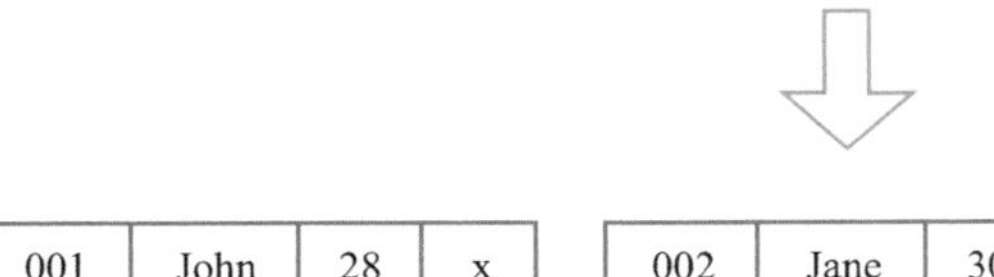

图 1-4 行式存储

行式存储在获取一行数据时是很高效的，但是如果某个查询只需要读取表中指定列对应的数据，那么行式存储会先取出一行行数据，再在每一行数据中截取待查找目标列。这种处理方式在查找过程中引入了大量无用列信息，从而导致大量内存占用。因此，这类系统仅适合于处理 OLTP 类型的负载，对于 OLAP 这类分析型负载并不擅长。

列式存储：列式存储理论上会将一列数据存储在一起，不同列的数据分别集中存储，最典型的如 Kudu、Parquet on HDFS 等系统（文件格式），如图 1-5 所示。

id	name	age	sex
001	John	28	x
002	Jane	30	y
003	Jim	25	x

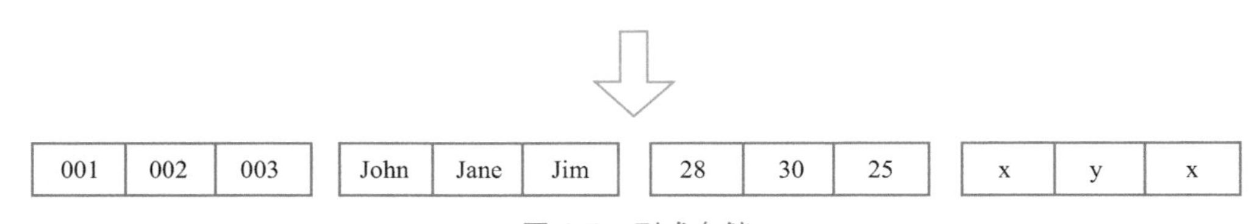

图 1-5 列式存储

列式存储对于只查找某些列数据的请求非常高效，只需要连续读出所有待查目标列，然后遍历处理即可；但是反过来，列式存储对于获取一行的请求就不那么高效了，需要多次 IO 读多个列数据，最终合并得到一行数据。另外，因为同一列的数据通常都具有相同的数据类型，因此列式存储具有天然的高压缩特性。

列簇式存储：从概念上来说，列簇式存储介于行式存储和列式存储之间，可以通过不同的设计思路在行式存储和列式存储两者之间相互切换。比如，一张表只设置一个列簇，这个列簇包含所有用户的列。HBase中一个列簇的数据是存储在一起的，因此这种设计模式就等同于行式存储。再比如，一张表设置大量列簇，每个列簇下仅有一列，很显然这种设计模式就等同于列式存储。上面两例当然是两种极端的情况，在当前体系中不建议设置太多列簇，但是这种架构为HBase将来演变成HTAP（Hybrid Transactional and Analytical Processing）系统提供了最核心的基础。

1.3 HBase体系结构

HBase体系结构借鉴了BigTable论文，是典型的Master-Slave模型。系统中有一个管理集群的Master节点以及大量实际服务用户读写的RegionServer节点。除此之外，HBase中所有数据最终都存储在HDFS系统中，这与BigTable实际数据存储在GFS中相对应；系统中还有一个ZooKeeper节点，协助Master对集群进行管理。HBase体系结构如图1-6所示。

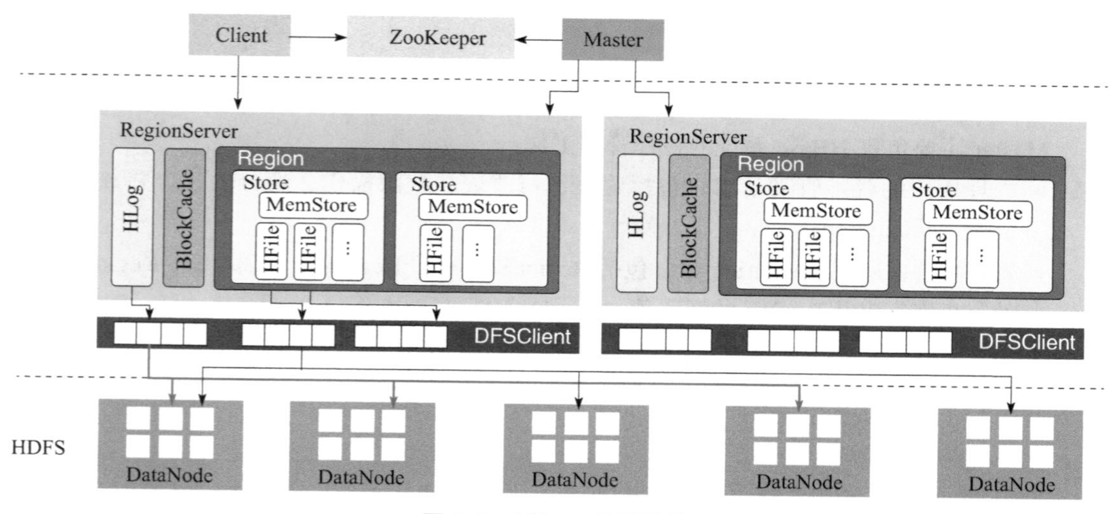

图1-6 HBase体系结构

1. HBase客户端

HBase客户端（Client）提供了Shell命令行接口、原生Java API编程接口、Thrift/REST API编程接口以及MapReduce编程接口。HBase客户端支持所有常见的DML操作以及DDL操作，即数据的增删改查和表的日常维护等。其中Thrift/REST API主要用于支持非Java的上层业务需求，MapReduce接口主要用于批量数据导入以及批量数据读取。

HBase客户端访问数据行之前，首先需要通过元数据表定位目标数据所在RegionServer，之后才会发送请求到该RegionServer。同时这些元数据会被缓存在客户端本地，以方便之后的请求访问。如果集群RegionServer发生宕机或者执行了负载均衡等，从而导致数据分片发生迁移，客户端需要重新请求最新的元数据并缓存在本地。

2. ZooKeeper

ZooKeeper（ZK）也是 Apache Hadoop 的一个顶级项目，基于 Google 的 Chubby 开源实现，主要用于协调管理分布式应用程序。在 HBase 系统中，ZooKeeper 扮演着非常重要的角色。

- 实现 Master 高可用：通常情况下系统中只有一个 Master 工作，一旦 Active Master 由于异常宕机，ZooKeeper 会检测到该宕机事件，并通过一定机制选举出新的 Master，保证系统正常运转。
- 管理系统核心元数据：比如，管理当前系统中正常工作的 RegionServer 集合，保存系统元数据表 hbase:meta 所在的 RegionServer 地址等。
- 参与 RegionServer 宕机恢复：ZooKeeper 通过心跳可以感知到 RegionServer 是否宕机，并在宕机后通知 Master 进行宕机处理。
- 实现分布式表锁：HBase 中对一张表进行各种管理操作（比如 alter 操作）需要先加表锁，防止其他用户对同一张表进行管理操作，造成表状态不一致。和其他 RDBMS 表不同，HBase 中的表通常都是分布式存储，ZooKeeper 可以通过特定机制实现分布式表锁。

3. Master

Master 主要负责 HBase 系统的各种管理工作：

- 处理用户的各种管理请求，包括建表、修改表、权限操作、切分表、合并数据分片以及 Compaction 等。
- 管理集群中所有 RegionServer，包括 RegionServer 中 Region 的负载均衡、RegionServer 的宕机恢复以及 Region 的迁移等。
- 清理过期日志以及文件，Master 会每隔一段时间检查 HDFS 中 HLog 是否过期、HFile 是否已经被删除，并在过期之后将其删除。

4. RegionServer

RegionServer 主要用来响应用户的 IO 请求，是 HBase 中最核心的模块，由 WAL(HLog)、BlockCache 以及多个 Region 构成。

- WAL(HLog)：HLog 在 HBase 中有两个核心作用——其一，用于实现数据的高可靠性，HBase 数据随机写入时，并非直接写入 HFile 数据文件，而是先写入缓存，再异步刷新落盘。为了防止缓存数据丢失，数据写入缓存之前需要首先顺序写入 HLog，这样，即使缓存数据丢失，仍然可以通过 HLog 日志恢复；其二，用于实现 HBase 集群间主从复制，通过回放主集群推送过来的 HLog 日志实现主从复制。
- BlockCache：HBase 系统中的读缓存。客户端从磁盘读取数据之后通常会将数据缓存到系统内存中，后续访问同一行数据可以直接从内存中获取而不需要访问磁盘。对于带有大量热点读的业务请求来说，缓存机制会带来极大的性能提升。

  BlockCache 缓存对象是一系列 Block 块，一个 Block 默认为 64K，由物理上相邻的多个KV数据组成。BlockCache同时利用了空间局部性和时间局部性原理，前者表示最近将读取的KV数据很可能与当前读取到的KV数据在地址上是邻近的，缓存单位是Block（块）而不是单个KV就可以实现空间局部性；后者表示一个KV数据正在被访问，那么近期它还可能再次被访问。当前BlockCache主要有两种实现——LRUBlockCache和BucketCache，前者实现相对简单，而后者在GC优化方面有明显的提升。

- Region：数据表的一个分片，当数据表大小超过一定阈值就会“水平切分”，分裂为两个Region。Region是集群负载均衡的基本单位。通常一张表的Region会分布在整个集群的多台RegionServer上，一个RegionServer上会管理多个Region，当然，这些Region一般来自不同的数据表。

一个Region由一个或者多个Store构成，Store的个数取决于表中列簇（column family）的个数，多少个列簇就有多少个Store。HBase中，每个列簇的数据都集中存放在一起形成一个存储单元Store，因此建议将具有相同IO特性的数据设置在同一个列簇中。

每个Store由一个MemStore和一个或多个HFile组成。MemStore称为写缓存，用户写入数据时首先会写到MemStore，当MemStore写满之后（缓存数据超过阈值，默认128M）系统会异步地将数据flush成一个HFile文件。显然，随着数据不断写入，HFile文件会越来越多，当HFile文件数超过一定阈值之后系统将会执行Compact操作，将这些小文件通过一定策略合并成一个或多个大文件。

5. HDFS

HBase底层依赖HDFS组件存储实际数据，包括用户数据文件、HLog日志文件等最终都会写入HDFS落盘。HDFS是Hadoop生态圈内最成熟的组件之一，数据默认三副本存储策略可以有效保证数据的高可靠性。HBase内部封装了一个名为DFSClient的HDFS客户端组件，负责对HDFS的实际数据进行读写访问。

1.4 HBase系统特性

1. HBase的优点

与其他数据库相比，HBase在系统设计以及实际实践中有很多独特的优点。

- 容量巨大：HBase的单表可以支持千亿行、百万列的数据规模，数据容量可以达到TB甚至PB级别。传统的关系型数据库，如Oracle和MySQL等，如果单表记录条数超过亿行，读写性能都会急剧下降，在HBase中并不会出现这样的问题。
- 良好的可扩展性：HBase集群可以非常方便地实现集群容量扩展，主要包括数据存储节点扩展以及读写服务节点扩展。HBase底层数据存储依赖于HDFS系统，HDFS可以通过简单地增加DataNode实现扩展，HBase读写服务节点也一样，可以通过简单的增加 RegionServer 节点实现计算层的扩展。

- 稀疏性：HBase 支持大量稀疏存储，即允许大量列值为空，并不占用任何存储空间。这与传统数据库不同，传统数据库对于空值的处理要占用一定的存储空间，这会造成一定程度的存储空间浪费。因此可以使用 HBase 存储多至上百万列的数据，即使表中存在大量的空值，也不需要任何额外空间。
- 高性能：HBase 目前主要擅长于 OLTP 场景，数据写操作性能强劲，对于随机单点读以及小范围的扫描读，其性能也能够得到保证。对于大范围的扫描读可以使用 MapReduce 提供的 API，以便实现更高效的并行扫描。
- 多版本：HBase 支持多版本特性，即一个 KV 可以同时保留多个版本，用户可以根据需要选择最新版本或者某个历史版本。
- 支持过期：HBase 支持 TTL 过期特性，用户只需要设置过期时间，超过 TTL 的数据就会被自动清理，不需要用户写程序手动删除。
- Hadoop 原生支持：HBase 是 Hadoop 生态中的核心成员之一，很多生态组件都可以与其直接对接。HBase 数据存储依赖于 HDFS，这样的架构可以带来很多好处，比如用户可以直接绕过 HBase 系统操作 HDFS 文件，高效地完成数据扫描或者数据导入工作；再比如可以利用 HDFS 提供的多级存储特性（Archival Storage Feature），根据业务的重要程度将 HBase 进行分级存储，重要的业务放到 SSD，不重要的业务放到 HDD。或者用户可以设置归档时间，进而将最近的数据放在 SSD，将归档数据文件放在 HDD。另外，HBase 对 MapReduce 的支持也已经有了很多案例，后续还会针对 Spark 做更多的工作。

2. HBase 的缺点

任何一个系统都不会完美，HBase 也一样。HBase 不能适用于所有应用场景，例如：

- HBase 本身不支持很复杂的聚合运算（如 Join、GroupBy 等）。如果业务中需要使用聚合运算，可以在 HBase 之上架设 Phoenix 组件或者 Spark 组件，前者主要应用于小规模聚合的 OLTP 场景，后者应用于大规模聚合的 OLAP 场景。
- HBase 本身并没有实现二级索引功能，所以不支持二级索引查找。好在针对 HBase 实现的第三方二级索引方案非常丰富，比如目前比较普遍的使用 Phoenix 提供的二级索引功能。
- HBase 原生不支持全局跨行事务，只支持单行事务模型。同样，可以使用 Phoenix 提供的全局事务模型组件来弥补 HBase 的这个缺陷。

可以看到，HBase 系统本身虽然不擅长某些工作领域，但是借助于 Hadoop 强大的生态圈，用户只需要在其上架设 Phoenix 组件、Spark 组件或者其他第三方组件，就可以有效地协同工作。

第2章 基础数据结构与算法

著名的计算机科学家N.Wirth说过：*程序=算法+数据结构*。对于HBase这样的一个分布式数据库来说，它的代码规模已经非常庞大，如果加上测试代码以及序列化工具（Protobuf/Thrift）生成的代码，HBase项目（2.0分支）代码行数已经突破150万。但是，即使这样庞大的项目也是由一个个算法和数据结构组成。

本章将会介绍HBase用到的一些核心算法和数据结构。这里，我们假设读者已经具备了“数据结构”课程相关的基础知识，例如链表、栈、队列、平衡二叉树、堆等。

HBase的一个列簇（Column Family）本质上就是一棵LSM树（Log-Structured Merge-Tree）。LSM树分为内存部分和磁盘部分。内存部分是一个维护有序数据集合的数据结构。一般来讲，内存数据结构可以选择平衡二叉树、红黑树、跳跃表（SkipList）等维护有序集的数据结构，这里由于考虑并发性能，HBase选择了表现更优秀的跳跃表。磁盘部分是由一个个独立的文件组成，每一个文件又是由一个个数据块组成。对于数据存储在磁盘上的数据库系统来说，磁盘寻道以及数据读取都是非常耗时的操作（简称IO耗时）。因此，为了避免不必要的IO耗时，可以在磁盘中存储一些额外的二进制数据，这些数据用来判断对于给定的key是否有可能存储在这个数据块中，这个数据结构称为布隆过滤器（Bloom Filter）。

本章将介绍HBase的核心数据结构，主要包括跳跃表、LSM树和布隆过滤器。同时，为了使读者加深印象，我们设计了一个轻量级KV存储引擎MiniBase[1]，并提供了一些相关的编程练习。

---

[1] MiniBase是一个基于LSM树设计的轻量级KV存储引擎，代码开源在GitHub上：https://github.com/openinx/minibase。它不是一个适用于线上生产环境的KV引擎，仅用于学习交流。目前，它只是一个基础的轮廓，很多功能需要读者通过练习去完善。

2.1 跳跃表

跳跃表（SkipList）是一种能高效实现插入、删除、查找的内存数据结构，这些操作的期望复杂度都是 $O(\log N)$。与红黑树以及其他的二分查找树相比，跳跃表的优势在于实现简单，而且在并发场景下加锁粒度更小，从而可以实现更高的并发性。正因为这些优点，跳跃表广泛使用于 KV 数据库中，诸如 Redis、LevelDB、HBase 都把跳跃表作为一种维护有序数据集合的基础数据结构。

众所周知，链表这种数据结构的查询复杂度为 $O(N)$，这里 N 是链表中元素的个数。在已经找到要删除元素的情况下，再执行链表的删除操作其实非常高效，只需把待删除元素前一个元素的 next 指针指向待删除元素的后一个元素即可，复杂度为 $O(1)$，如图 2-1 所示。

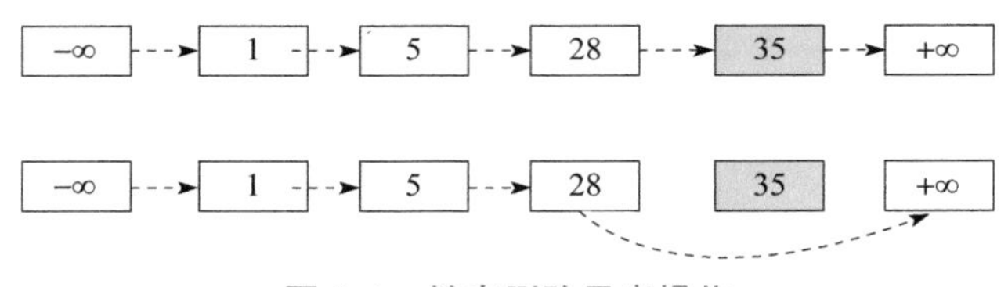

图 2-1 链表删除元素操作

但问题是，链表的查询复杂度太高，因为链表在查询的时候，需要逐个元素地查找。如果链表在查找的时候，能够避免依次查找元素，那么查找复杂度将降低。而跳跃表就是利用这一思想，在链表之上额外存储了一些节点的索引信息，达到避免依次查找元素的目的，从而将查询复杂度优化为 $O(\log N)$。将查询复杂度优化之后，自然也优化了插入和删除的复杂度。

1. 定义

如图 2-2 所示，跳跃表的定义如下：

- 跳跃表由多条分层的链表组成（设为 $S_0, S_1, S_2, \ldots, S_n$），例如图中有 6 条链表。
- 每条链表中的元素都是有序的。
- 每条链表都有两个元素：+∞（正无穷大）和 −∞（负无穷大），分别表示链表的头部和尾部。
- 从上到下，上层链表元素集合是下层链表元素集合的子集，即 S_1 是 S_0 的子集，S_2 是 S_1 的子集。
- 跳跃表的高度定义为水平链表的层数。

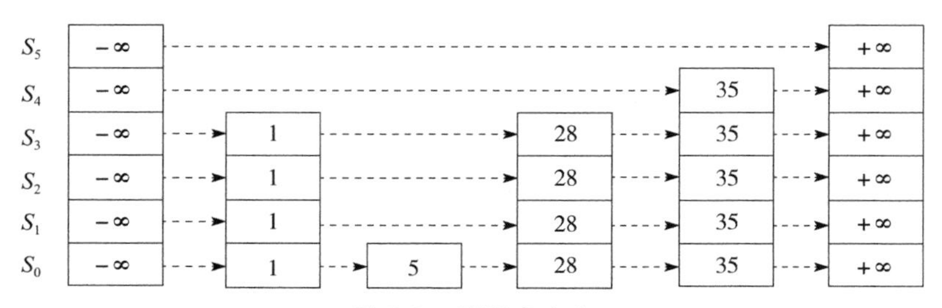

图 2-2 跳跃表定义

2. 查找

在跳跃表中查找一个指定元素的流程比较简单。如图 2-3 所示，以左上角元素（设为 currentNode）作为起点：

- 如果发现 currentNode 后继节点的值小于等于待查询值，则沿着这条链表向后查询，否则，切换到当前节点的下一层链表。
- 继续查询，直到找到待查询值为止（或者 currentNode 为空节点）为止。

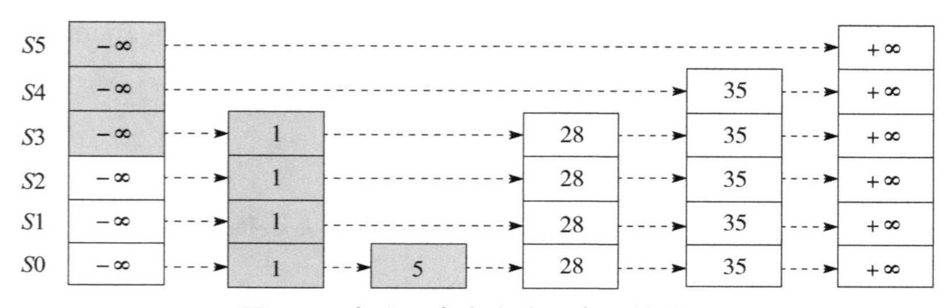

图 2-3　在跳跃表中查找元素 5 的流程

3. 插入

跳跃表的插入算法要复杂一点。如图 2-4 所示。首先，需要按照上述查找流程找到待插入元素的前驱和后继；然后，按照如下随机算法生成一个高度值：

```
//p 是一个 (0,1) 之间的常数，一般取 p=1/4 或者 1/2
public int randomHeight(double p){
    int height = 0 ;
    while(random.nextDouble() < p) height ++ ;
    return height + 1;
}
```

最后，将待插入节点按照高度值生成一个垂直节点（这个节点的层数正好等于高度值），之后插入到跳跃表的多条链表中去。假设 height=randomHeight(p)，这里需要分两种情况讨论：

- 如果 height 大于跳跃表的高度，那么跳跃表的高度被提升为 height，同时需要更新头部节点和尾部节点的指针指向。
- 如果 height 小于等于跳跃表的高度，那么需要更新待插入元素前驱和后继的指针指向。

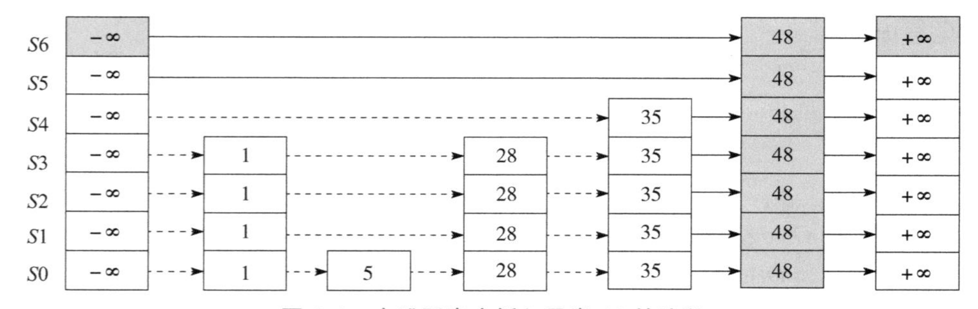

图 2-4　在跳跃表中插入元素 48 的流程

4. 删除

删除操作和插入操作有点类似，请读者思考如何实现删除操作。

5. 复杂度分析

这里，我们一起来评估跳跃表的时间和空间复杂度。

性质 1　一个节点落在第 k 层的概率为 p^{k-1}。

这条性质比较简单，如果 randomHeight(p) 函数返回的高度为 k，那么必须要求前面 $(k-1)$ 个随机数都小于 p，$(k-1)$ 个概率为 p 的独立事件概率相乘，因此高度为 k 的概率为 p^{k-1}。

性质 2　一个最底层链表有 n 个元素的跳跃表，总共元素个数为 $\sum_{k=1} n\times p^{k-1}$，其中 k 为跳跃表的高度。

由于性质 1，一个元素落在第 k 层概率为 p^{k-1}，则第 k 层插入的元素个数为 $n\times p^{k-1}$，所有 k 相加得到上述公式。当 $p\leqslant\frac{1}{2}$时，上述公式小于 $O(2n)$，所以空间复杂度为 $O(n)$。

性质 3　跳跃表的高度为 $O(\log n)$。

考虑第 $1+3\times\log_{\frac{1}{p}} n$ 层，落在这层的期望节点数为 $n\times p^{(1+3\times\log_{\frac{1}{p}} n-1)}=n\times p^{3\log_{\frac{1}{p}} n}=\frac{1}{n^2}$，当 n 较大时，该层节点数为 0，所以层数在 $1+3\times\log_{\frac{1}{p}} n=O(\log n)$ 这个数据级上。

性质 4　跳跃表的查询时间复杂度为 $O(\log N)$。

查询时间复杂度关键取决于从最左上角到达最底层走过的横向步数和纵向步数之和。我们反过来考虑这个过程，也就是从最底层达到最左上角 s 走过的期望步数（包括横向步数）。对第 k 层第 j 列节点来说，它只可能从以下两种情况跳过来：

- 第 $k-1$ 层第 j 列节点往上走，跳到第 k 层第 j 列节点。根据 randomHeight (p) 函数定义，往上走的概率为 p。
- 第 k 层第 $j+1$ 列节点往左走，跳到第 k 层第 j 列节点。这种情况，第 k 层第 $j+1$ 列节点已经是垂直节点的最高点，也就是说，这个节点已经不能往上走，只能往左走。根据 randomHeight (p) 函数定义，往左走的概率为 $(1-p)$。

设 C_k 为往上跳 k 层的期望步数（包括纵向步数和横向步数），那么有：

$C_0=0$；

$C_k=(1-p)\times(1+C_k)+p\times(1+C_{k-1})$；

根据递推式，推出：

$C_k=\frac{k}{p}$；

由于高度 k 为 $O(\log N)$ 级别，所以，查询走过的期望步数也为 $O(\log N)$。

步数递推公式如图 2-5 所示。

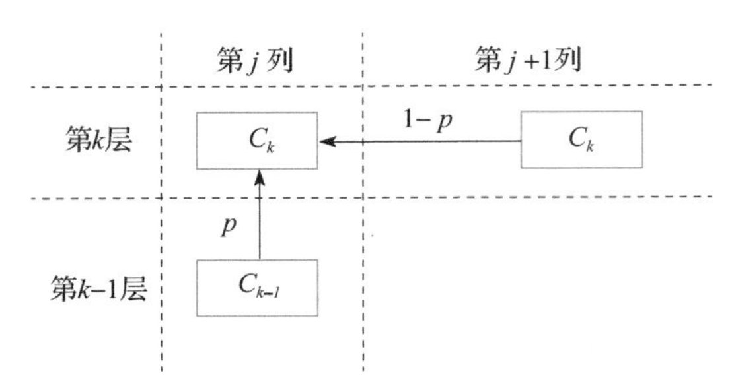

图 2-5　期望步数递推公式

性质 5　跳跃表的插入 / 删除时间复杂度为 $O(\log N)$。

由插入 / 删除的实现可以看出，插入 / 删除的时间复杂度和查询时间复杂度相等，故性质 5 成立。

因此，跳跃表的查找、删除、插入的复杂度都是 $O(\log N)$。

2.2　LSM 树

LSM 树本质上和 B+ 树一样，是一种磁盘数据的索引结构。但和 B+ 树不同的是，LSM 树的索引对写入请求更友好。因为无论是何种写入请求，LSM 树都会将写入操作处理为一次顺序写，而 HDFS 擅长的正是顺序写（且 HDFS 不支持随机写），因此基于 HDFS 实现的 HBase 采用 LSM 树作为索引是一种很合适的选择。

LSM 树的索引一般由两部分组成，一部分是内存部分，一部分是磁盘部分。内存部分一般采用跳跃表来维护一个有序的 KeyValue 集合。磁盘部分一般由多个内部 KeyValue 有序的文件组成。

1.KeyValue 存储格式

一般来说，LSM 中存储的是多个 KeyValue 组成的集合，每一个 KeyValue 一般都会用一个字节数组来表示。这里，首先需要来理解 KeyValue 这个字节数组的设计。

以 HBase 为例，这个字节数组串设计如图 2-6 所示。

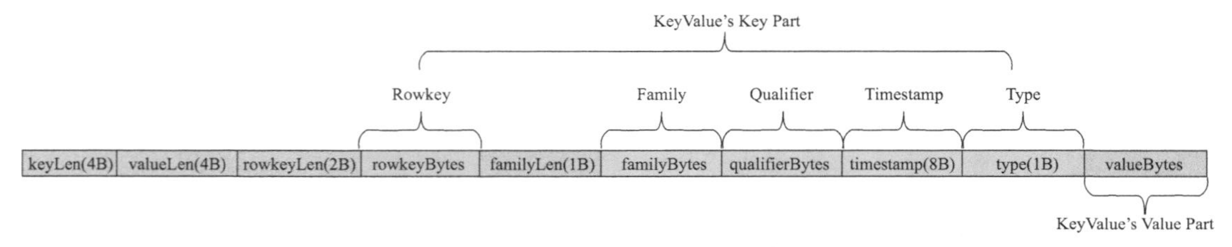

图 2-6　HBase rowkey 组成

总体来说，字节数组主要分为以下几个字段。其中 Rowkey、Family、Qualifier、Timestamp、Type 这 5 个字段组成 KeyValue 中的 key 部分。

- keyLen：占用 4 字节，用来存储 KeyValue 结构中 Key 所占用的字节长度。
- valueLen：占用 4 字节，用来存储 KeyValue 结构中 Value 所占用的字节长度。
- rowkeyLen：占用 2 字节，用来存储 rowkey 占用的字节长度。
- rowkeyBytes：占用 rowkeyLen 个字节，用来存储 rowkey 的二进制内容。
- familyLen：占用 1 字节，用来存储 Family 占用的字节长度。
- familyBytes：占用 familyLen 字节，用来存储 Family 的二进制内容。
- qualifierBytes：占用 qualifierLen 个字节，用来存储 Qualifier 的二进制内容。注意，HBase 并没有单独分配字节用来存储 qualifierLen，因为可以通过 keyLen 和其他字段的长度计算出 qualifierLen。代码如下：

```
qualifierLen = keyLen - 2B - rowkeyLen - 1B - familyLen - 8B - 1B
```

- timestamp：占用 8 字节，表示 timestamp 对应的 long 值。
- type：占用 1 字节，表示这个 KeyValue 操作的类型，HBase 内有 Put、Delete、Delete Column、DeleteFamily，等等。注意，这是一个非常关键的字段，表明了 LSM 树内存储的不只是数据，而是每一次操作记录。

Value 部分直接存储这个 KeyValue 中 Value 的二进制内容。所以，字节数组串主要是 Key 部分的设计。

在比较这些 KeyValue 的大小顺序时，HBase 按照如下方式（伪代码）来确定大小关系：

```
int compare(KeyValue a, KeyValue b){
  int ret = Bytes.compare(a.rowKeyBytes, b.rowKeyBytes);
  if(ret != 0) return ret;
  ret = Bytes.compare(a.familyBytes, b.familyBytes);
  if(ret != 0) return ret;
  ret = Bytes.compare(a.qualifierBytes, b.qualifierBytes);
  if(ret != 0) return ret;
  // 注意：timestamp 越大，排序越靠前
  ret = b.timestamp - a.timestamp;
  if(ret != 0) return ret;
  ret = a.type - b.type;
  return ret;
}
```

注意，在 HBase 中，timestamp 越大的 KeyValue，排序越靠前。因为用户期望优先读取到那些版本号更新的数据。

上面以 HBase 为例，分析了 HBase 的 KeyValue 结构设计。通常来说，在 LSM 树的 KeyValue 中的 Key 部分，有 3 个字段必不可少：

- Key 的二进制内容。
- 一个表示版本号的 64 位 long 值，在 HBase 中对应 timestamp；这个版本号通常表示数据的写入先后顺序，版本号越大的数据，越优先被用户读取。甚至会设计一定的策略，将那些版本号较小的数据过期淘汰（HBase 中有 TTL 策略）。
- type，表示这个 KeyValue 是 Put 操作，还是 Delete 操作，或者是其他写入操作。本质上，LSM 树中存放的并非数据本身，而是操作记录。这对应了 LSM 树（Log-Structured Merge-Tree）中 Log 的含义，即操作日志。

2. 多路归并

先看一个简单的问题：现在有 K 个文件，其中第 i 个文件内部存储有 N_i 个正整数（这些整数在文件内按照从小到大的顺序存储），如何设计一个算法将 K 个有序文件合并成一个大的有序文件？在排序算法中，有一类排序算法叫做归并排序，里面就有大家熟知的两路归并实现。现在相当于 K 路归并，因此可以拓展一下，思路类似。对每个文件设计一个指针，取出 K 个指针中数值最小的一个，然后把最小的那个指针后移，接着继续找 K 个指针中数

值最小的一个，继续后移指针……直到 N 个文件全部读完为止，如图 2-7 所示。

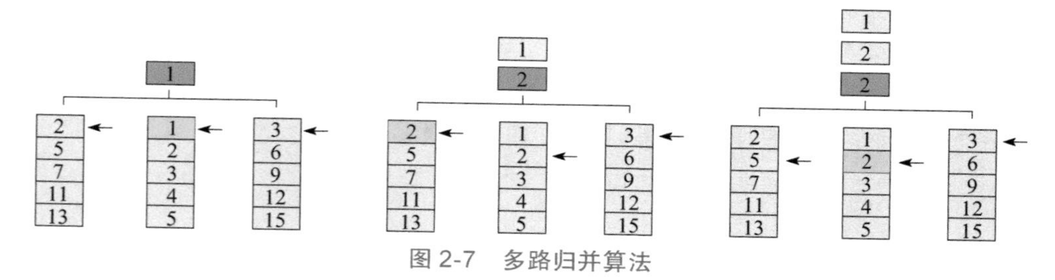

图 2-7　多路归并算法

算法复杂度分析起来也较为容易，首先用一个最小堆来维护 K 个指针，每次从堆中取最小值，开销为 $\log K$，最多从堆中取 $\sum_{i=1}^{k} N_i$ 次元素。因此最坏复杂度就是 $\sum_{i=1}^{k} N_i \times \log K$。

核心实现如下：

```
public class KMergeSort {
  public interface FileReader {
    //true to indicate the file still has some data, false means EOF.
    boolean hasNext() throws IOException;

    //Read the next value from file, and move the file read offset.
    int next() throws IOException;
  }

  public interface FileWriter {
    void append(int value) throws IOException;
  }

  public void kMergeSort(final List<FileReader> readers, FileWriter writer)
    throws IOException {
    PriorityQueue<Pair<FileReader, Integer>> heap =
        new PriorityQueue<>((p1, p2) -> p1.getValue() - p2.getValue());
    for (FileReader fr : readers) {
      if (fr.hasNext()) {
        heap.add(new Pair<>(fr, fr.next()));
      }
    }
    while (!heap.isEmpty()) {
      Pair<FileReader, Integer> current = heap.poll();
      writer.append(current.getValue());
      FileReader currentReader = current.getKey();
      if (currentReader.hasNext()) {
        heap.add(new Pair<>(currentReader, currentReader.next()));
      }
    }
  }
}
```

3. LSM 树的索引结构

一个 LSM 树的索引主要由两部分构成：内存部分和磁盘部分。内存部分是一个 ConcurrentSkipListMap，Key 就是前面所说的 Key 部分，Value 是一个字节数组。数据写入时，直接写入 MemStore 中。随着不断写入，一旦内存占用超过一定的阈值时，就把内存部分的数据导出，形成一个有序的数据文件，存储在磁盘上。

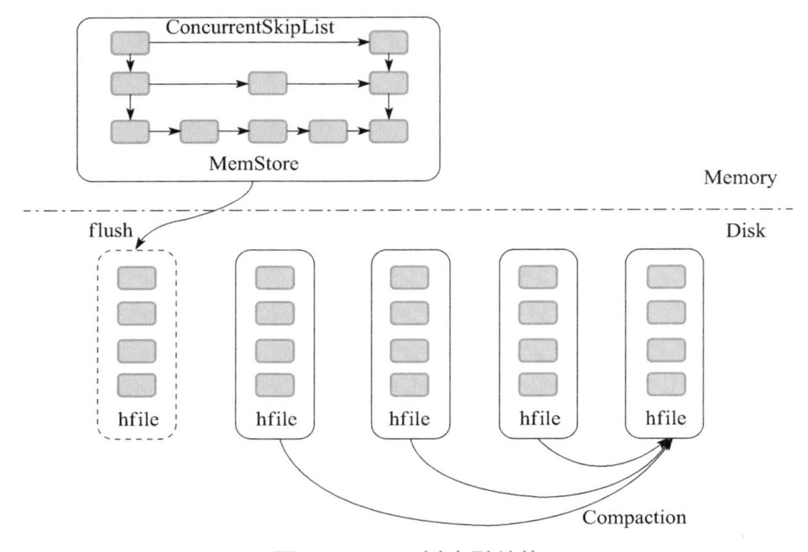

图 2-8 LSM 树索引结构

LSM 树索引结构如图 2-8 所示。内存部分导出形成一个有序数据文件的过程称为 flush。为了避免 flush 影响写入性能，会先把当前写入的 MemStore 设为 Snapshot，不再容许新的写入操作写入这个 Snapshot 的 MemStore。另开一个内存空间作为 MemStore，让后面的数据写入。一旦 Snapshot 的 MemStore 写入完毕，对应内存空间就可以释放。这样，就可以通过两个 MemStore 来实现稳定的写入性能。

注意　在整个数据写入过程中，LSM 树全部都是使用 append 操作（磁盘顺序写）来实现数据写入的，没有使用任何 seek+write（磁盘随机写）的方式来写入。无论 HDD 还是 SSD，磁盘的顺序写操作性能和延迟都远好于磁盘随机写。因此 LSM 树是一种对写入极为友好的索引结构，它能将磁盘的写入带宽利用到极致。

随着写入的增加，内存数据会不断地刷新到磁盘上。最终磁盘上的数据文件会越来越多。如果数据没有任何的读取操作，磁盘上产生很多的数据文件对写入并无影响，而且这时写入速度是最快的，因为所有 IO 都是顺序 IO。但是，一旦用户有读取请求，则需要将大量的磁盘文件进行多路归并，之后才能读取到所需的数据。因为需要将那些 Key 相同的数据全局综合起来，最终选择出合适的版本返回给用户，所以磁盘文件数量越多，在读取的时候随机读取的次数也会越多，从而影响读取操作的性能。

为了优化读取操作的性能，我们可以设置一定策略将选中的多个 hfile 进行多路归并，合并成一个文件。文件个数越少，则读取数据时需要 seek 操作的次数越少，读取性能则越好。

一般来说，按照选中的文件个数，我们将 compact 操作分成两种类型。一种是 major compact，是将所有的 hfile 一次性多路归并成一个文件。这种方式的好处是，合并之后只有一个文件，这样读取的性能肯定是最高的；但它的问题是，合并所有的文件可能需要很长的时间并消耗大量的 IO 带宽，所以 major compact 不宜使用太频繁，适合周期性地跑。

另外一种是 minor compact，即选中少数几个 hfile，将它们多路归并成一个文件。这种方式的优点是，可以进行局部的 compact，通过少量的 IO 减少文件个数，提升读取操作的性能，适合较高频率地跑；但它的缺点是，只合并了局部的数据，对于那些全局删除操作，无法在合并过程中完全删除。因此，minor compact 虽然能减少文件，但却无法彻底清除那些 delete 操作。而 major compact 能完全清理那些 delete 操作，保证数据的最小化。

总结：LSM 树的索引结构本质是将写入操作全部转化成磁盘的顺序写入，极大地提高了写入操作的性能。但是，这种设计对读取操作是非常不利的，因为需要在读取的过程中，通过归并所有文件来读取所对应的 KV，这是非常消耗 IO 资源的。因此，在 HBase 中设计了异步的 compaction 来降低文件个数，达到提高读取性能的目的。由于 HDFS 只支持文件的顺序写，不支持文件的随机写，而且 HDFS 擅长的场景是大文件存储而非小文件，所以上层 HBase 选择 LSM 树这种索引结构是最合适的。

2.3 布隆过滤器

1. 案例

如何高效判断元素 w 是否存在于集合 A 之中？首先想到的答案是，把集合 A 中的元素一个个放到哈希表中，然后在哈希表中查一下 w 即可。这样确实可以解决小数据量场景下元素存在性判定，但如果 A 中元素数量巨大，甚至数据量远远超过机器内存空间，该如何解决问题呢？

实现一个基于磁盘和内存的哈希索引当然可以解决这个问题。而另一种低成本的方式就是借助布隆过滤器（Bloom Filter）来实现。

布隆过滤器由一个长度为 N 的 01 数组 array 组成。首先将数组 array 每个元素初始设为 0。对集合 A 中的每个元素 w，做 K 次哈希，第 i 次哈希值对 N 取模得到一个 index(i)，即 index(i)=HASH_i(w) % N，将 array 数组中的 array[index(i)] 置为 1。最终 array 变成一个某些元素为 1 的 01 数组。

下面举个例子，如图 2-9 所示，$A = \{x, y, z\}$，$N = 18$，$K = 3$。

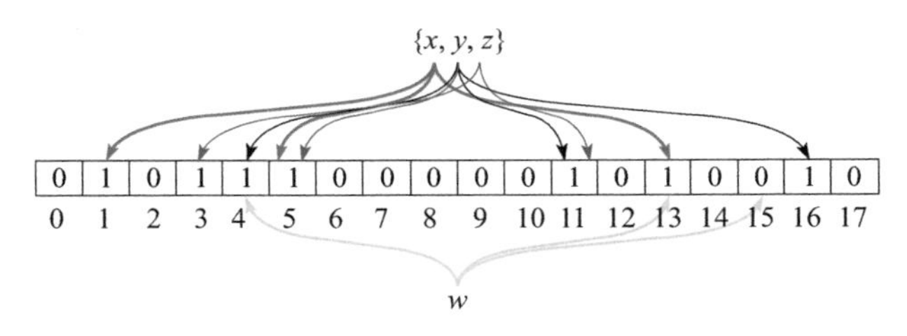

图 2-9 布隆过滤器算法示例

初始化 array = 000000000000000000。

对元素 x，HASH_0(x)%N = 1，HASH_1(x)%N = 5，HASH_2(x)%N = 13。因此 array = 010001000000010000。

对元素 y，HASH_0(y)%N = 4，HASH_1(y)%N = 11，HASH_2(y)%N = 16。因此 array = 010011000001010010。

对元素 z，HASH_0(z)%N = 3，HASH_1(y)%N = 5，HASH_2(y)%N = 11。因此 array = 010111000001010010。

最终得到的布隆过滤器串为：010111000001010010。

此时，对于元素 w，K 次哈希值分别为：

HASH_0(w)%N = 4

HASH_1(w)%N = 13

HASH_2(w)%N = 15

可以发现，布隆过滤器串中的第 15 位为 0，因此可以确认 w 肯定不在集合 A 中。因为若 w 在 A 中，则第 15 位必定为 1。

如果有另外一个元素 t，K 次哈希值分别为：

HASH_0(t)%N = 5

HASH_1(t)%N = 11

HASH_2(t)%N = 13

我们发现布隆过滤器串中的第 5、11、13 位都为 1，但是却没法肯定 t 一定在集合 A 中。

因此，布隆过滤器串对任意给定元素 w，给出的存在性结果为两种：

- w 可能存在于集合 A 中。
- w 肯定不在集合 A 中。

在论文[1]中证明，当 N 取 $K*|A|/\ln 2$ 时（其中 $|A|$ 表示集合 A 元素个数），能保证最佳的误判率，所谓误判率也就是过滤器判定元素可能在集合中但实际不在集合中的占比。

---

[1] 论文地址：http://www.eecs.harvard.edu/~michaelm/NEWWORK/postscripts/BloomFilterSurvey.pdf。

举例来说，若集合有 20 个元素，K 取 3 时，则设计一个 $N = 3 \times 20/\ln 2 = 87$ 二进制串来保存布隆过滤器比较合适。

2. 算法实现

布隆过滤器的代码实现很短，如下所示：

```
public class BloomFilter {
  private int k;
  private int bitsPerKey;
  private int bitLen;
  private byte[] result;

  public BloomFilter(int k, int bitsPerKey) {
    this.k = k;
    this.bitsPerKey = bitsPerKey;
  }

  public byte[] generate(byte[][] keys) {
    assert keys != null;
    bitLen = keys.length * bitsPerKey;
    bitLen = ((bitLen + 7) / 8) << 3; //align the bitLen.
    bitLen = bitLen < 64 ? 64 : bitLen;
    result = new byte[bitLen >> 3]; //each byte have 8 bit.
    for (int i = 0; i < keys.length; i++) {
      assert keys[i] != null;
      int h = Bytes.hash(keys[i]);
      for (int t = 0; t < k; t++) {
        int idx = (h % bitLen + bitLen) % bitLen;
        result[idx / 8] |= (1 << (idx % 8));
        int delta = (h >> 17) | (h << 15);
        h += delta;
      }
    }
    return result;
  }

  public boolean contains(byte[] key) {
    assert result != null;
    int h = Bytes.hash(key);
    for (int t = 0; t < k; t++) {  //Hash k times
      int idx = (h % bitLen + bitLen) % bitLen;
      if ((result[idx / 8] & (1 << (idx % 8))) == 0) {
        return false;
      }
      int delta = (h >> 17) | (h << 15);
      h += delta;
    }
    return true;
  }
}
```

有两个地方说明一下：

- 在构造方法 BloomFilter(int k, int bitsPerKey) 中，*k* 表示每个 Key 哈希的次数，bitsPerkey 表示每个 Key 占用的二进制 bit 数，若有 *x* 个 Key，则 N=x*bitsPerKey。
- 在实现中，对 Key 做 *k* 次哈希时，算出第一次哈希值 h 之后，可借助 h 位运算来实现二次哈希，甚至三次哈希。这样性能会比较好。

3. 案例解答

有了布隆过滤器这样一个存在性判断之后，我们回到最开始提到的案例。把集合 *A* 的元素按照顺序分成若干个块，每块不超过 64KB，每块内的多个元素都算出一个布隆过滤器串，多个块的布隆过滤器组成索引数据。为了判断元素 *w* 是否存在于集合 *A* 中，先对 *w* 计算每一个块的布隆过滤器串的存在性结果，若结果为肯定不存在，则继续判断 *w* 是否可能存在于下一个数据块中。若结果为可能存在，则读取对应的数据块，判断 *w* 是否在数据块中，若存在则表示 *w* 存在于集合 A 中；若不存在则继续判断 *w* 是否在下一个数据块中。

这样就解决了这个问题。读者可以思考一下：在 64KB 的数据块中，平均每个 Key 占用 1000 字节，且在做 3 次哈希的情况下，需要占用多少字节的空间来存储布隆过滤器的二进制？

4. HBase 与布隆过滤器

正是由于布隆过滤器只需占用极小的空间，便可给出“可能存在”和“肯定不存在”的存在性判断，因此可以提前过滤掉很多不必要的数据块，从而节省了大量的磁盘 IO。HBase 的 Get 操作就是通过运用低成本高效率的布隆过滤器来过滤大量无效数据块的，从而节省大量磁盘 IO。

在 HBase 1.x 版本中，用户可以对某些列设置不同类型的布隆过滤器，共有 3 种类型。

- NONE：关闭布隆过滤器功能。
- ROW：按照 rowkey 来计算布隆过滤器的二进制串并存储。Get 查询的时候，必须带 rowkey，所以用户可以在建表时默认把布隆过滤器设置为 ROW 类型。
- ROWCOL：按照 rowkey+family+qualifier 这 3 个字段拼出 byte[] 来计算布隆过滤器值并存储。如果在查询的时候，Get 能指定 rowkey、family、qualifier 这 3 个字段，则肯定可以通过布隆过滤器提升性能。但是如果在查询的时候，Get 中缺少 rowkey、family、qualifier 中任何一个字段，则无法通过布隆过滤器提升性能，因为计算布隆过滤器的 Key 不确定。

注意，一般意义上的 Scan 操作，HBase 都没法使用布隆过滤器来提升扫描数据性能。原因很好理解，同样是因为布隆过滤器的 Key 值不确定，所以没法计算出哈希值对比。但是，在某些特定场景下，Scan 操作同样可以借助布隆过滤器提升性能。

对于 ROWCOL 类型的布隆过滤器来说，如果在 Scan 操作中明确指定需要扫某些列，如下所示：

```
Scan scan = new Scan()
  .addColumn(FAMILY0, QUALIFIER0)
  .addColumn(FAMILY1, QUALIFIER1)
```

那么在 Scan 过程中，碰到 KV 数据从一行换到新的一行时，是没法走 ROWCOL 类型布隆过滤器的，因为新一行的 key 值不确定；但是，如果在同一行数据内切换列时，则能通过 ROWCOL 类型布隆过滤器进行优化，因为 rowkey 确定，同时 column 也已知，也就是说，布隆过滤器中的 Key 确定，所以可以通过 ROWCOL 优化性能，详见 HBASE-4465。

另外，在 HBASE-20636 中，腾讯团队介绍了一种很神奇的设计。他们的游戏业务 rowkey 是这样设计的：

```
rowkey=<userid>#<other-field>
```

也就是用 userid 和其他字段拼接生成 rowkey。而且业务大部分的请求都按照某个指定用户的 userid 来扫描这个用户下的所有数据，即按照 userid 来做前缀扫描。基于这个请求特点，可以把 rowkey 中固定长度的前缀计算布隆过滤器，这样按照 userid 来前缀扫描时（前缀固定，所以计算布隆过滤器的 Key 值也就固定），同样可以借助布隆过滤器优化性能，HBASE-20636 中提到有一倍以上的性能提升。另外，对于 Get 请求，同样可以借助这种前缀布隆过滤器提升性能。因此，这种设计对 Get 和基于前缀扫描的 Scan 都非常友好。

这个功能已经在 HBase 2.x 版本上实现，感兴趣的读者可以尝试。

2.4 设计 KV 存储引擎 MiniBase

前面我们已经介绍了 LSM 树索引结构中最核心的数据结构和算法。在理解了这些基本知识后，我们可以自己动手设计一个嵌入式 KV 存储引擎。

本节实践性很强，我们将动手实现一个高吞吐低延迟的 KV 存储引擎。这个 KV 存储引擎非常轻量级，可以说是 HBase 的一个极简版本，所以，我们暂且称它为 MiniBase，即 HBase 的迷你版本。

MiniBase 作为嵌入式存储引擎，提供了一些非常简洁的接口，如下所示：

```
public interface MiniBase extends Closeable {

  void put(byte[] key, byte[] value) throws IOException;

  byte[] get(byte[] key) throws IOException;

  void delete(byte[] key) throws IOException;

  /**
   * Fetch all the key values whose key located in the range [startKey, stopKey)
   * @param startKey start key to scan (inclusive), if byte[0], means -oo
   * @param stopKey  to stop the scan. (exclusive), if byte[0], means +oo
```

```
 * @return Iterator for fetching the key value one by one.
 */
Iter<KeyValue> scan(byte[] startKey, byte[] stopKey) throws IOException;

interface Iter<KeyValue> {
  boolean hasNext() throws IOException;

  KeyValue next() throws IOException;
}
}
```

MiniBase 只容许使用 byte[] 作为 Key 和 Value，事实上，其他类型的基本数据类型可以非常容易地转化成 byte[]：例如，String s = "abc"，那么通过 Bytes.toBytes(s) 可以转化成 byte[]，其他数据类型类似。下面对接口部分做简要介绍：

- put/get/delete 这 3 个接口非常容易理解，即增加、读取、删除一个 key。如碰到异常，则直接抛出 IOException。
- scan 接口需要传入扫描的数据范围 [startKey, stopkey)。注意，如果 startKey=byte[0]，则表示扫描（– ∞，stopKey）的所有数据，stopkey=byte[0] 也是类似的含义。由于 Scan 操作可能返回内存无法存放的大量数据，因此，我们设计了一个迭代器用来读取数据。用户只需不断地执行 next()，直到 hasNext() 返回 false，即可从小到大依次读取存储引擎中的所有数据。

1.MiniBase 核心设计

MiniBase 的总体结构如图 2-10 所示。MiniBase 是一个标准的 LSM 树索引结构，分内存部分和磁盘部分。

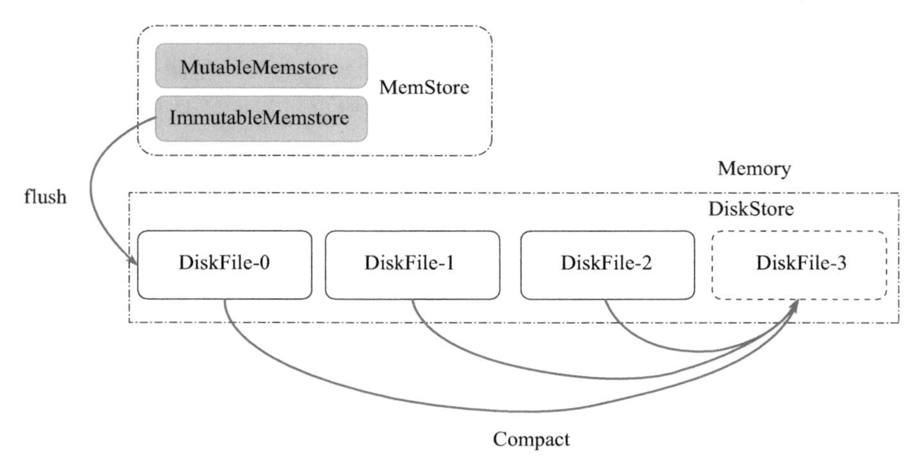

图 2-10 MiniBase 总体结构

内存部分为 MemStore。客户端不断地写入数据，当 MemStore 的内存超过一定阈值时，

MemStore 会 flush 成一个磁盘文件。可以看到图 2-10 中的 MemStore 分成 MutableMemstore 和 ImmutableMemstore 两部分，MutableMemstore 由一个 ConcurrentSkipListMap 组成，容许写入；ImmutableMemstore 也是一个 ConcurrentSkipListMap，但是不容许写入。这里设计两个小的 MemStore，是为了防止在 flush 的时候，MiniBase 无法接收新的写入。假设只有一个 MutableMemstore，那么一旦进入 flush 过程，MutableMemstore 就无法写入，而此时新的写入就无法进行。

磁盘部分为 DiskStore，由多个 DiskFile 组成，每一个 DiskFile 就是一个磁盘文件。ImmutableMemstore 执行完 flush 操作后，就会生成一个新的 DiskFile，存放到 DiskStore 中。当然，为了有效控制 DiskStore 中的 DiskFile 个数，我们为 MiniBase 设计了 Compaction 策略。目前的 Compaction 策略非常简单——当 DiskStore 的 DiskFile 数量超过一个阈值时，就把所有的 DiskFile 进行 Compact，最终合并成一个 DiskFile。

下面考虑 DiskFile 的文件格式设计。在设计之前，需要注意几个比较核心的问题：

- DiskFile 必须支持高效的写入和读取。由于 MemStore 的写入是顺序写入，如果 flush 速度太慢，则可能会阻塞后续的写入，影响写入吞吐，因此 flush 操作最好也设计成顺序写。LSM 树结构的劣势就是读取性能会有所牺牲，如果在 DiskFile 上能实现高效的数据索引，则可以大幅提升读取性能，例如考虑布隆过滤器设计。
- 由于磁盘空间很大，而内存空间相对很小，所以 DiskFile 的数据必须分成众多小块，一次 IO 操作只读取一小部分的数据。通过读取多个数据块来完成一次区间的扫描。

基于这些考虑，我们为 MiniBase 的 DiskFile 做了简单的设计，如图 2-11 所示。

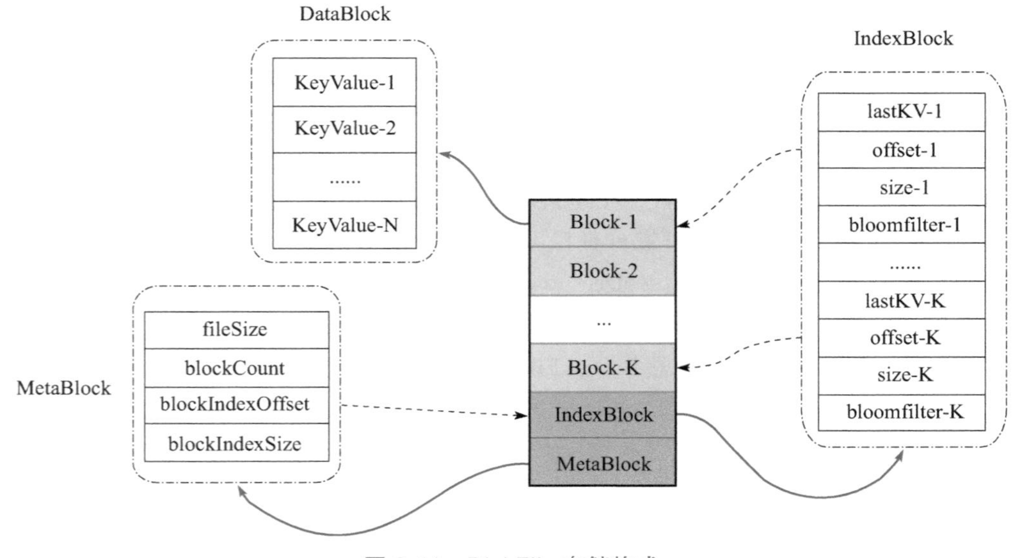

图 2-11 DiskFile 存储格式

一个 DiskFile 由 3 种类型的数据块组成，分别是 DataBlock、IndexBlock、MetaBlock。

- DataBlock：主要用来存储有序的 KeyValue 集合——KeyValue-1，KeyValue-2，…，KeyValue-N，这些 KeyValue 的大小顺序与其存储顺序严格一致。另外，在 MiniBase 中，默认每一个 Block 约为 64kB，当然用户也可以自己设置 Block 的大小。注意，一个 DiskFile 内可能有多个 Block，具体的 Block 数量取决于文件内存储的总 KV 数据量。
- IndexBlock：一个 DiskFile 内有且仅有一个 IndexBlock。它主要存储多个 DataBlock 的索引数据，每个 DataBlock 的索引数据包含以下 4 个字段：
    - lastKV：该 DataBlock 的最后一个 KV，查找时，先查 IndexBlock，根据 lastKV 定位到对应的 DataBlock，然后直接读取这个 DataBlock 到内存即可。
    - offset：该 DataBlock 在 DiskFile 中的偏移位置，查找时，用 offset 值去文件中 Seek，并读取 DataBlock 的数据。
    - size：该 DataBlock 占用的字节长度。
    - bloomFilter：该 DataBlock 内所有 KeyValue 计算出的布隆过滤器字节数组。
- MetaBlock：和 IndexBlock 一样，一个 DiskFile 中有且仅有一个 MetaBlock；同时 MetaBlock 是定长的，因此可以直接通过定位 diskfile.filesize - len(MetaBlock) 来读取 MetaBlock，而无需任何索引。主要用来保存 DiskFile 级别的元数据信息：
    - fileSize：该 DiskFile 的文件总长度，可以通过对比这个值和当前文件真实长度，判断文件是否损坏。
    - blockCount：该 DiskFile 拥有的 Block 数量。
    - blockIndexOffset：该 DiskFile 内的 IndexBlock 的偏移位置，方便定位到 IndexBlock。
    - blockIndexSize：IndexBlock 的字节长度。

假设用户需要读取指定 DiskFile 中 key='abc' 对应的 value 数据，那么可以按照如下流程进行 IO 读取：首先，由于 DiskFile 中 MetaBlock 的长度是定长的，所以很容易定位到 MetaBlock 的位置，并读取 MetaBlock 的二进制内容。MetaBlock 中存储着 blockIndexOffset 字段，这个字段指向着 IndexBlock 存储的位置，因此可以定位到这个位置并读取 blockIndexSize 字节的二进制内容，这样就完成了 IndexBlock 的读取。由于 IndexBlock 中存储着每一个 DataBlock 对应的数据区间，通过二分查找可以很方便定位到 key='abc' 在哪个 DataBlock 中，再根据对应的 DataBlock 的 offset 和 size，就能顺利完成 DataBlock 的 IO 读取。

在 MemStore 的数据导出成 DiskFile 时，按照 DiskFile 设计的存储格式，我们应该是可以保证顺序写入的。请读者自行思考 DiskFile 的生成流程，这里不再赘述。

2. KeyValue 组成

在 MiniBase 中，只容许两种更新操作：Put 操作，Delete 操作。由于 LSM 树索引中存放的是操作记录，并不是真实数据，所以我们需要把 KeyValue 结构设计成操作记录的格式。

我们设计的 KeyValue 结构如下所示：

```java
public enum Op {
  Put((byte) 0),
  Delete((byte) 1);

  private byte code;

  Op(byte code) {
    this.code = code;
  }
}

public class KeyValue{
  private byte[] key;
  private byte[] value;
  private Op op;
  private long sequenceId;
  // ...other methods
}
```

这里，主要有（key, value, Op, sequenceId）这 4 个字段，Op 有 Put 和 Delete 两种操作类型。重点需要理解 SequenceId 字段，我们会为每一次 Put/Delete 操作分配一个自增的唯一 sequenceId，这样每一个操作都对应一个 sequenceId。读取的时候，只能得到小于等于当前 sequenceId 的 Put/Delete 操作，这样保证了本次读取不会得到未来某个时间点的数据，实现了最简单的 Read Committed 的事务隔离级别。

由于 KeyValue 在 MemStore 和 DiskFile 中都是有序存放的，所以需要为 KeyValue 实现 Comparable 接口，如下所示：

```java
public class KeyValue implements Comparable<KeyValue>{
  // ...
  @Override
  public int compareTo(KeyValue kv) {
    if (kv == null) {
      throw new IllegalArgumentException("kv to compare shouldn't be null");
    }
    int ret = Bytes.compare(this.key, kv.key);
    if (ret != 0) {
      return ret;
    }
    if (this.sequenceId != kv.sequenceId) {
      return this.sequenceId > kv.sequenceId ? -1 : 1;
    }
    if (this.op != kv.op) {
      return this.op.getCode() > kv.op.getCode() ? -1 : 1;
    }
    return 0;
  }
}
```

其中，compareTo 方法定义了 KeyValue 的比较顺序。Key 小的 KeyValue 排在更前面，这是因为用户期望按照从小到大的顺序读取数据。注意在 Key 相同的情况下，sequenceId 更大的 KeyValue 排在更前面，这是因为 sequenceId 越大，说明这个 Put/Delete 操作版本越新，它更可能是用户需要读取的数据。

（1）写入流程

无论是 Put 操作还是 Delete 操作，我们都需要一个自增的 sequenceId，用于构建 KeyValue 结构。例如，Put 操作的写入代码如下：

```
@Override
public void put(byte[] key, byte[] value) throws IOException {
  this.memStore.add(KeyValue.createPut(key, value, sequenceId.incrementAndGet()));
}
```

写入到 MemStore 之后，需要考虑的是，数据量达到一个阈值之后，需要开始 flush。在 flush 的时候，先将 MutableMemstore 切换成 ImmutableMemstore，切换过程中必须保证没有写入操作。所以，我们用一个读写锁 updateLock 来控制写入操作和 Flush 操作的互斥。写入时，先拿到 updateLock 的读锁，写完之后释放，而在切换 MemStore 时拿到 updateLock 的写锁，切换完之后释放。

因此，MemStore 写入代码大致如下：

```
public void add(KeyValue kv) throws IOException {
  flushIfNeeded(true);
  updateLock.readLock().lock();
  try {
    KeyValue prevKeyValue;
    if ((prevKeyValue = kvMap.put(kv, kv)) == null) {
      dataSize.addAndGet(kv.getSerializeSize());
    } else {
      dataSize.addAndGet(kv.getSerializeSize() - prevKeyValue.getSerializeSize());
    }
  } finally {
    updateLock.readLock().unlock();
  }
  flushIfNeeded(false);
}
```

注意，第一个 flushIfNeeded 方法在发现 MemStore 满的时候，将抛出 IOException，告诉用户 MemStore 已经满了，此刻重试即可。第二个 flushIfNeeded 将提交 MemStore 的 Flush 任务，Flush 线程收到请求后开始跑 Flush 任务。另外，在成功地把 KV 放入到 ConcurrentSkipListMap 之后，需要更新 MemStore 的 dataSize。这里有两种情况：之前 KV 不存在，则直接累计 kv.getSerializeSize 即可；之前 KV 存在，则将二者差值累积到 dataSize 上。

dataSize 为当前 MemStore 内存占用字节数，用于判断是否达到 Flush 阈值。它是一个 AtomicLong 变量，所以在写入高并发的情景下，该变量可能成为一个性能瓶颈，因为所有的并发写入都需要串行执行这个 CAS 操作。但就目前来说，对性能并不会产生太大的影响。

（2）读取流程

读取流程相对要复杂很多，从 MiniBase 结构图（图 2-10）可以看出，有 MutableMemstore 和 ImmutableMemstore 两个内存有序 KV 集合、多个 DiskFile 有序集合。在 Scan 的时候，需要把多个有序集合通过多路归并算法合并成一个有序集合，然后过滤掉不符合条件的版本，将正确的 KV 返回给用户。

对于多路归并算法，我们已经在 2.2 节中介绍，这里不再赘述。重点阐述如何过滤不符合条件的数据版本。

假设用户按照图 2-12 左侧所示，依次执行了 7 个操作（注意，每个操作的 sequenceId 都是自增的），那么多路归并之后的数据如图 2-12 右侧所示。

Key	Op	sequenceId
C	Put	95
B	Delete	96
A	Delete	97
A	Put	98
A	Put	99
A	Delete	100
B	Put	101

Write Sequence

Key	Op	sequenceId
A	Delete	100
A	Put	99
A	Put	98
A	Delete	97
B	Put	101
B	Delete	96
C	Put	95

Iterator After Merge Sort

图 2-12　多路归并后读取的 KeyValue 列表

对于同一个 Key 的不同版本，我们只关心最新的版本。假设用户读取时能看到的 sequenceId ≤ 101 的数据，那么读取流程逻辑如下：

- 对于 Key=A 的版本，我们只关注（A,Delete,100）这个版本，该版本是删除操作，说明后面所有 key=A 的版本都不会被用户看到。
- 对于 Key=B 的版本，我们只关心（B,Put,101）这个版本，该版本是 Put 操作，说明该 Key 没有被删除，可以被用户看到。
- 对于 Key=C 的版本，我们只关心（C,Put,95）这个版本，该版本是 Put 操作，说明该 Key 没有被删除，可以被用户看到。

于是，对于全表扫描的 scan 操作，MiniBase 将返回（B,Put,101）和（C,Put,95）这两个 KeyValue 给用户。

对应的代码实现，可以在 MiniBase 源码的 MStore#ScanIter 中看到，这里不再赘述。

3. 思考与练习

设计存储引擎是本章最核心的部分，完整的项目代码，我们已经开源在 GitHub(https://

github.com/openinx/minibase) 上。为了让读者更深入地理解 MiniBase 的实现原理，我们特意设计了一些练习，这样读者可以亲自参与 MiniBase 的设计和实现，学以致用。

问题 1.

向 MiniBase 写入数据时，是直接写到 MemStore 中的。在 MemStore 刷新到磁盘之前，若进程由于异常原因退出，则用户成功写入 MemStore 的数据将丢失，无法恢复。一种常见的解决方案就是，在将数据写入 MemStore 之前，先写一份操作日志，这样即使进程退出，仍然可以通过操作日志来恢复 MemStore 的数据。请为 MiniBase 实现写 WAL 日志功能，保证其在进程崩溃之后依然可以从 WAL 日志中恢复 MemStore 的数据。

这里给出几个小提示：

- 随着用户的不断写入，WAL 日志可能无限增长。这样进程重启后，恢复数据时可能需花费很长时间。因此，需要控制 WAL 日志的数据量，事实上一旦 MemStore 执行了 flush 操作，那么之前的 WAL 日志都可以清理。
- 在高并发写入的情况下，会有多线程同时写入 WAL 日志。但由于必须保证 WAL 日志的完整性，需通过排他锁来控制每次写入 WAL 日志的操作，即多个并发写入将在写 WAL 日志这个步骤中严格串行，这样会极大地限制吞吐量。请思考该如何设计写 WAL 日志流程，以达到提升写入吞吐的目的。

问题 2.

MiniBase 在 Get/Scan 实现中，涉及读取 Block 的地方，并没有使用 LRU Cache，而是在每次读 Block 的时候直接去磁盘文件中读 Block。请你为 MiniBase 设计一种 LRU Cache，把经常访问的 Block 缓存在内存中，这样下次读取 Block 时，可以省去读取磁盘的开销，降低访问延迟。

实现一个 LRU Cache 并不难，网上也有很多资料和库。我们容许读者使用成熟的类库来完成练习。但有如下一些注意事项：

- 需要用参数控制 LRU 缓存的总大小，这样用户可以为不同的机器配置不同大小的 LRU Cache。
- 请将 Block 的 Cache 命中率百分比在日志中打印出来，便于用户做进一步性能调优。
- 对比使用 LRU Cache 前后，MiniBase 的 Get/Scan 吞吐分别提升多少。

问题 3.

DiskFile 中的 DataBlock 存放着有序的多个 KeyValue 集合。但目前 Get/Scan 的实现非常简单，当需要做 Block 内 Seek 时，现在是直接依次检查各个 KeyValue，这种实现相对低效。但由于 KeyValue 的有序性，我们也可以借助二分搜索来提升 DataBlock 的读取性能。请为 DataBlock 的 Seek 操作实现二分查找。

其实，当存放的 KeyValue 字节数很小时，Block 内将存放众多 KeyValue。这时二分查找比顺序查找高效很多。在实现该功能后，请对比测试 KeyValue 长度分别为 10 和 1000 时的性能。理论上，采用二分后，KeyValue 长度为 10 的性能将远优于顺序读取。

问题 4.

当前，在实现 MiniBase 的 Get 接口时，我们采用了一个很简单粗暴的实现方式，即通过 Scan 接口得到迭代器，然后将迭代器执行一次 Next，就获取了 Get 的数据。代码如下所示：

```
@Override
public KeyValue get(byte[] key) throws IOException {
  KeyValue result = null;
  Iter<KeyValue> it = scan(key, Bytes.EMPTY_BYTES);
  if (it.hasNext()) {
    KeyValue kv = it.next();
    if (Bytes.compare(kv.getKey(), key) == 0) {
      result = kv;
    }
  }
  return result;
}
```

事实上，由于 Get 操作的特殊性，我们可以通过布隆过滤器过滤掉大量无效的 Block 数据块。请重新设计 Get 操作的实现，通过布隆过滤器来优化 Get 操作的性能，并对比当前版本的 Get 性能，看看相差多少。

拓展阅读

[1] Choose Concurrency-Friendly Data Structures: http://www.drdobbs.com/parallel/choose-concurrency-friendly-data-structu/208801371?pgno=1

[2] Skip Lists: A Probabilistic Alternative to Balanced Trees: http://www.epaperpress.com/sortsearch/download/skiplist.pdf

[3] Skip List 源代码 Java 版本：https://github.com/openinx/algorithm-solution/blob/master/template/sort/SkipList.java

[4] The Log-Structured Merge-Tree (LSM-Tree): https://www.cs.umb.edu/~poneil/lsmtree.pdf

[5] Bloom Filter: https://en.wikipedia.org/wiki/Bloom_filter

CHAPTER 03

第3章

HBase依赖服务

HBase并不是一个独立的无依赖的项目。在正常的线上集群上，它至少依赖于ZooKeeper、HDFS两个Apache顶级项目。对于某些特殊场景，例如Copy Snapshot和验证集群间数据一致性等，还需要借助Yarn集群的分布式计算能力才能实现。

正是借助了Apache的这些成熟稳定的顶级系统，HBase研发团队才能够集中精力来解决高性能、高可用的KV存储系统所面临的诸多问题。

本章将简要介绍ZooKeeper和HDFS，以便读者更深入地理解HBase内部原理。

3.1 ZooKeeper简介

ZooKeeper在HBase系统中扮演着非常重要的角色。事实上，无论在HBase中，还是在Hadoop其他的分布式项目中，抑或是非Hadoop生态圈的很多开源项目中，甚至是全球大大小小的公司内，ZooKeeper都是一项非常重要的基础设施。

ZooKeeper之所以占据如此重要的地位，是因为它解决了分布式系统中一些最基础的问题：

- 提供极低延迟、超高可用的内存KV数据库服务。
- 提供中心化的服务故障发现服务。
- 提供分布式场景下的锁、Counter、Queue等协调服务。

ZooKeeper集群本身是一个服务高可用的集群，通常由奇数个（比如3个、5个等）节点组成，集群的服务不会因小于一半的节点宕机而受影响。ZooKeeper集群中多个节点都存储同一份数据，为保证多节点之间数据的一致性，ZooKeeper使用ZAB（ZooKeeper Atomic Broadcast）协议作为数据一致性的算法。ZAB是由Paxos算法改进而来，有兴趣的读者可以进一步阅读论文《Zab: High-performance broadcast for primary-backup systems》。

ZooKeeper 节点内数据组织为树状结构，如图 3-1 所示，数据存储在每一个树节点（称为 znode）上，用户可以根据数据路径获取对应的数据。

1. ZooKeeper 核心特性

ZooKeeper 在使用 ZAB 协议保证多节点数据一致性的基础上实现了很多其他工程特性，以下这些特性对于实现分布式集群管理的诸多功能至关重要。

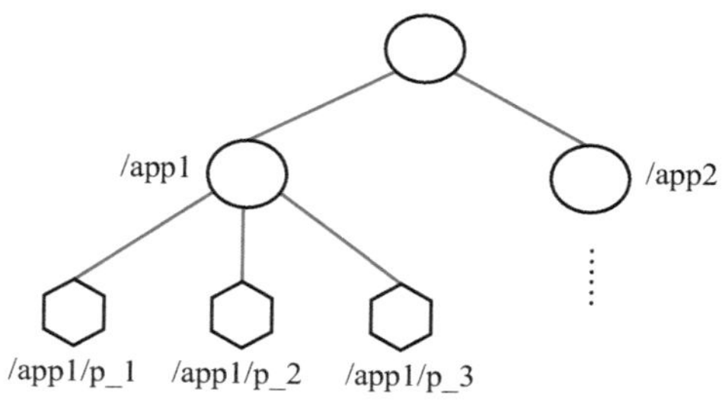

图 3-1 ZooKeeper 节点内数据组织结构

1）多类型节点。ZooKeeper 数据树节点可以设置多种节点类型，每种节点类型具有不同节点特性。

- 持久节点（PERSISTENT）：节点创建后就会一直存在，直到有删除操作来主动清除这个节点。
- 临时节点（EPHEMERAL）：和持久节点不同，临时节点的生命周期和客户端 session 绑定。也就是说，如果客户端 session 失效，那么这个节点就会自动被清除掉。注意，这里提到的是 session 失效，而非连接断开，后面会讲到两者的区别；另外，在临时节点下面不能创建子节点。
- 持久顺序节点（PERSISTENT_SEQUENTIAL）：这类节点具有持久特性和顺序特性。持久特性即一旦创建就会一直存在，直至被删除。顺序特性表示父节点会为它的第一级子节点维护一份时序，记录每个子节点创建的先后顺序。实际实现中，Zookeeper 会为顺序节点加上一个自增的数字后缀作为新的节点名。
- 临时顺序节点（EPHEMERAL_SEQUENTIAL）：这类节点具有临时特性和顺序特性。临时特性即客户端 session 一旦结束，节点就消失。顺序特性表示父节点会为它的第一级子节点维护一份时序，记录每个子节点创建的先后顺序。

2）Watcher 机制。Watcher 机制是 ZooKeeper 实现的一种事件异步反馈机制，就像现实生活中某读者订阅了某个主题，这个主题一旦有任何更新都会第一时间反馈给该读者一样。

- watcher 设置：ZooKeeper 可以为所有的读操作设置 watcher，这些读操作包括 getChildren()、exists() 以及 getData()。其中通过 getChildren() 设置的 watcher 为子节点 watcher，这类 watcher 关注的事件包括子节点创建、删除等。通过 exists() 和 getData() 设置的 watcher 为数据 watcher，这类 watcher 关注的事件包含节点数据发生更新、子节点发生创建删除操作等。
- watcher 触发反馈：ZooKeeper 中客户端与服务器端之间的连接是长连接。watcher 事件发生之后服务器端会发送一个信息给客户端，客户端会调用预先准备的处理逻辑进行应对。

- watcher特性：watcher事件是一次性的触发器，当watcher关注的对象状态发生改变时，将会触发此对象上所设置的watcher对应事件。例如：如果一个客户端通过getData("/znode1", true)操作给节点/znode1加上了一个watcher，一旦"/znode1"的数据被改变或删除，客户端就会获得一个关于"znode1"的事件。但是如果/znode1再次改变，那么将不再有watcher事件反馈给客户端，除非客户端重新设置了一个watcher。

3）Session机制。ZooKeeper在启动时，客户端会根据配置文件中ZooKeeper服务器列表配置项，选择其中任意一台服务器相连，如果连接失败，它会尝试连接另一台服务器，直到与一台服务器成功建立连接或因为所有ZooKeeper服务器都不可用而失败。

一旦建立连接，ZooKeeper就会为该客户端创建一个新的session。每个session都会有一个超时时间设置，这个设置由创建session的应用和服务器端设置共同决定。如果ZooKeeper服务器在超时时间段内没有收到任何请求，则相应的session会过期。一旦session过期，任何与该session相关联的临时znode都会被清理。临时znode一旦被清理，注册在其上的watch事件就会被触发。

需要注意的是，ZooKeeper对于网络连接断开和session过期是两种处理机制。在客户端与服务端之间维持的是一个长连接，在session超时时间内，服务端会不断检测该客户端是否还处于正常连接，服务端会将客户端的每次操作视为一次有效的心跳检测来反复地进行session激活。因此，在正常情况下，客户端session是一直有效的。然而，当客户端与服务端之间的连接断开后，用户在客户端可能主要看到：CONNECTION_LOSS和SESSION_EXPIRED两类异常。

- CONNECTION_LOSS：网络一旦断连，客户端就会收到CONNECTION_LOSS异常，此时它会自动从ZooKeeper服务器列表中重新选取新的地址，并尝试重新连接，直到最终成功连接上服务器。
- SESSION_EXPIRED：客户端与服务端断开连接后，如果重连时间耗时太长，超过了session超时时间，服务器会进行session清理。注意，此时客户端不知道session已经失效，状态还是DISCONNECTED，如果客户端重新连上了服务器，此时状态会变更为SESSION_EXPIRED。

2. ZooKeeper典型使用场景

ZooKeeper在实际集群管理中利用上述工程特性可以实现非常多的分布式功能，比如HBase使用ZooKeeper实现了Master高可用管理、RegionServer宕机异常检测、分布式锁等一系列功能。以分布式锁为例，具体实现步骤如下：

1）客户端调用create()方法创建名为“locknode/lock-”的节点，需要注意的是，节点的创建类型需要设置为EPHEMERAL_SEQUENTIAL。

2）客户端调用getChildren(“locknode”)方法来获取所有已经创建的子节点。

3）客户端获取到所有子节点path之后，如果发现自己在步骤1）中创建的节点序号最小，那么就认为这个客户端获得了锁。

4）如果在步骤 3）中发现自己并非所有子节点中最小的，说明集群中其他进程获取到了这把锁。此时客户端需要找到最小子节点，然后对其调用 exist() 方法，同时注册事件监听。

5）一旦最小子节点对应的进程释放了分布式锁，对应的临时节点就会被移除，客户端因为注册了事件监听而收到相应的通知。这个时候客户端需要再次调用 getChildren("locknode") 方法来获取所有已经创建的子节点，然后进入步骤 3。

3.2 HBase 中 ZooKeeper 核心配置

一个分布式 HBase 集群的部署运行强烈依赖于 ZooKeeper，在当前的 HBase 系统实现中，ZooKeeper 扮演了非常重要的角色。

首先，在安装 HBase 集群时需要在配置文件 conf/hbase-site.xml 中配置与 ZooKeeper 相关的几个重要配置项，如下所示：

```
<property>
    <name>hbase.zookeeper.quorum</name>
    <value>localhost</value>
</property>
<property>
    <name>hbase.zookeeper.property.clientPort</name>
    <value>2181</value>
</property>
<property>
    <name>zookeeper.znode.parent</name>
    <value>/hbase</value>
</property>
```

其中，hbase.zookeeper.quorum 为 ZooKeeper 集群的地址，必须进行配置，该项默认为 localhost。hbase.zookeeper.property.clientPort 默认为 2181，可以不进行配置。zookeeper.znode.parent 默认为 /hbase，可以不配置。HBase 集群启动之后，使用客户端进行读写操作时也需要配置上述 ZooKeeper 相关参数。

其次，还有一个与 ZooKeeper 相关的配置项非常重要——zookeeper.session.timeout，表示 RegionServer 与 ZooKeeper 之间的会话超时时间，一旦 session 超时，ZooKeeper 就会感知到，通知 Master 将对应的 RegionServer 移出集群，并将该 RegionServer 上所有 Region 迁移到集群中其他 RegionServer。

在了解了 HBase 集群中 ZooKeeper 的基本配置之后，再来看看 HBase 在 ZooKeeper 上都存储了哪些信息。下面内容是 HBase 在 ZooKeeper 根节点下创建的主要子节点：

```
[zk: localhost:2181(CONNECTED) 2] ls /hbase
[meta-region-server, backup-masters, table, region-in-transition, table-lock,
master, balancer, namespace, hbaseid, online-snapshot, replication, splitWAL,
recovering-regions, rs]
```

具体说明如下。

- meta-region-server：存储 HBase 集群 hbase:meta 元数据表所在的 RegionServer 访问地址。客户端读写数据首先会从此节点读取 hbase:meta 元数据的访问地址，将部分元数据加载到本地，根据元数据进行数据路由。
- master/backup-masters：通常来说生产线环境要求所有组件节点都避免单点服务，HBase 使用 ZooKeeper 的相关特性实现了 Master 的高可用功能。其中 Master 节点是集群中对外服务的管理服务器，backup-masters 下的子节点是集群中的备份节点，一旦对外服务的主 Master 节点发生了异常，备 Master 节点可以通过选举切换成主 Master，继续对外服务。需要注意的是备 Master 节点可以是一个，也可以是多个。
- table：集群中所有表信息。
- region-in-transition：在当前 HBase 系统实现中，迁移 Region 是一个非常复杂的过程。首先对这个 Region 执行 unassign 操作，将此 Region 从 open 状态变为 offline 状态（中间涉及 PENDING_CLOSE、CLOSING 以及 CLOSED 等过渡状态），再在目标 RegionServer 上执行 assign 操作，将此 Region 从 offline 状态变成 open 状态。这个过程需要在 Master 上记录此 Region 的各个状态。目前，RegionServer 将这些状态通知给 Master 是通过 ZooKeeper 实现的，RegionServer 会在 region-in-transition 中变更 Region 的状态，Master 监听 ZooKeeper 对应节点，以便在 Region 状态发生变更之后立马获得通知，得到通知后 Master 再去更新 Region 在 hbase:meta 中的状态和在内存中的状态。
- table-lock：HBase 系统使用 ZooKeeper 相关机制实现分布式锁。HBase 中一张表的数据会以 Region 的形式存在于多个 RegionServer 上，因此对一张表的 DDL 操作（创建、删除、更新等操作）通常都是典型的分布式操作。每次执行 DDL 操作之前都需要首先获取相应表的表锁，防止多个 DDL 操作之间出现冲突，这个表锁就是分布式锁。分布式锁可以使用 ZooKeeper 的相关特性来实现，在此不再赘述。
- online-snapshot：用来实现在线 snapshot 操作。表级别在线 snapshot 同样是一个分布式操作，需要对目标表的每个 Region 都执行 snapshot，全部成功之后才能返回成功。Master 作为控制节点给各个相关 RegionServer 下达 snapshot 命令，对应 RegionServer 对目标 Region 执行 snapshot，成功后通知 Master。Master 下达 snapshot 命令、RegionServer 反馈 snapshot 结果都是通过 ZooKeeper 完成的。
- replication：用来实现 HBase 复制功能。
- splitWAL/recovering-regions：用来实现 HBase 分布式故障恢复。为了加速集群故障恢复，HBase 实现了分布式故障恢复，让集群中所有 RegionServer 都参与未回放日志切分。ZooKeeper 是 Master 和 RegionServer 之间的协调节点。
- rs：集群中所有运行的 RegionServer。

思考与练习

[1] 尝试动手搭建一个3节点的高可用ZooKeeper集群，并编写搭建文档。若暂时没有3台以上的不同机器，可以在一台机器上启动3个不同端口的ZooKeeper进程，每个进程表示一台机器上的ZooKeeper节点．这种模式在ZooKeeper内部会被认为是一个分布式的ZooKeeper集群，但是实际线上并不是（因为这个机器挂了，ZK集群就不可用）。我们把这种模式称为“伪分布式集群”，仅用于测试。

[2] 事实上，Hadoop诸多项目的UT都是通过编写代码搭建“伪分布式集群”的方式来模拟集群测试的。请编写一个UT，用来验证Zookeeper读写znode的正确性。

3.3 HDFS简介

根据1.3节的内容，我们知道HBase的文件都存放在HDFS（Hadoop Distribuited File System）文件系统上。HDFS本质上是一个分布式文件系统，可以部署在大量价格低廉的服务器上，提供可扩展的、高容错性的文件读写服务。HBase项目本身并不负责文件层面的高可用和扩展性，它通过把数据存储在HDFS上来实现大容量文件存储和文件备份。

与其他的分布式文件系统相比，HDFS擅长的场景是大文件（一般认为字节数超过数十MB的文件为大文件）的顺序读、随机读和顺序写。从API层面，HDFS并不支持文件的随机写（Seek+Write）以及多个客户端同时写同一个文件。正是由于HDFS的这些优点和缺点，深刻地影响了HBase的设计。

1. HDFS架构

HDFS架构如图3-2所示。

一般情况下，一个线上的高可用HDFS集群主要由4个重要的服务组成：NameNode、DataNode、JournalNode、ZkFailoverController。在具体介绍4个服务之前，我们需要了解Block这个概念。存储在HDFS上面的文件实际上是由若干个数据块（Block，大小默认为128MB)组成，每一个Block会设定一个副本数*N*，表示这个Block在写入的时候会写入*N*个数据节点，以达到数据备份的目的。读取的时候只需要依次读取组成这个文件的Block即可完整读取整个文件，注意读取时只需选择*N*个副本中的任何一个副本进行读取即可。

（1）NameNode

线上需要部署2个NameNode：一个节点是Active状态并对外提供服务；另一个节点是StandBy状态，作为Active的备份，备份状态下不提供对外服务，也就是说HDFS客户端无法通过请求StandBy状态的NameNode来实现修改文件元数据的目的。如果ZkFailoverController服务检测到Active状态的节点发生异常，会自动把StandBy状态的NameNode服务切换成Active的NameNode。

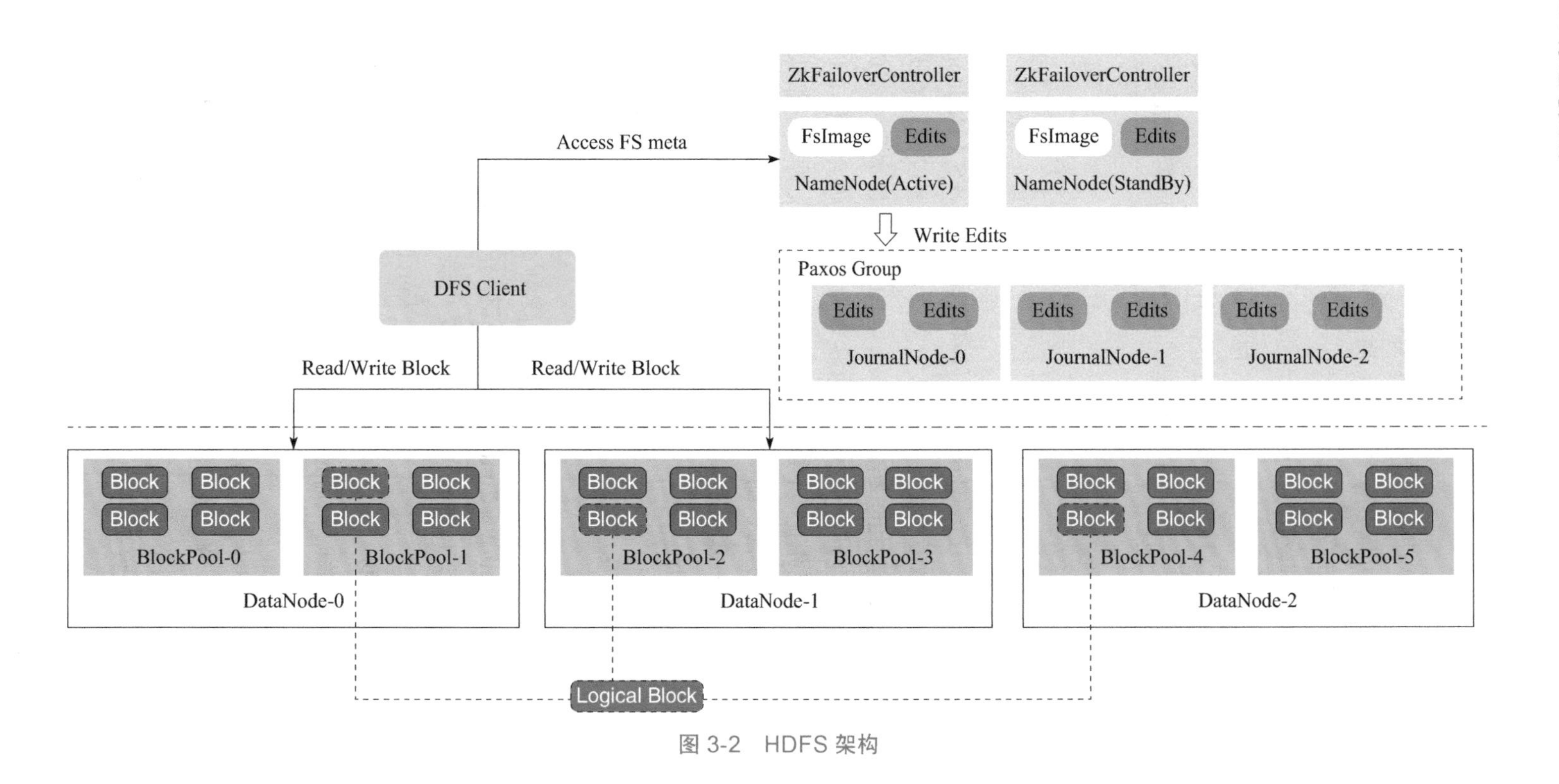
ZkFailoverController
ZkFailoverController
FsImage
Edits
NameNode(Active)
FsImage
Edits
NameNode(StandBy)
Access FS meta
Write Edits
DFS Client
Paxos Group
Edits
Edits
JournalNode-0
Edits
Edits
JournalNode-1
Edits
Edits
JournalNode-2
Read/Write Block
Read/Write Block
Block
Block
Block
Block
BlockPool-0
Block
Block
Block
Block
BlockPool-1
DataNode-0
Block
Block
Block
Block
BlockPool-2
Block
Block
Block
Block
BlockPool-3
DataNode-1
Block
Block
Block
Block
BlockPool-4
Block
Block
Block
Block
BlockPool-5
DataNode-2
Logical Block

图 3-2 HDFS 架构

NameNode存储并管理HDFS的文件元数据，这些元数据主要包括文件属性（文件大小、文件拥有者、组以及各个用户的文件访问权限等）以及文件的多个数据块分布在哪些存储节点上。需要注意的是，文件元数据是在不断更新的，例如HBase对HLog文件持续写入导致文件的Block数量不断增长，管理员修改了某些文件的访问权限，HBase把一个HFile从/hbase/data目录移到/hbase/archive目录。所有这些操作都会导致文件元数据的变更。因此NameNode本质上是一个独立的维护所有文件元数据的高可用KV数据库系统。为了保证每一次文件元数据都不丢失，NameNode采用写EditLog和FsImage的方式来保证元数据的高效持久化。每一次文件元数据的写入，都是先做一次EditLog的顺序写，然后再修改NameNode的内存状态。同时NameNode会有一个内部线程，周期性地把内存状态导出到本地磁盘持久化成FsImage（假设导出FsImage的时间点为t），那么对于小于时间点t的EditLog都认为是过期状态，是可以清理的，这个过程叫做推进checkpoint。

注意 NameNode会把所有文件的元数据全部维护在内存中。因此，如果在HDFS中存放大量的小文件，则造成分配大量的Block，这样可能耗尽NameNode所有内存而导致OOM。因此，HDFS并不适合存储大量的小文件。当然，后续的HDFS版本支持NameNode对元数据分片，解决了NameNode的扩展性问题。

（2）DataNode

组成文件的所有Block都是存放在DataNode节点上的。一个逻辑上的Block会存放在N个不同的DataNode上。而NameNode、JournalNode、ZKFailoverController服务都是用来维护文件元数据的。

（3）JournaNode

由于NameNode是Active-Standby方式的高可用模型，且NameNode在本地写EditLog，那么存在一个问题——在StandBy状态下的NameNode切换成Active状态后，如何才能保证新Active的NameNode和切换前Active状态的NameNode拥有完全一致的数据？如果新Active的NameNode数据和老Active的NameNode不一致，那么整个分布式文件系统的数据也将不一致，这对用户来说是一件极为困扰的事情。

为了保证两个NameNode在切换前后能读到一致的EditLog，HDFS单独实现了一个叫做JournalNode的服务。线上集群一般部署奇数个JournalNode（一般是3个，或者5个），在这些JournalNode内部，通过Paxos协议来保证数据一致性。因此可以认为，JournalNode其实就是用来维护EditLog一致性的Paxos组。

（4）ZKFailoverController

ZKFailoverController主要用来实现NameNode的自动切换。

2. 文件写入

下面是一个非常典型的例子，在HDFS上创建文件并写入一段数据：

```
FileSystem fs=FileSystem.get(conf);
FSDataOutputStream out ;
try(out = fs.create(path)){
    out.writeBytes("test-data");
}
```

注意，try(out=fs.create(path)) 这行代码相当于在 try{} 代码块结束后，会在 finally 代码块中执行 out.close()，其中 out.close() 内部会先执行 out.hflush()，然后关闭相关资源。

我们用这个简单的例子来阐述 HDFS 的文件写入流程，如图 3-3 所示。

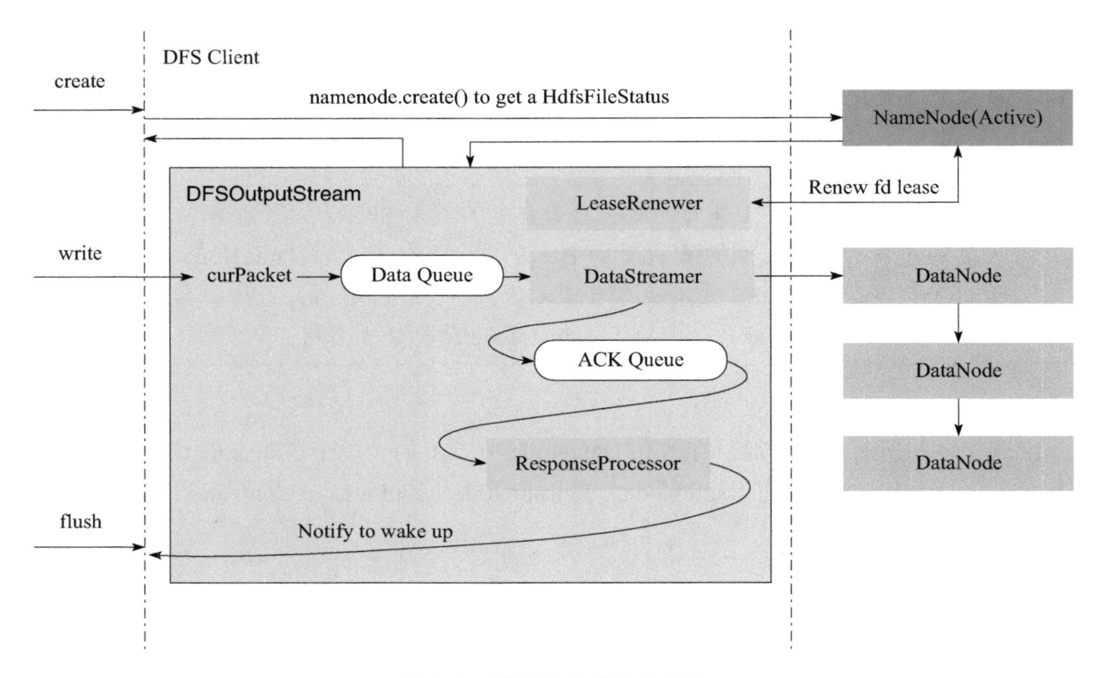

图 3-3 HDFS 文件写入流程

（1）写入流程描述

1）DFS Client 在创建 FSDataOutputStream 时，把文件元数据发给 NameNode，得到一个文件唯一标识的 fileId，并向用户返回一个 OutputStream。

2）用户拿到 OutputStream 之后，开始写数据。注意写数据都是按照 Block 来写的，不同的 Block 可能分布在不同的 DataNode 上，因此如果发现当前的 Block 已经写满，DFSClient 就需要再发起请求向 NameNode 申请一个新的 Block。在一个 Block 内部，数据由若干个 Packet（默认 64KB）组成，若当前的 Packet 写满了，就放入 DataQueue 队列，DataStreamer 线程异步地把 Packet 写入到对应的 DataNode。3 个副本中的某个 DataNode 收到 Packet 之后，会先写本地文件，然后发送一份到第二个 DataNode，第二个执行类似步骤后，发给第三个 DataNode。等所有的 DataNode 都写完数据之后，就发送 Packet 的 ACK 给 DFS Client，只有收到 ACK 的 Packet 才是写入成功的。

3）用户执行完写入操作后，需要关闭 OutputStream。关闭过程中，DFSClient 会先把本地 DataQueue 中未发出去的 Packet 全部发送到 DataNode。若忘记关闭，对那些已经成功缓存在 DFS Client 的 DataQueue 中但尚未成功写入 DataNode 的数据，将没有机会写入 DataNode 中。对用户来说，这部分数据将丢失。

（2）FSDataOutputStream 中 hflush 和 hsync 的区别

hflush 成功返回，则表示 DFSClient 的 DataQueue 中所有 Packet 都已经成功发送到了 3 个 DataNode 上。但是对每个 DataNode 而言，数据仍然可能存放在操作系统的 Cache 上，若存在至少一个正常运行的 DataNode，则数据不会丢失。hsync 成功返回，则表示 DFSClient DataQueue 中的 Packet 不但成功发送到了 3 个 DataNode，而且每个 DataNode 上的数据都持久化（sync）到了磁盘上，这样就算所有的 DataNode 都重启，数据依然存在（hflush 则没法保证）。

在 HBASE-19024 之后，HBase 1.5.0 以上的版本可以在服务端通过设置 hbase.wal.hsync 来选择 hflush 或者 hsync。低于 1.5.0 的版本，可以在表中设置 DURABILITY 属性来实现。

在小米内部大部分 HBase 集群上，综合考虑写入性能和数据可靠性两方面因素，我们选择使用默认的 hflush 来保证 WAL 持久性。因为底层的 HDFS 集群已经保证了数据的三副本，并且每一个副本位于不同的机架上，而三个机架同时断电的概率极小。但是对那些依赖云服务的 HBase 集群来说，有可能没法保证副本落在不同机架，hsync 是一个合理的选择。

另外，针对小米广告业务和云服务这种对数据可靠性要求很高的业务，我们采用同步复制的方式来实现多个数据中心的数据备份，这样虽然仍选择用 hflush，但数据已经被同步写入两个数据中心的 6 个 DataNode 上，同样可以保证数据的高可靠性。

3. 文件读取

HDFS 文件读取流程如图 3-4 所示。

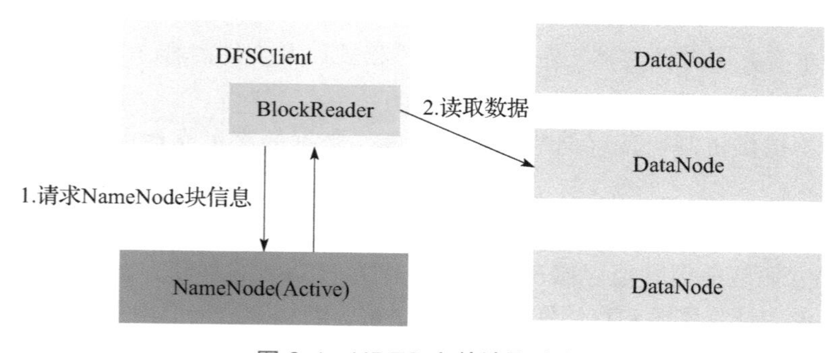

图 3-4　HDFS 文件读取流程

（1）读取流程描述

1）DFSClient 请求 NameNode，获取到对应 read position 的 Block 信息（包括该 Block 落在了哪些 DataNode 上）。

2）DFSClient 从 Block 对应的 DataNode 中选择一个合适的 DataNode，对选中的 DataNode 创建一个 BlockReader 以进行数据读取。

HDFS 读取流程很简单，但对 HBase 的读取性能影响重大，尤其是 Locality 和短路读这两个最为核心的因素。

（2）Locality

某些服务可能和 DataNode 部署在同一批机器上。因为 DataNode 本身需要消耗的内存资源和 CPU 资源都非常少，主要消耗网络带宽和磁盘资源。而 HBase 的 RegionServer 服务本身是内存和 CPU 消耗型服务，于是我们把 RegionServer 和 DataNode 部署在一批机器上。对某个 DFSClient 来说，一个文件在这台机器上的 locality 可以定义为：

locality = 该文件存储在本地机器的字节数之和 / 该文件总字节数

因此，locality 是 [0, 1] 之间的一个数，locality 越大，则读取的数据都在本地，无需走网络进行数据读取，性能就越好。反之，则性能越差。

（3）短路读（Short Circuit Read）

短路读是指对那些 Block 落在和 DFSClient 同一台机器上的数据，可以不走 TCP 协议进行读取，而是直接由 DFSClient 向本机的 DataNode 请求对应 Block 的文件描述符（File Descriptor），然后创建一个 BlockReaderLocal，通过 fd 进行数据读取，这样就节省了走本地 TCP 协议栈的开销。

测试数据表明，locality 和短路读对 HBase 的读性能影响重大。在 locality=1.0 情况下，不开短路读的 p99 性能要比开短路读差 10% 左右。如果用 locality=0 和 locality=1 相比，读操作性能则差距巨大。

4. HDFS 在 HBase 系统中扮演的角色

HBase 使用 HDFS 存储所有数据文件，从 HDFS 的视角看，HBase 就是它的客户端。这样的架构有几点需要说明：

- HBase 本身并不存储文件，它只规定文件格式以及文件内容，实际文件存储由 HDFS 实现。
- HBase 不提供机制保证存储数据的高可靠，数据的高可靠性由 HDFS 的多副本机制保证。
- HBase-HDFS 体系是典型的计算存储分离架构。这种轻耦合架构的好处是，一方面可以非常方便地使用其他存储替代 HDFS 作为 HBase 的存储方案；另一方面对于云上服务来说，计算资源和存储资源可以独立扩容缩容，给云上用户带来了极大的便利。

3.4 HBase 在 HDFS 中的文件布局

通过 HDFS 的客户端列出 HBase 集群的文件如下：

```
hadoop@hbase37:~/hadoop-current/bin$ ./hdfs dfs -ls /hbase-nptest
Found 10 items
drwxr-xr-x   - hadoop hadoop      0 2018-05-07 10:42 /hbase-nptest/.hbase-snapshot
drwxr-xr-x   - hadoop hadoop      0 2018-04-27 14:04 /hbase-nptest/.tmp
drwxr-xr-x   - hadoop hadoop      0 2018-07-06 21:07 /hbase-nptest/MasterProcWALs
drwxr-xr-x   - hadoop hadoop      0 2018-06-25 17:14 /hbase-nptest/WALs
drwxr-xr-x   - hadoop hadoop      0 2018-05-07 10:43 /hbase-nptest/archive
drwxr-xr-x   - hadoop hadoop      0 2017-10-10 20:24 /hbase-nptest/corrupt
drwxr-xr-x   - hadoop hadoop      0 2018-05-31 12:02 /hbase-nptest/data
-rw-r--r--   3 hadoop hadoop     42 2017-09-29 17:30 /hbase-nptest/hbase.id
-rw-r--r--   3 hadoop hadoop      7 2017-09-29 17:30 /hbase-nptest/hbase.version
drwxr-xr-x   - hadoop hadoop      0 2018-07-06 21:22 /hbase-nptest/oldWALs
```

参数说明如下：

- .hbase-snapshot：snapshot 文件存储目录。用户执行 snapshot 后，相关的 snapshot 元数据文件存储在该目录。
- .tmp：临时文件目录，主要用于 HBase 表的创建和删除操作。表创建的时候首先会在 tmp 目录下执行，执行成功后再将 tmp 目录下的表信息移动到实际表目录下。表删除操作会将表目录移动到 tmp 目录下，一定时间过后再将 tmp 目录下的文件真正删除。
- MasterProcWALs：存储 Master Procedure 过程中的 WAL 文件。Master Procedure 功能主要用于可恢复的分布式 DDL 操作。在早期 HBase 版本中，分布式 DDL 操作一旦在执行到中间某个状态发生宕机等异常的情况时是没有办法回滚的，这会导致集群元数据不一致。Master Procedure 功能使用 WAL 记录 DDL 执行的中间状态，在异常发生之后可以通过 WAL 回放明确定位到中间状态点，继续执行后续操作以保证整个 DDL 操作的完整性。
- WALs：存储集群中所有 RegionServer 的 HLog 日志文件。
- archive：文件归档目录。这个目录主要会在以下几个场景下使用。
  - 所有对 HFile 文件的删除操作都会将待删除文件临时放在该目录。
  - 进行 Snapshot 或者升级时使用到的归档目录。
  - Compaction 删除 HFile 的时候，也会把旧的 HFile 移动到这里。
- corrupt：存储损坏的 HLog 文件或者 HFile 文件。
- data：存储集群中所有 Region 的 HFile 数据。HFile 文件在 data 目录下的完整路径如下所示：

```
/hbase/data/default/usertable/fa13562579a4c0ec84858f2c947e8723/family/105baeff
31ed481cb708c65728965666
```

其中，default 表示命名空间，usertable 为表名，fa13562579a4c0ec84858f2c947e8723 为 Region 名称，family 为列簇名，105baeff31ed481cb708c65728965666 为 HFile 文件名。

除了 HFile 文件外，data 目录下还存储了一些重要的子目录和子文件。

  - .tabledesc：表描述文件，记录对应表的基本 schema 信息。

  - .tmp：表临时目录，主要用来存储 Flush 和 Compaction 过程中的中间结果。以 flush 为例，MemStore 中的 KV 数据落盘形成 HFile 首先会生成在 .tmp 目录下，一旦完成再从 .tmp 目录移动到对应的实际文件目录。
  - .regioninfo：Region 描述文件。
  - recovered.edits：存储故障恢复时该 Region 需要回放的 WAL 日志数据。RegionServer 宕机之后，该节点上还没有来得及 flush 到磁盘的数据需要通过 WAL 回放恢复，WAL 文件首先需要按照 Region 进行切分，每个 Region 拥有对应的 WAL 数据片段，回放时只需要回放自己的 WAL 数据片段即可。
- hbase.id：集群启动初始化的时候，创建的集群唯一 id。
- hbase.version：HBase 软件版本文件，代码静态版本。
- oldWALs：WAL 归档目录。一旦一个 WAL 文件中记录的所有 KV 数据确认已经从 MemStore 持久化到 HFile，那么该 WAL 文件就会被移到该目录。

思考与练习

[1] 尝试动手搭建一个包含 NameNode、DataNode、JournalNode、ZKFailvoerController 的高可用 HDFS 集群，并编写操作文档。

[2] 请简单阐述 DFSClient 在发现某个 DataNode 不可读写之后，该如何处理？

[3] 在 FileSystem.create() 创建文件时，可以通过如下接口指定文件的 Block 大小：

```
public FSDataOutputStream create(Path f,
                                  boolean overwrite,
                                  int bufferSize,
                                  short replication,
                                  long blockSize
) throws IOException
```

其中，f 表示待创建的文件路径；overwrite 表示是否覆盖已存在的文件；bufferSize 表示写入缓冲区大小；replication 表示副本数；blockSize 表示组成文件的块大小。请问如果 Block 设太大（例如 1GB）会造成什么不良影响？设太小会造成什么不良影响？

[4] 在第 1 章中，我们知道 HBase 的每一个 RegionServer 都会至少打开一个 HLog 文件。事实上，HLog 文件是一直打开的，当有新的写请求时，HBase 会写一个 Entry 到 HLog 文件中，并执行 hflush 操作。如果 RegionServer 进程中途退出，那么 NameNode 就无法知道这个文件是否已经关闭，NameNode 会认为这个文件的写入者仍然是原来的 RegionServer 进程。如果后面有其他进程尝试去打开读取这个未关闭的 HLog 文件，则先执行 fs.recoverLease() 操作。请问 recoverLease 操作主要做了什么事情？为什么需要做 recoverLease？

[5] 在发现当前 Block 被写满的情况下，DFSClient 会重新向 NameNode 申请 Block 吗？ NameNode 分配 Block 的时候，有哪些策略？需要考虑哪些问题？

[6] 编程题：在 HBase 的数据目录中，经常会出现某个目录下存放大量子目录和文件的情况。例如整个 /hbase 目录下会有数万个文件（包括各层子目录下的子文件），现在请你设计一个程序，用来统计 /hbase 目录下有多少个文件，这些文件的平均字节数是多少。

提示：我们可以很方便地设计一个单线程递归程序来完成统计任务，为提高统计效率，请采用多线程来完成这个任务（HBASE-22867 是一个典型的应用案例）。

拓展阅读

[1] https://hadoop.apache.org/docs/r1.2.1/hdfs_design.html
[2] HDFS 小文件存储方案：http://blog.cloudera.com/blog/2009/02/the-small-files-problem/
[3] 论文：Google GFS (https://research.google.com/archive/gfs-sosp2003.pdf)
[4] 论文：ZooKeeper: Wait-free coordination for Internet-scale systems (https://www.usenix.org/legacy/event/atc10/tech/full_papers/Hunt.pdf)
[5] ZooKeeper Over: https://zookeeper.apache.org/doc/r3.2.2/zookeeperOver.pdf
[6] ZooKeeper 官方文档：https://zookeeper.apache.org/doc/r3.3.4/index.html

CHAPTER 04

第4章 HBase客户端

对于使用HBase的业务方来说，从HBase客户端到HBase服务端，再到HDFS客户端，最后到HDFS服务端，这是一整条路径，其中任何一个环节出现问题，都会影响业务的可用性并造成延迟。因此，HBase的业务方需要对HBase客户端有较好地理解，以便优化服务体验。而事实上，由于HBase本身功能的复杂性以及Region定位功能设计在客户端上，导致HBase客户端并不足够轻量级。

本章将详细探讨客户端的设计原理，以及客户端使用过程中一些常见的"坑"。相信读者在阅读了本章之后，会对HBase体系以及HBase客户端的正确使用有较好的理解。

4.1 HBase客户端实现

HBase提供了面向Java、C/C++、Python等多种语言的客户端。由于HBase本身是Java开发的，所以非Java语言的客户端需要先访问ThriftServer，然后通过ThriftServer的Java HBase客户端来请求HBase集群。当然，有部分第三方团队实现了其他一些HBase客户端，例如OpenTSDB团队使用的asynchbase和gohbase等，但由于社区客户端和服务端协议在大版本之间可能产生较大不兼容，而第三方开发的客户端一般会落后于社区，因此这里不推荐使用第三方客户端，建议统一使用HBase社区的客户端。对其他语言的客户端，推荐使用ThriftServer的方式来访问HBase服务。

另外，HBase也支持Shell交互式客户端。Shell客户端实质是用JRuby（用Java编写的Ruby解释器，方便Ruby脚本跑在JVM虚拟机上）脚本调用官方HBase客户端来实现的。因此，各种客户端的核心实现都在社区Java版本客户端上。本节主要探讨HBase社区Java客户端。

下面我们通过一个访问HBase集群的典型示例代码，阐述HBase客户端的用法和设计，代码如下所示：

```
public class TestDemo {
  private static final HBaseTestingUtility TEST_UTIL = new HBaseTestingUtility();
  public static final TableName tableName = TableName.valueOf("testTable");
  public static final byte[] ROW_KEY0 = Bytes.toBytes("rowkey0");
  public static final byte[] ROW_KEY1 = Bytes.toBytes("rowkey1");
  public static final byte[] FAMILY = Bytes.toBytes("family");
  public static final byte[] QUALIFIER = Bytes.toBytes("qualifier");
  public static final byte[] VALUE = Bytes.toBytes("value");

  @BeforeClass
  public static void setUpBeforeClass() throws Exception {
    TEST_UTIL.startMiniCluster();
  }

  @AfterClass
  public static void tearDownAfterClass() throws Exception {
    TEST_UTIL.shutdownMiniCluster();
  }

  @Test
  public void test() throws IOException {
    Configuration conf = TEST_UTIL.getConfiguration();
    try (Connection conn = ConnectionFactory.createConnection(conf)) {
      try (Table table = conn.getTable(tableName)) {
        for (byte[] rowkey : new byte[][] { ROW_KEY0, ROW_KEY1 }) {
          Put put = new Put(rowkey).addColumn(FAMILY, QUALIFIER, VALUE);
          table.put(put);
        }

        Scan scan = new Scan().withStartRow(ROW_KEY1).setLimit(1);
        try (ResultScanner scanner = table.getScanner(scan)) {
          List<Cell> cells = new ArrayList<>();
          for (Result result : scanner) {
            cells.addAll(result.listCells());
          }
          Assert.assertEquals(cells.size(), 1);
          Cell firstCell = cells.get(0);
          Assert.assertArrayEquals(CellUtil.cloneRow(firstCell), ROW_KEY1);
          Assert.assertArrayEquals(CellUtil.cloneFamily(firstCell), FAMILY);
          Assert.assertArrayEquals(CellUtil.cloneQualifier(firstCell), QUALIFIER);
          Assert.assertArrayEquals(CellUtil.cloneValue(firstCell), VALUE);
        }
      }
    }
  }
}
```

这个示例是一个访问 HBase 的单元测试代码。我们在类 TestDemo 初始化前，通过 HBase 的 HBaseTestingUtility 工具启动一个运行在本地的 Mini HBase 集群，最后跑完所有的单元测试样例之后，同样通过 HBaseTestingUtility 工具清理相关资源，并关闭集群。

下面重点讲解 TestDemo#test 方法的实现。主要步骤如下。

步骤 1：获取集群的 Configuration 对象。

对访问 HBase 集群的客户端来说，一般需要 3 个配置文件：hbase-site.xml、core-site.xml、hdfs-site.xml。只需把这 3 个配置文件放到 JVM 能加载的 classpath 下即可，然后通过如下代码即可加载到 Configuration 对象：

```
Configuration conf = HBaseConfiguration.create();
```

在示例中，由于 HBaseTestingUtility 拥有 API 可以方便地获取到 Configuration 对象，所以省去了加载 Configuration 对象的步骤。

步骤 2：通过 Configuration 初始化集群 Connection。

Connection 是 HBase 客户端进行一切操作的基础，它维持了客户端到整个 HBase 集群的连接，例如一个 HBase 集群中有 2 个 Master、5 个 RegionServer，那么一般来说，这个 Connection 会维持一个到 Active Master 的 TCP 连接和 5 个到 RegionServer 的 TCP 连接。

通常，一个进程只需要为一个独立的集群建立一个 Connection 即可，并不需要建立连接池。建立多个连接，是为了提高客户端的吞吐量，连接池是为了减少建立和销毁连接的开销，而 HBase 的 Connection 本质上是由连接多个节点的 TCP 链接组成，客户端的请求分发到各个不同的物理节点，因此吞吐量并不存在问题；另外，客户端主要负责收发请求，而大部分请求的响应耗时都花在服务端，所以使用连接池也不一定能带来更高的效益。

Connection 还缓存了访问的 Meta 信息，这样后续的大部分请求都可以通过缓存的 Meta 信息定位到对应的 RegionServer。

步骤 3：通过 Connection 初始化 Table。

Table 是一个非常轻量级的对象，它实现了用户访问表的所有 API 操作，例如 Put、Get、Delete、Scan 等。本质上，它所使用的连接资源、配置信息、线程池、Meta 缓存等，都来自步骤 2 创建的 Connection 对象。因此，由同一个 Connection 创建的多个 Table，都会共享连接、配置信息、线程池、Meta 缓存这些资源。

注意 在 branch-1 以及之前的版本中，Table 并不是线程安全的类，所以并不建议在多个线程之间共享使用同一个 Table 实例。在 HBase 2.0.0 及之后的版本中，Table 已经实现为线程安全类。总体上，由于 Table 是一个非常轻量级的对象，所以可以通过同一个 Connection 为每个请求创建一个 Table，但要记住，在该请求执行完之后需关闭 Table 对象。

步骤 4：通过 Table 执行 Put 和 Scan 操作。

从示例代码中可以明显看出，HBase操作的rowkey、family、column、value等都需要先序列化成byte[]，同样读取的每一个cell也是用byte[]来表示的。

以上就是访问HBase表数据的全过程。

4.1.1 定位Meta表

HBase一张表的数据是由多个Region构成，而这些Region是分布在整个集群的RegionServer上的。那么客户端在做任何数据操作时，都要先确定数据在哪个Region上，然后再根据Region的RegionServer信息，去对应的RegionServer上读取数据。因此，HBase系统内部设计了一张特殊的表——hbase:meta表，专门用来存放整个集群所有的Region信息。hbase:meta中的hbase指的是namespace，HBase容许针对不同的业务设计不同的namespace，系统表采用统一的namespace，即hbase；meta指的是hbase这个namespace下的表名。

首先，我们来介绍一下hbase:meta表的基本结构，打开HBase Shell，我们可以看到hbase:meta表的结构如下：

```
./bin/hbase shell
hbase(main):001:0> describe 'hbase:meta'
hbase:meta, {TABLE_ATTRIBUTES => {IS_META => 'true', REGION_REPLICATION => '1',
  coprocessor$1 => '|org.apache.hadoop.hbase.coprocessor.MultiRowMutationEndpoi
  nt|536870911|'}}
COLUMN FAMILIES DESCRIPTION
{NAME => 'info', BLOOMFILTER => 'NONE', VERSIONS => '10',
IN_MEMORY => 'true', KEEP_DELETED_CELLS => 'FALSE', DATA_BLOCK_ENCODING =>
  'NONE', TTL => 'FOREVER', COMPRESSION => 'NONE', CACHE_DATA_IN_L1 => 'true',
 MIN_VERSIONS => '0', BLOCKCACHE => 'true', BLOCKSIZE => '8192',
 REPLICATION_SCOPE => '0'}
1 row(s) in 0.2350 seconds
```

hbase:meta表的结构非常简单，整个表只有一个名为info的ColumnFamily。而且HBase保证hbase:meta表始终只有一个Region，这是为了确保meta表多次操作的原子性，因为HBase本质上只支持Region级别的事务[㊀]（注意表结构中用到了MultiRowMutationEndpoint这个coprocessor，就是为了实现Region级别事务）。

那么，hbase:meta表内具体存放的是哪些信息呢？图4-1较为清晰地描述了hbase:meta表内存储的信息。

总体来说，hbase:meta的一个rowkey就对应一个Region，rowkey主要由TableName（业务表名）、StartRow（业务表Region区间的起始rowkey）、Timestamp（Region创建的时间戳）、EncodedName（上面3个字段的MD5 Hex值）4个字段拼接而成。每一行数据又分为4列，分别是info:regioninfo、info:seqnumDuringOpen、info:server、info:serverstartcode。

- info:regioninfo：该列对应的Value主要存储4个信息，即EncodedName、RegionName、

㊀ 所谓Region级别事务，就是当多个操作落在同一个Region内时，HBase能保证这一批操作执行的原子性。如果多个操作分散在不同的Region，则无法保证这批操作的原子性。

Region 的 StartRow、Region 的 StopRow。

- info:seqnumDuringOpen：该列对应的 Value 主要存储 Region 打开时的 sequenceId。
- info:server：该列对应的 Value 主要存储 Region 落在哪个 RegionServer 上。
- info:serverstartcode：该列对应的 Value 主要存储所在 RegionServer 的启动 Timestamp。

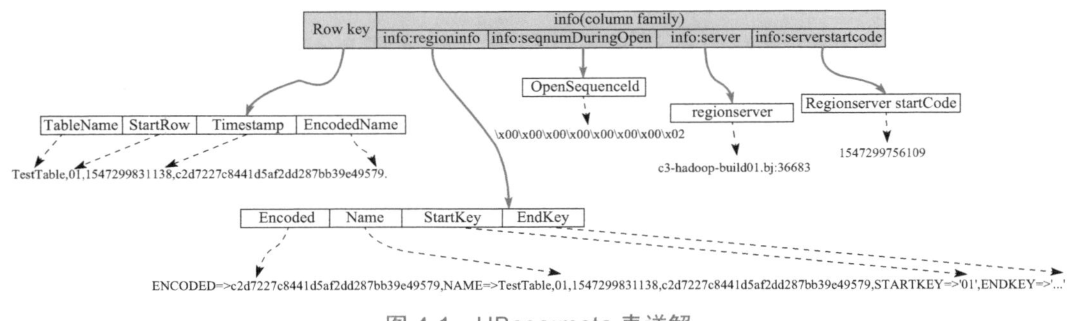

图 4-1 HBase:meta 表详解

理解了 hbase:meta 表的基本信息后，就可以根据 rowkey 来查找业务的 Region 了。例如，现在需要查找 micloud:note 表中 rowkey='userid334452' 所在的 Region，可以设计如下查询语句：

```
scan 'hbase:meta', {STARTROW=>'micloud:note,userid334452,9999999999999',REVERSED=>true,LIMIT=>1}
```

这里，读者可能会感到奇怪：为什么需要用一个 9999999999999 的 timestamp，以及为什么要用反向查询 Reversed Scan 呢？

首先，9999999999999 是 13 位时间戳中最大值。其次因为 HBase 在设计 hbase:meta 表的 rowkey 时，把业务表的 StartRow（而不是 StopRow）放在 hbase:meta 表的 rowkey 上。这样，如果某个 Region 对应的区间是 [bbb, ccc)，为了定位 rowkey=bc 的 Region，通过正向 Scan 只会找到 [bbb, ccc) 这个区间的下一个区间，但是，即使我们找到了 [bbb, ccc) 的下一个区间，也没法快速找到 [bbb, ccc) 这个 Region 的信息。所以，采用 Reversed Scan 是比较合理的方案。

在理解了如何根据 rowkey 去 hbase:meta 表中定位业务表的 Region 之后，试着思考另外一个问题：HBase 作为一个分布式数据库系统，一个大的集群可能承担数千万的查询写入请求，而 hbase:meta 表只有一个 Region，如果所有的流量都先请求 hbase:meta 表找到 Region，再请求 Region 所在的 RegionServer，那么 hbase:meta 表的将承载巨大的压力，这个 Region 将马上成为热点 Region，且根本无法承担数千万的流量。那么，如何解决这个问题呢？

事实上，解决思路很简单：把 hbase:meta 表的 Region 信息缓存在 HBase 客户端，如图 4-2 所示。

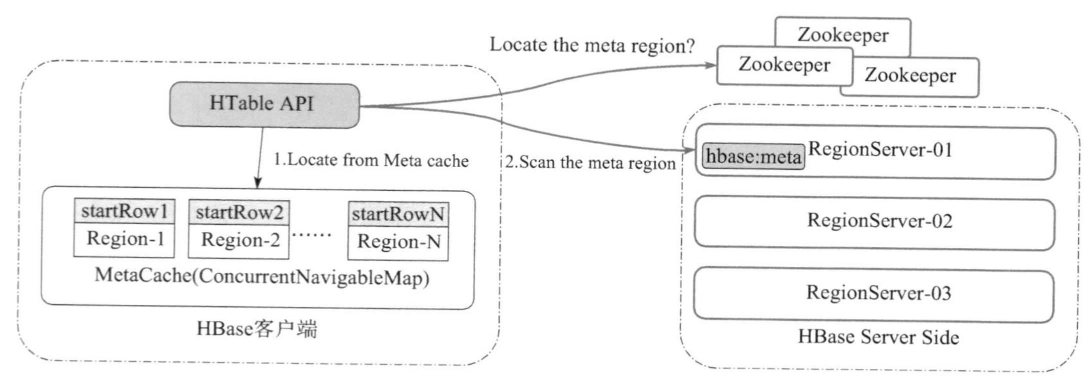

图 4-2 客户端定位 Region 示意图

HBase 客户端有一个叫做 MetaCache 的缓存，在调用 HBase API 时，客户端会先去 MetaCache 中找到业务 rowkey 所在的 Region，这个 Region 可能有以下三种情况：

- Region 信息为空，说明 MetaCache 中没有这个 rowkey 所在 Region 的任何 Cache。此时直接用上述查询语句去 hbase:meta 表中 Reversed Scan 即可，注意首次查找时，需要先读取 ZooKeeper 的 /hbase/meta-region-server 这个 ZNode，以便确定 hbase:meta 表所在的 RegionServer。在 hbase:meta 表中找到业务 rowkey 所在的 Region 之后，将（regionStartRow, region）这样的二元组信息存放在一个 MetaCache 中。这种情况极少出现，一般发生在 HBase 客户端到服务端连接第一次建立后的少数几个请求内，所以并不会对 HBase 服务端造成巨大压力。
- Region 信息不为空，但是调用 RPC 请求对应 RegionServer 后发现 Region 并不在这个 RegionServer 上。这说明 MetaCache 信息过期了，同样直接 Reversed Scan hbase:meta 表，找到正确的 Region 并缓存。通常，某些 Region 在两个 RegionServer 之间移动后会发生这种情况。但事实上，无论是 RegionServer 宕机导致 Region 移动，还是由于 Balance 导致 Region 移动，发生的几率都极小。而且，也只会对 Region 移动后的极少数请求产生影响，这些请求只需要通过 HBase 客户端自动重试 locate meta 即可成功。
- Region 信息不为空，且调用 RPC 请求到对应 RegionServer 后，发现是正确的 RegionServer。绝大部分的请求都属于这种情况，也是代价极小的方案。

由于 MetaCache 的设计，客户端分摊了几乎所有定位 Region 的流量压力，避免出现所有流量都打在 hbase:meta 的情况，这也是 HBase 具备良好拓展性的基础。

4.1.2 Scan 的复杂之处

HBase 客户端的 Scan 操作应该是比较复杂的 RPC 操作。为了满足客户端多样化的数据库查询需求，Scan 必须能设置众多维度的属性。常用的有 startRow、endRow、Filter、caching、batch、reversed、maxResultSize、version、timeRange 等。

为便于理解，我们先来看一下客户端 Scan 的核心流程。在上面的代码示例中，我们已经知道 table.getScanner(scan) 可以拿到一个 scanner，然后只要不断地执行 scanner.next() 就能拿到一个 Result[㊀]，如图 4-3 所示。

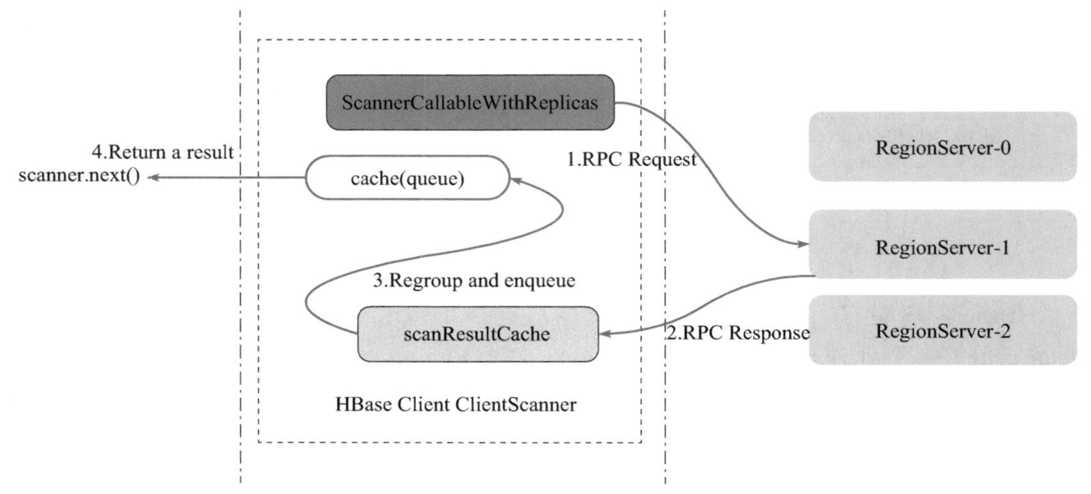

图 4-3 客户端读取 Result 流程

用户每次执行 scanner.next()，都会尝试去名为 cache 的队列中拿 result（步骤 4）。如果 cache 队列已经为空，则会发起一次 RPC 向服务端请求当前 scanner 的后续 result 数据（步骤 1）。客户端收到 result 列表之后（步骤 2），通过 scanResultCache 把这些 results 内的多个 cell 进行重组，最终组成用户需要的 result 放入到 Cache 中（步骤 3）。其中，步骤 1+ 步骤 2+ 步骤 3 统称为 loadCache 操作。

为什么需要在步骤 3 对 RPC response 中的 result 进行重组呢？这是因为 RegionServer 为了避免被当前 RPC 请求耗尽资源，实现了多个维度的资源限制（例如 timeout、单次 RPC 响应最大字节数等），一旦某个维度资源达到阈值，就马上把当前拿到的 cell 返回给客户端。这样客户端拿到的 result 可能就不是一行完整的数据，因此在步骤 3 需要对 result 进行重组。

理解了 scanner 的执行流程之后，再来理解 Scan 的几个重要的概念。

- caching：每次 loadCache 操作最多放 caching 个 result 到 cache 队列中。控制 caching，也就能控制每次 loadCache 向服务端请求的数据量，避免出现某一次 scanner.next() 操作耗时极长的情况。
- batch：用户拿到的 result 中最多含有一行数据中的 batch 个 cell。如果某一行有 5 个

㊀ 通常一个 Result 内部有多个 cell，这些 cell 的 rowkey 部分完全相同，表示同一行数据的多个 cell。如果用户的 scan 操作没有通过 setBatch 设置参数，那么一个 Result 一般就是一行完整的数据；否则，可能是一行数据的一部分数据，内部有 batch 个 cell。

cell，Scan 设的 batch 为 2，那么用户会拿到 3 个 result，每个 result 中 cell 个数依次为 2，2，1。

- allowPartial：用户能容忍拿到一行部分 cell 的 result。设置了这个属性，将跳过图 4-3 中的第三步重组流程，直接把服务端收到的 result 返回给用户。
- maxResultSize：loadCache 时单次 RPC 操作最多拿到 maxResultSize 字节的结果集。

对上面 4 个概念有了基本认识之后，再来分析以下具体的案例。

例 1：Scan 同时设置 caching、allowPartial 和 maxResultSize 的情况。如图 4-4 所示，最左侧表示服务端有 4 行数据，每行依次有 3，1，2，3 个 cell。中间一栏表示每次 RPC 收到的 result。由于 cell-1 占用字节超过了 maxResultSize，所以单独组成一个 result-1，剩余的两个 cell 组成 result-2。同时，由于用户设了 allowPartial，RPC 返回的 result 不经重组便可直接被用户拿到。最右侧表示用户通过 scanner.next() 拿到的 result 列表。

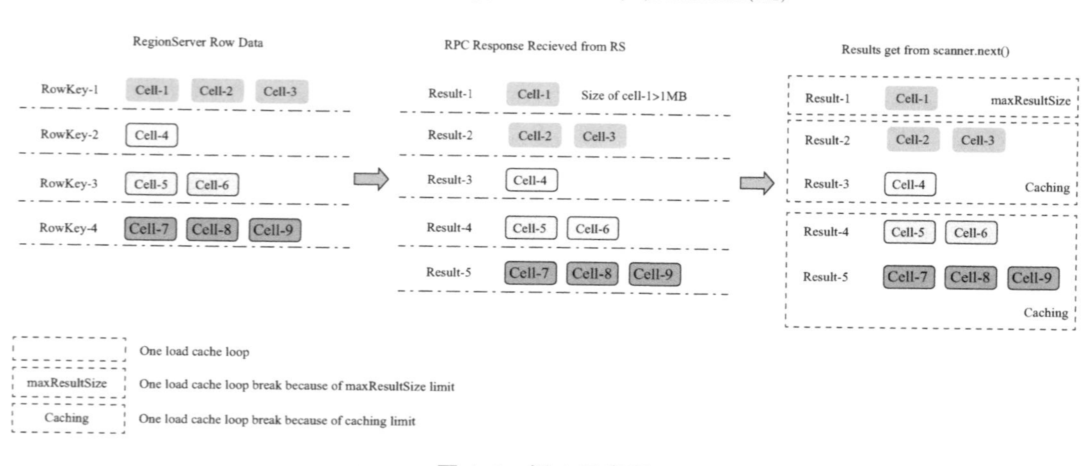

图 4-4 例 1 示意图

注意，最右栏中，通过虚线框标出了每次 loadCache 的情况。由于设置 caching=2，因此第二次 loadCache 最多只能拿到 2 个 result。

例 2：Scan 只设置 caching 和 maxResultSize 的情况。和例 1 类似，都设了 maxResultSize，因此 RPC 层拿到的 result 结构和例 1 是相同的；不同的地方在于，本例没有设 allowPartial，因此需要把 RPC 收到的 result 进行重组。最终重组的结果就是每个 result 包含该行完整的 cell，如图 4-5 所示。

例 3：Scan 同时设置 caching、batch、maxResultSize 的情况。RPC 收到的 result 和前两例类似。在重组时，由于 batch=2，因此保证每个 result 最多包含一行数据的 2 个 cell，如图 4-6 所示。

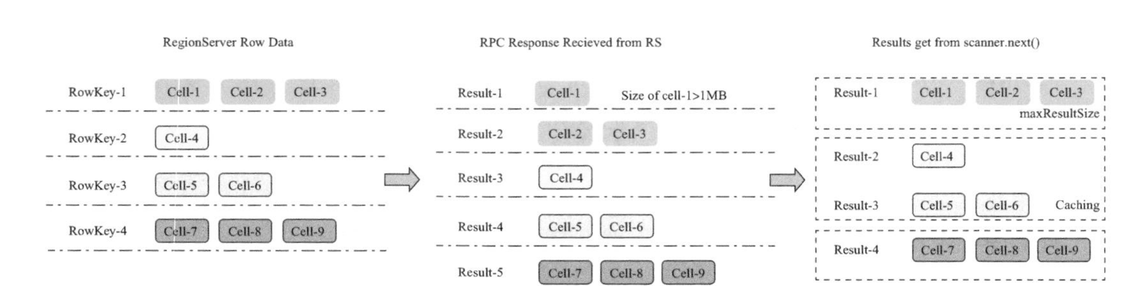

图 4-5 例 2 示意图

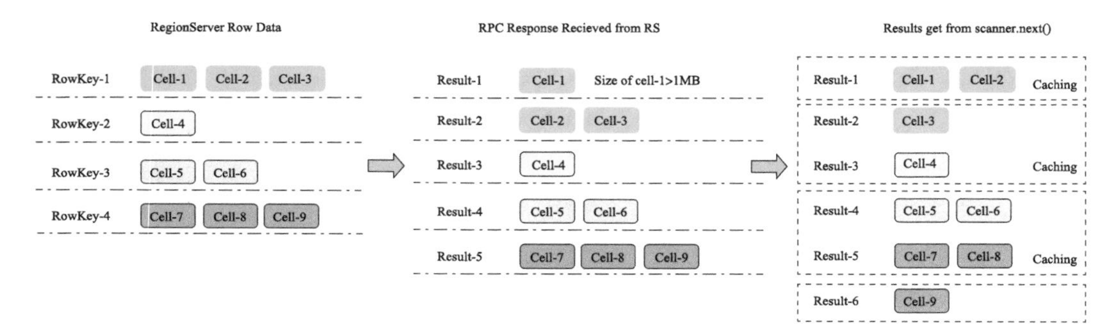

图 4-6 例 3 示意图

思考与练习

[1] 阿 K 同学最近发现，当访问 cloud:note 表定位某个 rowkey 的 Region 时，总是报错找不到对应的 Region。阿 K 怀疑这个表所有 Region 区间的并集无法覆盖整个（–∞，+∞）区间，也就说（–∞，+∞）上存在一个空洞区间，表中所有的 Region 都无法覆盖这个空洞区间。请编写代码设计一个工具，该工具通过扫描 hbase:meta 表的方式来检查 cloud:note 表是否存在空洞区间，请保证尽可能高效。

[2] 编程题：我们可以在 hbase shell 中创建一个有 200 region 的测试表：

```
hbase> n_splits=200
hbase> create 'test', 'C', {SPLITS=>(1..n_splits).map{|i| "user#{1000+i*
    (9999-1000)/n_splits}"}}
```

由于 hbase shell 本质上是一个 jruby 的交互终端，所以我们可以通过编写 ruby 脚本调用 HBase 的 Java 接口来完成很多工作。现在，想请你帮忙编写一个 ruby 脚本，把上述 200 个 region 两两合并，变成 100 个 region，合并规则是第 1 个 region 和第 2 个 region 合并，第 3 个 region 和第 4 个 region 合并，依次类推。

4.2　HBase 客户端避坑指南

1. RPC 重试配置要点

在 HBase 客户端到服务端的通信过程中，可能会碰到各种各样的异常。例如有以下几种导致重试的常见异常：

- 待访问 Region 所在的 RegionServer 发生宕机，此时 Region 已经被移到一个新的 RegionServer 上，但由于客户端存在 meta 缓存，首次 RPC 请求仍然访问到了旧的 RegionServer。后续将重试发起 RPC。
- 服务端负载较大，导致单次 RPC 响应超时。客户端后续将继续重试，直到 RPC 成功或者超过客户容忍最大延迟。
- 访问 meta 表或者 ZooKeeper 异常。

下面我们了解一下 HBase 常见的几个超时参数。

1）hbase.rpc.timeout：表示单次 RPC 请求的超时时间，一旦单次 RPC 超过该时间，上层将收到 TimeoutException。默认为 60 000ms。

2）hbase.client.retries.number：表示调用 API 时最多容许发生多少次 RPC 重试操作。默认为 35 次。

3）hbase.client.pause：表示连续两次 RPC 重试之间的休眠时间，默认为 100ms。注意，HBase 的重试休眠时间是按照随机退避算法计算的，若 hbase.client.pause=100，则第一次 RPC 重试前将休眠 100ms 左右，第二次 RPC 重试前将休眠 200ms 左右，第三次 RPC 重试前将休眠 300ms 左右，第四次重试前将休眠 500ms 左右，第五次重试前将休眠 1000ms 左右，第六次重试则将休眠 2000ms 左右……也就是重试次数越多，则休眠的时间会越长。因此，若按照默认的 hbase.client.retries.number=35，则可能长期卡在休眠和重试两个步骤中。

4）hbase.client.operation.timeout：表示单次 API 的超时时间，默认值为 1 200 000ms。注意，get/put/delete 等表操作称为一次 API 操作，一次 API 可能会有多次 RPC 重试，这个 operation.timeout 限制的是 API 操作的总超时。

假设某业务要求单次 HBase 的读请求延迟不超过 1s，那么该如何设置上述 4 个超时参数呢？

首先，hbase.client.operation.timeout 应该设成 1s。其次，在 SSD 集群上，如果集群参数设置合适且集群服务正常，则基本可以保证 p99 延迟在 100ms 以内，因此 hbase.rpc.timeout 设成 100ms。这里，hbase.client.pause 用默认的 100ms。

最后，在 1s 之内，第一次 RPC 耗时 100ms，休眠 100ms；第二次 RPC 耗时 100ms，休眠 200ms；第三次 RPC 耗时 100ms，休眠 300ms；第四次 RPC 耗时 100ms，休眠 500ms（不是完全线性递增的）。因此，在 hbase.client.operation.timeout 内，至少可执行 4 次 RPC 重试，实际中单次 RPC 耗时可能更短（因为有 hbase.rpc.timeout 保证了单次 RPC 最长耗时），所以 hbase.client.retries.number 可以稍微设大一点（保证在 1s 内有更多的重试，从而提高请求成功的概率），比如设成 6 次。

2. CAS 接口是 Region 级别串行执行的，吞吐受限

HBase 客户端提供一些重要的 CAS（Compare And Swap）接口，例如：

```
boolean checkAndPut(byte[] row, byte[] family,byte[] qualifier,byte[] value, Put put)
long incrementColumnValue(byte[] row,byte[] family,byte[] qualifier,long amount)
```

这些接口在高并发场景下，能很好地保证读取与写入操作的原子性。例如，有多个分布式的客户端同时更新一个计数器 count，可以通过 increment 接口来保证任意时刻只有一个客户端能成功原子地执行 count++ 操作。

需要特别注意的是，这些 CAS 接口在 RegionServer 上是 Region 级别串行执行的，也就是说，同一个 Region 内部的多个 CAS 操作是严格串行执行的，不同 Region 间的多个 CAS 操作可以并行执行。

以 checkAndPut 为例，简要说明一下 CAS 的运行步骤：

1）服务端拿到 Region 的行锁（row lock），避免出现两个线程同时修改一行数据，从而破坏了行级别原子性的情况。

2）等待该 Region 内的所有写入事务都已经成功提交并在 mvcc 上可见。

3）通过 Get 操作拿到需要 check 的行数据，进行条件检查。若条件不符合，则终止 CAS。

4）将 checkAndPut 的 put 数据持久化。

5）释放第 1）步拿到的行锁。

关键在于第 2）步，必须要等所有正在写入的事务成功提交并在 mvcc 上可见。由于 branch-1 的 HBase 是写入完成时，即先释放行锁，再 sync WAL，最后推 mvcc（写入吞吐更高）。所以，第 1）步拿到行锁之后，若跳过第 2）步则可能未读取到最新的版本。例如：两个客户端并发对 x=100 这行数据进行 increment 操作：

- 客户端 A 读取到 x=100，开始进行 increment 操作，将 x 设成 101。
- 注意此时客户端 A 行锁已释放，但 A 的 put 操作 mvcc 仍不可见。客户端 B 依旧读到老版本 x=100，进行 increment 操作，又将 x 设成 101。

这样，客户端认为成功执行了两次 increment 操作，但是服务端却只 increment 了一次，导致语义矛盾。

因此，对那些依赖 CAS（Compare-And-Swap: 指 increment/append 这样的读后写原子操作）接口的服务，需要意识到这个操作的吞吐是受限的，因为 CAS 操作本质上是 Region 级别串行执行的。当然，在 HBase 2.x 版已经调整设计，对同一个 Region 内的不同行可以并行执行 CAS，这大大提高了 Region 内的 CAS 吞吐。

3. Scan Filter 设置

HBase 作为一个数据库系统，提供了多样化的查询过滤手段。最常用的就是 Filter，例如一个表有很多个列簇，用户想找到那些列簇不为 C 的数据。那么，可设计一个如下的 Scan：

```
Scan scan = new Scan();
```

```
scan.setFilter(new FamilyFilter(CompareOp.NOT_EQUAL,
    new BinaryComparator(Bytes.toBytes("C"))));
```

如果想查询列簇不为 C 且 Qualifier 在 [a, z] 区间的数据，可以设计一个如下的 Scan:

```
Scan scan = new Scan();
FamilyFilter ff =
    new FamilyFilter(CompareOp.NOT_EQUAL, new BinaryComparator(Bytes.toBytes("C")));
ColumnRangeFilter qf =
    new ColumnRangeFilter(Bytes.toBytes("a"), true, Bytes.toBytes("b"), true);
FilterList filterList = new FilterList(Operator.MUST_PASS_ALL, ff, qf);
scan.setFilter(filterList);
```

上面代码使用了一个带 AND 的 FilterList 来连接 FamilyFilter 和 ColumnRangeFilter。

有了 Filter，大量无效数据可以在服务端内部过滤，相比直接返回全表数据到客户端然后在客户端过滤，要高效很多。但是，HBase 的 Filter 本身也有不少局限，如果使用不当，仍然可能出现极其低效的查询，甚至对线上集群造成很大负担。下面将列举几个常见的例子。

（1）PrefixFilter

PrefixFilter 是将 rowkey 前缀为指定字节串的数据都过滤出来并返回给用户。例如，如下 Scan 会返回所有 rowkey 前缀为 'def' 的数据：

```
Scan scan = new Scan();
scan.setFilter(new PrefixFilter(Bytes.toBytes("def")));
```

注意，这个 Scan 虽然能得到预期的效果，但并不高效。因为对于 rowkey 在区间（-∞，def）的数据，Scan 会一条条扫描，发现前缀不为 def，就读下一行，直到找到第一个 rowkey 前缀为 def 的行为止。

目前 HBase 的 PrefixFilter 设计相对简单粗暴，没有根据具体的 Filter 做过多的查询优化。这一问题其实很好解决，在 Scan 中简单加一个 startRow 即可，RegionServer 发现 Scan 设了 startRow，首先寻址定位到这个 startRow，然后从这个位置开始扫描数据，这样就跳过了大量的（-∞，def）的数据。代码如下：

```
Scan scan = new Scan();
scan.setStartRow(Bytes.toBytes("def"));
scan.setFilter(new PrefixFilter(Bytes.toBytes("def")));
```

当然，更简单直接的方式是，将 PrefixFilter 直接展开，扫描 [def, deg) 区间的数据，这样效率是最高的，代码如下：

```
Scan scan = new Scan();
scan.setStartRow(Bytes.toBytes("def"));
scan.setStopRow(Bytes.toBytes("deg"));
```

（2）PageFilter

在 HBASE-21332 中，有一位用户说，他有一个表，表里面有 5 个 Region，分别为 (-∞，

111)，[111, 222)，[222, 333)，[333, 444)，[444, +∞)。表中这 5 个 Region，每个 Region 都有超过 10000 行的数据。他发现通过如下 scan 扫描出来的数据居然超过了 3000 行：

```
Scan scan = new Scan();
scan.withStartRow(Bytes.toBytes("111"));
scan.withStopRow(Bytes.toBytes("444"));
scan.setFilter(new PageFilter(3000));
```

乍一看确实很诡异，因为 PageFilter 就是用来做数据分页功能的，应该保证每一次扫描最多返回不超过 3000 行。但是需要注意的是，HBase 里 Filter 状态全部都是 Region 内有效的，也就是说，Scan 一旦从一个 Region 切换到另一个 Region，之前那个 Filter 的内部状态就无效了，新 Region 内用的其实是一个全新的 Filter。具体到这个问题，就是 PageFilter 内部计数器从一个 Region 切换到另一个 Region，计数器已经被清 0。

因此，这个 Scan 扫描出来的数据将会是：

- 在 [111, 222) 区间内扫描 3000 行数据，切换到下一个 region [222, 333)。
- 在 [222, 333) 区间内扫描 3000 行数据，切换到下一个 region [333, 444)。
- 在 [333, 444) 区间内扫描 3000 行数据，发现已经到达 stopRow，终止。

因此，最终将返回 9000 行数据。理论上说，这应该算是 HBase 的一个缺陷，PageFilter 并没有实现全局的分页功能，因为 Filter 没有全局的状态。我个人认为，HBase 也是考虑到了全局 Filter 的复杂性，所以暂时没有提供这样的实现。

当然，如果想实现分页功能，可以不通过 Filter 而直接通过 limit 来实现，代码如下：

```
Scan scan = new Scan();
scan.withStartRow(Bytes.toBytes("111"));
scan.withStopRow(Bytes.toBytes("444"));
scan.setLimit(1000);
```

所以，对用户来说，正常情况下 PageFilter 并没有太多存在的价值。

（3）SingleColumnValueFilter

这个 Filter 的定义比较复杂，让人有点难以理解。但是事实上，这个 Filter 却非常有用。下面举例说明：

```
Scan scan = new Scan();
SingleColumnValueFilter scvf = new SingleColumnValueFilter(Bytes.toBytes("family"),
    Bytes.toBytes("qualifier"), CompareOp.EQUAL, Bytes.toBytes("value"));
scan.setFilter(scvf);
```

这个例子表面上是将列簇为 family、列为 qualifier、且值为 value 的 cell 返回给用户。但是事实上，对那些不包含 family:qualifier 列的行，也会默认返回给用户。如果用户不希望读取那些不包含 family:qualifier 的数据，需要设计如下 Scan：

```
Scan scan = new Scan();
SingleColumnValueFilter scvf = new SingleColumnValueFilter(Bytes.toBytes("family"),
```

```
    Bytes.toBytes("qualifier"), CompareOp.EQUAL, Bytes.toBytes("value"));
scvf.setFilterIfMissing(true); //跳过不包含对应列的数据
scan.setFilter(scvf);
```

另外，当 SingleColumnValueFilter 设置 filterIfMissing 为 true，和其他 Filter 组合成 FilterList 时，可能导致返回结果不正确（参见 HBASE-20151）。因为在 filterIfMissing 设为 true 时，SingleColumnValueFilter 必须遍历一行数据中的每一个 cell，才能确定是否过滤，但在 filterList 中，如果其他的 Filter 返回 NEXT_ROW，会直接跳过某个列簇的数据，导致 SingleColumnValueFilter 无法遍历一行中所有的 cell，从而导致返回结果不符合预期。

对于这个问题，笔者的建议是：不要使用 SingleColumnValueFilter 和其他 Filter 组合成 FilterList。直接指定列，通过 ValueFilter 替换掉 SingleColumnValueFilter。代码如下：

```
    Scan scan = new Scan();
    ValueFilter vf = new ValueFilter(CompareOp.EQUAL, new BinaryComparator(Bytes.
toBytes("value")));
    scan.addColumn(Bytes.toBytes("family"), Bytes.toBytes("qualifier"));
    scan.setFilter(vf);
```

4. 少量写和批量写

HBase 是一种对写入操作非常友好的系统，但是当业务有大批量的数据要写入 HBase 中时，仍会碰到写入瓶颈。为了适应不同数据量的写入场景，HBase 提供了 3 种常见的数据写入 API，如下所示。

- table.put(put)：这是最常见的单行数据写入 API，在服务端先写 WAL，然后写 MemStore，一旦 MemStore 写满就 flush 到磁盘上。这种写入方式的特点是，默认每次写入都需要执行一次 RPC 和磁盘持久化。因此，写入吞吐量受限于磁盘带宽、网络带宽以及 flush 的速度。但是，它能保证每次写入操作都持久化到磁盘，不会有任何数据丢失。最重要的是，它能保证 put 操作的原子性。
- table.put(List<Put> puts)：HBase 还提供了批量写入的接口，即在客户端缓存 put，等凑足了一批 put，就将这些数据打包成一次 RPC 发送到服务端，一次性写 WAL，并写 MemStore。相比第一种方式，此方法省去了多次往返 RPC 以及多次刷盘的开销，吞吐量大大提升。不过，这个 RPC 操作耗时一般都会长一点，因为一次写入了多行数据。另外，如果 List<put> 内的 put 分布在多个 Region 内，则不能保证这一批 put 的原子性，因为 HBase 并不提供跨 Region 的多行事务，换句话说，这些 put 中，可能有一部分失败，一部分成功，失败的那些 put 操作会经历若干次重试。
- bulk load：通过 HBase 提供的工具直接将待写入数据生成 HFile，将这些 HFile 直接加载到对应的 Region 下的 CF 内。在生成 HFile 时，在 HBase 服务端没有任何 RPC 调用，只在 load HFile 时会调用 RPC，这是一种完全离线的快速写入方式。bulk load 应该是最快的批量写手段，同时不会对线上的集群产生巨大压力。当然，在 load 完 HFile 之后，CF 内部会进行 Compaction，但是 Compaction 是异步的且可以限速，所以产生的 IO 压力是可控的。因此，bulk load 对线上集群非常友好。

例如，我们之前碰到过一种情况，有两个集群，互为主备，其中一个集群由于工具 bug 导致数据缺失，想通过另一个备份集群的数据来修复异常集群。最快的方式就是，把备份集群的数据导一个快照拷贝到异常集群，然后通过 CopyTable 工具扫快照生成 HFile，最后 bulk load 到异常集群，完成数据的修复。

另外的一种场景是，用户在写入大量数据后，发现选择的 split keys 不合适，想重新选择 split keys 建表。这时，也可以通过 Snapshot 生成 HFile 再 bulk load 的方式生成新表。

5. 业务发现请求延迟很高，但是 HBase 服务端延迟正常

某些业务发现 HBase 客户端上报的 p99 和 p999 延迟非常高，但是观察 HBase 服务端的 p99 和 p999 延迟正常。这种情况下一般需要观察 HBase 客户端的监控和日志。按照我们的经验，一般来说，有这样一些常见问题：

- HBase 客户端所在进程 Java GC。由于 HBase 客户端作为业务代码的一个 Java 依赖，因此一旦业务进程发生较为严重的 Full GC，必然会导致 HBase 客户端监控到的请求延迟很高，这时需要排查 GC 的原因。
- 业务进程所在机器的 CPU 或者网络负载较高。对于上层业务来说一般不涉及磁盘资源的开销，所以主要看 load 和网络是否过载。
- HBase 客户端层面的 bug。这种情况出现的概率不大，但也不排除有这种可能。

6. Batch 数据量太大，可能导致 MultiActionResultTooLarge 异常

HBase 的 batch 接口使得用户可以把一批操作通过一次 RPC 发送到服务端，以便提升系统的吞吐量。这些操作可以是 Put、Delete、Get、Increment、Append 等等。像 Get 或者 Increment 的 Batch 操作中，需要先把对应的 Block 从 HDFS 中读取到 HBase 内存中，然后通过 RPC 返回相关数据给客户端。

如果 Batch 中的操作过多，则可能导致一次 RPC 读取的 Block 数据量很多，容易造成 HBase 的 RegionServer 出现 OOM，或者出现长时间的 Full GC。因此，HBase 的 RegionServer 会限制每次请求的 Block 总字节数，一旦超过则会报 MultiActionResultTooLarge 异常。此时，客户端最好控制每次 Batch 的操作个数，以免服务端为单次 RPC 消耗太多内存。

思考与练习

[1] 在“少量写”和“批量写”一节最后提到，用户在写入大量数据后，发现选择的 split keys 不合适，可以通过 bulk load 的方式重新生成新的表。请设计方案实现，并保证业务受影响的时间最短，同时不能有任何数据丢失。

[2] 现在有一个 HDD 的 HBase 集群，假设正常情况下该集群 p99<200ms。此时，某业务要求单次 HBase 的 Get 请求延迟不超过 5s，那么该如何配置 operation.timeout、retires.number、rpc.timeout 这 3 个参数？

05 CHAPTER

第5章

RegionServer 的核心模块

RegionServer 是 HBase 系统中最核心的组件，主要负责用户数据写入、读取等基础操作。RegionServer 组件实际上是一个综合体系，包含多个各司其职的核心模块：HLog、MemStore、HFile 以及 BlockCache。

本章将对 RegionServer 进行分解，并对其中的核心模块进行深入介绍。需要注意的是，本章对于模块的介绍仅限于分析其核心作用、内部结构等，而对其在整个 HBase 的读写流程中所起的作用并不展开讨论，第 6 章介绍 HBase 的写入读取流程时将会用到这些模块。

5.1 RegionServer 内部结构

RegionServer 是 HBase 系统响应用户读写请求的工作节点组件，由多个核心模块组成，其内部结构如图 5-1 所示。

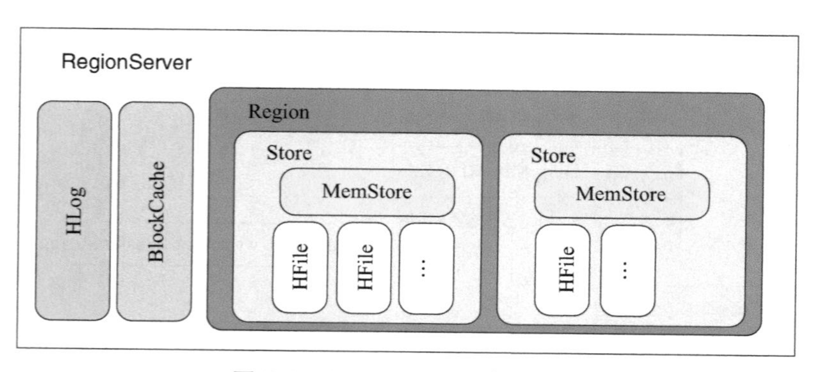

图 5-1 RegionServer 内部结构

一个 RegionServer 由一个（或多个）HLog、一个 BlockCache 以及多个 Region 组成。其中，HLog 用来保证数据写入的可靠性；BlockCache 可以将数据块缓存在内存中以提升数据读取性能；Region 是 HBase 中数据表的一个数据分片，一个 RegionServer 上通常会负责多个 Region 的数据读写。一个 Region 由多个 Store 组成，每个 Store 存放对应列簇的数据，比如一个表中有两个列簇，这个表的所有 Region 就都会包含两个 Store。每个 Store 包含一个 MemStore 和多个 HFile，用户数据写入时会将对应列簇数据写入相应的 MemStore，一旦写入数据的内存大小超过设定阈值，系统就会将 MemStore 中的数据落盘形成 HFile 文件。HFile 存放在 HDFS 上，是一种定制化格式的数据存储文件，方便用户进行数据读取。

5.2 HLog

HBase 中系统故障恢复以及主从复制都基于 HLog 实现。默认情况下，所有写入操作（写入、更新以及删除）的数据都先以追加形式写入 HLog，再写入 MemStore。大多数情况下，HLog 并不会被读取，但如果 RegionServer 在某些异常情况下发生宕机，此时已经写入 MemStore 中但尚未 flush 到磁盘的数据就会丢失，需要回放 HLog 补救丢失的数据。此外，HBase 主从复制需要主集群将 HLog 日志发送给从集群，从集群在本地执行回放操作，完成集群之间的数据复制。

5.2.1 HLog 文件结构

HLog 文件的基本结构如图 5-2 所示。

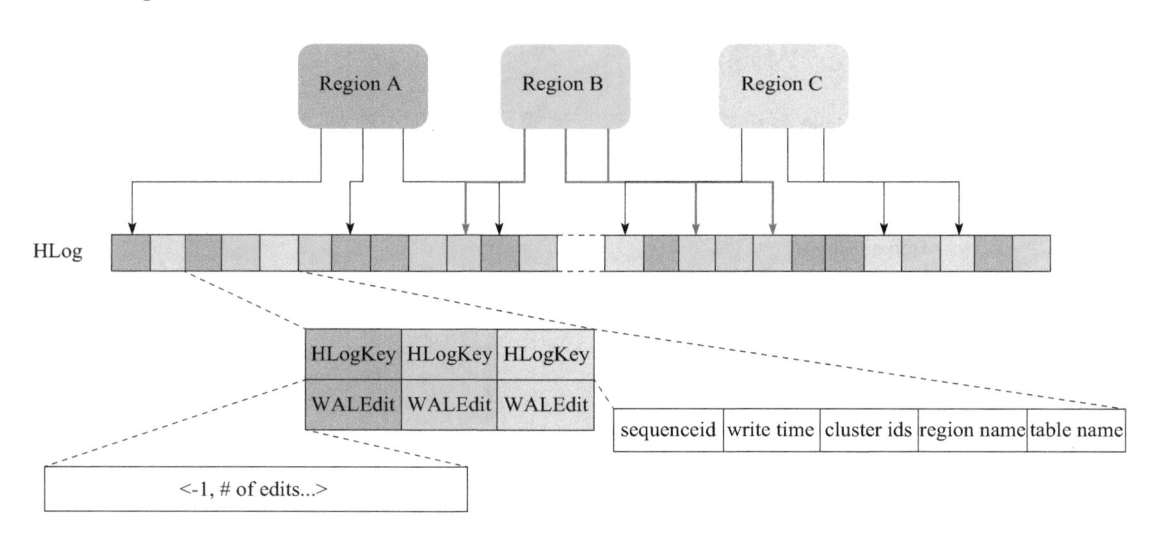

图 5-2 HLog 文件结构

说明如下：

- 每个RegionServer拥有一个或多个HLog（默认只有1个，1.1版本可以开启MultiWAL功能，允许多个HLog）。每个HLog是多个Region共享的，图5-2中Region A、Region B和Region C共享一个HLog文件。
- HLog中，日志单元WALEntry（图中小方框）表示一次行级更新的最小追加单元，它由HLogKey和WALEdit两部分组成，其中HLogKey由table name、region name以及sequenceid等字段构成。

WALEdit用来表示一个事务中的更新集合，在0.94之前的版本中，如果一个事务对一行row R三列c1、c2、c3分别做了修改，那么HLog中会有3个对应的日志片段，如下所示：

```
<logseq1-for-edit1>:<keyvalue-for-edit-c1>
<logseq2-for-edit2>:<keyvalue-for-edit-c2>
<logseq3-for-edit3>:<keyvalue-for-edit-c3>
```

然而，这种日志结构无法保证行级事务的原子性，假如RegionServer更新c2列之后发生宕机，那么一行记录中只有部分数据写入成功。为了解决这样的问题，HBase将一个行级事务的写入操作表示为一条记录，如下所示：

```
<logseq#-for-entire-txn>:<WALEdit-for-entire-txn>
```

其中，WALEdit会被序列化为格式 <–1, # of edits, , , >，比如 <–1, 3, , , >，–1为标识符，表示这种新的日志结构。

5.2.2 HLog文件存储

HBase中所有数据（包括HLog以及用户实际数据）都存储在HDFS的指定目录（假设为hbase-root）下，可以通过hadoop命令查看hbase-root目录下与HLog有关的子目录，如下所示：

```
drwxr-xr-x   - hadoop hadoop          0 2017-09-21 17:12 /hbase/WALs
drwxr-xr-x   - hadoop hadoop          0 2017-09-22 06:52 /hbase/oldWALs
```

其中，/hbase/WALs存储当前还未过期的日志；/hbase/oldWALs存储已经过期的日志。可以进一步查看/hbase/WALs目录下的日志文件，如下所示：

```
/hbase/WALs/hbase17.xj.bjbj.org,60020,1505980274300
/hbase/WALs/hbase18.xj.bjbj.org,60020,1505962561368
/hbase/WALs/hbase19.xj.bjbj.org,60020,1505980197364
```

/hbase/WALs目录下通常会有多个子目录，每个子目录代表一个对应的RegionServer。以hbase17.xj.bjbj.org,60020,1505980274300为例，hbase17.xj.bjbj.org表示对应的RegionServer域

名，60020 为端口号，1505980274300 为目录生成时的时间戳。每个子目录下存储该 RegionServer 内的所有 HLog 文件，如下所示：

```
/hbase/WALs/hbase17.xj.bjbj.org,60020,1505980274300/hbase17.xj.bjbj.
org%2C60020%2C1505980274300.default.1506184980449
```

HLog 文件为：

```
hbase17.xj.bjbj.org%2C60020%2C1505980274300.default.1506012772205
```

在了解了 HLog 的文件结构和实际存储结构以后，实践中可能还需要查看 HLog 文件中的记录内容。HBase 提供了如下命令查看 HLog 文件的内容：

```
~/hbase-current/bin$ ./hbase hlog
usage: WAL <filename...> [-h] [-j] [-p] [-r <arg>] [-s <arg>] [-w <arg>]
 -h,--help              Output help message
 -j,--json              Output JSON
 -p,--printvals         Print values
 -r,--region <arg>      Region to filter by. Pass encoded region name; e.g.
                        '9192caead6a5a20acb4454ffbc79fa14'
 -s,--sequence <arg>    Sequence to filter by. Pass sequence number.
 -w,--row <arg>         Row to filter by. Pass row name.
```

比如，可以使用 -j 参数以 json 格式打印 HLog 内容。

除此之外，还可以使用 -r 参数指定 Region，使用 -w 参数指定 row，更加精准化地打印想要的 HLog 内容。

5.2.3 HLog 生命周期

HLog 文件生成之后并不会永久存储在系统中，它的使命完成后，文件就会失效最终被删除。HLog 整个生命周期如图 5-3 所示。

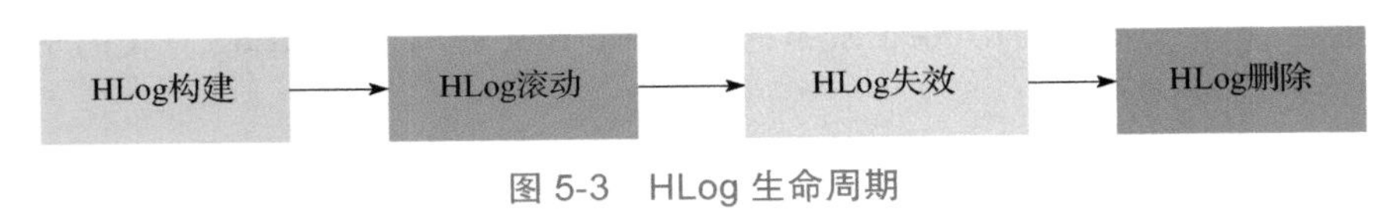

图 5-3 HLog 生命周期

HLog 生命周期包含 4 个阶段：

1）HLog 构建：HBase 的任何写入（更新、删除）操作都会先将记录追加写入到 HLog 文件中。

2）HLog 滚动：HBase 后台启动一个线程，每隔一段时间（由参数 'hbase.regionserver.logroll.period' 决定，默认 1 小时）进行日志滚动。日志滚动会新建一个新的日志文件，接收新的日志数据。日志滚动机制主要是为了方便过期日志数据能够以文件的形式直接删除。

3）HLog 失效：写入数据一旦从 MemStore 中落盘，对应的日志数据就会失效。为了方便处理，HBase 中日志失效删除总是以文件为单位执行。查看某个 HLog 文件是否失效只需确认该 HLog 文件中所有日志记录对应的数据是否已经完成落盘，如果日志中所有日志记录已经落盘，则可以认为该日志文件失效。一旦日志文件失效，就会从 WALs 文件夹移动到 oldWALs 文件夹。注意此时 HLog 并没有被系统删除。

4）HLog 删除：Master 后台会启动一个线程，每隔一段时间（参数 'hbase.master.cleaner.interval'，默认 1 分钟）检查一次文件夹 oldWALs 下的所有失效日志文件，确认是否可以删除，确认可以删除之后执行删除操作。确认条件主要有两个：

- 该 HLog 文件是否还在参与主从复制。对于使用 HLog 进行主从复制的业务，需要继续确认是否该 HLog 还在应用于主从复制。
- 该 HLog 文件是否已经在 OldWALs 目录中存在 10 分钟。为了更加灵活地管理 HLog 生命周期，系统提供了参数设置日志文件的 TTL（参数 'hbase.master.logcleaner.ttl'，默认 10 分钟），默认情况下 oldWALs 里面的 HLog 文件最多可以再保存 10 分钟。

> 思考与练习
>
> HLog 中的 sequenceId 是起什么作用的？为什么要设计这个字段？在集群故障时，该字段起到什么作用？复制时，能起到什么作用？

5.3 MemStore

HBase 系统中一张表会被水平切分成多个 Region，每个 Region 负责自己区域的数据读写请求。水平切分意味着每个 Region 会包含所有的列簇数据，HBase 将不同列簇的数据存储在不同的 Store 中，每个 Store 由一个 MemStore 和一系列 HFile 组成，如图 5-4 所示。

HBase 基于 LSM 树模型实现，所有的数据写入操作首先会顺序写入日志 HLog，再写入 MemStore，当 MemStore 中数据大小超过阈值之后再将这些数据批量写入磁盘，生成一个新的 HFile 文件。LSM 树架构有如下几个非常明显的优势：

- 这种写入方式将一次随机 IO 写入转换成一个顺序 IO 写入（HLog 顺序写入）加上一次内存写入（MemStore 写入），使得写入性能得到极大提升。大数据领域中对写入性能有较高要求的数据库系统几乎都会采用这种写入模型，比如分布式列式存储系统 Kudu、时间序列存储系统 Druid 等。
- HFile 中 KeyValue 数据需要按照 Key 排序，排序之后可以在文件级别根据有序的 Key 建立索引树，极大提升数据读取效率。然而 HDFS 本身只允许顺序读写，不能更新，因此需要数据在落盘生成 HFile 之前就完成排序工作，MemStore 就是 KeyValue 数据排序的实际执行者。
- MemStore 作为一个缓存级的存储组件，总是缓存着最近写入的数据。对于很多业务来说，最新写入的数据被读取的概率会更大，最典型的比如时序数据，80% 的请求都会落到最近一天的数据上。实际上对于某些场景，新写入的数据存储在 MemStore

对读取性能的提升至关重要。

- 在数据写入 HFile 之前，可以在内存中对 KeyValue 数据进行很多更高级的优化。比如，如果业务数据保留版本仅设置为 1，在业务更新比较频繁的场景下，MemStore 中可能会存储某些数据的多个版本。这样，MemStore 在将数据写入 HFile 之前实际上可以丢弃老版本数据，仅保留最新版本数据。

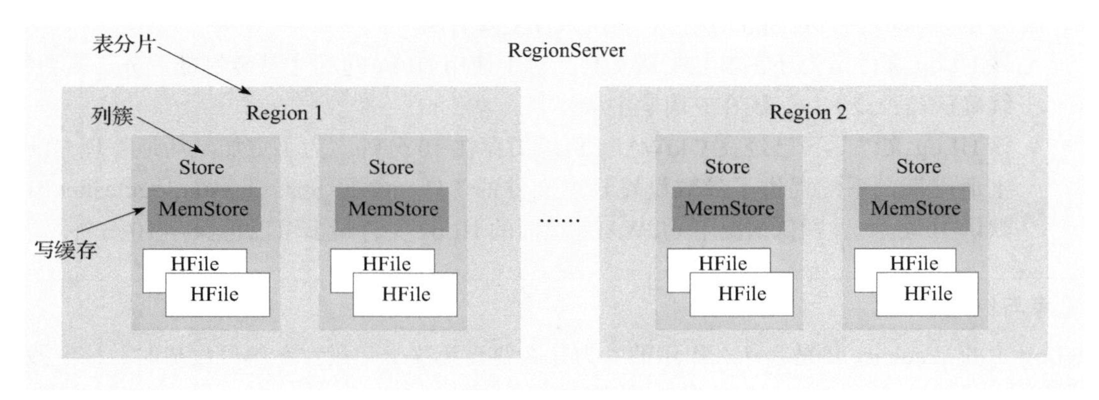

图 5-4 Region 结构组成

5.3.1 MemStore 内部结构

上面讲到写入（包括更新删除操作）HBase 中的数据都会首先写入 MemStore，除此之外，MemStore 还要承担业务多线程并发访问的职责。那么一个很现实的问题就是，MemStore 应该采用什么样的数据结构，既能够保证高效的写入效率，又能够保证高效的多线程读取效率?

实际实现中，HBase 采用了跳跃表这种数据结构，关于跳跃表的基础知识，2.1 节进行了详细介绍。当然，HBase 并没有直接使用原始跳跃表，而是使用了 JDK 自带的数据结构 ConcurrentSkipListMap。ConcurrentSkipListMap 底层使用跳跃表来保证数据的有序性，并保证数据的写入、查找、删除操作都可以在 $O(\log N)$ 的时间复杂度完成。除此之外，ConcurrentSkipListMap 有个非常重要的特点是线程安全，它在底层采用了 CAS 原子性操作，避免了多线程访问条件下昂贵的锁开销，极大地提升了多线程访问场景下的读写性能。

MemStore 由两个 ConcurrentSkipListMap（称为 A 和 B）实现，写入操作（包括更新删除操作）会将数据写入 ConcurrentSkipListMap A，当 ConcurrentSkipListMap A 中数据量超过一定阈值之后会创建一个新的 ConcurrentSkipListMap B 来接收用户新的请求，之前已经写满的 ConcurrentSkipListMap A 会执行异步 flush 操作落盘形成 HFile。flush 的触发时机、写入 HFile 过程会在后续 6.1.3 节详细分析，本节专注于 MemStore 的结构，对于 flush 不作过多介绍。

5.3.2 MemStore 的 GC 问题

MemStore 从本质上来看就是一块缓存，可以称为写缓存。众所周知在 Java 系统中，大内存系统总会面临 GC 问题，MemStore 本身会占用大量内存，因此 GC 的问题不可避免。不仅如此，HBase 中 MemStore 工作模式的特殊性更会引起严重的内存碎片，存在大量内存碎片会导致系统看起来似乎还有很多空间，但实际上这些空间都是一些非常小的碎片，已经分配不出一块完整的可用内存，这时会触发长时间的 Full GC。

为什么 MemStore 的工作模式会引起严重的内存碎片？这是因为一个 RegionServer 由多个 Region 构成，每个 Region 根据列簇的不同又包含多个 MemStore，这些 MemStore 都是共享内存的。这样，不同 Region 的数据写入对应的 MemStore，因为共享内存，在 JVM 看来所有 MemStore 的数据都是混合在一起写入 Heap 的。此时假如 Region1 上对应的所有 MemStore 执行落盘操作，就会出现图 5-5 所示场景。

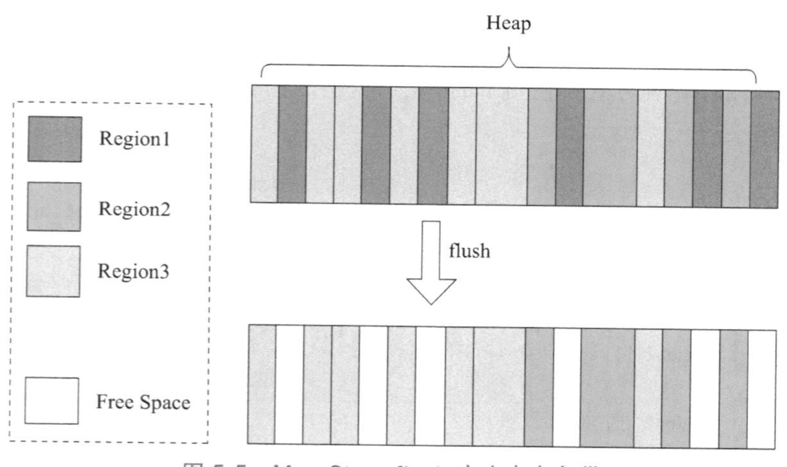

图 5-5　MemStore flush 产生内存条带

图 5-5 中不同 Region 由不同颜色表示，右边图为 JVM 中 MemStore 所占用的内存图，可见不同 Region 的数据在 JVM Heap 中是混合存储的，一旦深灰色条带表示的 Region1 的所有 MemStore 数据执行 flush 操作，这些深灰色条带所占内存就会被释放，变成白色条带。这些白色条带会继续为写入 MemStore 的数据分配空间，进而会分割成更小的条带。从 JVM 全局的视角来看，随着 MemStore 中数据的不断写入并且 flush，整个 JVM 将会产生大量越来越小的内存条带，这些条带实际上就是内存碎片。随着内存碎片越来越小，最后甚至分配不出来足够大的内存给写入的对象，此时就会触发 JVM 执行 Full GC 合并这些内存碎片。

5.3.3　MSLAB 内存管理方式

为了优化这种内存碎片可能导致的 Full GC，HBase 借鉴了线程本地分配缓存（Thread-Local Allocation Buffer，TLAB）的内存管理方式，通过顺序化分配内存、内存数据分块等特性使得内存碎片更加粗粒度，有效改善 Full GC 情况。具体实现步骤如下：

1）每个MemStore会实例化得到一个MemStoreLAB对象。

2）MemStoreLAB会申请一个2M大小的Chunk数组，同时维护一个Chunk偏移量，该偏移量初始值为0。

3）当一个KeyValue值插入MemStore后，MemStoreLAB会首先通过KeyValue.getBuffer()取得data数组，并将data数组复制到Chunk数组中，之后再将Chunk偏移量往前移动data.length。

4）当前Chunk满了之后，再调用new byte[2 * 1024 * 1024]申请一个新的Chunk。

这种内存管理方式称为MemStore本地分配缓存（MemStore-Local Allocation Buffer，MSLAB）。图5-6是针对MSLAB的一个简单示意图，右侧为JVM中MemStore所占用的内存图，和优化前不同的是，不同颜色的细条带会聚集在一起形成了2M大小的粗条带。这是因为MemStore会在将数据写入内存时首先申请2M的Chunk，再将实际数据写入申请的Chunk中。这种内存管理方式，使得flush之后残留的内存碎片更加粗粒度，极大降低Full GC的触发频率。

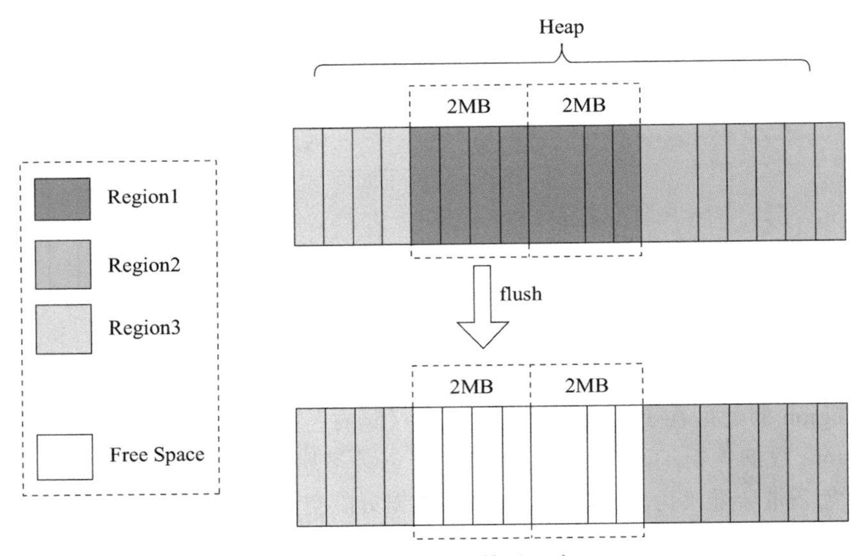

图5-6 MSLAB效果示意

为了验证MSLAB对于降低Full GC的有效性，官方做了一个测试实验。这个实验主要查看在相同写入负载下开启MSLAB前后RegionServer内存中最大内存碎片的大小。

在RegionServer JVM启动参数中加上 -xx:PrintFLSStatistics = 1，可以打印每次GC前后内存碎片的统计信息，统计信息主要包括3个维度：Free Space、Max Chunk Size和Num Chunks。Free Space表示老年代当前空闲的总内存容量，Max Chunk Size表示老年代中最大的内存碎片所占的内存容量大小，Num Chunks表示老年代中总的内存碎片数。该实验重点关注Max Chunk Size这个维度信息。

测试结果如图 5-7 所示，上图为未开启 MSLAB 时统计的 Max Chunk Size 变化曲线，下图为开启 MSLAB 后统计的 Max Chunk Size 变化曲线。

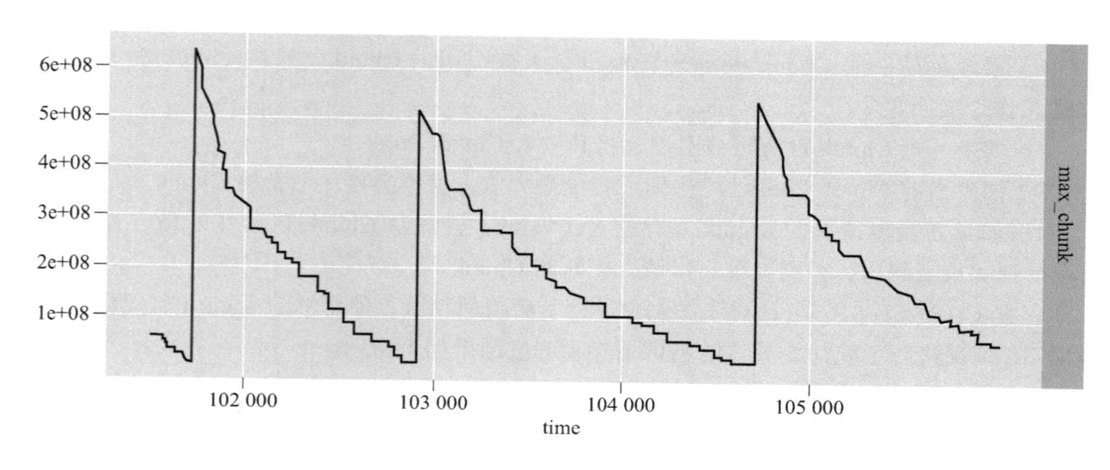

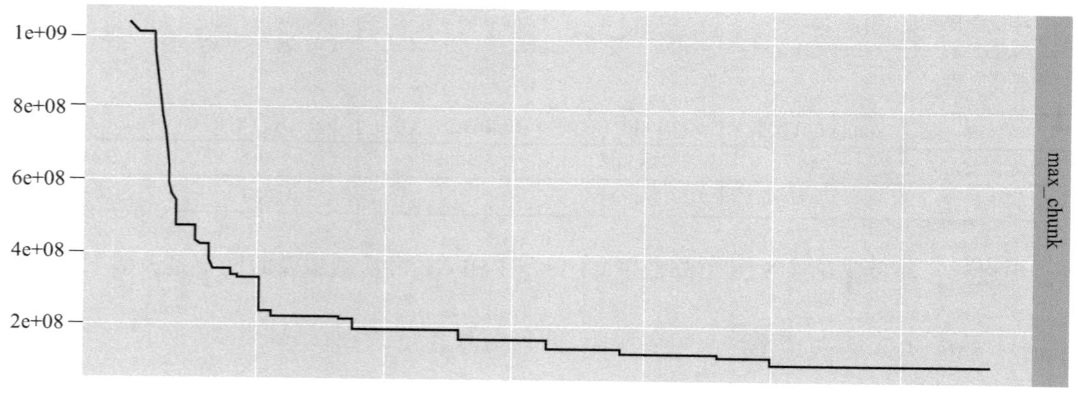

图 5-7 开启 MSLAB 功能前后 Max Chunk Size 变化曲线

由测试结果可以看出，未开启 MSLAB 功能时内存碎片会大量出现，并导致频繁的 Full GC（图中曲线每次出现波谷到波峰的剧变实际上就是一次 Full GC，因为 Full GC 次数会重新整理内存碎片使得 Max Chunk Size 重新变大）；而优化后虽然依然会产生大量碎片，但是最大碎片大小一直会维持在 1e + 08 左右，并没有出现频繁的 Full GC。

5.3.4 MemStore Chunk Pool

经过 MSLAB 优化之后，系统因为 MemStore 内存碎片触发的 Full GC 次数会明显降低。然而这样的内存管理模式并不完美，还存在一些“小问题”。比如一旦一个 Chunk 写满之后，系统会重新申请一个新的 Chunk，新建 Chunk 对象会在 JVM 新生代申请新内存，如果申请比较频繁会导致 JVM 新生代 Eden 区满掉，触发 YGC。试想如果这些 Chunk 能够被循环利用，系统就不需要申请新的 Chunk，这样就会使得 YGC 频率降低，晋升到老年代的 Chunk 就会减少，CMS GC 发生的频率也会降低。这就是 MemStore Chunk Pool 的核心思想，具体实现步骤如下：

1）系统创建一个 Chunk Pool 来管理所有未被引用的 Chunk，这些 Chunk 就不会再被 JVM 当作垃圾回收。

2）如果一个 Chunk 没有再被引用，将其放入 Chunk Pool。

3）如果当前 Chunk Pool 已经达到了容量最大值，就不会再接纳新的 Chunk。

4）如果需要申请新的 Chunk 来存储 KeyValue，首先从 Chunk Pool 中获取，如果能够获取得到就重复利用，否则就重新申请一个新的 Chunk。

官方（HBASE-8163）针对该优化也进行了简单的测试，使用 jstat -gcutil 对优化前后的 JVM GC 情况进行了统计，具体的测试条件和测试结果如下所示。

```
测试条件
HBase 版本：0.94
JVM 参数：-Xms4G -Xmx4G -Xmn2G
单条数据大小：Row size=50 bytes，Value size=1024 bytes
实验方法：50 concurrent theads per client，insert 10,000,000 rows
测试结果
```

	Young G（次数）	Young GC（时间）	Full GC（次数）	Full GC（时间）	GC（总时间）
优化前	747	36.503	48	2.492	38.995
优化后	711	20.344	4	0.284	20.628

很显然，经过优化后 YGCT 降低了 44.3%，Full GC 的次数以及时间更是大幅下降。

5.3.5 MSLAB 相关配置

HBase 中 MSLAB 功能默认是开启的，默认的 ChunkSize 是 2M，也可以通过参数 "hbase.hregion.memstore.mslab.chunksize" 进行设置，建议保持默认值。

Chunk Pool 功能默认是关闭的，需要配置参数 "hbase.hregion.memstore.chunkpool.maxsize" 为大于 0 的值才能开启，该值默认是 0。"hbase.hregion.memstore.chunkpool.maxsize" 取值为 [0, 1]，表示整个 MemStore 分配给 Chunk Pool 的总大小为 hbase.hregion.memstore.chunkpool.maxsize * Memstore Size。另一个相关参数 "hbase.hregion.memstore.chunkpool.initialsize" 取值为 [0, 1]，表示初始化时申请多少个 Chunk 放到 Pool 里面，默认是 0，表示初始化时不申请内存。

5.4 HFile

MemStore 中数据落盘之后会形成一个文件写入 HDFS，这个文件称为 HFile。HFile 参考 BigTable 的 SSTable 和 Hadoop 的 TFile 实现。从 HBase 诞生到现在，HFile 经历了 3 个版本，其中 V2 在 0.92 引入，V3 在 0.98 引入。HFile V1 版本在实际使用过程中发现占用内存过多，HFile V2 版本针对此问题进行了优化，HFile V3 版本和 V2 版本基本相同，只是在 cell 层面添加了对 Tag 数组的支持。鉴于此，本文主要针对 V2 版本进行分析，对 V1 和 V3 版本感兴趣的读者可以参考社区官方文档。

5.4.1　HFile 逻辑结构

HFile V2 的逻辑结构如图 5-8 所示。

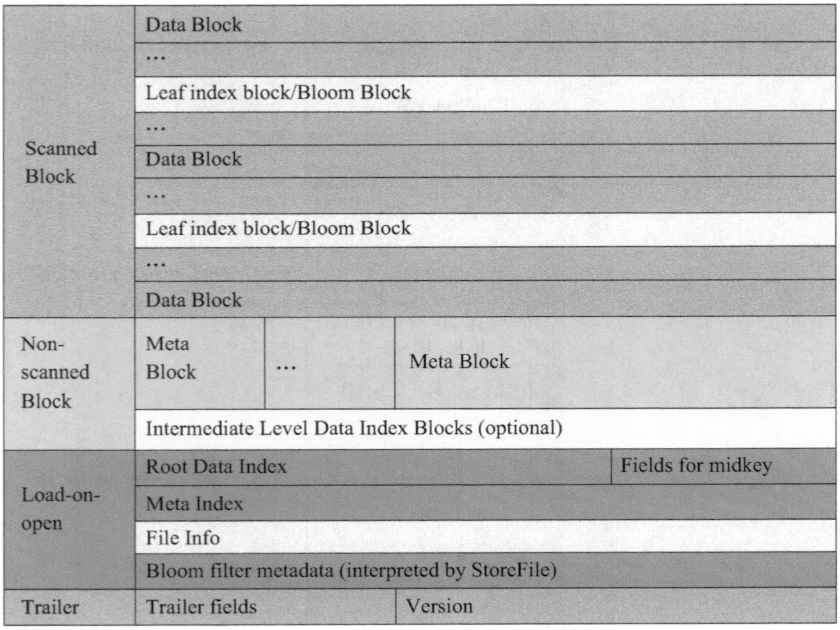

Scanned Block	Data Block
	…
	Leaf index block/Bloom Block
	…
	Data Block
	…
	Leaf index block/Bloom Block
	…
	Data Block
Non-scanned Block	Meta Block	…	Meta Block
	Intermediate Level Data Index Blocks (optional)
Load-on-open	Root Data Index	Fields for midkey
	Meta Index
	File Info
	Bloom filter metadata (interpreted by StoreFile)
Trailer	Trailer fields	Version

图 5-8　HFile V2 逻辑结构图

HFile 文件主要分为 4 个部分：Scanned block 部分、Non-scanned block 部分、Load-on-open 部分和 Trailer。

- Scanned Block 部分：顾名思义，表示顺序扫描 HFile 时所有的数据块将会被读取。这个部分包含 3 种数据块：Data Block，Leaf Index Block 以及 Bloom Block。其中 Data Block 中存储用户的 KeyValue 数据，Leaf Index Block 中存储索引树的叶子节点数据，Bloom Block 中存储布隆过滤器相关数据。
- Non-scanned Block 部分：表示在 HFile 顺序扫描的时候数据不会被读取，主要包括 Meta Block 和 Intermediate Level Data Index Blocks 两部分。
- Load-on-open 部分：这部分数据会在 RegionServer 打开 HFile 时直接加载到内存中，

包括 FileInfo、布隆过滤器 MetaBlock、Root Data Index 和 Meta IndexBlock。

- Trailer 部分：这部分主要记录了 HFile 的版本信息、其他各个部分的偏移值和寻址信息。

5.4.2 HFile 物理结构

HFile 物理结构如图 5-9 所示。

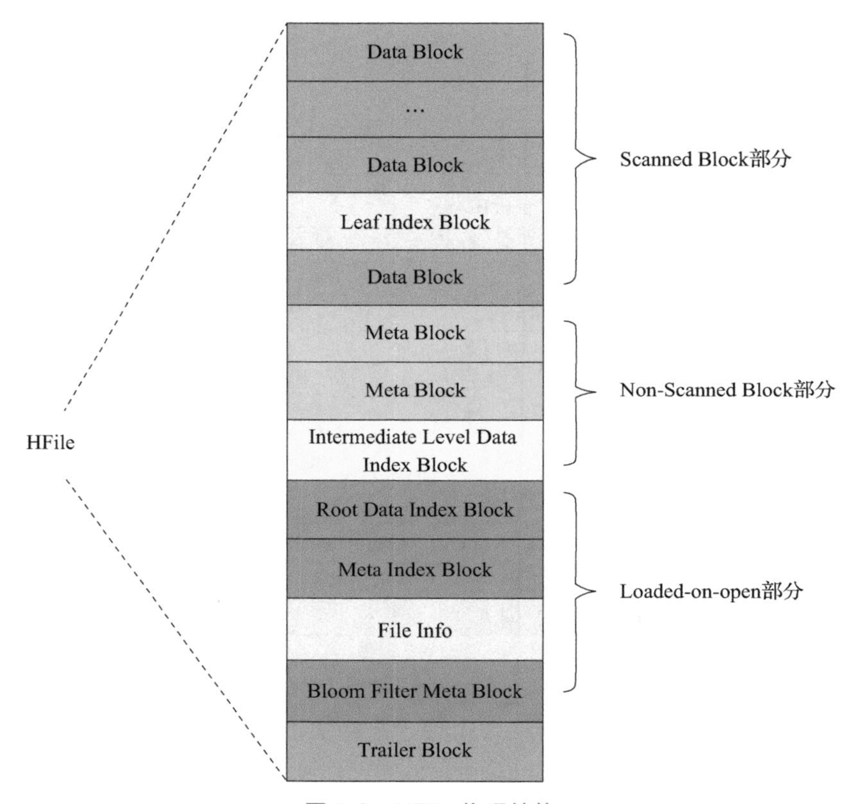

图 5-9 HFile 物理结构

实际上，HFile 文件由各种不同类型的 Block（数据块）构成，虽然这些 Block 的类型不同，但却拥有相同的数据结构。

Block 的大小可以在创建表列簇的时候通过参数 blocksize = > '65535' 指定，默认为 64K。通常来讲，大号的 Block 有利于大规模的顺序扫描，而小号的 Block 更有利于随机查询。因此用户在设置 blocksize 时需要根据业务查询特征进行权衡，默认 64K 是一个相对折中的大小。

HFile 中所有 Block 都拥有相同的数据结构，HBase 将所有 Block 统一抽象为 HFile-Block。HFileBlock 支持两种类型，一种类型含有 checksum，另一种不含有 checksum。为方便讲解，本节所有 HFileBlock 都选用不含有 checksum 的 HFileBlock。HFileBlock 结构如图 5-10 所示。

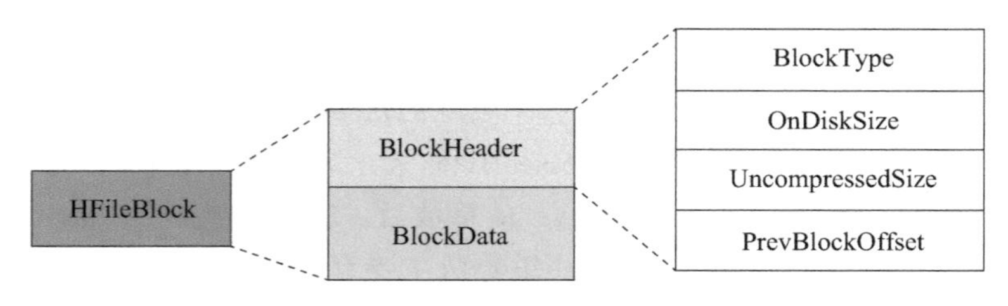

图 5-10　HFileBlock 结构

HFileBlock 主要包含两部分：BlockHeader 和 BlockData。其中 BlockHeader 主要存储 Block 相关元数据，BlockData 用来存储具体数据。Block 元数据中最核心的字段是 BlockType 字段，表示该 Block 的类型，HBase 中定义了 8 种 BlockType，每种 BlockType 对应的 Block 都存储不同的内容，有的存储用户数据，有的存储索引数据，有的存储元数据（meta）。对于任意一种类型的 HFileBlock，都拥有相同结构的 BlockHeader，但是 BlockData 结构却不尽相同。表 5-1 罗列了最核心的几种 BlockType。

表 5-1　核心 BlockType

Block Type	基本介绍
Trailer Block	记录 HFile 基本信息，文件中各个部分的偏移量和寻址信息
Meta Block	存储布隆过滤器相关元数据信息
Data Block	存储用户 KeyValue 信息
Root Index	HFile 索引树根索引
Intermediate Level Index	HFile 索引树中间层级索引
Leaf Level Index	HFile 索引树叶子索引
Bloom Meta Block	存储 Bloom 相关元数据
Bloom Block	存储 Bloom 相关数据

5.4.3　HFile 的基础 Block

1. Trailer Block

Trailer Block 主要记录了 HFile 的版本信息、各个部分的偏移值和寻址信息，图 5-11 为 Trailer Block 的数据结构，其中只显示了部分核心字段。

RegionServer 在打开 HFile 时会加载所有 HFile 的 Trailer 部分以及 load-on-open 部分到内存中。实际加载过程会首先会解析 Trailer Block，然后再进一步加载 load-on-open 部分的数据，具体步骤如下：

1）加载 HFile version 版本信息，HBase 中 version 包含 majorVersion 和 minorVersion

两部分，前者决定了 HFile 的主版本——V1、V2 还是 V3；后者在主版本确定的基础上决定是否支持一些微小修正，比如是否支持 checksum 等。不同的版本使用不同的文件解析器对 HFile 进行读取解析。

2）HBase 会根据 version 信息计算 Trailer Block 的大小（不同 version 的 Trailer Block 大小不同），再根据 Trailer Block 大小加载整个 HFileTrailer Block 到内存中。Trailer Block 中包含很多统计字段，例如，TotalUncompressedBytes 表示 HFile 中所有未压缩的 KeyValue 总大小。NumEntries 表示 HFile 中所有 KeyValue 总数目。Block 中字段 CompressionCodec 表示该 HFile 所使用的压缩算法，HBase 中压缩算法主要有 lzo、gz、snappy、lz4 等，默认为 none，表示不使用压缩。

3）Trailer Block 中另两个重要的字段是 LoadOnOpenDataOffset 和 LoadOnOpenDataSize，前者表示 load-on-open Section 在整个 HFile 文件中的偏移量，后者表示 load-on-open Section 的大小。根据此偏移量以及大小，HBase 会在启动后将 load-on-open Section 的数据全部加载到内存中。load-on-open 部分主要包括 FileInfo 模块、Root Data Index 模块以及布隆过滤器 Metadata 模块，FileInfo 是固定长度的数据块，主要记录了文件的一些统计元信息，比较重要的是 AVG_KEY_LEN 和 AVG_VALUE_LEN，分别记录了该文件中所有 Key 和 Value 的平均长度。Root Data Index 表示该文件数据索引的根节点信息，布隆过滤器 Metadata 记录了 HFile 中布隆过滤器的相关元数据。

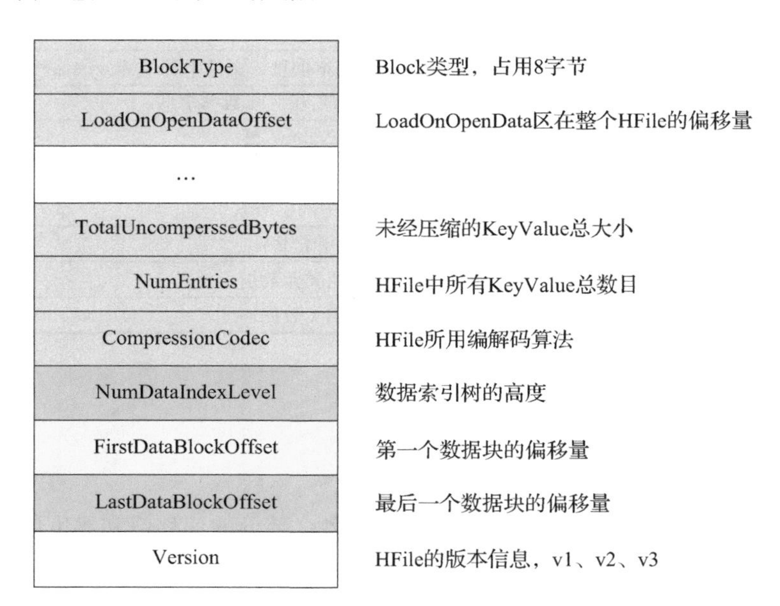

图 5-11 Trailer Block 数据结构

2. Data Block

Data Block 是 HBase 中文件读取的最小单元。Data Block 中主要存储用户的 KeyValue

数据，而 KeyValue 结构是 HBase 存储的核心。HBase 中所有数据都是以 KeyValue 结构存储在 HBase 中。

内存和磁盘中的 Data Block 结构如图 5-12 所示。

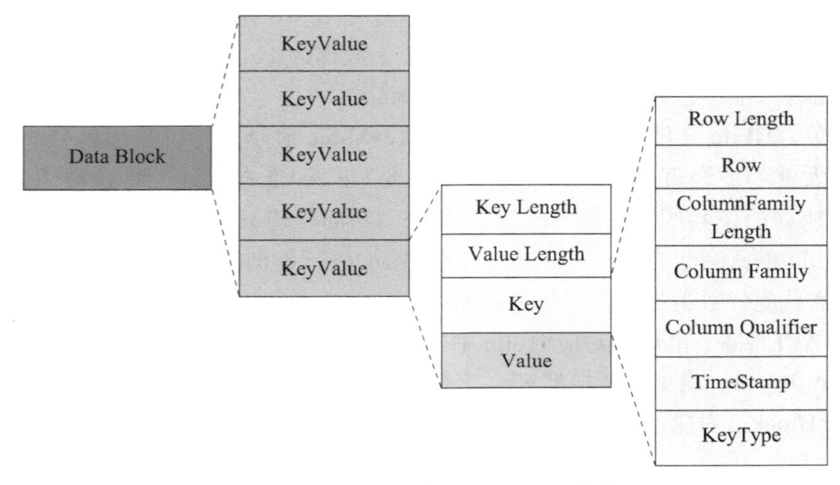

图 5-12 HBase 中 Data Block 结构

KeyValue 由 4 个部分构成，分别为 Key Length、Value Length、Key 和 Value。其中，Key Length 和 Value Length 是两个固定长度的数值，Value 是用户写入的实际数据，Key 是一个复合结构，由多个部分构成：Rowkey、Column Family、Column Qualifier、TimeStamp 以及 KeyType。其中，KeyType 有四种类型，分别是 Put、Delete、DeleteColumn 和 DeleteFamily。

由 Data Block 的结构可以看出，HBase 中数据在最底层是以 KeyValue 的形式存储的，其中 Key 是一个比较复杂的复合结构，这点最早在第 1 章介绍 HBase 数据模型时就提到过。因为任意 KeyValue 中都包含 Rowkey、Column Family 以及 Column Qualifier，因此这种存储方式实际上比直接存储 Value 占用更多的存储空间。这也是 HBase 系统在表结构设计时经常强调 Rowkey、Column Family 以及 Column Qualifier 尽可能设置短的根本原因。

5.4.4 HFile 中与布隆过滤器相关的 Block

布隆过滤器的基本原理可以参考第 2 章。布隆过滤器对 HBase 的数据读取性能优化至关重要。前面 2.2 节介绍过 HBase 是基于 LSM 树结构构建的数据库系统，数据首先写入内存，然后异步 flush 到磁盘形成文件。这种架构天然对写入友好，而对数据读取并不十分友好，因为随着用户数据的不断写入，系统会生成大量文件，用户根据 Key 获取对应的 Value，理论上需要遍历所有文件，在文件中查找指定的 Key，这无疑是很低效的做法。使用布隆过滤器可以对数据读取进行相应优化，对于给定的 Key，经过布隆过滤器处理就可以知道该 HFile 中是否存在待检索 Key，如果不存在就不需要遍历查找该文件，这样就可以减少实际 IO 次数，提高随机读性能。布隆过滤器通常会存储在内存中，所以布隆过滤器处理的整个过程耗时基本可以忽略。

HBase 会为每个 HFile 分配对应的位数组，KeyValue 在写入 HFile 时会先对 Key 经过多个 hash 函数的映射，映射后将对应的数组位置为 1，get 请求进来之后再使用相同的 hash 函数对待查询 Key 进行映射，如果在对应数组位上存在 0，说明该 get 请求查询的 Key 肯定不在该 HFile 中。当然，如果映射后对应数组位上全部为 1，则表示该文件中有可能包含待查询 Key，也有可能不包含，需要进一步查找确认。

可以想象，HFile 文件越大，里面存储的 KeyValue 值越多，位数组就会相应越大。一旦位数组太大就不适合直接加载到内存了，因此 HFile V2 在设计上将位数组进行了拆分，拆成了多个独立的位数组（根据 Key 进行拆分，一部分连续的 Key 使用一个位数组）。这样，一个 HFile 中就会包含多个位数组，根据 Key 进行查询时，首先会定位到具体的位数组，只需要加载此位数组到内存进行过滤即可，从而降低了内存开销。

在文件结构上每个位数组对应 HFile 中一个 Bloom Block，因此多个位数组实际上会对应多个 Bloom Block。为了方便根据 Key 定位对应的位数组，HFile V2 又设计了相应的索引 Bloom Index Block，对应的内存和逻辑结构如图 5-13 所示。

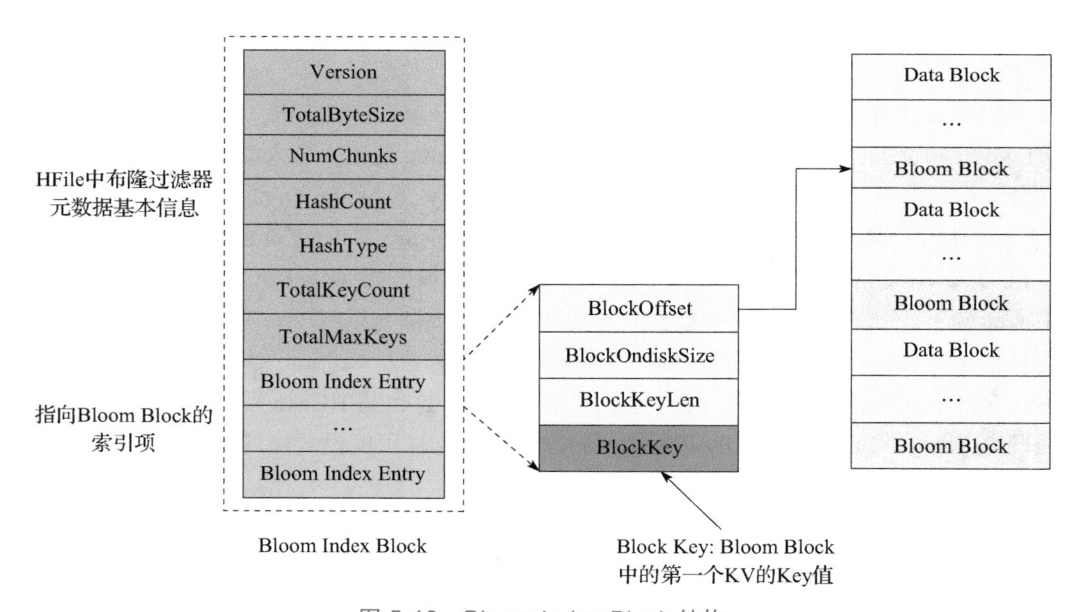

图 5-13 Bloom Index Block 结构

整个 HFile 中仅有一个 Bloom Index Block 数据块，位于 load-on-open 部分。Bloom Index Block（见图 5-13 左侧部分）从大的方面看由两部分内容构成，其一是 HFile 中布隆过滤器的元数据基本信息，其二是构建了指向 Bloom Block 的索引信息。

Bloom Index Block 结构中 TotalByteSize 表示位数组大小，NumChunks 表示 Bloom Block 的个数，HashCount 表示 hash 函数的个数，HashType 表示 hash 函数的类型，TotalKeyCount

表示布隆过滤器当前已经包含的 Key 的数目，TotalMaxKeys 表示布隆过滤器当前最多包含的 Key 的数目。

Bloom Index Entry 对应每一个 Bloom Block 的索引项，作为索引分别指向 scanned block 部分的 Bloom Block，Bloom Block 中实际存储了对应的位数组。Bloom Index Entry 的结构见图 5-13 中间部分，其中 BlockKey 是一个非常关键的字段，表示该 Index Entry 指向的 Bloom Block 中第一个执行 Hash 映射的 Key。BlockOffset 表示对应 Bloom Block 在 HFile 中的偏移量。

因此，一次 get 请求根据布隆过滤器进行过滤查找需要执行以下三步操作：

1）首先根据待查找 Key 在 Bloom Index Block 所有的索引项中根据 BlockKey 进行二分查找，定位到对应的 Bloom Index Entry。

2）再根据 Bloom Index Entry 中 BlockOffset 以及 BlockOndiskSize 加载该 Key 对应的位数组。

3）对 Key 进行 Hash 映射，根据映射的结果在位数组中查看是否所有位都为 1，如果不是，表示该文件中肯定不存在该 Key，否则有可能存在。

5.4.5　HFile 中索引相关的 Block

根据索引层级的不同，HFile 中索引结构分为两种：single-level 和 multi-level，前者表示单层索引，后者表示多级索引，一般为两级或三级。HFile V1 版本中只有 single-level 一种索引结构，V2 版本中引入多级索引。之所以引入多级索引，是因为随着 HFile 文件越来越大，Data Block 越来越多，索引数据也越来越大，已经无法全部加载到内存中，多级索引可以只加载部分索引，从而降低内存使用空间。同布隆过滤器内存使用问题一样，这也是 V1 版本升级到 V2 版本最重要的因素之一。

V2 版本 Index Block 有两类：Root Index Block 和 NonRoot Index Block。NonRoot Index Block 又分为 Intermediate Index Block 和 Leaf Index Block 两种。HFile 中索引是树状结构，Root Index Block 表示索引数根节点，Intermediate Index Block 表示中间节点，Leaf Index Block 表示叶子节点，叶子节点直接指向实际 Data Block，如图 5-14 所示。

需要注意的是，这三种 Index Block 在 HFile 中位于不同的部分，Root Index Block 位于“load-on-open”部分，会在 RegionServer 打开 HFile 时加载到内存中。Intermediate Index Block 位于“Non-Scanned block”部分，Leaf Index Block 位于“scanned block”部分。

HFile 中除了 Data Block 需要索引之外，Bloom Block 也需要索引，Bloom 索引结构实际上采用了单层结构，Bloom Index Block 就是一种 Root Index Block。

对于 Data Block，由于 HFile 刚开始数据量较小，索引采用单层结构，只有 Root Index 一层索引，直接指向 Data Block。当数据量慢慢变大，Root Index Block 大小超过阈值之后，索引就会分裂为多级结构，由一层索引变为两层，根节点指向叶子节点，叶子节点指向实际 Data Block。如果数据量再变大，索引层级就会变为三层。

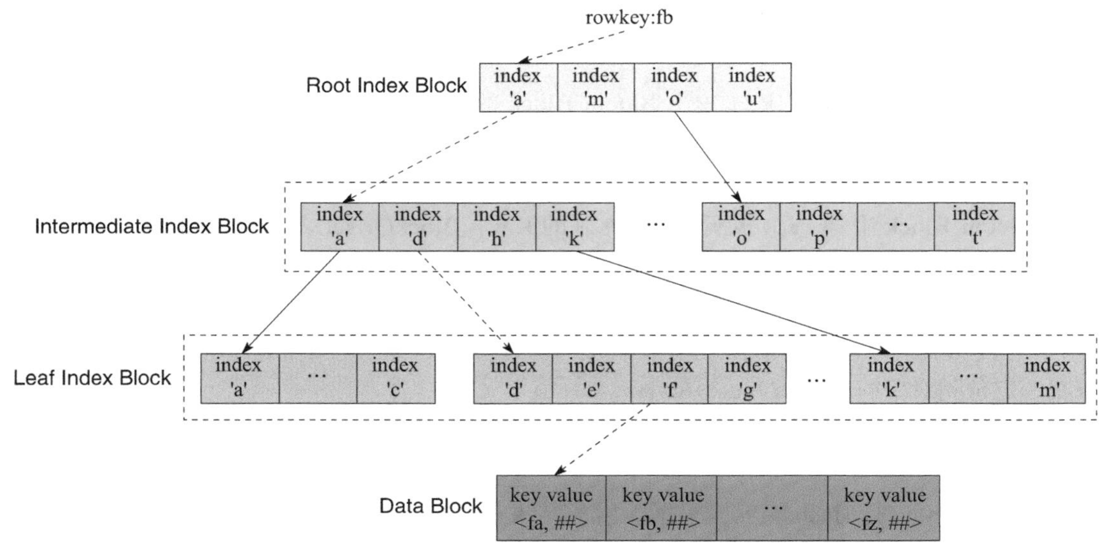

图 5-14 HFile 文件索引

下面针对 Root index Block 和 NonRoot index Block 两种结构进行解析（Intermediate Index Block 和 Ieaf Index Block 在内存和磁盘中存储格式相同，都为 NonRoot Index Block 格式）。

1. Root Index Block

Root Index Block 表示索引树根节点索引块，既可以作为 Bloom Block 的直接索引，也可以作为 Data Block 多极索引树的根索引。对于单层和多级这两种索引结构，对应的 Root Index Block 结构略有不同，单层索引结构是多级索引结构的一种简化场景。本书以多级索引结构中的 Root Index Block 为例进行分析，图 5-15 为 Root Index Block 的结构图。

图 5-15 中，Index Entry 表示具体的索引对象，每个索引对象由 3 个字段组成：Block Offset 表示索引指向 Data Block 的偏移量，BlockDataSize 表示索引指向 Data Block 在磁盘上的大小，BlockKey 表示索引指向 Data Block 中的第一个 Key。

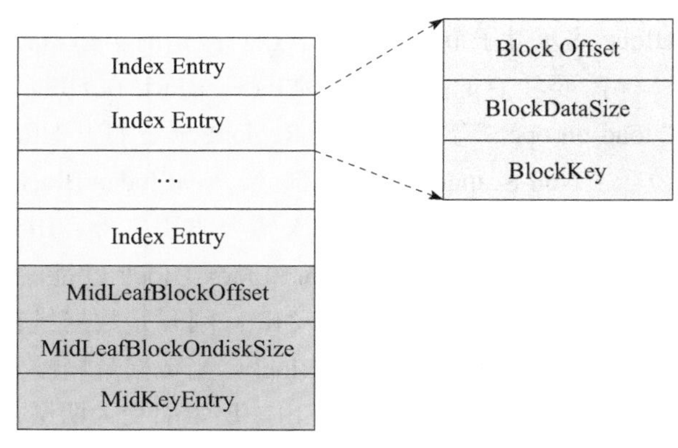

图 5-15 Root Index Block 结构

除此之外，还有另外 3 个字段用来记录 MidKey 的相关信息，这些信息用于在对 HFile 进行 split 操作时，快速定位 HFile 的切分点位置。需要注意的是单层索引结构和多级索引结构相比，仅缺少与 MidKey 相关的这三个字段。

Root Index Block 位于整个 HFile 的“load-on-open”部分，因此会在 Region Server 打开 HFile 时直接加载到内存中。

此处需要注意的是，在Trailer Block中有一个字段为DataIndexCount，表示Root Index Block中Index Entry的个数，只有知道Entry的个数才能正确地将所有Index Entry加载到内存。

2. NonRoot Index Block

当HFile中Data Block越来越多，单层结构的根索引会不断膨胀，超过一定阈值之后就会分裂为多级结构的索引结构。多级结构中根节点是Root Index Block。而索引树的中间层节点和叶子节点在HBase中存储为NonRoot Index Block，但从Block结构的视角分析，无论是中间节点还是叶子节点，其都拥有相同的结构，如图5-16所示。

和Root Index Block相同，NonRoot Index Block中最核心的字段也是Index Entry，用于指向叶子节点块或者Data Block。不同的是，NonRoot Index Block结构中增加了Index Entry的内部索引Entry Offset字段，Entry Offset表示Index Entry在该Block中的相对偏移量（相对于第一个Index Entry），用于实现Block内的二分查找。通过这种机制，所有非根节点索引块（包括Intermediate Index Block和Leaf Index Block）在其内部定位一个Key的具体索引并不是通过遍历实现，而是使用二分查找算法，这样可以更加高效快速地定位到待查找Key。

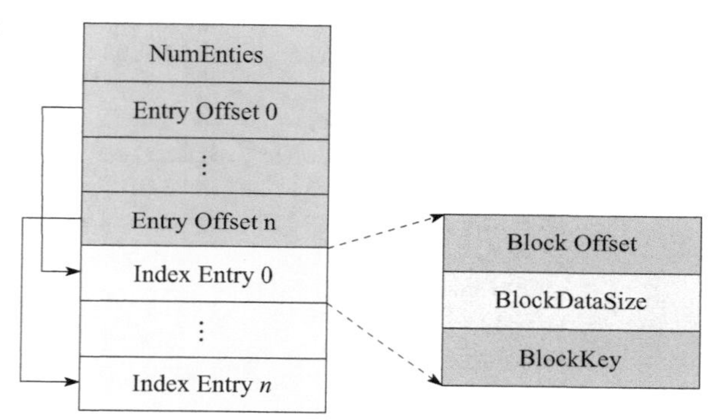

图5-16 NonRoot Index Block结构

5.4.6 HFile文件查看工具

HBase提供了简单的工具来查看HFile文件的基本信息，在${HBASE_HOME}/bin目录下执行如下命令：

```
hadoop@hbase17:~/hbase-current/bin$ ./hbase hfile
usage: HFile [-a] [-b] [-e] [-f <arg> | -r <arg>] [-h] [-k] [-m] [-p]
       [-s] [-v] [-w <arg>]
 -a,--checkfamily           Enable family check
 -b,--printblocks           Print block index meta data
 -e,--printkey              Print keys
 -f,--file <arg>            File to scan. Pass full-path; e.g.
                            hdfs://a:9000/hbase/hbase:meta/12/34
 -h,--printblockheaders     Print block headers for each block.
 -k,--checkrow              Enable row order check; looks for out-of-order
                            keys
 -m,--printmeta             Print meta data of file
 -p,--printkv               Print key/value pairs
 -r,--region <arg>          Region to scan. Pass region name; e.g.
                            'hbase:meta,,1'
 -s,--stats                 Print statistics
 -v,--verbose               Verbose output; emits file and meta data
```

```
                              delimiters
 -w,--seekToRow <arg>         Seek to this row and print all the kvs for this
                              row only
```

通常使用该命令中 -m 参数打印当前文件的元数据，如下命令：

```
    hadoop@hbase17:~/hbase-current/bin$ ./hbase hfile -m -f /hbase/data/nisp/t1/00
2bc035774dda0ce9348cfe1a5889d5/f1/9b3975c0ebdf49999879985ee9e32709
    2017-10-13 08:03:40,630 INFO  [main] hfile.CacheConfig: Created cacheConfig:
CacheConfig:disabled
    Block index size as per heapsize: 632
    reader=/hbase/data/nisp/t1/002bc035774dda0ce9348cfe1a5889d5/f1/9b3975c0ebdf499
99879985ee9e32709,
        compression=none,
        cacheConf=CacheConfig:disabled,
        firstKey=e01.10.35.187/f1:isL2TP/1499912769963/Put,
        lastKey=ef99.98.28.208/f1:suspectVpnNum/1499913881708/Put,
        avgKeyLen=41,
        avgValueLen=6,
        entries=10598953,
        length=644302406
    Trailer:
        fileinfoOffset=644297119,
        loadOnOpenDataOffset=644296856,
        dataIndexCount=4,
        metaIndexCount=0,
        totalUncomressedBytes=644105888,
        entryCount=10598953,
        compressionCodec=NONE,
        uncompressedDataIndexSize=459405,
        numDataIndexLevels=2,
        firstDataBlockOffset=0,
        lastDataBlockOffset=644045917,
        comparatorClassName=org.apache.hadoop.hbase.KeyValue$KeyComparator,
        encryptionKey=NONE,
        majorVersion=3,
        minorVersion=0
    Fileinfo:
        BLOOM_FILTER_TYPE = ROW
        DELETE_FAMILY_COUNT = \x00\x00\x00\x00\x00\x00\x00\x00
        EARLIEST_PUT_TS = \x00\x00\x01]9\xB4|v
        KEY_VALUE_VERSION = \x00\x00\x00\x01
        LAST_BLOOM_KEY = ef99.98.28.208
        MAJOR_COMPACTION_KEY = \xFF
        MAX_MEMSTORE_TS_KEY = \x00\x00\x00\x00\x00\x01\x8C?
        MAX_SEQ_ID_KEY = 101440
        TIMERANGE = 1499911715958....1499915733754
        hfile.AVG_KEY_LEN = 41
        hfile.AVG_VALUE_LEN = 6
        hfile.CREATE_TIME_TS = \x00\x00\x01]R\x99q\x87
```

```
    hfile.LASTKEY = \x00\x0Eef99.98.28.208\x02f1suspectVpnNum\x00\x00\x01J9\xD5\
        x881\x04
Mid-key: \x00\x0Fe796.31.154.254\x02f1riskLevelM\x7F\xFF\xFF\xFF\xFF\xFF\xFF\xFF\xFF
Bloom filter:
    BloomSize: 2752512
    No of Keys in bloom: 2246964
    Max Keys for bloom: 2295426
    Percentage filled: 98%
    Number of chunks: 21
    Comparator: RawBytesComparator
Delete Family Bloom filter:
    Not present
```

可以看到，使用-m参数可以打印出该文件对应的基本元数据，包括布隆过滤器信息、Mid Key信息等，这些元数据最值得关注的两个字段是avgKeyLen和avgValueLen，这两个字段分别表示该文件中所有KeyValue的平均Key长度以及平均Value长度。在一张表中随机选择一个文件获取的平均Key长度和平均Value长度，实际上可以代表一张表的平均Key长度和平均Value长度。如果平均KeyValue长度相对较小，可以适当将Block调小（例如32KB），这样可以使得一个Block内不会有太多KeyValue。HBase在一个Block内部定位一个KeyValue是通过顺序扫描的方式，因此一旦KeyValue太多会增大块内定位KeyValue的延迟时间。

思考与练习

[1] 在./bin/hbase hfile命令行显示的结果中，我们可以看到元数据中维护了HFile的firstKey和lastKey。请思考这两个值在实现Scan逻辑时起到什么作用？是否可以起到优化Scan性能的作用？如果是，如何实现优化的？

[2] 目前./bin/hbase hfile命令暂不支持根据block的offset来解析并打印指定block的KeyValue数据，请实现该功能。

[3] 如果某个HFile中的delete个数太多的话，是非常不利于这个HFile的scan和get操作。因为读取时，需要加载大量的充满delete的block，这些无效的数据对性能影响很大。一个比较好的思路是，在每个HFile中统计delete操作的数目，当某个Store中所有HFile的delete操作个数超过阈值时，就开始自动触发Major compact。请尝试实现该功能。

5.4.7 HFile V3版本

HFile V3格式和HFile V2基本相同，不同的是V3版本新增了对cell标签功能的支持。cell标签为其他与安全相关的功能（如单元级ACL和单元级可见性）提供了实现框架。以单元级可见性为例，用户可以给cell设置0个或多个可见性标签，然后再将可见性标签与用户关联起来，只有关联过的用户才可以看到对应标签的cell，详见HBase Shell中visibility labels 相关命令。

cell 标签数据存储在 HFile 中。相关的修改有两个地方：

- File Info Block 新增了两个信息：MAX_TAGS_LEN 和 TAGS_COMPRESSED，前者表示单个 cell 中存储标签的最大字节数，后者是一个 boolean 类型的值，表示是否针对标签进行压缩处理。
- DataBlock 中每个 KeyValue 结构新增三个标签相关的信息：Tags Length(2 bytes)、Tags Type(1 bytes) 和 Tags bytes(variable)。Tags Length 表示标签数据大小，Tags Type 表示标签类型（标签类型有 ACL_TAG_TYPE、VISIBILITY_TAG_TYPE 等），Tags bytes 表示具体的标签内容。

5.5 BlockCache

众所周知，提升数据库读取性能的一个核心方法是，尽可能将热点数据存储到内存中，以避免昂贵的 IO 开销。现代系统架构中，诸如 Redis 这类缓存组件已经是体系中的核心组件，通常将其部署在数据库的上层，拦截系统的大部分请求，保证数据库的“安全”，提升整个系统的读取效率。

同样为了提升读取性能，HBase 也实现了一种读缓存结构——BlockCache。客户端读取某个 Block，首先会检查该 Block 是否存在于 Block Cache，如果存在就直接加载出来，如果不存在则去 HFile 文件中加载，加载出来之后放到 Block Cache 中，后续同一请求或者邻近数据查找请求可以直接从内存中获取，以避免昂贵的 IO 操作。

从字面意思可以看出来，BlockCache 主要用来缓存 Block。需要关注的是，Block 是 HBase 中最小的数据读取单元，即数据从 HFile 中读取都是以 Block 为最小单元执行的。Block 相关内容在 5.4 节有详细介绍。

BlockCache 是 RegionServer 级别的，一个 RegionServer 只有一个 BlockCache，在 RegionServer 启动时完成 BlockCache 的初始化工作。到目前为止，HBase 先后实现了 3 种 BlockCache 方案，LRUBlockCache 是最早的实现方案，也是默认的实现方案；HBase 0.92 版本实现了第二种方案 SlabCache，参见 HBASE-4027；HBase 0.96 之后官方提供了另一种可选方案 BucketCache，参见 HBASE-7404。

这 3 种方案的不同之处主要在于内存管理模式，其中 LRUBlockCache 是将所有数据都放入 JVM Heap 中，交给 JVM 进行管理。而后两种方案采用的机制允许将部分数据存储在堆外。这种演变本质上是因为 LRUBlockCache 方案中 JVM 垃圾回收机制经常导致程序长时间暂停，而采用堆外内存对数据进行管理可以有效缓解系统长时间 GC。

5.5.1 LRUBlockCache

LRUBlockCache 是 HBase 目前默认的 BlockCache 机制，实现相对比较简单。它使用一个ConcurrentHashMap管理BlockKey到Block的映射关系，缓存Block只需要将BlockKey和对应的Block放入该HashMap中，查询缓存就根据BlockKey从HashMap中获取即可。同时，该方案采用严格的LRU淘汰算法，当Block Cache总量达到一定阈值之后就会启动淘汰机制，最近最少使用的Block会被置换出来。在具体的实现细节方面，需要关注以下三点。

1. 缓存分层策略

HBase采用了缓存分层设计，将整个BlockCache分为三个部分：single-access、multi-access和in-memory，分别占到整个BlockCache大小的25%、50%、25%。

在一次随机读中，一个Block从HDFS中加载出来之后首先放入single-access区，后续如果有多次请求访问到这个Block，就会将这个Block移到multi-access区。而in-memory区表示数据可以常驻内存，一般用来存放访问频繁、量小的数据，比如元数据，用户可以在建表的时候设置列簇属性IN_MEMORY= true，设置之后该列簇的Block在从磁盘中加载出来之后会直接放入in-memory区。

需要注意的是，设置IN_MEMORY=true并不意味着数据在写入时就会被放到in-memory区，而是和其他BlockCache区一样，只有从磁盘中加载出Block之后才会放入该区。另外，进入in-memory区的Block并不意味着会一直存在于该区，仍会基于LRU淘汰算法在空间不足的情况下淘汰最近最不活跃的一些Block。

因为HBase系统元数据（hbase:meta，hbase:namespace等表）都存放在in-memory区，因此对于很多业务表来说，设置数据属性IN_MEMORY=true时需要非常谨慎，一定要确保此列簇数据量很小且访问频繁，否则可能会将hbase:meta等元数据挤出内存，严重影响所有业务性能。

2. LRU淘汰算法实现

在每次cache block时，系统将BlockKey和Block放入HashMap后都会检查BlockCache总量是否达到阈值，如果达到阈值，就会唤醒淘汰线程对Map中的Block进行淘汰。系统设置3个MinMaxPriorityQueue，分别对应上述3个分层，每个队列中的元素按照最近最少被使用的规则排列，系统会优先取出最近最少使用的Block，将其对应的内存释放。可见，3个分层中的Block会分别执行LRU淘汰算法进行淘汰。

3. LRUBlockCache方案优缺点

LRUBlockCache方案使用JVM提供的HashMap管理缓存，简单有效。但随着数据从single-access区晋升到multi-access区或长时间停留在single-access区，对应的内存对象会从young区晋升到old区，晋升到old区的Block被淘汰后会变为内存垃圾，最终由CMS回收（Concurrent Mark Sweep，一种标记清除算法），显然这种算法会带来大量的内存碎片，碎片空间一直累计就会产生臭名昭著的Full GC。尤其在大内存条件下，一次Full GC很可能会持续较长时间，甚至达到分钟级别。Full GC会将整个进程暂停，称为stop-the-world暂停（STW），因此长时间Full GC必然会极大影响业务的正常读写请求。正因为该方案有这样的弊端，之后相继出现了 SlabCache 方案和 BucketCache 方案。

5.5.2 SlabCache

为了解决 LRUBlockCache 方案中因 JVM 垃圾回收导致的服务中断问题，SlabCache 方案提出使用 Java NIO DirectByteBuffer 技术实现堆外内存存储，不再由 JVM 管理数据内存。默认情况下，系统在初始化的时候会分配两个缓存区，分别占整个 BlockCache 大小的 80% 和 20%，每个缓存区分别存储固定大小的 Block，其中前者主要存储小于等于 64K 的 Block，后者存储小于等于 128K 的 Block，如果一个 Block 太大就会导致两个区都无法缓存。和 LRUBlockCache 相同，SlabCache 也使用 Least-Recently-Used 算法淘汰过期的 Block。和 LRUBlockCache 不同的是，SlabCache 淘汰 Block 时只需要将对应的 BufferByte 标记为空闲，后续 cache 对其上的内存直接进行覆盖即可。

线上集群环境中，不同表不同列簇设置的 BlockSize 都可能不同，很显然，默认只能存储小于等于 128KB Block 的 SlabCache 方案不能满足部分用户场景。比如，用户设置 BlockSize = 256K，简单使用 SlabCache 方案就不能达到缓存这部分 Block 的目的。因此 HBase 在实际实现中将 SlabCache 和 LRUBlockCache 搭配使用，称为 DoubleBlockCache。在一次随机读中，一个 Block 从 HDFS 中加载出来之后会在两个 Cache 中分别存储一份。缓存读时首先在 LRUBlockCache 中查找，如果 Cache Miss 再在 SlabCache 中查找，此时如果命中，则将该 Block 放入 LRUBlockCache 中。

经过实际测试，DoubleBlockCache 方案有很多弊端。比如，SlabCache 中固定大小内存设置会导致实际内存使用率比较低，而且使用 LRUBlockCache 缓存 Block 依然会因为 JVM GC 产生大量内存碎片。因此在 HBase 0.98 版本之后，已经不建议使用该方案。

5.5.3 BucketCache

SlabCache 方案在实际应用中并没有很大程度改善原有 LRUBlockCache 方案的 GC 弊端，还额外引入了诸如堆外内存使用率低的缺陷。然而它的设计并不是一无是处，至少在使用堆外内存这方面给予了后续开发者很多启发。站在 SlabCache 的肩膀上，社区工程师设计开发了另一种非常高效的缓存方案——BucketCache。

BucketCache 通过不同配置方式可以工作在三种模式下：heap，offheap 和 file。heap 模式表示这些 Bucket 是从 JVM Heap 中申请的；offheap 模式使用 DirectByteBuffer 技术实现堆外内存存储管理；file 模式使用类似 SSD 的存储介质来缓存 Data Block。无论工作在哪种模式下，BucketCache 都会申请许多带有固定大小标签的 Bucket，和 SlabCache 一样，一种 Bucket 存储一种指定 BlockSize 的 Data Block，但和 SlabCache 不同的是，BucketCache 会在初始化的时候申请 14 种不同大小的 Bucket，而且如果某一种 Bucket 空间不足，系统会从其他 Bucket 空间借用内存使用，因此不会出现内存使用率低的情况。

实际实现中，HBase 将 BucketCache 和 LRUBlockCache 搭配使用，称为 CombinedBlock-Cache。和 DoubleBlockCache 不同，系统在 LRUBlockCache 中主要存储 Index Block 和 Bloom Block，而将 Data Block 存储在 BucketCache 中。因此一次随机读需要先在 LRUBlockCache 中查到对应的 Index Block，然后再到 BucketCache 查找对应 Data Block。BucketCache 通过更加合理的设计修正了 SlabCache 的弊端，极大降低了 JVM GC 对业务请求的实际影响，但其也存在一些问题。比如，使用堆外内存会存在拷贝内存的问题，在一定程度上会影响读写性能。当然，在之后的 2.0 版本中这个问题得到了解决，参见 HBASE-11425。

相比 LRUBlockCache，BucketCache 实现相对比较复杂。它没有使用 JVM 内存管理算法来管理缓存，而是自己对内存进行管理，因此大大降低了因为出现大量内存碎片导致 Full GC 发生的风险。鉴于生产线上 CombinedBlockCache 方案使用的普遍性，下文主要介绍 BucketCache 的具体实现方式（包括 BucketCache 的内存组织形式、缓存写入读取流程等）以及配置使用方式。

1. BucketCache 的内存组织形式

图 5-17 所示为 BucketCache 的内存组织形式，图中上半部分是逻辑组织结构，下半部分是对应的物理组织结构。HBase 启动之后会在内存中申请大量的 Bucket，每个 Bucket 的大小默认为 2MB。每个 Bucket 会有一个 baseoffset 变量和一个 size 标签，其中 baseoffset 变量表示这个 Bucket 在实际物理空间中的起始地址，因此 Block 的物理地址就可以通过 baseoffset 和该 Block 在 Bucket 的偏移量唯一确定；size 标签表示这个 Bucket 可以存放的 Block 大小，比如图 5-17 中左侧 Bucket 的 size 标签为 65KB，表示可以存放 64KB 的 Block，右侧 Bucket 的 size 标签为 129KB，表示可以存放 128KB 的 Block。

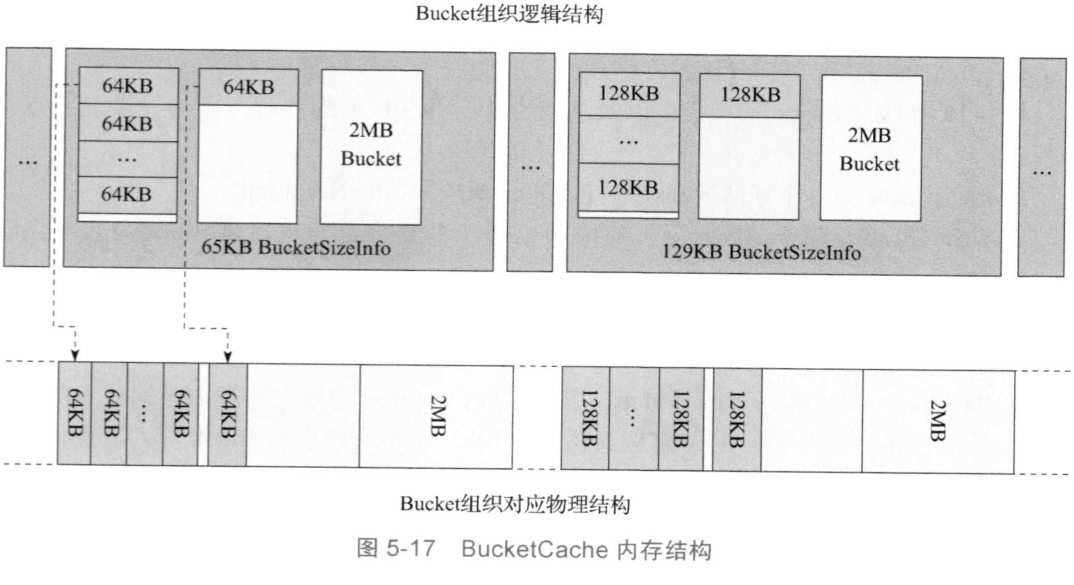

Bucket组织逻辑结构

Bucket组织对应物理结构

图 5-17　BucketCache 内存结构

HBase 中使用 BucketAllocator 类实现对 Bucket 的组织管理。

1）HBase 会根据每个 Bucket 的 size 标签对 Bucket 进行分类，相同 size 标签的 Bucket 由同一个 BucketSizeInfo 管理，如图 5-17 所示，左侧存放 64KB Block 的 Bucket 由 65KB BucketSizeInfo 管理，右侧存放 128KB Block 的 Bucket 由 129KB BucketSizeInfo 管理。可见，BucketSize 大小总会比 Block 本身大 1KB，这是因为 Block 本身并不是严格固定大小的，总会大那么一点，比如 64K 的 Block 总是会比 64K 大一些。

2）HBase 在启动的时候就决定了 size 标签的分类，默认标签有 (4+1)K，(8+1)K，(16+1)K...(48+1)K，(56+1)K，(64+1)K，(96+1)K...(512+1)K。而且系统会首先从小到大遍历一次所有 size 标签，为每种 size 标签分配一个 Bucket，最后所有剩余的 Bucket 都分配最大的 size 标签，默认分配 (512+1)K，如图 5-18 所示。

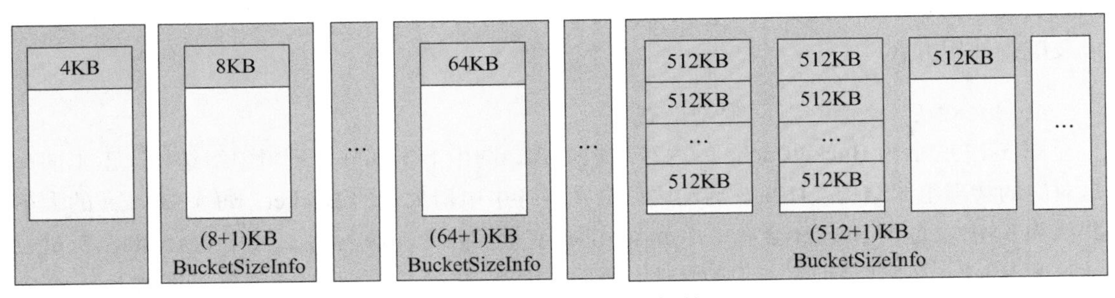

图 5-18 BucketSize 标签

3）Bucket 的 size 标签可以动态调整，比如 64K 的 Block 数目比较多，65K 的 Bucket 用完了以后，其他 size 标签的完全空闲的 Bucket 可以转换成为 65K 的 Bucket，但是会至少保留一个该 size 的 Bucket。

2. BucketCache 中 Block 缓存写入、读取流程

图 5-19 所示是 Block 写入缓存以及从缓存中读取 Block 的流程，图中主要包括 5 个模块：

- RAMCache 是一个存储 blockKey 和 Block 对应关系的 HashMap。
- WriteThead 是整个 Block 写入的中心枢纽，主要负责异步地将 Block 写入到内存空间。
- BucketAllocator 主要实现对 Bucket 的组织管理，为 Block 分配内存空间。
- IOEngine 是具体的内存管理模块，将 Block 数据写入对应地址的内存空间。
- BackingMap 也是一个 HashMap，用来存储 blockKey 与对应物理内存偏移量的映射关系，并且根据 blockKey 定位具体的 Block。图中实线表示 Block 写入流程，虚线表示 Block 缓存读取流程。

Block 缓存写入流程如下：

1）将 Block 写入 RAMCache。实际实现中，HBase 设置了多个 RAMCache，系统首先

会根据 blockKey 进行 hash，根据 hash 结果将 Block 分配到对应的 RAMCache 中。

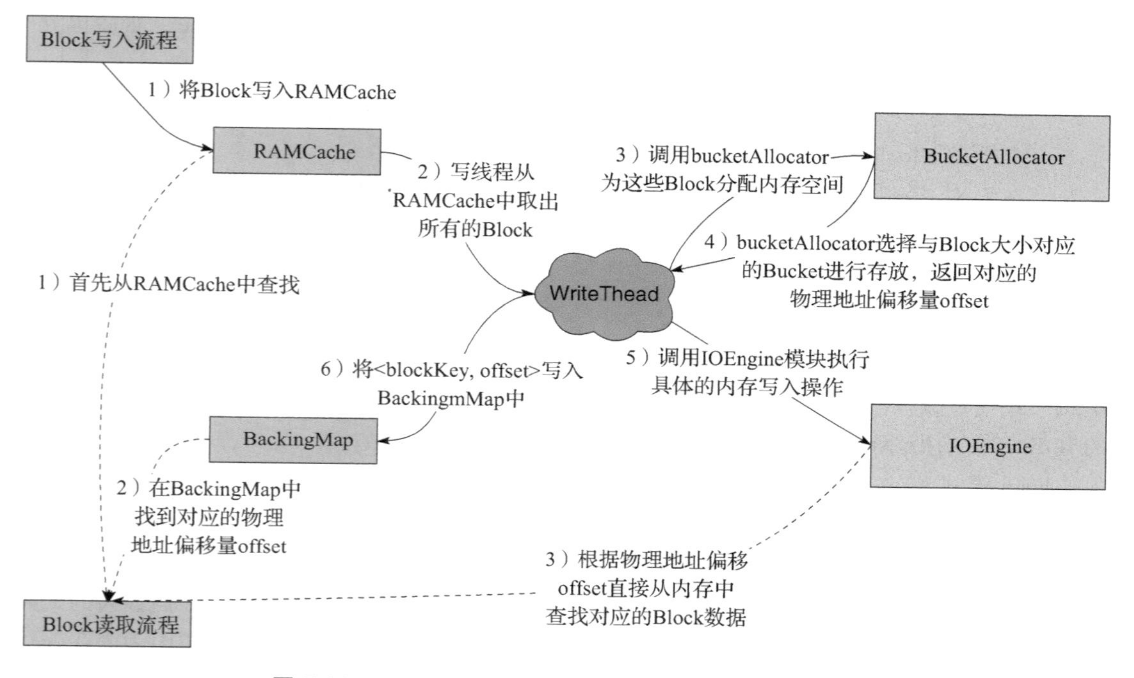

图 5-19　BucketCache 中 Block 缓存写入及读取流程

2）WriteThead 从 RAMCache 中取出所有的 Block。和 RAMCache 相同，HBase 会同时启动多个 WriteThead 并发地执行异步写入，每个 WriteThead 对应一个 RAMCache。

3）每个 WriteThead 会遍历 RAMCache 中所有 Block，分别调用 bucketAllocator 为这些 Block 分配内存空间。

4）BucketAllocator 会选择与 Block 大小对应的 Bucket 进行存放，并且返回对应的物理地址偏移量 offset。

5）WriteThead 将 Block 以及分配好的物理地址偏移量传给 IOEngine 模块，执行具体的内存写入操作。

6）写入成功后，将 blockKey 与对应物理内存偏移量的映射关系写入 BackingMap 中，方便后续查找时根据 blockKey 直接定位。

Block 缓存读取流程如下：

1）首先从 RAMCache 中查找。对于还没有来得及写入 Bucket 的缓存 Block，一定存储在 RAMCache 中。

2）如果在 RAMCache 中没有找到，再根据 blockKey 在 BackingMap 中找到对应的物理偏移地址量 offset。

3）根据物理偏移地址 offset 直接从内存中查找对应的 Block 数据。

> **思考与练习**
>
> [1] 在 BucketCache 缓存一个 Block 时，设计为先缓存 Block 到 RAMCache，然后再异步写入 IOEngine。请问这样设计有什么好处？
>
> [2] 为什么需要单独设计一个 backingMap 来存放每个 Block 的 (offset, length)，而不是直接把 Block 存放到 backingMap 中？
>
> [3] 在上文 Block 写入流程中，如果第 5 步 WriteThread 在将 Block 写入 IOEngine 时异常失败，是否会存在 offheap 内存泄漏的问题？ HBase 是怎么解决这个问题的？

3. BucketCache 工作模式

BucketCache 默认有三种工作模式：heap、offheap 和 file。这三种工作模式在内存逻辑组织形式以及缓存流程上都是相同的；但是三者对应的最终存储介质有所不同，即上述所讲的 IOEngine 有所不同。

heap 模式和 offheap 模式都使用内存作为最终存储介质，内存分配查询也都使用 Java NIO ByteBuffer 技术。二者不同的是，heap 模式分配内存会调用 ByteBuffer.allocate 方法，从 JVM 提供的 heap 区分配；而 offheap 模式会调用 ByteBuffer.allocateDirect 方法，直接从操作系统分配。这两种内存分配模式会对 HBase 实际工作性能产生一定的影响。影响最大的无疑是 GC，相比 heap 模式，offheap 模式因为内存属于操作系统，所以大大降低了因为内存碎片导致 Full GC 的风险。除此之外，在内存分配以及读取方面，两者性能也有不同，比如，内存分配时，相比 offheap 直接从操作系统分配内存，heap 模式需要首先从操作系统分配内存再拷贝到 JVM heap，因此更耗时；但是反过来，读取缓存时 heap 模式可以从 JVM heap 中直接读取，而 offheap 模式则需要首先从操作系统拷贝到 JVM heap 再读取，因此更费时。

file 模式和前面两者不同，它使用 Fussion-IO 或者 SSD 等作为存储介质，相比昂贵的内存，这样可以提供更大的存储容量，因此可以极大地提升缓存命中率。

4. BucketCache 配置使用

BucketCache 方案的配置说明一直被 HBase 使用者诟病，原因之一是 HBase 不同版本的相关配置完全不同，比如 0.98 版本和 1.x 版本的配置就不相同，读者需要重点关注；另一个原因是官方一直没有相关文档对配置进行介绍。需要注意的是，BucketCache 三种工作模式的配置有所不同，下面分开介绍，另外，对于很多不重要的相关参数没有列出。

heap 模式的配置如下：

```
<!--bucketcache 存储介质，可取值包括 heap，offheap 和 file 三种，分别表示堆内内存，堆外内
存和文件 -->
<property>
 <name>hbase.bucketcache.ioengine</name>
 <value>heap</value>
</property>
```

```
<!--bucketcache 大小，可取值有两种，一种是大于 0 小于 1 的浮点型数值，表示占总内存的百分比。另一种是大于 1 的值，表示所占内存大小，单位为 M-->
<property>
  <name>hbase.bucketcache.size</name>
  <value>0.4</value>
</property>
```

offheap 模式的配置如下：

```
<property>
  <name>hbase.bucketcache.ioengine</name>
  <value>offheap</value>
</property>
<property>
  <name>hbase.bucketcache.size</name>
  <value>0.4</value>
</property>
```

file 模式的配置如下：

```
<property>
  <name>hbase.bucketcache.ioengine</name>
  <value>file</value>
</property>
//bucketcache 缓存空间大小，单位为 MB
<property>
  <name>hbase.bucketcache.size</name>
  <value>10 * 1024</value>
</property>
<property>
  <name>hbase.bucketcache.persistent.path</name>
  <value>file:/cache_path</value>
</property>
```

思考与练习

[1] 通过对 HFile 文件格式的理解，论述为什么 HBase 是一个典型的 KV 数据库，而不是严格意义上的列式存储数据库。

[2] 尝试在测试集群中分别使用 LRUBlockCache 与 CombinedBlockCache 这两种缓存方案进行配置，并执行数据读取。在 RegionServer Web UI 界面，Block Cache 部分查看元数据和用户数据的缓存命中率分别是多少？

[3] 采用 SSD 磁盘作为 BucketCache 后，可能出现因某块磁盘很慢导致访问延迟急剧上升的问题，那么采用什么策略处理比较好？

[4] 为什么频繁读取 1MB 大小的 cell，会对 RegionServer 节点造成巨大 IO 压力和 GC 压力？

[5] 在HBase1.x版本中执行读取操作时，如果命中offheap的BucketCache某个Block，RegionServer需要把这个Block从offheap内存区拷贝到heap内存区。HBase2.x版本已经解决了这个问题，相对应的ISSUE是HBASE-11425，请阐述该ISSUE是如何解决这个问题的。

拓展阅读

[1] Avoiding Full GCs in Apache HBase with MemStore-Local Allocation Buffers: Part 1: http://blog.cloudera.com/blog/2011/02/avoiding-full-gcs-in-hbase-with-memstore-local-allocation-buffers-part-1/

[2] Avoiding Full GCs in HBase with MemStore-Local Allocation Buffers: Part 2: http://blog.cloudera.com/blog/2011/02/avoiding-full-gcs-in-hbase-with-memstore-local-allocation-buffers-part-2/

[3] Avoiding Full GCs in Apache HBase with MemStore-Local Allocation Buffers: Part 3: http://blog.cloudera.com/blog/2011/03/avoiding-full-gcs-in-hbase-with-memstore-local-allocation-buffers-part-3/

[4] Configuring the HBase BlockCache: https://www.cloudera.com/documentation/enterprise/5-7-x/topics/admin_hbase_blockcache_configure.html

[5] HBASE BLOCKCACHE 101: https://zh.hortonworks.com/blog/hbase-blockcache-101/

[6] Apache HBase I/O – HFile: http://blog.cloudera.com/blog/2012/06/hbase-io-hfile-input-output/

[7] HFile format: http://hbase.apache.org/book.html#_hfile_format_2

第 6 章 HBase 读写流程

第 5 章节介绍了 RegionServer 中的核心组件，这些核心组件主要是为 HBase 数据读写而设计。本章将会把这些核心组件串联起来进行介绍。首先介绍数据如何写入 MemStore 并 flush 形成 HFile 文件，然后介绍 HBase 是如何从 HFile、MemStore 中检索出待查的数据。读写流程是 HBase 内核最重要、最复杂的内容，为了读者更加容易理解，本章尽量化繁为简，将一些不必要的细节剔除，只留下核心主干流程。

6.1 HBase 写入流程

HBase 采用 LSM 树架构，天生适用于写多读少的应用场景。在真实生产线环境中，也正是因为 HBase 集群出色的写入能力，才能支持当下很多数据激增的业务。需要说明的是，HBase 服务端并没有提供 update、delete 接口，HBase 中对数据的更新、删除操作在服务器端也认为是写入操作，不同的是，更新操作会写入一个最新版本数据，删除操作会写入一条标记为 deleted 的 KV 数据。所以 HBase 中更新、删除操作的流程与写入流程完全一致。当然，HBase 数据写入的整个流程随着版本的迭代在不断优化，但总体流程变化不大。

6.1.1 写入流程的三个阶段

HBase 写入流程如图 6-1 所示。

从整体架构的视角来看，写入流程可以概括为三个阶段。

1）客户端处理阶段：客户端将用户的写入请求进行预处理，并根据集群元数据定位写入数据所在的 RegionServer，将请求发送给对应的 RegionServer。

2）Region 写入阶段：RegionServer 接收到写入请求之后将数据解析出来，首先写入 WAL，再写入对应 Region 列簇的 MemStore。

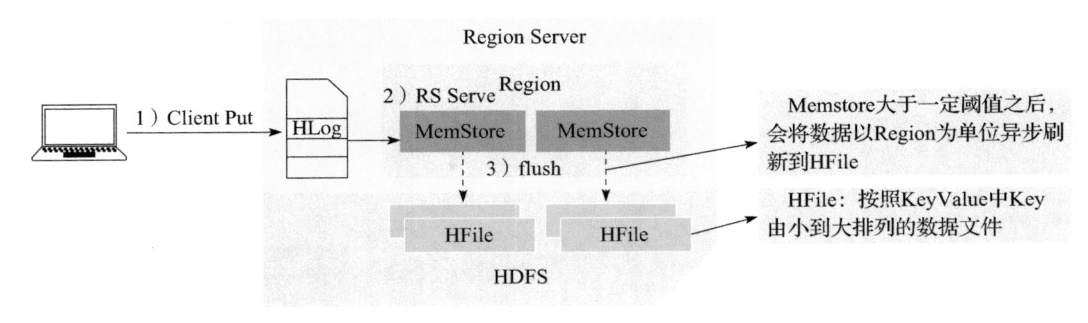

图 6-1 HBase 写入流程

3）MemStore Flush 阶段：当 Region 中 MemStore 容量超过一定阈值，系统会异步执行 flush 操作，将内存中的数据写入文件，形成 HFile。

注意 用户写入请求在完成 Region MemStore 的写入之后就会返回成功。MemStore Flush 是一个异步执行的过程。

1. 客户端处理阶段

HBase 客户端处理写入请求的核心流程基本上可以概括为三步。

步骤 1：用户提交 put 请求后，HBase 客户端会将写入的数据添加到本地缓冲区中，符合一定条件就会通过 AsyncProcess 异步批量提交。HBase 默认设置 autoflush = true，表示 put 请求直接会提交给服务器进行处理；用户可以设置 autoflush = false，这样，put 请求会首先放到本地缓冲区，等到本地缓冲区大小超过一定阈值（默认为 2M，可以通过配置文件配置）之后才会提交。很显然，后者使用批量提交请求，可以极大地提升写入吞吐量，但是因为没有保护机制，如果客户端崩溃，会导致部分已经提交的数据丢失。

步骤 2：在提交之前，HBase 会在元数据表 hbase:meta 中根据 rowkey 找到它们归属的 RegionServer，这个定位的过程是通过 HConnection 的 locateRegion 方法完成的。如果是批量请求，还会把这些 rowkey 按照 HRegionLocation 分组，不同分组的请求意味着发送到不同的 RegionServer，因此每个分组对应一次 RPC 请求。

Client 与 ZooKeeper、RegionServer 的交互过程如图 6-2 所示。

- 客户端根据写入的表以及 rowkey 在元数据缓存中查找，如果能够查找出该 rowkey 所在的 RegionServer 以及 Region，就可以直接发送写入请求（携带 Region 信息）到目标 RegionServer。
- 如果客户端缓存中没有查到对应的 rowkey 信息，需要首先到 ZooKeeper 上 /hbase-root/meta-region-server 节点查找 HBase 元数据表所在的 RegionServer。向 hbase:meta 所在的 RegionServer 发送查询请求，在元数据表中查找 rowkey 所在的 RegionServer 以及 Region 信息。客户端接收到返回结果之后会将结果缓存到本地，以备下次使用。

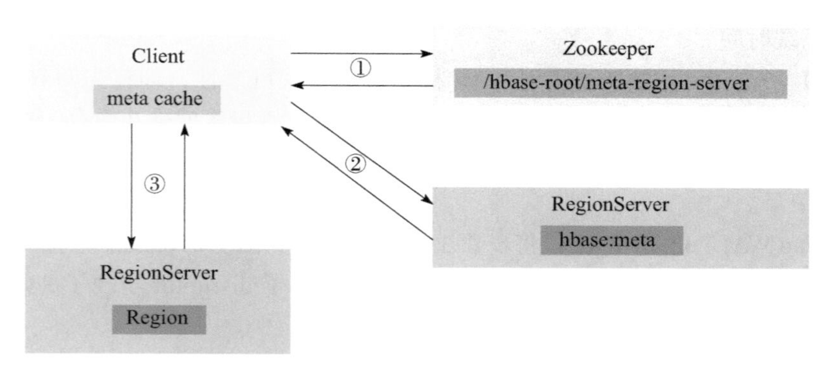

图 6-2　写入流程各组件交互图

- 客户端根据 rowkey 相关元数据信息将写入请求发送给目标 RegionServer，Region Server 接收到请求之后会解析出具体的 Region 信息，查到对应的 Region 对象，并将数据写入目标 Region 的 MemStore 中。

步骤 3：HBase 会为每个 HRegionLocation 构造一个远程 RPC 请求 MultiServerCallable，并通过 rpcCallerFactory. newCaller() 执行调用。将请求经过 Protobuf 序列化后发送给对应的 RegionServer。

2. Region 写入阶段

服务器端 RegionServer 接收到客户端的写入请求后，首先会反序列化为 put 对象，然后执行各种检查操作，比如检查 Region 是否是只读、MemStore 大小是否超过 blockingMemstoreSize 等。检查完成之后，执行一系列核心操作（见图 6-3）。

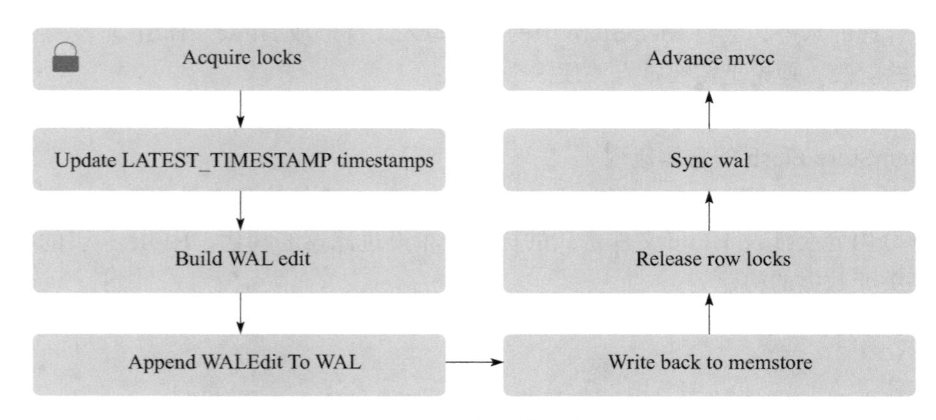

图 6-3　Region 写入流程

1）Acquire locks：HBase 中使用行锁保证对同一行数据的更新都是互斥操作，用以保证更新的原子性，要么更新成功，要么更新失败。

2）Update LATEST_TIMESTAMP timestamps：更新所有待写入（更新）KeyValue 的时

间戳为当前系统时间。

3）Build WAL edit：HBase 使用 WAL 机制保证数据可靠性，即首先写日志再写缓存，即使发生宕机，也可以通过恢复 HLog 还原出原始数据。该步骤就是在内存中构建 WALEdit 对象，为了保证 Region 级别事务的写入原子性，一次写入操作中所有 KeyValue 会构建成一条 WALEdit 记录。

4）Append WALEdit To WAL：将步骤 3 中构造在内存中的 WALEdit 记录顺序写入 HLog 中，此时不需要执行 sync 操作。当前版本的 HBase 使用了 disruptor 实现了高效的生产者消费者队列，来实现 WAL 的追加写入操作。

5）Write back to MemStore：写入 WAL 之后再将数据写入 MemStore。

6）Release row locks：释放行锁。

7）Sync wal：HLog 真正 sync 到 HDFS，在释放行锁之后执行 sync 操作是为了尽量减少持锁时间，提升写性能。如果 sync 失败，执行回滚操作将 MemStore 中已经写入的数据移除。

8）结束写事务：此时该线程的更新操作才会对其他读请求可见，更新才实际生效。

注意　branch-1 的写入流程设计为：先在第 6 步释放行锁，再在第 7 步 Sync WAL，最后在第 8 步打开 mvcc 让其他事务可以看到最新结果。正是这样的设计，导致了第 4 章 4.2 节中提到的“CAS 接口是 Region 级别串行的，吞吐受限”问题。这个问题已经在 branch-2 中解决。

---

3. MemStore Flush 阶段

随着数据的不断写入，MemStore 中存储的数据会越来越多，系统为了将使用的内存保持在一个合理的水平，会将 MemStore 中的数据写入文件形成 HFile。flush 阶段是 HBase 的非常核心的阶段，理论上需要重点关注三个问题：

- MemStore Flush 的触发时机。即在哪些情况下 HBase 会触发 flush 操作。
- MemStore Flush 的整体流程。
- HFile 的构建流程。HFile 构建是 MemStore Flush 整体流程中最重要的一个部分，这部分内容会涉及 HFile 文件格式的构建、布隆过滤器的构建、HFile 索引的构建以及相关元数据的构建等。

6.1.2 Region 写入流程

数据写入 Region 的流程可以抽象为两步：追加写入 HLog，随机写入 MemStore。

1. 追加写入 HLog

HBase 中 HLog 的文件格式、生命周期已经在第 5 章做了介绍。HLog 保证成功写入 MemStore 中的数据不会因为进程异常退出或者机器宕机而丢失，但实际上并不完全如此，HBase 定义了多个 HLog 持久化等级，使得用户在数据高可靠和写入性能之间进行权衡。

（1）HLog 持久化等级

HBase 可以通过设置 HLog 的持久化等级决定是否开启 HLog 机制以及 HLog 的落盘方式。HLog 的持久化等级分为如下五个等级。

- SKIP_WAL：只写缓存，不写 HLog 日志。因为只写内存，因此这种方式可以极大地提升写入性能，但是数据有丢失的风险。在实际应用过程中并不建议设置此等级，除非确认不要求数据的可靠性。
- ASYNC_WAL：异步将数据写入 HLog 日志中。
- SYNC_WAL：同步将数据写入日志文件中，需要注意的是，数据只是被写入文件系统中，并没有真正落盘。HDFS Flush 策略详见 HADOOP-6313。
- FSYNC_WAL：同步将数据写入日志文件并强制落盘。这是最严格的日志写入等级，可以保证数据不会丢失，但是性能相对比较差。
- USER_DEFAULT：如果用户没有指定持久化等级，默认 HBase 使用 SYNC_WAL 等级持久化数据。

用户可以通过客户端设置 HLog 持久化等级，代码如下：

```
put.setDurability(Durability.SYNC_WAL );
```

（2）HLog 写入模型

在 HBase 的演进过程中，HLog 的写入模型几经改进，写入吞吐量得到极大提升。之前的版本中，HLog 写入都需要经过三个阶段：首先将数据写入本地缓存，然后将本地缓存写入文件系统，最后执行 sync 操作同步到磁盘。

很显然，三个阶段是可以流水线工作的，基于这样的设想，写入模型自然就想到“生产者 - 消费者”队列实现。然而之前版本中，生产者之间、消费者之间以及生产者与消费者之间的线程同步都是由 HBase 系统实现，使用了大量的锁，在写入并发量非常大的情况下会频繁出现恶性抢占锁的问题，写入性能较差。

当前版本中，HBase 使用 LMAX Disruptor 框架实现了无锁有界队列操作。基于 Disruptor 的 HLog 写入模型如图 6-4 所示。

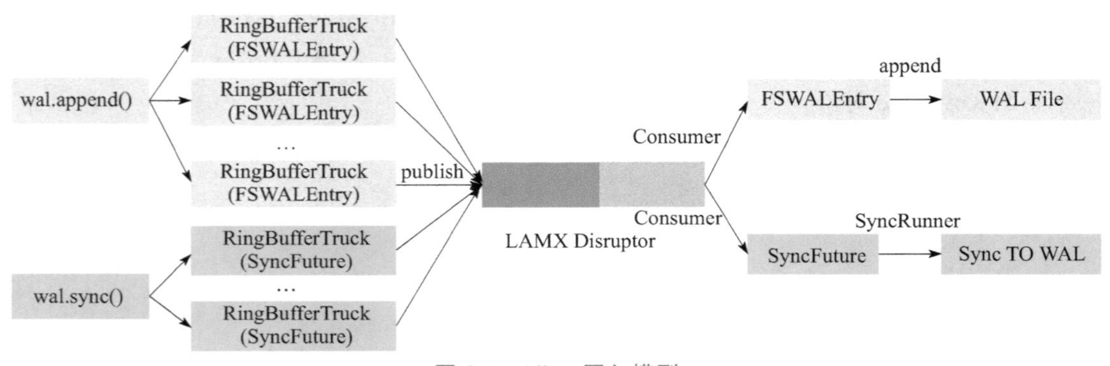

图 6-4　Hlog 写入模型

图 6-4 中最左侧部分是 Region 处理 HLog 写入的两个前后操作：append 和 sync。当调用 append 后，WALEdit 和 HLogKey 会被封装成 FSWALEntry 类，进而再封装成 RingBufferTruck 类放入 Disruptor 无锁有界队列中。当调用 sync 后，会生成一个 SyncFuture，再封装成 RingBufferTruck 类放入同一个队列中，然后工作线程会被阻塞，等待 notify() 来唤醒。

图 6-4 最右侧部分是消费者线程，在 Disruptor 框架中有且仅有一个消费者线程工作。这个框架会从 Disruptor 队列中依次取出 RingBufferTruck 对象，然后根据如下选项来操作：

- 如果 RingBufferTruck 对象中封装的是 FSWALEntry，就会执行文件 append 操作，将记录追加写入 HDFS 文件中。需要注意的是，此时数据有可能并没有实际落盘，而只是写入到文件缓存。
- 如果 RingBufferTruck 对象是 SyncFuture，会调用线程池的线程异步地批量刷盘，刷盘成功之后唤醒工作线程完成 HLog 的 sync 操作。

2. 随机写入 MemStore

KeyValue 写入 Region 分为两步：首先追加写入 HLog，再写入 MemStore。MemStore 使用数据结构 ConcurrentSkipListMap 来实际存储 KeyValue，优点是能够非常友好地支持大规模并发写入，同时跳跃表本身是有序存储的，这有利于数据有序落盘，并且有利于提升 MemStore 中的 KeyValue 查找性能。

KeyValue 写入 MemStore 并不会每次都随机在堆上创建一个内存对象，然后再放到 ConcurrentSkipListMap 中，这会带来非常严重的内存碎片，进而可能频繁触发 Full GC。HBase 使用 MemStore-Local Allocation Buffer（MSLAB）机制预先申请一个大的（2M）的 Chunk 内存，写入的 KeyValue 会进行一次封装，顺序拷贝这个 Chunk 中，这样，MemStore 中的数据从内存 flush 到硬盘的时候，JVM 内存留下来的就不再是小的无法使用的内存碎片，而是大的可用的内存片段。

基于这样的设计思路，MemStore 的写入流程可以表述为以下 3 步。

1）检查当前可用的 Chunk 是否写满，如果写满，重新申请一个 2M 的 Chunk。

2）将当前 KeyValue 在内存中重新构建，在可用 Chunk 的指定 offset 处申请内存创建一个新的 KeyValue 对象。

3）将新创建的 KeyValue 对象写入 ConcurrentSkipListMap 中。

6.1.3 MemStore Flush

1. 触发条件

HBase 会在以下几种情况下触发 flush 操作。

- MemStore 级别限制：当 Region 中任意一个 MemStore 的大小达到了上限（hbase.

hregion.memstore.flush.size，默认128MB），会触发MemStore刷新。

- Region级别限制：当Region中所有MemStore的大小总和达到了上限（hbase.hregion.memstore.block.multiplier * hbase.hregion.memstore.flush.size），会触发MemStore刷新。
- RegionServer级别限制：当RegionServer中MemStore的大小总和超过低水位阈值hbase.regionserver.global.memstore.size.lower.limit*hbase.regionserver.global.memstore.size，RegionServer开始强制执行flush，先flush MemStore最大的Region，再flush次大的，依次执行。如果此时写入吞吐量依然很高，导致总MemStore大小超过高水位阈值hbase.regionserver.global.memstore.size，RegionServer会阻塞更新并强制执行flush，直至总MemStore大小下降到低水位阈值。
- 当一个RegionServer中HLog数量达到上限（可通过参数hbase.regionserver.maxlogs配置）时，系统会选取最早的HLog对应的一个或多个Region进行flush。
- HBase定期刷新MemStore：默认周期为1小时，确保MemStore不会长时间没有持久化。为避免所有的MemStore在同一时间都进行flush而导致的问题，定期的flush操作有一定时间的随机延时。
- 手动执行flush：用户可以通过shell命令flush 'tablename'或者flush 'regionname'分别对一个表或者一个Region进行flush。

2. 执行流程

为了减少flush过程对读写的影响，HBase采用了类似于两阶段提交的方式，将整个flush过程分为三个阶段。

1）prepare阶段：遍历当前Region中的所有MemStore，将MemStore中当前数据集CellSkipListSet（内部实现采用ConcurrentSkipListMap）做一个快照snapshot，然后再新建一个CellSkipListSet接收新的数据写入。prepare阶段需要添加updateLock对写请求阻塞，结束之后会释放该锁。因为此阶段没有任何费时操作，因此持锁时间很短。

2）flush阶段：遍历所有MemStore，将prepare阶段生成的snapshot持久化为临时文件，临时文件会统一放到目录.tmp下。这个过程因为涉及磁盘IO操作，因此相对比较耗时。

3）commit阶段：遍历所有的MemStore，将flush阶段生成的临时文件移到指定的ColumnFamily目录下，针对HFile生成对应的storefile和Reader，把storefile添加到Store的storefiles列表中，最后再清空prepare阶段生成的snapshot。

上述flush流程可以通过日志信息查看：

```
/******* flush阶段 ********/
2016-02-04 03:32:42,423 INFO  [MemStoreFlusher.1] regionserver.Default
StoreFlusher: Flushed, sequenceid=1726212642, memsize=128.9 M, hasBloomFilter=
true, into tmp file hdfs://hbase1/hbase/data/default/sgroup1_data/572ddf0e8cf0b11a
```

```
ee2273a95bd07879/.tmp/021a430940244993a9450dccdfdcb91d

    /******* commit 阶段 ********/
    2016-02-04 03:32:42,464 INFO  [MemStoreFlusher.1] regionserver.HStore: Added
hdfs:// hbase1/hbase/data/default/sgroup1_data/572ddf0e8cf0b11aee2273a95bd0787
9/d/021a430940244993a9450dccdfdcb91d, entries=643656, sequenceid=1726212642,
filesize=7.1 M
```

注意 在当前大部分 HBase1.x 的 Release 中，上述 prepare 阶段存在一个问题（HBASE-21738）：在使用 updateLock 锁写的过程中，使用了 ConcurrentSkipListMap#size() 来统计 MemStore 的 cell 个数，而 ConcurrentSkipListMap 为了保证写入删除操作的高并发，对 size() 接口采用实时遍历的方式实现，其时间复杂度为 $O(N)$。正因为 ConcurrentSkipListMap#size() 这个耗时操作，可能会在 flush 阶段造成较长时间阻塞，严重拉高 p999 延迟。新版本已经修复该 Bug，建议用户升级到 1.5.0 或 1.4.10（包括）以上版本。

---

3. 生成 HFile

HBase 执行 flush 操作之后将内存中的数据按照特定格式写成 HFile 文件，本小节将会依次介绍 HFile 文件中各个 Block 的构建流程。

（1）HFile 结构

本书第 5 章对 HBase 中数据文件 HFile 的格式进行了详细说明，HFile 结构参见图 5-8。

HFile 依次由 Scanned Block、Non-scanned Block、Load-on-open 以及 Trailer 四个部分组成。

- Scanned Block：这部分主要存储真实的 KV 数据，包括 Data Block、Leaf Index Block 和 Bloom Block。
- Non-scanned Block：这部分主要存储 Meta Block，这种 Block 大多数情况下可以不用关心。
- Load-on-open：主要存储 HFile 元数据信息，包括索引根节点、布隆过滤器元数据等，在 RegionServer 打开 HFile 就会加载到内存，作为查询的入口。
- Trailer：存储 Load-on-open 和 Scanned Block 在 HFile 文件中的偏移量、文件大小（未压缩）、压缩算法、存储 KV 个数以及 HFile 版本等基本信息。Trailer 部分的大小是固定的。

MemStore 中 KV 在 flush 成 HFile 时首先构建 Scanned Block 部分，即 KV 写进来之后先构建 Data Block 并依次写入文件，在形成 Data Block 的过程中也会依次构建形成 Leaf index Block、Bloom Block 并依次写入文件。一旦 MemStore 中所有 KV 都写入完成，Scanned Block 部分就构建完成。

Non-scanned Block、Load-on-open 以及 Trailer 这三部分是在所有 KV 数据完成写入后再追加写入的。

（2）构建 "Scanned Block" 部分

图 6-5 所示为 MemStore 中 KV 数据写入 HFile 的基本流程，可分为以下 4 个步骤。

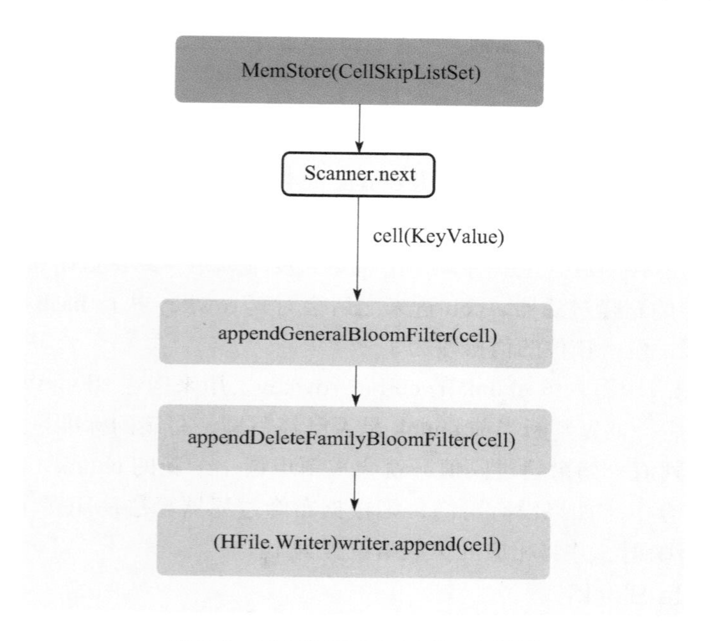

图 6-5　KV 数据写入 HFile 流程图

1）MemStore 执行 flush，首先新建一个 Scanner，这个 Scanner 从存储 KV 数据的 CellSkipListSet 中依次从小到大读出每个 cell（KeyValue）。这里必须注意读取的顺序性，读取的顺序性保证了 HFile 文件中数据存储的顺序性，同时读取的顺序性是保证 HFile 索引构建以及布隆过滤器 Meta Block 构建的前提。

2）appendGeneralBloomFilter：在内存中使用布隆过滤器算法构建 Bloom Block，下文也称为 Bloom Chunk。

3）appendDeleteFamilyBloomFilter：针对标记为 "DeleteFamily" 或者 "DeleteFamilyVersion" 的 cell，在内存中使用布隆过滤器算法构建 Bloom Block，基本流程和 appendGeneralBloomFilter 相同。

4）(HFile.Writer)writer.append：将 cell 写入 Data Block 中，这是 HFile 文件构建的核心。

（3）构建 Bloom Block

图 6-6 为 Bloom Block 构建示意图，实际实现中使用 chunk 表示 Block 概念，两者等价。

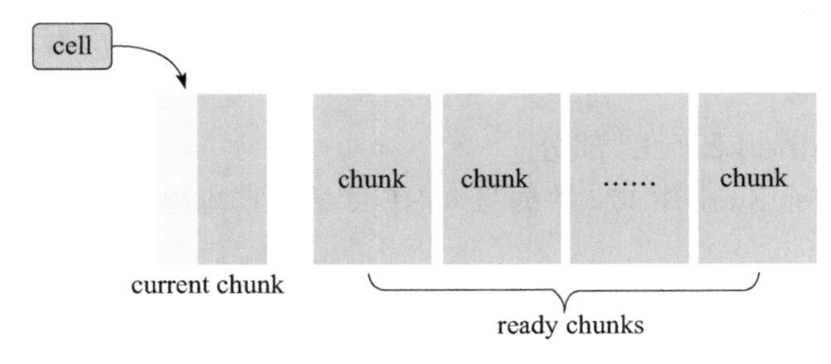

图 6-6 构建 Bloom Block

布隆过滤器内存中维护了多个称为 chunk 的数据结构，一个 chunk 主要由两个元素组成：

- 一块连续的内存区域，主要存储一个特定长度的数组。默认数组中所有位都为 0，对于 row 类型的布隆过滤器，cell 进来之后会对其 rowkey 执行 hash 映射，将其映射到位数组的某一位，该位的值修改为 1。
- firstkey，第一个写入该 chunk 的 cell 的 rowkey，用来构建 Bloom Index Block。

cell 写进来之后，首先判断当前 chunk 是否已经写满，写满的标准是这个 chunk 容纳的 cell 个数是否超过阈值。如果超过阈值，就会重新申请一个新的 chunk，并将当前 chunk 放入 ready chunks 集合中。如果没有写满，则根据布隆过滤器算法使用多个 hash 函数分别对 cell 的 rowkey 进行映射，并将相应的位数组位置为 1。

（4）构建 Data Block

一个 cell 在内存中生成对应的布隆过滤器信息之后就会写入 Data Block，写入过程分为两步。

1）Encoding KeyValue：使用特定的编码对 cell 进行编码处理，HBase 中主要的编码器有 DiffKeyDeltaEncoder、FastDiffDeltaEncoder 以及 PrefixKeyDeltaEncoder 等。编码的基本思路是，根据上一个 KeyValue 和当前 KeyValue 比较之后取 delta，展开讲就是 rowkey、column family 以及 column 分别进行比较然后取 delta。假如前后两个 KeyValue 的 rowkey 相同，当前 rowkey 就可以使用特定的一个 flag 标记，不需要再完整地存储整个 rowkey。这样，在某些场景下可以极大地减少存储空间。

2）将编码后的 KeyValue 写入 DataOutputStream。

随着 cell 的不断写入，当前 Data Block 会因为大小超过阈值（默认 64KB）而写满。写满后 Data Block 会将 DataOutputStream 的数据 flush 到文件，该 Data Block 此时完成落盘。

（5）构建 Leaf Index Block

Data Block 完成落盘之后会立刻在内存中构建一个 Leaf Index Entry 对象，并将该对象加入到当前 Leaf Index Block。Leaf Index Entry 对象有三个重要的字段。

- firstKey：落盘 Data Block 的第一个 key。用来作为索引节点的实际内容，在索引树执行索引查找的时候使用。

- blockOffset：落盘 Data Block 在 HFile 文件中的偏移量。用于索引目标确定后快速定位目标 Data Block。
- blockDataSize：落盘 Data Block 的大小。用于定位到 Data Block 之后的数据加载。

Leaf Index Entry 的构建如图 6-7 所示。

同样，Leaf Index Block 会随着 Leaf Index Entry 的不断写入慢慢变大，一旦大小超过阈值（默认 64KB），就需要 flush 到文件执行落盘。需要注意的是，Leaf Index Block 落盘是追加写入文件的，所以就会形成 HFile 中 Data Block、Leaf Index Block 交叉出现的情况。

和 Data Block 落盘流程一样，Leaf Index Block 落盘之后还需要再往上构建 Root Index Entry 并写入 Root Index Block，形成索引树的根节点。但是根节点并没有追加写入 "Scanned block" 部分，而是在最后写入 "Load-on-open" 部分。

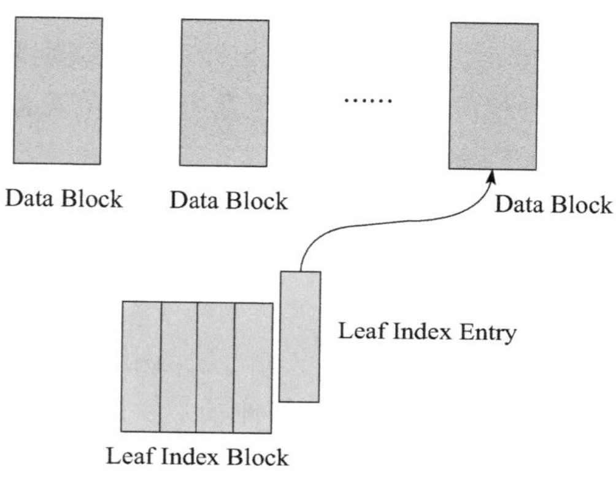

图 6-7 Leaf Index Entry 的构建

可以看出，HFile 文件中索引树的构建是由低向上发展的，先生成 Data Block，再生成 Leaf Index Block，最后生成 Root Index Block。而检索 rowkey 时刚好相反，先在 Root Index Block 中查询定位到某个 Leaf Index Block，再在 Leaf Index Block 中二分查找定位到某个 Data Block，最后将 Data Block 加载到内存进行遍历查找。

（6）构建 Bloom Block Index

完成 Data Block 落盘还有一件非常重要的事情：检查是否有已经写满的 Bloom Block。如果有，将该 Bloom Block 追加写入文件，在内存中构建一个 Bloom Index Entry 并写入 Bloom Index Block。

整个流程与 Data Block 落盘后构建 Leaf Index Entry 并写入 Leaf Index Block 的流程完全一样。在此不再赘述。

基本流程总结：flush 阶段生成 HFile 和 Compaction 阶段生成 HFile 的流程完全相同，不同的是，flush 读取的是 MemStore 中的 KeyValue 写成 HFile，而 Compaction 读取的是多个 HFile 中的 KeyValue 写成一个大的 HFile，KeyValue 来源不同。KeyValue 数据生成 HFile，首先会构建 Bloom Block 以及 Data Block，一旦写满一个 Data Block 就会将其落盘同时构造一个 Leaf Index Entry，写入 Leaf Index Block，直至 Leaf Index Block 写满落盘。实际上，每写入一个 KeyValue 就会动态地去构建 "Scanned Block" 部分，等所有的 KeyValue 都写入完成之后再静态地构建 "Non-scanned Block" 部分、"Load on open" 部分以及 "Trailer" 部分。

4. MemStore Flush 对业务的影响

在实践过程中，flush 操作的不同触发方式对用户请求影响的程度不尽相同。正常情况下，大部分 MemStore Flush 操作都不会对业务读写产生太大影响。比如系统定期刷新 MemStore、手动执行 flush 操作、触发 MemStore 级别限制、触发 HLog 数量限制以及触发 Region 级别限制等，这几种场景只会阻塞对应 Region 上的写请求，且阻塞时间较短。

然而，一旦触发 RegionServer 级别限制导致 flush，就会对用户请求产生较大的影响。在这种情况下，系统会阻塞所有落在该 RegionServer 上的写入操作，直至 MemStore 中数据量降低到配置阈值内。

6.2 BulkLoad 功能

6.1 节介绍了客户端通过调用 API 的方式将数据写入 HBase 系统的整个流程。而在实际生产环境中，有这样一种场景：用户数据位于 HDFS 中，业务需要定期将这部分海量数据导入 HBase 系统，以执行随机查询更新操作。这种场景如果调用写入 API 进行处理，极有可能会给 RegionServer 带来较大的写入压力：

- 引起 RegionServer 频繁 flush，进而不断 compact、split，影响集群稳定性。
- 引起 RegionServer 频繁 GC，影响集群稳定性。
- 消耗大量 CPU 资源、带宽资源、内存资源以及 IO 资源，与其他业务产生资源竞争。
- 在某些场景下，比如平均 KV 大小比较大的场景，会耗尽 RegionServer 的处理线程，导致集群阻塞。

鉴于存在上述问题，HBase 提供了另一种将数据写入 HBase 集群的方法——BulkLoad。BulkLoad 首先使用 MapReduce 将待写入集群数据转换为 HFile 文件，再直接将这些 HFile 文件加载到在线集群中。显然，BulkLoad 方案没有将写请求发送给 RegionServer 处理，可以有效避免上述一系列问题。

6.2.1 BulkLoad 核心流程

从 HBase 的视角来看，BulkLoad 主要由两个阶段组成：

1）HFile 生成阶段。这个阶段会运行一个 MapReduce 任务，MapReduce 的 mapper 需要自己实现，将 HDFS 文件中的数据读出来组装成一个复合 KV，其中 Key 是 rowkey，Value 可以是 KeyValue 对象、Put 对象甚至 Delete 对象；MapReduce 的 reducer 由 HBase 负责，通过方法 HFileOutputFormat2.configureIncrementalLoad() 进行配置，这个方法主要负责以下事项。

- 根据表信息配置一个全局有序的 partitioner。
- 将 partitioner 文件上传到 HDFS 集群并写入 DistributedCache。

- 设置 reduce task 的个数为目标表 Region 的个数。
- 设置输出 key/value 类满足 HFileOutputFormat 所规定的格式要求。
- 根据类型设置 reducer 执行相应的排序（KeyValueSortReducer 或者 PutSortReducer）。

这个阶段会为每个 Region 生成一个对应的 HFile 文件。

2）HFile 导入阶段。HFile 准备就绪之后，就可以使用工具 completebulkload 将 HFile 加载到在线 HBase 集群。completebulkload 工具主要负责以下工作。

- 依次检查第一步生成的所有 HFile 文件，将每个文件映射到对应的 Region。
- 将 HFile 文件移动到对应 Region 所在的 HDFS 文件目录下。
- 告知 Region 对应的 RegionServer，加载 HFile 文件对外提供服务。

如果在 BulkLoad 的中间过程中 Region 发生了分裂，completebulkload 工具会自动将对应的 HFile 文件按照新生成的 Region 边界切分成多个 HFile 文件，保证每个 HFile 都能与目标表当前的 Region 相对应。但这个过程需要读取 HFile 内容，因而并不高效。需要尽量减少 HFile 生成阶段和 HFile 导入阶段的延迟，最好能够在 HFile 生成之后立刻执行 HFile 导入。

通常有两种方法调用 completebulkload 工具：

```
    $ bin/hbase org.apache.hadoop.hbase.tool.LoadIncrementalHFiles <hdfs://
storefileoutput> <tablename>
    $ HADOOP_CLASSPATH='${HBASE_HOME}/bin/hbase classpath' ${HADOOP_HOME}/
bin/hadoop jar ${HBASE_HOME}/hbase-server-VERSION.jar completebulkload <hdfs://
storefileoutput> <tablename>
```

如果表没在集群中，工具会自动创建。

基于 BulkLoad 两阶段的工作原理，BulkLoad 的核心流程如图 6-8 所示。

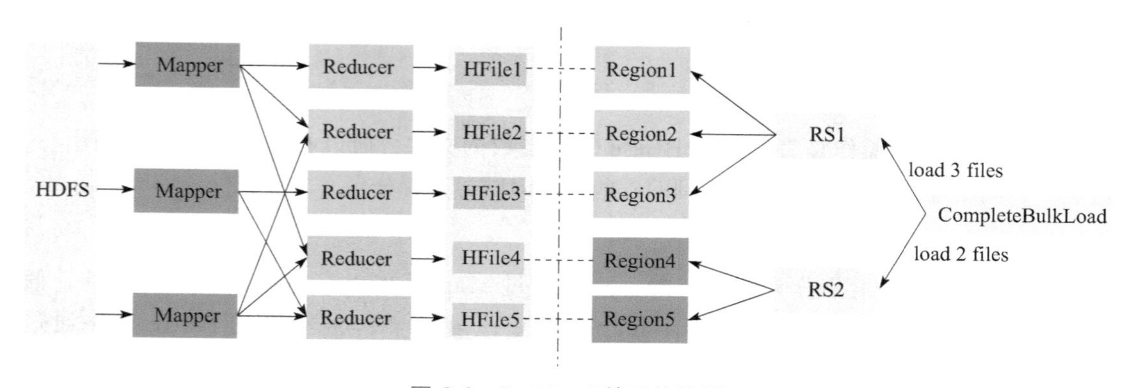

图 6-8　Bulkload 的工作流程

6.2.2　BulkLoad 基础案例

当前网络上已经有非常多关于 BulkLoad 的示例，在此不再花费大量篇幅描述。笔者主要强调以下几个步骤。

步骤 1：生成 HDFS 上的数据源。

BulkLoad 的数据源一定是 HDFS 上的文件。如果用户想将 MySQL 中的数据通过 Bulkload 方式导入 HBase，需要先将 MySQL 中的数据转换成 HDFS 上的文件。

步骤 2：使用 MapReduce 将数据源文件转化为 HFile。

1）编写 MapReduce Job Driver 程序。

Driver 程序中最重要的代码如下：

```
job.setMapOutputKeyClass(ImmutableBytesWritable.class);
job.setMapOutputValueClass(Put.class);
...
HFileOutputFormat2.configureIncrementalLoad(job, table, regionLocator);
```

job 明确了 mapper 输出的 Key 必须是 ImmutableBytesWritable 类型，输出的 Value 必须是 Put 对象；另外，job 通过方法 HFileOutputFormat2.configureIncrementalLoad 对 reducer 进行了配置。

2）编写 MapReduce job Mapper 程序。

mapper 方法定义输出的 Key 为 ImmutableBytesWritable 类型，输出的 Value 为 Put 对象，代码如下所示：

```
public class HBaseKVMapper extends
    Mapper<LongWritable, Text, ImmutableBytesWritable, Put> { ... }
```

3）编译代码并上传到 hadoop 集群执行。

步骤 3：将生成的 HFile 加载到 HBase。

代码如下：

```
hbase org.apache.hadoop.hbase.mapreduce.LoadIncrementalHFiles output2 bulkloadtest
```

由于 Bulkload 操作是直接操作 HBase 的底层数据文件，所以在操作时需要特别小心。这里，我们整理了线上 Bulkload 遇到的一些常见问题与读者分享。

1. 设置正确的权限

Bulkload 操作主要分为两步：第一步，通过 MapReduce 任务生成 HFile 文件，假设这个步骤使用的 HDFS 账号为 u_mapreduce；第二步，将生成的 HFile 文件通过 LoadIncrementHFiles 工具加载到线上的 HBase 集群，假设这个步骤使用的 HDFS 账号为 u_load。线上 HBase 集群 RegionServer 一般都有一个专门的账号用来管理 HBase 数据，该账号拥有 HBase 集群的所有表的最高权限，同时可以读写 HBase root 目录下的所有文件，假设这个账号为 hbase_srv。

在 MapReduce 生成 HFile 之后，这些 HFile 的文件 owner 都是 u_mapreduce 账号。通

过u_load账号对文件进行LoadIncrementHFiles操作，碰到某个HFile跨越多个Region时，需要对HFile进行split操作，因此u_load需要有这些HFile文件以及相关目录的读/写权限，另外u_load账号需要有HBase表的CREATE权限。LoadIncrementHFiles实质上是hbase_srv账号把HFile文件从用户的数据目录rename到HBase的数据目录，因此hbase_srv账号需要有用户数据目录及HFile的读权限。虽然hbase_srv有读权限就能执行LoadIncrementHFiles工具，但是事实上，hbase_srv账号仅有读权限是不够的，因为加载到HBase数据目录HFile的owner仍然是u_mapreduce账号，一旦执行完compaction操作之后，这些owner为u_mapreduce的HFile就无法挪动到archive目录下，于是HBase目录下数据文件会越来越多，甚至造成灾难性故障。这个问题已经在HBase 2.x上修复（HBASE-21356），有需要的读者可以backport到自己维护的HBase分支。

2. 影响Locality

如果用户生成HFile所在的HDFS集群和HBase所在HDFS集群是同一个，则MapReduce生成HFile时，能够保证HFile与目标Region落在同一个机器上，这样就保证了locality。有一个叫做hbase.bulkload.locality.sensitive.enabled的参数控制这个逻辑，默认是true，所以默认是保证locality的。

但是有一些用户会先通过MapReduce任务在HDFS集群A上生成HFile，再通过distcp工具将数据拷贝到HDFS集群B上去。这样Bulkload到HBase集群的数据是没法保证locality的，因此需要跑完Bulkload之后再手动执行major compact，来提升locality。

3. BulkLoad数据复制

在HBase 1.3之前的版本中，Bulkload到HBase集群的数据并不会被复制到peer集群，这样可能无意识地导致peer集群比主集群少了很多数据。在HBase 1.3版本（HBASE-13153）之后，开始支持Bulkload数据复制，为了开启该功能，需要开启开关：hbase.replication.bulkload.enabled = true。

6.3 HBase读取流程

和写流程相比，HBase读数据的流程更加复杂。主要基于两个方面的原因：一是因为HBase一次范围查询可能会涉及多个Region、多块缓存甚至多个数据存储文件；二是因为HBase中更新操作以及删除操作的实现都很简单，更新操作并没有更新原有数据，而是使用时间戳属性实现了多版本；删除操作也并没有真正删除原有数据，只是插入了一条标记为"deleted"标签的数据，而真正的数据删除发生在系统异步执行Major Compact的时候。很显然，这种实现思路大大简化了数据更新、删除流程，但是对于数据读取来说却意味着套上了层层枷锁：读取过程需要根据版本进行过滤，对已经标记删除的数据也要进行过滤。

本节系统地将 HBase 读取流程的各个环节串起来进行解读。读流程从头到尾可以分为如下 4 个步骤：Client-Server 读取交互逻辑，Server 端 Scan 框架体系，过滤淘汰不符合查询条件的 HFile，从 HFile 中读取待查找 Key。其中 Client-Server 交互逻辑主要介绍 HBase 客户端在整个 scan 请求的过程中是如何与服务器端进行交互的，理解这点对于使用 HBase Scan API 进行数据读取非常重要。了解 Server 端 Scan 框架体系，从宏观上介绍 HBase RegionServer 如何逐步处理一次 scan 请求。接下来的小节会对 scan 流程中的核心步骤进行更加深入的分析。

6.3.1 Client-Server 读取交互逻辑

Client-Server 通用交互逻辑在之前 6.1 节介绍写入流程的时候已经做过解读：Client 首先会从 ZooKeeper 中获取元数据 hbase:meta 表所在的 RegionServer，然后根据待读写 rowkey 发送请求到元数据所在 RegionServer，获取数据所在的目标 RegionServer 和 Region（并将这部分元数据信息缓存到本地），最后将请求进行封装发送到目标 RegionServer 进行处理。

在通用交互逻辑的基础上，数据读取过程中 Client 与 Server 的交互有很多需要关注的点。从 API 的角度看，HBase 数据读取可以分为 get 和 scan 两类，get 请求通常根据给定 rowkey 查找一行记录，scan 请求通常根据给定的 startkey 和 stopkey 查找多行满足条件的记录。但从技术实现的角度来看，get 请求也是一种 scan 请求（最简单的 scan 请求，scan 的条数为 1）。从这个角度讲，所有读取操作都可以认为是一次 scan 操作。

HBase Client 端与 Server 端的 scan 操作并没有设计为一次 RPC 请求，这是因为一次大规模的 scan 操作很有可能就是一次全表扫描，扫描结果非常之大，通过一次 RPC 将大量扫描结果返回客户端会带来至少两个非常严重的后果：

- 大量数据传输会导致集群网络带宽等系统资源短时间被大量占用，严重影响集群中其他业务。
- 客户端很可能因为内存无法缓存这些数据而导致客户端 OOM。

实际上 HBase 会根据设置条件将一次大的 scan 操作拆分为多个 RPC 请求，每个 RPC 请求称为一次 next 请求，每次只返回规定数量的结果。下面是一段 scan 的客户端示例代码：

```
public static void scan() {
  HTable table=...;
  Scan scan=new Scan();
  scan.withStartRow(startRow)                        //设置检索起始 row
    .withStopRow(stopRow)                            //设置检索结束 row
    .setFamilyMap(Map<byte[], Set<byte[]> familyMap>)
      //设置检索的列簇和对应列簇下的列集合
    .setTimeRange(minStamp, maxStamp)                //设置检索 TimeRange
```

```
    .setMaxVersions(maxVersions)                    //设置检索的最大版本号
    .setFilter(filter)                              //设置检索过滤器
    ...
  scan.setMaxResultSize(10000);
  scan.setCacheing(500);
  scan.setBatch(100);
  ResultScanner rs = table.getScanner(scan);
  for (Result r : rs) {
    for (KeyValue kv : r.raw()) {
    ......
    }
  }
}
```

其中，for (Result r : rs) 语句实际等价于 Result r = rs.next()。每执行一次 next() 操作，客户端先会从本地缓存中检查是否有数据，如果有就直接返回给用户，如果没有就发起一次 RPC 请求到服务器端获取，获取成功之后缓存到本地。

单次 RPC 请求的数据条数由参数 caching 设定，默认为 Integer.MAX_VALUE。每次 RPC 请求获取的数据都会缓存到客户端，该值如果设置过大，可能会因为一次获取到的数据量太大导致服务器端 / 客户端内存 OOM ；而如果设置太小会导致一次大 scan 进行太多次 RPC，网络成本高。

对于很多特殊业务有可能一张表中设置了大量（几万甚至几十万）的列，这样一行数据的数据量就会非常大，为了防止返回一行数据但数据量很大的情况，客户端可以通过 setBatch 方法设置一次 RPC 请求的数据列数量。

另外，客户端还可以通过 setMaxResultSize 方法设置每次 RPC 请求返回的数据量大小（不是数据条数），默认是 2G。

6.3.2 Server 端 Scan 框架体系

从宏观视角来看，一次 scan 可能会同时扫描一张表的多个 Region，对于这种扫描，客户端会根据 hbase:meta 元数据将扫描的起始区间 [startKey, stopKey) 进行切分，切分成多个互相独立的查询子区间，每个子区间对应一个 Region。比如当前表有 3 个 Region，Region 的起始区间分别为：["a", "c")，["c", "e")，["e", "g")，客户端设置 scan 的扫描区间为 ["b", "f")。因为扫描区间明显跨越了多个 Region，需要进行切分，按照 Region 区间切分后的子区间为 ["b", "c")，["c", "e")，["e", "f")。

HBase 中每个 Region 都是一个独立的存储引擎，因此客户端可以将每个子区间请求分别发送给对应的 Region 进行处理。下文会聚焦于单个 Region 处理 scan 请求的核心流程。

RegionServer 接收到客户端的 get/scan 请求之后做了两件事情：首先构建 scanner iterator 体系；然后执行 next 函数获取 KeyValue，并对其进行条件过滤。

1. 构建 Scanner Iterator 体系

Scanner 的核心体系包括三层 Scanner：RegionScanner，StoreScanner，MemStoreScanner 和 StoreFileScanner。三者是层级的关系：

- 一个 RegionScanner 由多个 StoreScanner 构成。一张表由多少个列簇组成，就有多少个 StoreScanner，每个 StoreScanner 负责对应 Store 的数据查找。
- 一个 StoreScanner 由 MemStoreScanner 和 StoreFileScanner 构成。每个 Store 的数据由内存中的 MemStore 和磁盘上的 StoreFile 文件组成。相对应的，StoreScanner 会为当前该 Store 中每个 HFile 构造一个 StoreFileScanner，用于实际执行对应文件的检索。同时，会为对应 MemStore 构造一个 MemStoreScanner，用于执行该 Store 中 MemStore 的数据检索。

需要注意的是，RegionScanner 以及 StoreScanner 并不负责实际查找操作，它们更多地承担组织调度任务，负责 KeyValue 最终查找操作的是 StoreFileScanner 和 MemStoreScanner。三层 Scanner 体系可以用图 6-9 表示。

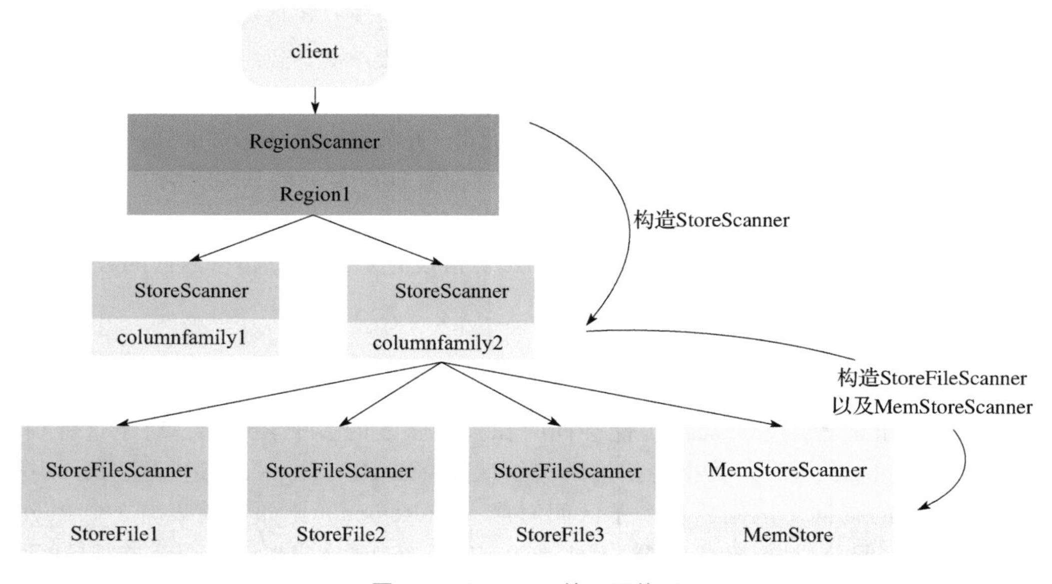

图 6-9 Scanner 的三层体系

构造好三层 Scanner 体系之后准备工作并没有完成，接下来还需要几个非常核心的关键步骤，如图 6-10 所示。

1）过滤淘汰部分不满足查询条件的 Scanner。StoreScanner 为每一个 HFile 构造一个对应的 StoreFileScanner，需要注意的事实是，并不是每一个 HFile 都包含用户想要查找的 KeyValue，相反，可以通过一些查询条件过滤掉很多肯定不存在待查找 KeyValue 的 HFile。主要过滤策略有：Time Range 过滤、Rowkey Range 过滤以及布隆过滤器，具体的过滤细节详见 6.3.3 节。图 6-10 中 StoreFile3 检查未通过而被过滤淘汰。

2）每个 Scanner seek 到 startKey。这个步骤在每个 HFile 文件中（或 MemStore）中 seek 扫描起始点 startKey。如果 HFile 中没有找到 starkKey，则 seek 下一个 KeyValue 地址。HFile 中具体的 seek 过程比较复杂，详见 6.3.4 节。

3）KeyValueScanner 合并构建最小堆。将该 Store 中的所有 StoreFileScanner 和 MemStoreScanner 合并形成一个 heap（最小堆），所谓 heap 实际上是一个优先级队列。在队列中，按照 Scanner 排序规则将 Scanner seek 得到的 KeyValue 由小到大进行排序。最小堆管理 Scanner 可以保证取出来的 KeyValue 都是最小的，这样依次不断地 pop 就可以由小到大获取目标 KeyValue 集合，保证有序性。

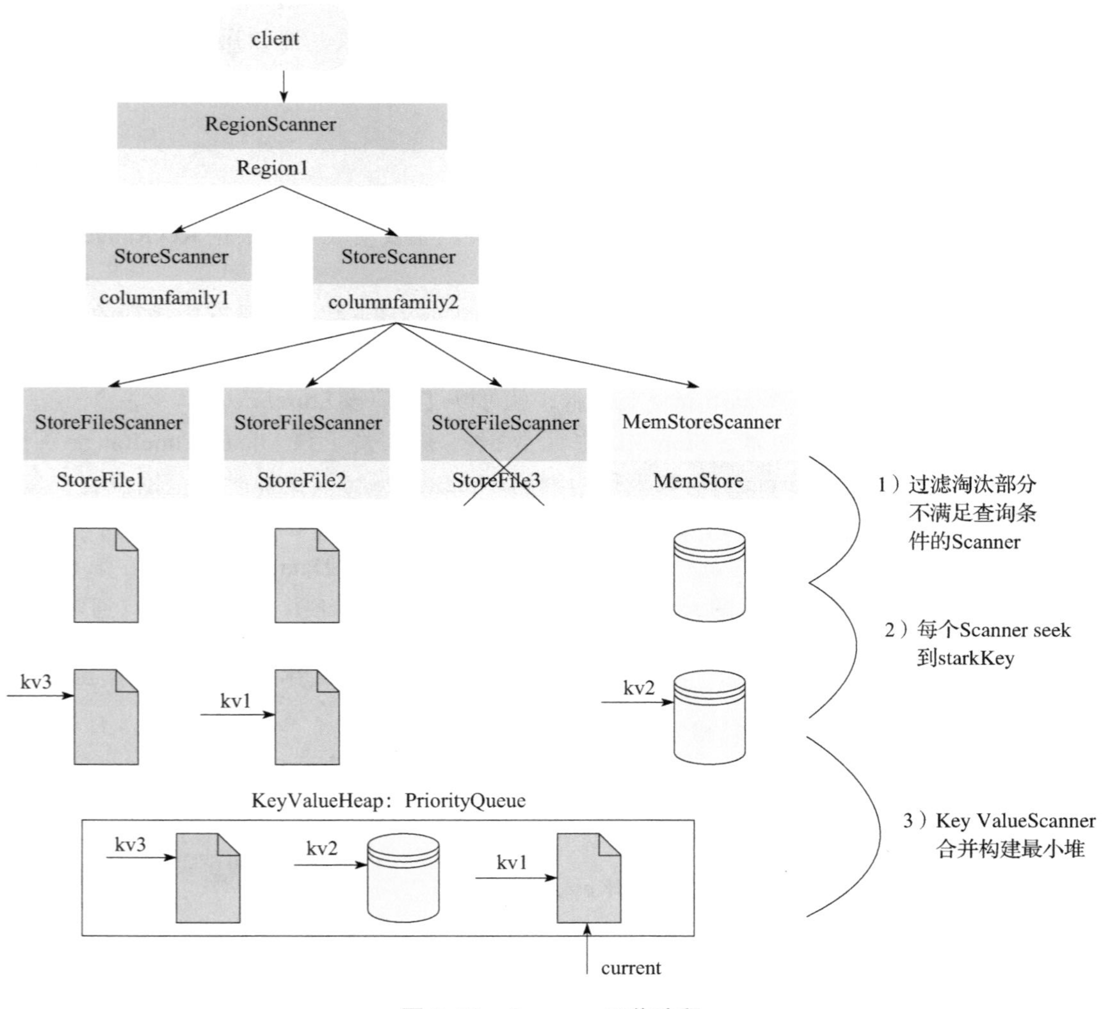

图 6-10 Scanner 工作流程

注意，KeyValue 的有序性在前面 2.2.1 节和 5.4.3 节都有阐述，这里不再赘述。

2. 执行 next 函数获取 KeyValue 并对其进行条件过滤

经过 Scanner 体系的构建，KeyValue 此时已经可以由小到大依次经过 KeyValueScanner 获得，但这些 KeyValue 是否满足用户设定的 TimeRange 条件、版本号条件以及 Filter 条件还需要进一步的检查。检查规则如下：

1）检查该 KeyValue 的 KeyType 是否是 Deleted/DeletedColumn/DeleteFamily 等，如果是，则直接忽略该列所有其他版本，跳到下列（列簇）。

2）检查该 KeyValue 的 Timestamp 是否在用户设定的 Timestamp Range 范围，如果不在该范围，忽略。

3）检查该 KeyValue 是否满足用户设置的各种 filter 过滤器，如果不满足，忽略。

4）检查该 KeyValue 是否满足用户查询中设定的版本数，比如用户只查询最新版本，则忽略该列的其他版本；反之，如果用户查询所有版本，则还需要查询该 cell 的其他版本。

6.3.3 过滤淘汰不符合查询条件的 HFile

过滤 StoreFile 发生在图 6-10 中第 3 步，过滤手段主要有三种：根据 KeyRange 过滤，根据 TimeRange 过滤，根据布隆过滤器进行过滤。

1）根据 KeyRange 过滤：因为 StoreFile 中所有 KeyValue 数据都是有序排列的，所以如果待检索 row 范围 [startrow，stoprow] 与文件起始 key 范围 [firstkey，lastkey] 没有交集，比如 stoprow < firstkey 或者 startrow > lastkey，就可以过滤掉该 StoreFile。

2）根据 TimeRange 过滤：StoreFile 中元数据有一个关于该 File 的 TimeRange 属性 [miniTimestamp, maxTimestamp]，如果待检索的 TimeRange 与该文件时间范围没有交集，就可以过滤掉该 StoreFile；另外，如果该文件所有数据已经过期，也可以过滤淘汰。

3）根据布隆过滤器进行过滤：StoreFile 中布隆过滤器相关 Data Block 结构在第 5 章已经做过介绍，系统根据待检索的 rowkey 获取对应的 Bloom Block 并加载到内存（通常情况下，热点 Bloom Block 会常驻内存的），再用 hash 函数对待检索 rowkey 进行 hash，根据 hash 后的结果在布隆过滤器数据中进行寻址，即可确定待检索 rowkey 是否一定不存在于该 HFile。

6.3.4 从 HFile 中读取待查找 Key

在一个 HFile 文件中 seek 待查找的 Key，该过程可以分解为 4 步操作，如图 6-11 所示。

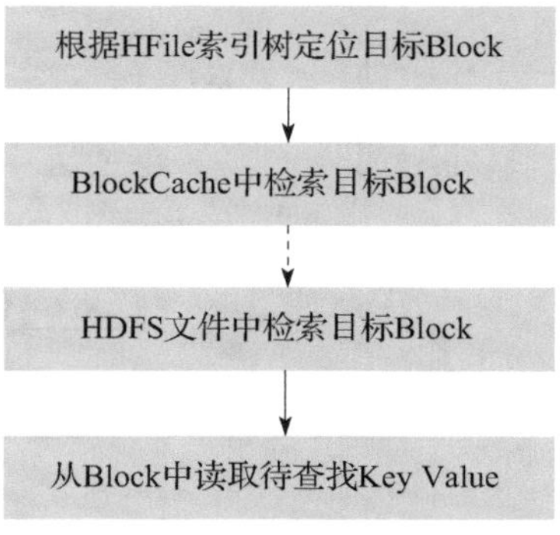

图 6-11 HFile 读取待查 Key 流程

1. 根据 HFile 索引树定位目标 Block

HRegionServer 打开 HFile 时会将所有 HFile 的 Trailer

部分和 Load-on-open 部分加载到内存，Load-on-open 部分有个非常重要的 Block——Root Index Block，即索引树的根节点。

HFile 中文件索引流程参见第 5 章的图 5-14。图 5-14 中，上面三行中每一个方框表示一个 Index Entry，由 BlockKey、Block Offset、BlockDataSize 三个字段组成，如图 6-12 所示。

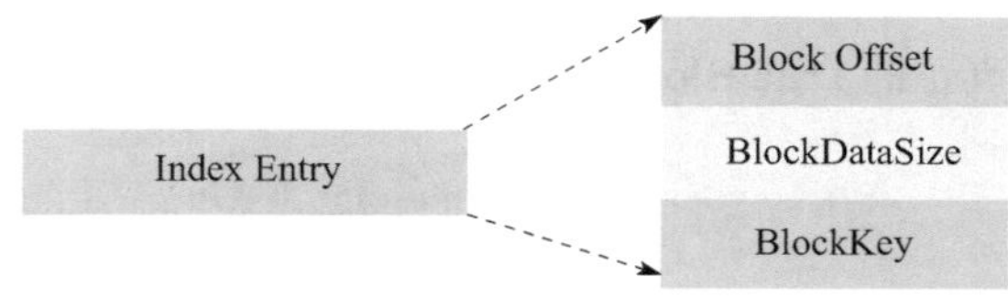

图 6-12　Index Entry 的结构

BlockKey 是整个 Block 的第一个 rowkey，如 Root Index Block 中 "a", "m", "o", "u" 都为 BlockKey。Block Offset 表示该索引节点指向的 Block 在 HFile 的偏移量。

HFile 索引树索引在数据量不大的时候只有最上面一层，随着数据量增大开始分裂为多层，最多三层。

图 5-14 中虚线箭头表示一次查询的索引过程，基本流程可以表示为：

1）用户输入 rowkey 为 'fb'，在 Root Index Block 中通过二分查找定位到 'fb' 在 'a' 和 'm' 之间，因此需要访问索引 'a' 指向的中间节点。因为 Root Index Block 常驻内存，所以这个过程很快。

2）将索引 'a' 指向的中间节点索引块加载到内存，然后通过二分查找定位到 fb 在 index 'd' 和 'h' 之间，接下来访问索引 'd' 指向的叶子节点。

3）同理，将索引 'd' 指向的中间节点索引块加载到内存，通过二分查找定位找到 fb 在 index 'f' 和 'g' 之间，最后需要访问索引 'f' 指向的 Data Block 节点。

4）将索引 'f' 指向的 Data Block 加载到内存，通过遍历的方式找到对应 KeyValue。

上述流程中，Intermediate Index Block、Leaf Index Block 以及 Data Block 都需要加载到内存，所以一次查询的 IO 正常为 3 次。但是实际上 HBase 为 Block 提供了缓存机制，可以将频繁使用的 Block 缓存在内存中，以便进一步加快实际读取过程。

2. BlockCache 中检索目标 Block

BlockCache 组件在第 5 章做过详细介绍，根据内存管理策略的不同经历了 LRUBlockCache、SlabCache 以及 BucketCache 等多个方案的发展，在内存管理优化、GC 优化方面都有了很大的提升。

但无论哪个方案，从 BlockCache 中定位待查 Block 都非常简单。Block 缓存到 Block Cache 之后会构建一个 Map，Map 的 Key 是 BlockKey，Value 是 Block 在内存中的地址。其中 BlockKey 由两部分构成—HFile 名称以及 Block 在 HFile 中的偏移量。BlockKey 很显然是全局唯一的。根据 BlockKey 可以获取该 Block 在 BlockCache 中内存位置，然后直接加载出该 Block 对象。如果在 BlockCache 中没有找到待查 Block，就需要在 HDFS 文件中查找。

3. HDFS 文件中检索目标 Block

上文说到根据文件索引提供的 Block Offset 以及 Block DataSize 这两个元素可以

在HDFS上读取到对应的Data Block内容（核心代码可以参见HFileBlock.java中内部类FSReaderImpl的readBlockData方法）。这个阶段HBase会下发命令给HDFS，HDFS执行真正的Data Block查找工作，如图6-13所示。

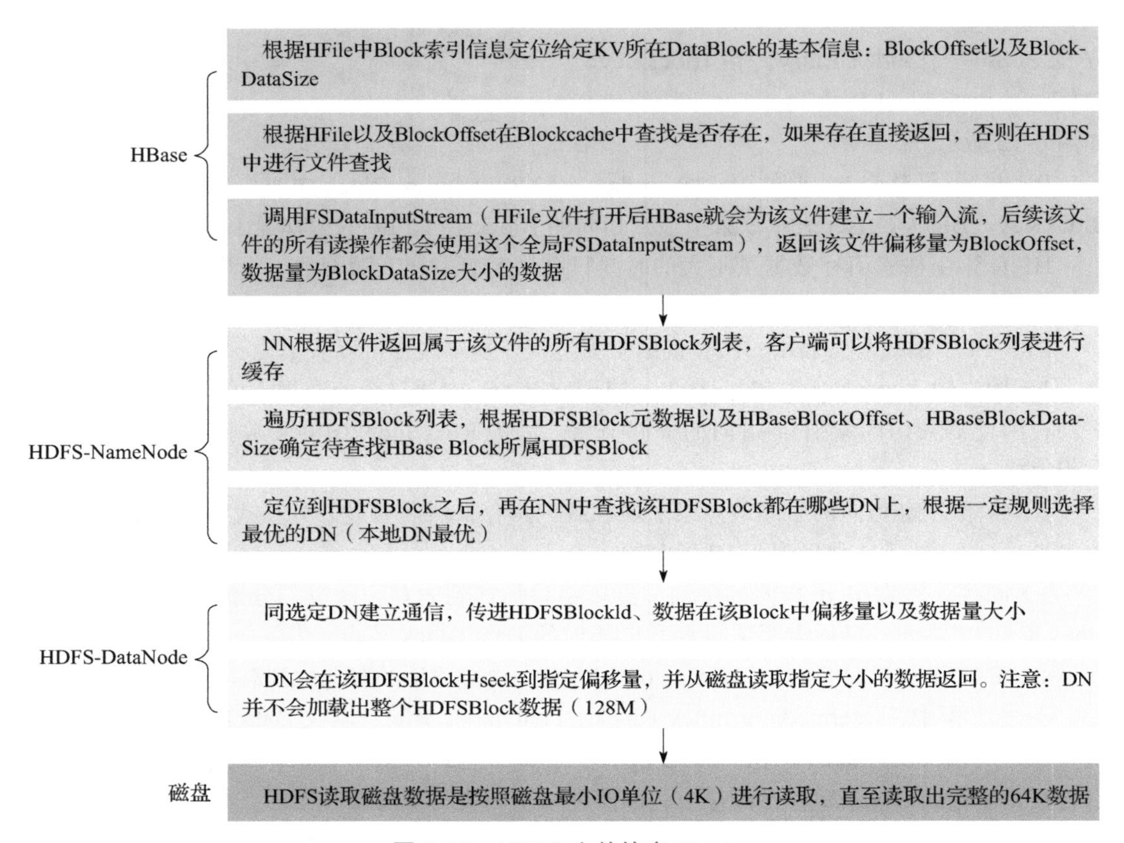

图6-13 HDFS文件检索Block

整个流程涉及4个组件：HBase、NameNode、DataNode以及磁盘。其中HBase模块做的事情上文已经做过了说明，需要特别说明的是FSDataInputStream这个输入流，HBase会在加载HFile的时候为每个HFile新建一个从HDFS读取数据的输入流——FSDataInputStream，之后所有对该HFile的读取操作都会使用这个文件级别的InputStream进行操作。

使用FSDataInputStream读取HFile中的数据块，命令下发到HDFS，首先会联系NameNode组件。NameNode组件会做两件事情：

- 找到属于这个HFile的所有HDFSBlock列表，确认待查找数据在哪个HDFSBlock上。众所周知，HDFS会将一个给定文件切分为多个大小等于128M的Data Block，NameNode上会存储数据文件与这些HDFSBlock的对应关系。

- 确认定位到的 HDFSBlock 在哪些 DataNode 上，选择一个最优 DataNode 返回给客户端。HDFS 将文件切分成多个 HDFSBlock 之后，采取一定的策略按照三副本原则将其分布在集群的不同节点，实现数据的高可靠存储。HDFSBlock 与 DataNode 的对应关系存储在 NameNode。

NameNode 告知 HBase 可以去特定 DataNode 上访问特定 HDFSBlock，之后，HBase 会再联系对应 DataNode。DataNode 首先找到指定 HDFSBlock，seek 到指定偏移量，并从磁盘读出指定大小的数据返回。

DataNode 读取数据实际上是向磁盘发送读取指令，磁盘接收到读取指令之后会移动磁头到给定位置，读取出完整的 64K 数据返回。

提示　为什么 HDFS 的 Block 设计为 128M，而 HBase 的 Block 设计为 64K？HDFS 的 Block 设计为 128M，是因为它主要存储大文件，当数据量大到一定程度，如果 Block 太小会导致 Block 元数据（Block 所在 DataNode 位置、文件与 Block 之间的对应关系等）非常庞大。因为 HDFS 元数据都存储在 NameNode 上，大量的元数据很容易让 NameNode 成为整个集群的瓶颈。这也是 HDFS 的 Block 从最初的 64M 增加到 128M 的主要原因。HBase 的缓存策略是缓存整个 Block，如果 Block 设置太大会导致缓存很容易被耗尽，尤其对于很多随机读业务，设置 Block 太大会让缓存效率低下。

---

4. 从 Block 中读取待查找 KeyValue

HFile Block 由 KeyValue（由小到大依次存储）构成，但这些 KeyValue 并不是固定长度的，只能遍历扫描查找。

思考与练习

[1] 当前，在 Data Block 中查找 KeyValue 只能遍历查找，是否可以重新设计 Block 的数据文件格式，使其支持在 Block 中通过二分查找算法快速定位到待查的 Key，以便在大量小 KeyValue 的场景下提升扫描效率？

[2] 梳理在读取过程中 BlockCache 组件的核心作用，说明在多版本场景下读取 BlockCache 中的数据，是否会导致没读到最新版本数据而读到历史数据。

[3] 根据 HFile 文件格式设计读取流程，为什么反向 Scan 操作性能会比正向 Scan 操作差？

[4] PREAD 的 scan 和 STREAM 的 scan 有什么区别？分别适合什么样的扫描场景？

6.4 深入理解 Coprocessor

HBase 使用 Coprocessor 机制，使用户可以将自己编写的程序运行在 RegionServer

上。大多数情况下 HBase 用户并不需要这个功能，通过调用 HBase 提供的读写 API 或者使用 Bulkload 功能基本上可以满足日常的业务需求。但在部分特殊应用场景下，使用 Coprocessor 可以大幅提升业务的执行效率。比如，业务需要从 HBase 集群加载出来几十亿行数据进行求和运算或是求平均值运算，如果调用 HBase API 将数据全部扫描出来在客户端进行计算，势必有下列问题：

- 大量数据传输可能会成为瓶颈，这就导致整个业务的执行效率可能受限于数据的传输效率。
- 客户端内存可能会因为无法存储如此大量的数据而 OOM。
- 大量数据传输可能将集群带宽耗尽，严重影响集群中其他业务的正常读写。

这种场景下，如果能够将客户端的计算代码迁移到 RegionServer 服务器端执行，就能很好地避免上述问题，在保证不影响其他业务的情况下提升计算效率。

6.4.1 Coprocessor 分类

HBase Coprocessor 分为两种：Observer 和 Endpoint，如图 6-14 所示。

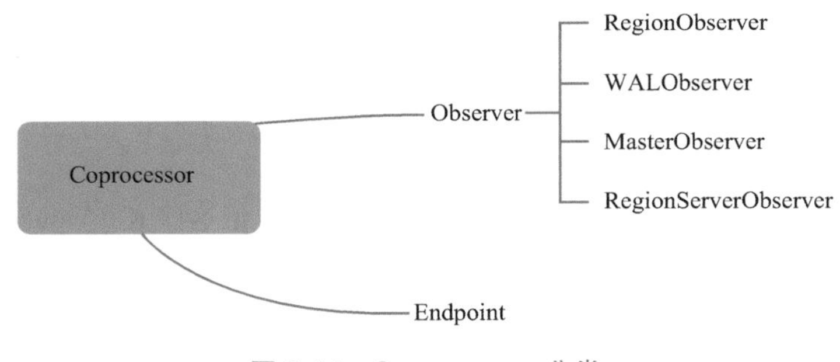

图 6-14 Coprocessor 分类

Observer Coprocessor 类似于 MySQL 中的触发器。Observer Coprocessor 提供钩子使用户代码在特定事件发生之前或者之后得到执行。比如，想在调用 get 方法之前执行你的代码逻辑，可以重写如下方法：

```
void preGetOp(final ObserverContext<RegionCoprocessorEnvironment> c, final Get get,
    final List<Cell> result) throws IOException;
```

同理，如果想在调用 get 方法之后执行你的代码逻辑，可以重写 postGet 方法：

```
void postGetOp(final ObserverContext<RegionCoprocessorEnvironment> c, final
    Get get, final List<Cell> result) throws IOException;
```

图 6-15 以 preGet 和 postGet 为例说明 Observer Coprocessor 与 RegionServer 中其他组件的协作关系。

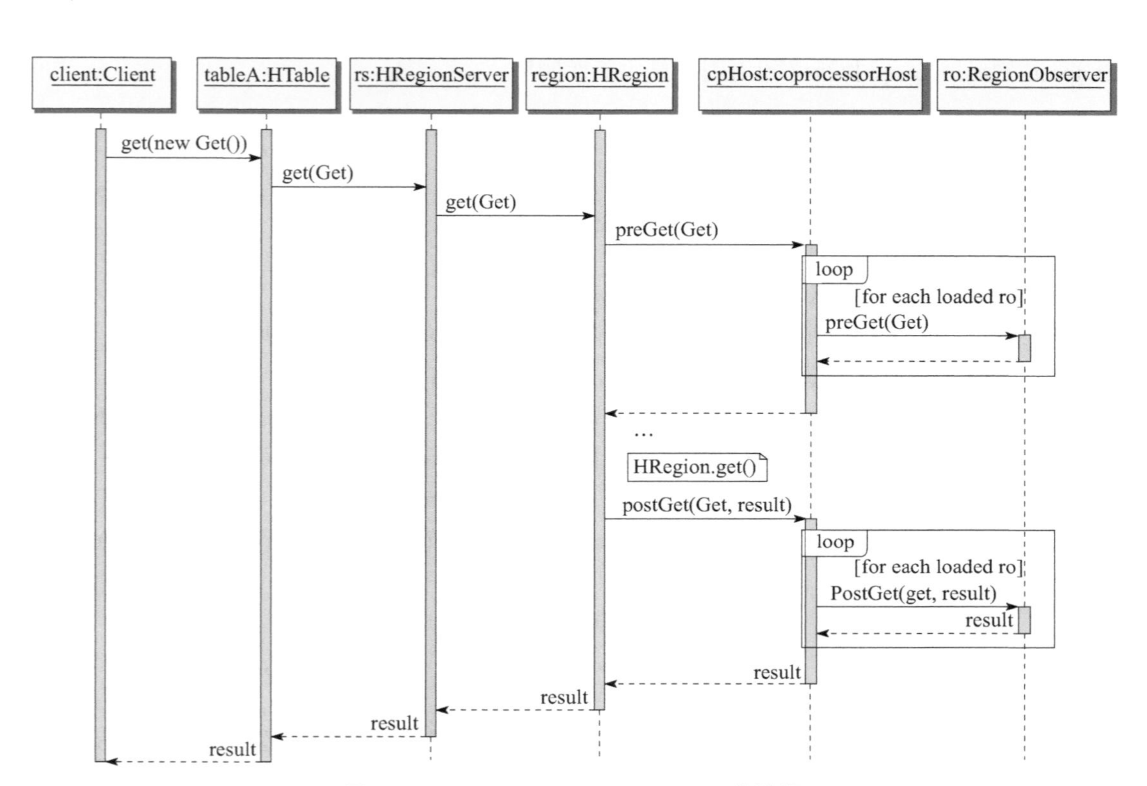

图 6-15 Observer Coprocessor 工作流程

使用 Observer Coprocessor 的最典型案例是在执行 put 或者 get 等操作之前检查用户权限。

在当前 HBase 系统中，提供了 4 种 Observer 接口：

- RegionObserver，主要监听 Region 相关事件，比如 get、put、scan、delete 以及 flush 等。
- RegionServerObserver，主要监听 RegionServer 相关事件，比如 RegionServer 启动、关闭，或者执行 Region 合并等事件。
- WALObserver，主要监听 WAL 相关事件，比如 WAL 写入、滚动等。
- MasterObserver，主要监听 Master 相关事件，比如建表、删表以及修改表结构等。

Endpoint Coprocessor 类似于 MySQL 中的存储过程。Endpoint Coprocessor 允许将用户代码下推到数据层执行。一个典型的例子就是上文提到的计算一张表（设计大量 Region）的平均值或者求和，可以使用 Endpoint Coprocessor 将计算逻辑下推到 RegionServer 执行。通过 Endpoint Coprocessor，用户可以自定义一个客户端与 RegionServer 通信的 RPC 调用协议，通过 RPC 调用执行部署在服务器端的业务代码。

需要注意的是，Observer Coprocessor 执行对用户来说是透明的，只要 HBase 系统执行了 get 操作，对应的 preGetOp 就会得到执行，不需要用户显式调用 preGetOp 方法；而

Endpoint Coprocessor 执行必须由用户显式触发调用。

6.4.2 Coprocessor 加载

用户定义的 Coprocessor 可以通过两种方式加载到 RegionServer：一种是通过配置文件静态加载；一种是动态加载。

1. 静态加载

通过静态加载的方式将 Coprocessor 加载到集群需要执行以下 3 个步骤。

1）将 Coprocessor 配置到 hbase-site.xml。hbase-site.xml 中定义了多个相关的配置项：

- hbase.coprocessor.region.classes，配置 RegionObservers 和 Endpoint Coprocessor。
- hbase.coprocessor.wal.classes，配置 WALObservers。
- hbase.coprocessor.master.classes，配置 MasterObservers。

比如业务实现一个 Endpoint Coprocessor，需要按如下方式配置到 hbase-site.xml：

```
<property>
    <name>hbase.coprocessor.region.classes</name>
    <value>org.myname.hbase.coprocessor.endpoint.SumEndPoint</value>
</property>
```

2）将 Coprocessor 代码放到 HBase 的 classpath 下。最简单的方法是将 Coprocessor 对应的 jar 包放在 HBase lib 目录下。

3）重启 HBase 集群。

2. 动态加载

静态加载 Coprocessor 需要重启集群，使用动态加载方式则不需要重启。动态加载当前主要有 3 种方式。

方式 1：使用 shell。

1）disable 表，代码如下：

```
hbase(main):001:0> disable 'users'
```

2）修改表 schema，代码如下：

```
hbase(main):002:0> alter users', METHOD => 'table_att', 'Coprocessor'=>'hdfs://
.../coprocessor.jar| org.libis.hbase.Coprocessor.RegionObserverExample "|"
```

其中，hdfs://.../coprocessor.jar 表示 Coprocessor 代码部署在 HDFS 的具体路径，org.libis.hbase.Coprocessor.RegionObserverExample 是执行类的全称。

3）enable 表，代码如下：

```
hbase(main):003:0> enable 'users'
```

方式 2：使用 HTableDescriptor 的 setValue() 方法。

代码如下：

```
...
String path = "hdfs:// .../coprocessor.jar";
HTableDescriptor hTableDescriptor = new HTableDescriptor(tableName);
hTableDescriptor.setValue("COPROCESSOR$1", path + "|"
+ RegionObserverExample.class.getCanonicalName() + "|"
+ Coprocessor.PRIORITY_USER);
...
```

方式 3：使用 HTableDescriptor 的 addCoprocessor() 方法。

代码如下：

```
...
Path path = new Path("hdfs:// coprocessor_path");
TableDescriptor hTableDescriptor = new HTableDescriptor(tableName);
hTableDescriptor.addCoprocessor(RegionObserverExample.class.getCanonicalName(),
  path,
Coprocessor.PRIORITY_USER, null);
...
```

思考与练习

[1] 请实现一个 Endpoint，用来统计某个表中所有 value 的平均字节数。注意，请通过编写 UT 验证 Endpoint 逻辑的正确性。

[2] 请阐述 HBase 的 ACL 权限认证是如何实现的。

CHAPTER 07

第7章 Compaction实现

第6章在介绍HBase数据写入、读取流程中引入了LSM树体系架构，HBase中的用户数据在LSM树体系架构中最终会形成一个一个小的HFile文件。我们知道，HFile小文件如果数量太多会导致读取低效。为了提高读取效率，LSM树体系架构设计了一个非常重要的模块——Compaction。Compaction核心功能是将小文件合并成大文件，提升读取效率。一般基于LSM树体系架构的系统都会设计Compaction，比如LevelDB、RocksDB以及Cassandra等，都可以看到Compaction的身影。

本章首先介绍Compaction的基本工作原理，包括分类、在LSM树架构中的核心作用以及副作用、Compaction的触发时机，让读者能够对Compaction有一个直观的认识。然后基于HBase内核代码深入介绍HBase系统中Compaction实现的基本流程和常用策略。

7.1 Compaction基本工作原理

Compaction是从一个Region的一个Store中选择部分HFile文件进行合并。合并原理是，先从这些待合并的数据文件中依次读出KeyValue，再由小到大排序后写入一个新的文件。之后，这个新生成的文件就会取代之前已合并的所有文件对外提供服务。

HBase根据合并规模将Compaction分为两类：Minor Compaction和Major Compaction。

- Minor Compaction是指选取部分小的、相邻的HFile，将它们合并成一个更大的HFile。
- Major Compaction是指将一个Store中所有的HFile合并成一个HFile，这个过程还会完全清理三类无意义数据：被删除的数据、TTL过期数据、版本号超过设定版本号的数据。

一般情况下，Major Compaction持续时间会比较长，整个过程会消耗大量系统资源，对上层业务有比较大的影响。因此线上部分数据量较大的业务通常推荐关闭自动触发Major

Compaction 功能，改为在业务低峰期手动触发（或设置策略自动在低峰期触发）。

在 HBase 的体系架构下，Compaction 有以下核心作用：

- 合并小文件，减少文件数，稳定随机读延迟。
- 提高数据的本地化率。
- 清除无效数据，减少数据存储量。

随着 HFile 文件数不断增多，查询可能需要越来越多的 IO 操作，读取延迟必然会越来越大，如图 7-1 所示。

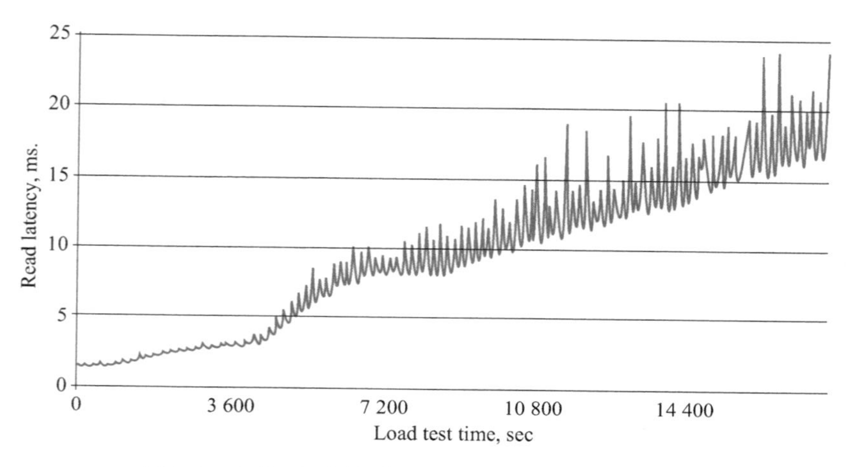

图 7-1　读取延时随数据写入时间的增加而不断增加

执行 Compaction 会使文件个数基本稳定，进而读取 IO 的次数会比较稳定，延迟就会稳定在一定范围，如图 7-2 所示。

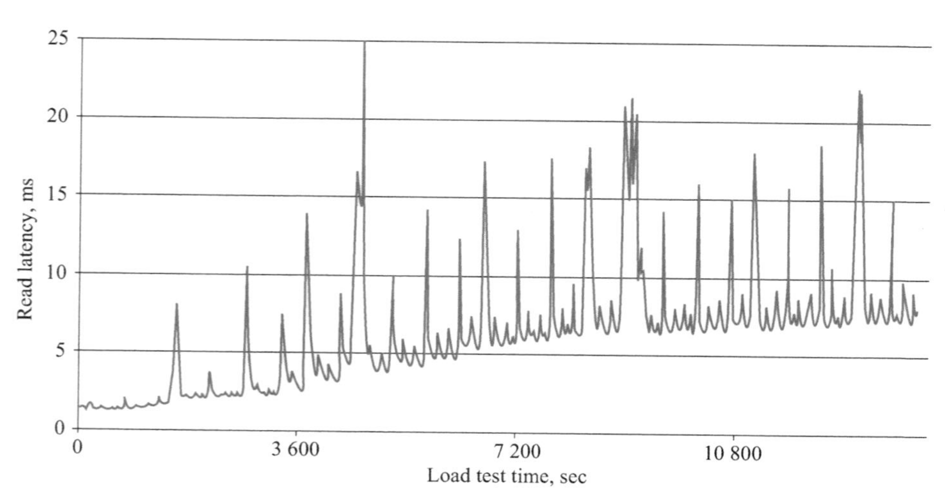

图 7-2　Compaction 情况下读取延迟随写入时间变化

Compaction的另一个重要作用是提高数据的本地化率。本地化率越高，在HDFS上访问数据时延迟就越小；相反，本地化率越低，访问数据就可能大概率需要通过网络访问，延迟必然会比较大。

Compaction合并小文件的同时会将落在远程DataNode上的数据读取出来重新写入大文件，合并后的大文件在当前DataNode节点上有一个副本，因此可以提高数据的本地化率。极端情况下，Major Compaction可以将当前Region的本地化率提高到100%。这也是最常用的一种提高数据本地化率的方法。

Compaction在执行过程中有个比较明显的副作用：Compaction操作重写文件会带来很大的带宽压力以及短时间IO压力。这点比较容易理解，要将小文件的数据读出来需要IO，很多小文件数据跨网络传输需要带宽，读出来之后又要写成一个大文件，因为是三副本写入，必然需要网络开销，当然写入IO开销也避免不了。因此可以认为，Compaction就是使用短时间的IO消耗以及带宽消耗换取后续查询的低延迟。从图7-2上看，虽然数据读取延迟相比图一稳定了一些，但是读取响应时间有了很大的毛刺，这是因为Compaction在执行的时候占用系统资源导致业务读取性能受到一定波及。

总的来说，Compaction操作是所有LSM树结构数据库所特有的一种操作，它的核心操作是批量将大量小文件合并成大文件用以提高读取性能。另外，Compaction是有副作用的，它在一定程度上消耗系统资源，进而影响上层业务的读取响应。因此Compaction通常会设计各种措施，并且针对不同场景设置不同的合并策略来尽量避免对上层业务的影响。

7.1.1 Compaction基本流程

HBase中Compaction只有在特定的触发条件才会执行，比如部分flush操作完成之后、周期性的Compaction检查操作等。一旦触发，HBase会按照特定流程执行Compaction，如图7-3所示。

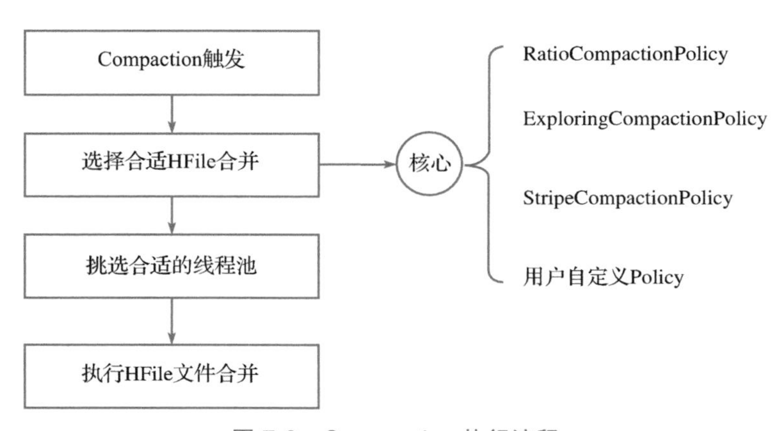

图7-3 Compaction执行流程

HBase会将该Compaction交由一个独立的线程处理，该线程首先会从对应Store中选择合适的HFile文件进行合并，这一步是整个Compaction的核心。选取文件需要遵循很多条件，比如待合并文件数不能太多也不能太少、文件大小不能太大等，最理想的情况是，选取那些IO负载重、文件小的文件集。实际实现中，HBase提供了多种文件选取算法，如RatioBasedCompactionPolicy、ExploringCompactionPolicy和StripeCompactionPolicy等，用户也可以通过特定接口实现自己的Compaction策略。选出待合并的文件后，HBase会根据这些HFile文件总大小挑选对应的线程池处理，最后对这些文件执行具体的合并操作。

为了更加详细地说明Compaction的整个工作流程，笔者将Compaction分解成多个子流程分别进行说明，子流程包括：Compaction触发时机，待合并HFile集合选择策略，挑选合适的执行线程池，以及HFile文件合并执行。

7.1.2 Compaction触发时机

HBase中触发Compaction的时机有很多，最常见的时机有如下三种：MemStore Flush、后台线程周期性检查以及手动触发。

- MemStore Flush：应该说Compaction操作的源头来自flush操作，MemStore Flush会产生HFile文件，文件越来越多就需要compact执行合并。因此在每次执行完flush操作之后，都会对当前Store中的文件数进行判断，一旦Store中总文件数大于hbase.hstore.compactionThreshold，就会触发Compaction。需要说明的是，Compaction都是以Store为单位进行的，而在flush触发条件下，整个Region的所有Store都会执行compact检查，所以一个Region有可能会在短时间内执行多次Compaction。
- 后台线程周期性检查：RegionServer会在后台启动一个线程CompactionChecker，定期触发检查对应Store是否需要执行Compaction，检查周期为hbase.server.thread.wakefrequency *hbase.server.compactchecker.interval.multiplier。和flush不同的是，该线程优先检查Store中总文件数是否大于阈值hbase.hstore.compactionThreshold，一旦大于就会触发Compaction；如果不满足，接着检查是否满足Major Compaction条件。简单来说，如果当前Store中HFile的最早更新时间早于某个值mcTime，就会触发Major Compaction。mcTime是一个浮动值，浮动区间默认为［7−7×0.2，7＋7×0.2］，其中7为hbase.hregion.majorcompaction，0.2为hbase.hregion.majorcompaction.jitter，可见默认在7天左右就会执行一次Major Compaction。用户如果想禁用Major Compaction，需要将参数hbase.hregion.majorcompaction设为0。
- 手动触发：一般来讲，手动触发Compaction大多是为了执行Major Compaction。使用手动触发Major Compaction的原因通常有三个——其一，因为很多业务担心自动Major Compaction影响读写性能，因此会选择低峰期手动触发；其二，用户在执行完 alter 操作之后希望立刻生效，手动触发 Major Compaction；其三，HBase 管理员发现硬盘容量不够时手动触发 Major Compaction，删除大量过期数据。

7.1.3 待合并 HFile 集合选择策略

选择合适的文件进行合并是整个 Compaction 的核心，因为合并文件的大小及其当前承载的 IO 数直接决定了 Compaction 的效果以及对整个系统其他业务的影响程度。理想的情况是，选择的待合并 HFile 文件集合承载了大量 IO 请求但是文件本身很小，这样 Compaction 本身不会消耗太多 IO，而且合并完成之后对读的性能会有显著提升。然而现实中可能大部分 HFile 文件都不会这样，在 HBase 早期的版本中，分别提出了两种选择策略：RatioBasedCompactionPolicy 以及 ExploringCompactionPolicy，后者在前者的基础上做了进一步修正。但是无论哪种选择策略，都会首先对该 Store 中所有 HFile 逐一进行排查，排除不满足条件的部分文件：

- 排除当前正在执行 Compaction 的文件以及比这些文件更新的所有文件。
- 排除某些过大的文件，如果文件大于 hbase.hstore.compaction.max.size（默认 Long.MAX_VALUE），则被排除，否则会产生大量 IO 消耗。

经过排除后留下来的文件称为候选文件，接下来 HBase 再判断候选文件是否满足 Major Compaction 条件，如果满足，就会选择全部文件进行合并。判断条件如下所列，只要满足其中一条就会执行 Major Compaction：

- 用户强制执行 Major Compaction。
- 长时间没有进行 Major Compaction（上次执行 Major Compaction 的时间早于当前时间减去 hbase.hregion.majorcompaction）且候选文件数小于 hbase.hstore.compaction.max（默认 10）。
- Store 中含有 reference 文件，reference 文件是 region 分裂产生的临时文件，一般必须在 Compaction 过程中清理。

如果满足 Major Compaction 条件，文件选择这一步就结束了，待合并 HFile 文件就是 Store 中所有 HFile 文件。如果不满足 Major Compaction 条件，就必然为 Minor Compaction，HBase 主要有两种 Minor Compaction 文件选择策略，一种是 RatioBasedCompactionPolicy，另一种是 ExploringCompactionPolicy，下面分别介绍。

1. RatioBasedCompactionPolicy

从老到新逐一扫描所有候选文件，满足其中条件之一便停止扫描：

1）当前文件大小 < 比当前文件新的所有文件大小总和 * ratio。其中 ratio 是一个可变的比例，在高峰期 ratio 为 1.2，非高峰期 ratio 为 5，也就是非高峰期允许 compact 更大的文件。HBase 允许用户配置参数 hbase.offpeak.start.hour 和 hbase.offpeak.end.hour 设置高峰期时间段。

2）当前所剩候选文件数 <= hbase.store.compaction.min（默认为 3）。

停止扫描后，待合并文件就选择出来了，即当前扫描文件以及比它更新的所有文件。

2. ExploringCompactionPolicy

该策略思路基本和 RatioBasedCompactionPolicy 相同，不同的是，Ratio 策略在找到一个合适的文件集合之后就停止扫描了，而 Exploring 策略会记录所有合适的文件集合，并在这些文件集合中寻找最优解。最优解可以理解为：待合并文件数最多或者待合并文件数相同的情况下文件较小，这样有利于减少 Compaction 带来的 IO 消耗。

在 cloudera 官方博文“what-are-hbase-compactions”(http://blog.cloudera.com/blog/2013/12/what-are-hbase-compactions/) 中，作者给出了两者的简单性能对比，基本可以看出后者在节省 IO 方面会有 10% 左右的提升，如图 7-4 所示。

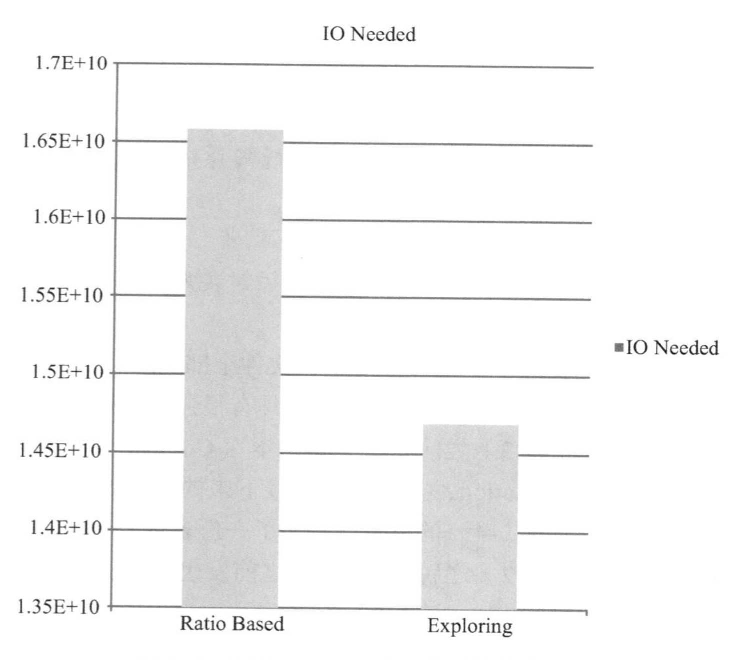

图 7-4　两种 Compaction 策略的性能对比

到这里，就选择出了待合并的文件集合，后续通过挑选合适的处理线程，对这些文件进行真正的合并。

7.1.4　挑选合适的执行线程池

HBase 实现中有一个专门的类 CompactSplitThead 负责接收 Compaction 请求和 split 请求，而且为了能够独立处理这些请求，这个类内部构造了多个线程池：largeCompactions、smallCompactions 以及 splits 等。splits 线程池负责处理所有的 split 请求，largeCompactions

用来处理大 Compaction，smallCompaction 负责处理小 Compaction。这里需要明确三点：

- 上述设计目的是能够将请求独立处理，提高系统的处理性能。
- 大 Compaction 并不是 Major Compaction，小 Compaction 也并不是 Minor Compaction。HBase 定义了一个阈值 hbase.regionserver.thread.compaction.throttle，如果 Compaction 合并的总文件大小超过这个阈值就认为是大 Compaction，否则认为是小 Compaction。大 Compaction 会分配给 largeCompactions 线程池处理，小 Compaction 会分配给 small Compactions 线程池处理。
- largeCompactions 线程池和 smallCompactions 线程池默认都只有一个线程，用户可以通过参数 hbase.regionserver.thread.compaction.large 和 hbase.regionserver.thread.compaction.small 进行配置。

7.1.5 HFile 文件合并执行

选出待合并的 HFile 集合，再选出合适的处理线程，接下来执行合并流程。合并流程主要分为如下几步：

1）分别读出待合并 HFile 文件的 KeyValue，进行归并排序处理，之后写到 ./tmp 目录下的临时文件中。

2）将临时文件移动到对应 Store 的数据目录。

3）将 Compaction 的输入文件路径和输出文件路径封装为 KV 写入 HLog 日志，并打上 Compaction 标记，最后强制执行 sync。

4）将对应 Store 数据目录下的 Compaction 输入文件全部删除。

上述 4 个步骤看起来简单，但实际是很严谨的，具有很强的容错性和幂等性：

- 如果 RegionServer 在步骤 2）之前发生异常，本次 Compaction 会被认定为失败，如果继续进行同样的 Compaction，上次异常对接下来的 Compaction 不会有任何影响，也不会对读写有任何影响。唯一的影响就是多了一份多余的数据。
- 如果 RegionServer 在步骤 2）之后、步骤 3）之前发生异常，同样，仅仅会多一份冗余数据。
- 如果在步骤 3）之后、步骤 4）之前发生异常，RegionServer 在重新打开 Region 之后首先会从 HLog 中看到标有 Compaction 的日志，因为此时输入文件和输出文件已经持久化到 HDFS，因此只需要根据 HLog 移除 Compaction 输入文件即可。

思考与练习

[1] 手动执行 Compaction 操作，查看 RegionServer 日志，梳理整个 Compaction 执行过程，并在执行过程中观察 HDFS 上 HFile 文件的变化，确认是否会在 /tmp 目录下生成临时文件。

[2] 如果 Compaction 过程中发生了 RegionServer 异常宕机，HBase 数据是否会出现不一致？为什么？

[3] 在 RatioBasedCompactionPolicy 策略中，为什么要从老到新扫描所有候选 HFile 文件？这样做有什么好处？

7.1.6 Compaction 相关注意事项

对文件进行 Compaction 操作可以提升业务读取性能，然而，如果不对 Compaction 执行阶段的读写吞吐量进行限制，可能会引起短时间大量系统资源消耗，使得用户业务发生读写延迟抖动。HBase 社区意识到了这个问题，并提出了一些优化方案，下面分别介绍。

1. Limit Compaction Speed

该优化方案通过感知 Compaction 的压力情况自动调节系统的 Compaction 吞吐量，在压力大的时候降低合并吞吐量，压力小的时候增加合并吞吐量。基本原理如下：

- 在正常情况下，用户需要设置吞吐量下限参数 "hbase.hstore.compaction.throughput.lower.bound" 和上限参数 "hbase.hstore.compaction.throughput.higher.bound"，而 HBase 实际工作在吞吐量为 lower + (higher – lower) * ratio 的情况下，其中 ratio 是一个取值（0，1）的小数，它由当前 Store 中待参与 Compaction 的 HFile 数量决定，数量越多，ratio 越小，反之越大。
- 如果当前 Store 中 HFile 的数量太多，并且超过了参数 blockingFileCount，此时所有写请求就会被阻塞以等待 Compaction 完成，这种场景下上述限制会自动失效。

Compaction 除了带来严重的 IO 放大效应之外，在某些情况下还会因为大量消耗带宽资源而严重影响其他业务。Compaction 大量消耗带宽资源主要有以下两个原因：

- 正常请求下，Compaction 尤其是 Major Compaction 会将大量数据文件合并为一个大 HFile，读出所有数据文件的 KV，重新排序之后写入另一个新建的文件。如果待合并文件都在本地，那么读是本地读，不会出现跨网络的情况；如果待合并文件并不都在本地，则需要跨网络进行数据读取。一旦跨网络读取就会有带宽资源消耗。
- 数据写入文件默认都是三副本写入，不同副本位于不同节点，因此写的时候会跨网络执行，必然会消耗带宽资源。

跨网络读是可以通过一定优化措施避免的，而跨网络写却是不可能避免的。因此优化 Compaction 带宽消耗，一方面需要提升本地化率，减少跨网络读；另一方面，虽然跨网络写不可避免，但也可以通过控制手段使得资源消耗控制在一定范围。HBase 在这方面参考 Facebook 引入了 Compaction BandWith Limit 机制。

2. Compaction BandWidth Limit

与 Limit Compaction Speed 思路基本一致，Compaction BandWidth Limit 方案中主要涉及两个参数：compactBwLimit 和 numOfFilesDisableCompactLimit，作用分别如下：

- compactBwLimit：一次 Compaction 的最大带宽使用量，如果 Compaction 所使用的带宽高于该值，就会强制其 sleep 一段时间。
- numOfFilesDisableCompactLimit：在写请求非常大的情况下，限制 Compaction 带宽的使用量必然会导致 HFile 堆积，进而会影响读请求响应延时。因此该值意义很明显，一旦 Store 中 HFile 数量超过该设定值，带宽限制就会失效。

7.2 Compaction 高级策略

Compaction 合并小文件，一方面提高了数据的本地化率，降低了数据读取的响应延时，另一方面也会因为大量消耗系统资源带来不同程度的短时间读取响应毛刺。因此，HBase 对 Compaction 的设计追求一个平衡点，既要保证 Compaction 的基本效果，又不会带来严重的 IO 压力。

然而，并没有一种设计策略能够适用于所有应用场景或所有数据集。在意识到这样的问题之后，HBase 希望提供一种机制，一方面可以在不同业务场景下针对不同设计策略进行测试，另一方面也可以让用户针对自己的业务场景选择合适的 Compaction 策略。因此，在 0.96 版本中 HBase 对架构进行了一定的调整，提供了 Compaction 插件接口，用户只需要实现特定的接口，就可以根据自己的应用场景以及数据集定制特定的 Compaction 策略。同时，在 0.96 版本之后 Compaction 可以支持表 / 列簇粒度的策略设置，使得用户可以根据应用场景为不同表 / 列簇选择不同的 Compaction 策略，比如：

```
alter 'table1' , CONFIGURATION => {'hbase.hstore.engine.class' => 'org.apache.
hadoop.hbase.regionserver.StripStoreEngine', ... }
```

上述的调整为 Compaction 的改进和优化提供了最基本的保障，同时提出了一个非常重要的理念：到底选择什么样的 Compaction 策略需要根据不同的业务场景、不同数据集特征进行确定。下面根据不同的应用场景介绍几种 Compaction 策略。

在介绍具体的 Compaction 策略之前，还是有必要对优化 Compaction 的共性特征进行提取，并加以总结。

- 减少参与 Compaction 的文件数：这个很好理解，实现起来却比较麻烦，首先需要将文件根据 rowkey、version 或其他属性进行分割，再根据这些属性挑选部分重要的文件参与合并；另外，尽量不要合并那些大文件。
- 不要合并那些不需要合并的文件：比如 OpenTSDB 应用场景下的老数据，这些数据基本不会被查询，因此不进行合并也不会影响查询性能。
- 小 Region 更有利于 Compaction：大 Region 会生成大量文件，不利于 Compaction；

相反，小Region只会生成少量文件，这些文件合并不会引起显著的IO放大。

接下来介绍几个典型的Compaction策略以及其适应的应用场景。

1. FIFO Compaction（HBASE-14468）

FIFO Compaction策略主要参考了RocksDB的实现，它选择那些过期的数据文件，即该文件内所有数据都已经过期。因此，对应业务的列簇必须设置有TTL，否则不适合该策略。需要注意的是，该策略只做一件事：收集所有已经过期的文件并删除。这一策略的应用场景主要包括：大量短时间存储的原始数据，比如推荐业务，上层业务只需最近时间的用户行为特征。再比如Nginx日志，用户只需存储最近几天的日志，方便查询某个用户最近一段时间的操作行为等。

因为FIFO Compaction只是收集所有过期的数据文件并删除，并没有真正执行重写（几个小文件合并成大文件），因此不会消耗任何CPU和IO资源，也不会从BlockCache中淘汰任何热点数据。所以，无论对于读还是写，该策略都会提升吞吐量、降低延迟。

开启FIFO Compaction（表设置 & 列簇设置）：

```
HTableDescriptor desc = new HTableDescriptor(tableName);
    desc.setConfiguration(DefaultStoreEngine.DEFAULT_COMPACTION_POLICY_CLASS_KEY,
        FIFOCompactionPolicy.class.getName());
HColumnDescriptor desc = new HColumnDescriptor(family);
    desc.setConfiguration(DefaultStoreEngine.DEFAULT_COMPACTION_POLICY_CLASS_KEY,
        FIFOCompactionPolicy.class.getName());
```

2. Tier-Based Compaction（HBASE-7055）（HBASE-14477）

之前所讲到的所有“文件选取策略”实际上都不够灵活，没有考虑到热点数据的情况。然而现实业务中，有很大比例的业务都存在明显的热点数据，其中最常见的情况是：最近写入的数据总是最有可能被访问到，而老数据被访问到的频率相对比较低。按照之前的文件选择策略，并没有对新文件和老文件进行“区别对待”，每次Compaction时可能会有很多老文件参与合并，这必然影响Compaction效率，且对降低读延迟没有太大的帮助。

针对这种情况，HBase社区借鉴Facebook HBase分支解决方案，引入了Tier-Based Compaction。这种方案会根据候选文件的新老程度将其分为不同的等级，每个等级都有对应的参数，比如参数Compaction Ratio，表示该等级文件的选择几率，Ratio越大，该等级的文件越有可能被选中参与Compaction。而等级数、等级参数都可以通过CF属性在线更新。

可见，通过引入时间等级和Compaction Ratio等概念，使得Tier-Based Compaction方案更加灵活，不同业务场景只需要调整参数就可以达到更好的Compaction效率。目前HBase计划在后续版本发布基于时间划分等级的实现方式——Date Tiered Compaction Policy。该方案的具体实现思路更多地参考了Cassandra的实现方案——基于时间窗的时间概念。如图7-5所示，时间窗的大小可以进行配置。

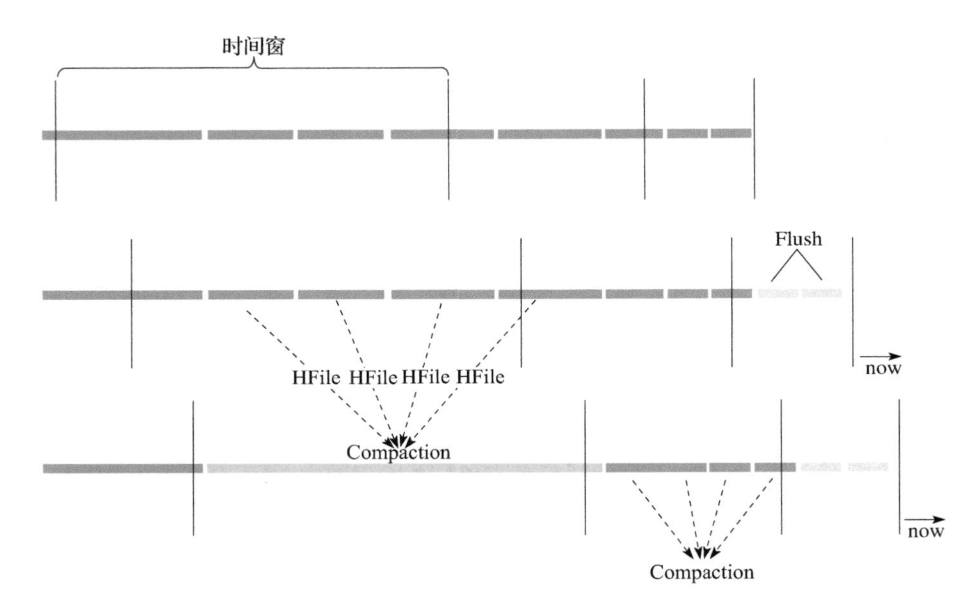

图 7-5 Tier-Based Compaction 的时间窗

图 7-5 中，时间窗随着时间的推移朝右移动，最上图中没有任何时间窗包含 4 个（可以通过参数 min_thresold 配置）文件，因此 Compaction 不会被触发。随着时间推移来到中间图所示状态，此时有一个时间窗包含了 4 个 HFile 文件，Compaction 被触发，这 4 个文件被合并为一个大文件。

对比上文提到的分级策略以及 Compaction Ratio 参数，Cassandra 通过设置多个时间窗来实现分级，时间窗的窗口大小类似于 Compaction Ratio 参数的作用，可以通过调整时间窗的大小来调整不同时间窗文件选择的优先级。比如，可以将最右边的时间窗窗口调大，那么新文件被选中参与 Compaction 的概率就会大大增加。然而，这个方案里并没有类似于当前 HBase 中的 Major Compaction 策略来实现过期文件清理功能，只能借助 TTL 来主动清理过期的文件。比如，若这个文件中所有数据都过期了，就可以将这个文件清理掉。

因此，是否使用 Tier-Based Compaction 策略需要遵循以下原则。

- 特别适合使用的场景：时间序列数据，默认使用 TTL 删除。类似于“获取最近 1 小时 /3 小时 /1 天”场景，同时不会执行 delete 操作。最典型的例子是基于 OpenTSDB 的监控系统。
- 比较适合的应用场景：时间序列数据，但是有全局数据的更新操作以及少部分的删除操作。
- 不适合的应用场景：非时间序列数据，或者包含大量的数据更新操作和删除操作。

3. Level Compaction

Level Compaction 设计思路是将 Store 中的所有数据划分为很多层，每一层都会有一部分数据，如图 7-6 所示。

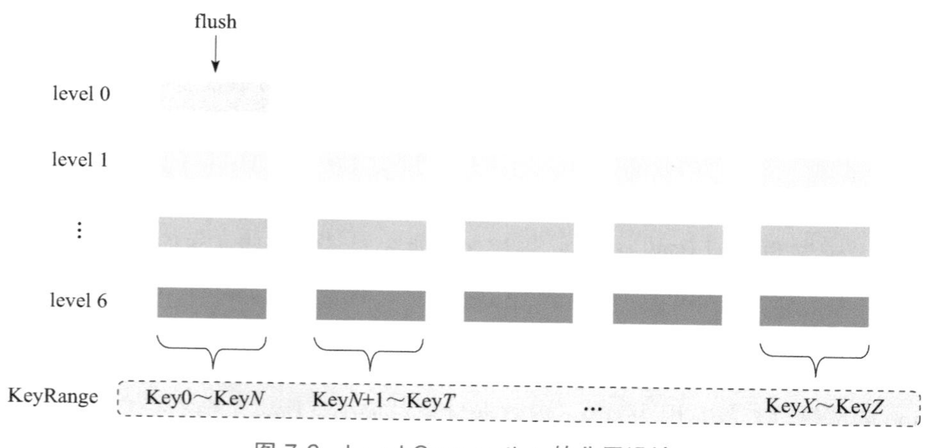

图 7-6 Level Compaction 的分层设计

- 数据不再按照时间先后进行组织，而是按照 KeyRange 进行组织。每个 KeyRange 中包含多个文件，这些文件所有数据的 Key 必须分布在同一个范围。比如 Key 分布在 Key0 ～ Key*N* 之间的所有数据都会落在第一个 KeyRange 区间的文件中，Key 分布在 Key*N* + 1 ～ Key*T* 之间的所有数据会落在第二个区间的文件中，以此类推。
- 整个数据体系会被划分为很多层，最上层（Level 0）表示最新数据，最下层（Level 6）表示最旧数据。每一层都由大量 KeyRange 块组成（Level 0 除外），KeyRange 之间没有 Key 重合。而且层数越大，对应层的每个 KeyRange 块越大，下层 KeyRange 块大小是上一层的 10 倍。数据从 MemStore 中 flush 之后，会先落入 Level 0，此时落入 Level 0 的数据可能包含所有可能的 Key。此时如果需要执行 Compaction，只需将 Level 0 中的 KV 逐个读出来，然后按照 Key 的分布分别插入 Level 1 中对应 KeyRange 块的文件中，如果此时刚好 Level 1 中的某个 KeyRange 块大小超过了阈值，就会继续往下一层合并。
- Level Compaction 中依然存在 Major Compaction 的概念，发生 Major Compaction 只需将部分 Range 块内的文件执行合并就可以，而不需要合并整个 Region 内的数据文件。

可见，在这种合并策略实现中，从上到下只需要部分文件参与，而不需要对所有文件执行 Compaction 操作。另外，Level Compaction 还有另外一个好处，对于很多“只读最近写入数据”的业务来说，大部分读请求都会落到 Level 0，这样可以使用 SSD 作为上层 Level 存储介质，进一步优化读。然而，Level Compaction 因为层数太多导致合并的次数明显增多，经过测试发现，Level Compaction 对 IO 利用率并没有显著提升。

4. Stripe Compaction 实现

虽然原生的 Level Compaction 并不适用于 HBase，但这种分层合并的思想却激发了

HBase 开发工程师的灵感，一种称为 Stripe Compaction 的新策略被创造出来。同 Level Compaction 相同，Stripe Compaction 会将整个 Store 中的文件按照 Key 划分为多个 range，在这里称为 stripe。stripe 的数量可以通过参数设定，相邻的 stripe 之间 Key 不会重合。实际上从概念上看 stripe 类似于 sub-region，即将一个大 Region 切分成很多小的 sub-region。

随着数据写入，MemStore 执行 flush 形成 HFile，这些 HFile 并不会马上写入对应的 stripe，而是放到一个称为 L0 的地方，用户可以配置 L0 放置 HFile 的数量。一旦 L0 放置的文件数超过设定值，系统就会将这些 HFile 写入对应的 stripe：首先读出 HFile 的 KV，再根据 KV 的 Key 定位到具体的 stripe，将该 KV 插入对应的 stripe 文件中，如图 7-7 所示。stripe 就是一个个小的 Region，所以在 stripe 内部，依然会像正常 Region 一样执行 Minor Compaction 和 Major Compaction，可以预见，stripe 内部的 Major Compaction 并不会消耗太多系统资源。另外，数据读取也很简单，系统可以根据对应的 Key 查找到对应的 stripe，然后在 stripe 内部执行查找，因为 stripe 内数据量相对很小，所以也会在一定程度上提升数据查找性能。

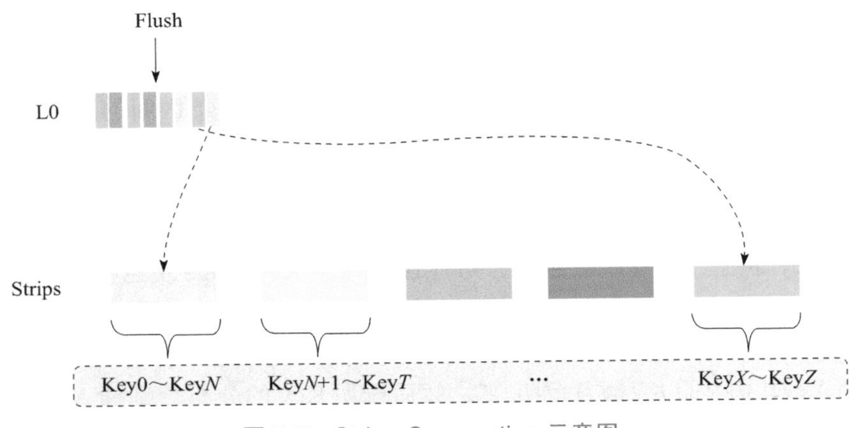

图 7-7　Stripe Compaction 示意图

至此可以看出 Stripe Compaction 设计上的高明之处，同时，通过实验数据也可以证明其在读写稳定性上的卓越表现。然而，与任何一种 Compaction 策略一样，Stripe Compaction 也有它特别擅长的业务场景，也有它并不擅长的业务场景。下面是两种 Stripe Compaction 比较擅长的业务场景：

- 大 Region。小 Region 没有必要切分为 stripe，一旦切分，反而会带来额外的管理开销。一般默认 Region 小于 2G，就不适合使用 Stripe Compaction。
- Rowkey 具有统一格式，Stripe Compaction 要求所有数据按照 Key 进行切分，生成多个 stripe。如果 rowkey 不具有统一格式，则无法进行切分。

第8章 负载均衡实现

上述几章主要从HBase作为数据库的角度介绍了数据写入读取的相关实现，本章将从HBase作为分布式系统的视角介绍HBase负载均衡的实现机制。负载均衡是分布式集群设计的一个重要功能，只有实现了负载均衡，集群的可扩展性才能得到有效保证。数据库集群负载均衡的实现依赖于数据库的数据分片设计，可以在一定程度上认为数据分片就是数据读写负载，那么负载均衡功能就是数据分片在集群中均衡的实现。

HBase中数据分片的概念是Region。本章将介绍HBase系统中Region迁移、合并、分裂等基本操作原理，基于这些知识介绍HBase系统负载均衡的实现机制。

8.1 Region迁移

作为一个分布式系统，分片迁移是最基础的核心功能。集群负载均衡、故障恢复等功能都是建立在分片迁移的基础之上的。比如集群负载均衡，可以简单理解为集群中所有节点上的分片数目保持相同。实际执行分片迁移时可以分为两个步骤：第一步，根据负载均衡策略制定分片迁移计划；第二步，根据迁移计划执行分片的实际迁移。

HBase系统中，分片迁移就是Region迁移。和其他很多分布式系统不同，HBase中Region迁移是一个非常轻量级的操作。所谓轻量级，是因为HBase的数据实际存储在HDFS上，不需要独立进行管理，因而Region在迁移的过程中不需要迁移实际数据，只要将读写服务迁移即可。

1. Region迁移的流程

在当前的HBase版本中，Region迁移虽然是一个轻量级操作，但实现逻辑依然比较复杂。复杂性主要表现在两个方面：其一，Region迁移过程涉及多种状态的改变；其二，迁移过程中涉及 Master、ZooKeeper（ZK）以及 RegionServer 等多个组件的相互协调。

HBase 定义的 Region 状态见表 8-1。

表 8-1 HBase 定义的 Region 状态

状态	说明	状态	说明
OFFLINE	下线状态	SPLITTING	region 正在执行分裂
OPENING	region 正在打开	SPLIT	region 完成分裂
OPEN	region 正常打开	SPLITTING_NEW	分裂过程中产生新 Region
FAILED_OPEN	region 打开失败	MERGING	Region 正在执行合并
CLOSING	region 正在关闭	MERGED	Region 完成合并
CLOSED	region 正常关闭	MERGING_NEW	两个 Region 合并后形成新 Region
FAILED_CLOSE	region 关闭失败		

其中，SPLITTING、SPLIT 和 SPLITTING_NEW 3 个状态是 Region 分裂过程中的状态，MERGING、MERGED 和 MERGING_NEW 3 个状态是 Region 合并过程中的状态，这 6 个状态会在接下来两节详细讲解。本节重点关注 OFFLINE、OPENING、OPEN、FAILED_OPEN、CLOSING、CLOSED 以及 FAILED_CLOSE 这 7 个状态。

在实际执行过程中，Region 迁移操作分两个阶段：unassign 阶段和 assign 阶段。

（1）unassign 阶段

unassign 表示 Region 从源 RegionServer 上下线，如图 8-1 所示。

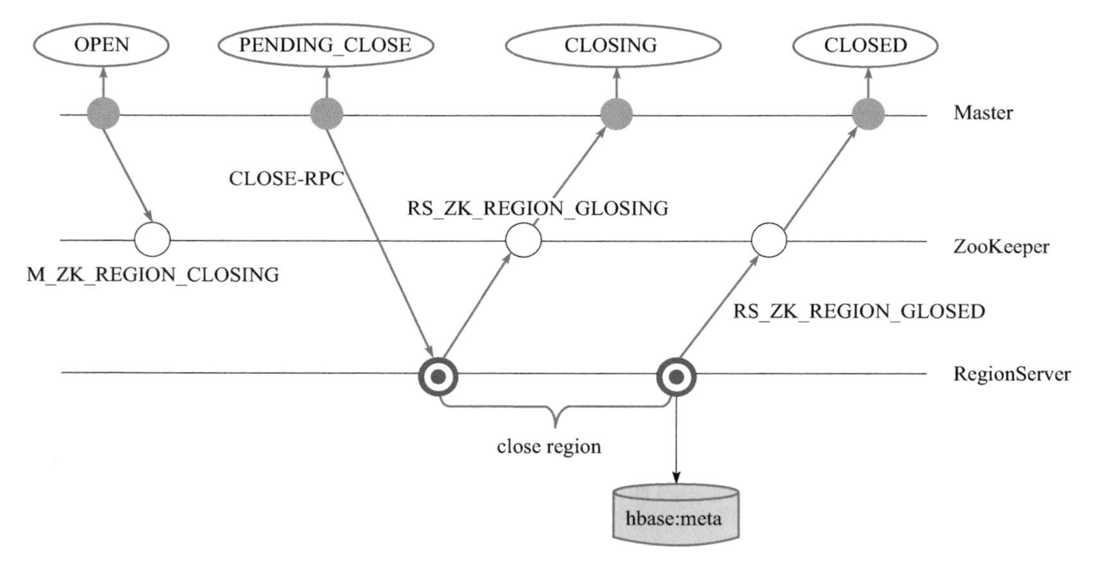

图 8-1 Region unassign 阶段

1）Master 生成事件 M_ZK_REGION_CLOSING 并更新到 ZooKeeper 组件，同时将本地内存中该 Region 的状态修改为 PENDING_CLOSE。

2）Master 通过 RPC 发送 close 命令给拥有该 Region 的 RegionServer，令其关闭该 Region。

3）RegionServer 接收到 Master 发送过来的命令后，生成一个 RS_ZK_REGION_CLOSING 事件，更新到 ZooKeeper。

4）Master 监听到 ZooKeeper 节点变动后，更新内存中 Region 的状态为 CLOSING。

5）RegionServer 执行 Region 关闭操作。如果该 Region 正在执行 flush 或者 Compaction，等待操作完成；否则将该 Region 下的所有 MemStore 强制 flush，然后关闭 Region 相关的服务。

6）关闭完成后生成事件 RS_ZK_REGION_CLOSED，更新到 ZooKeeper。Master 监听到 ZooKeeper 节点变动后，更新该 Region 的状态为 CLOSED。

（2）assign 阶段

assign 表示 Region 在目标 RegionServer 上上线，如图 8-2 所示。

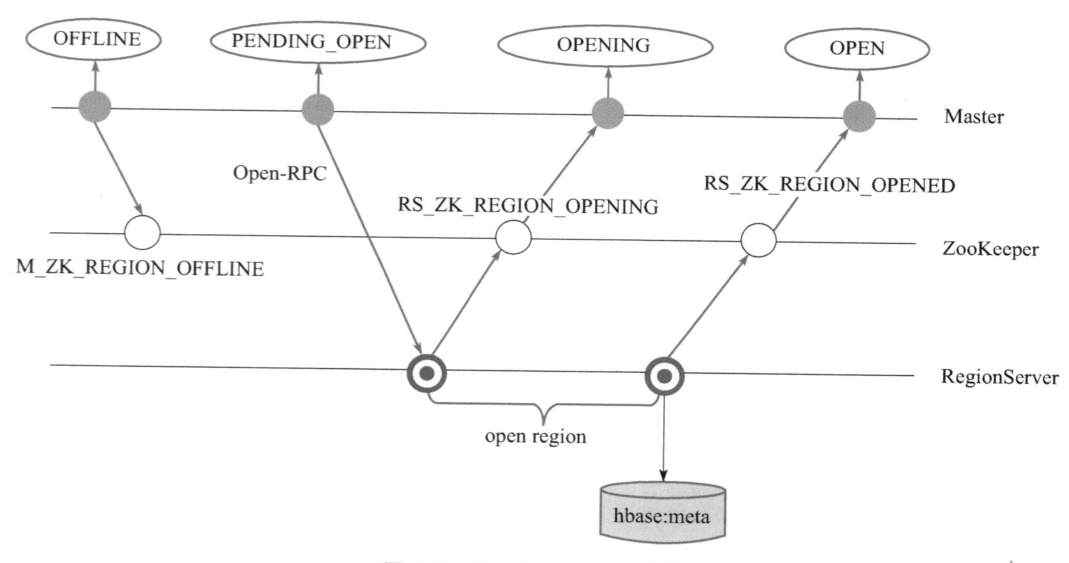

图 8-2　Region assign 阶段

1）Master 生成事件 M_ZK_REGION_OFFLINE 并更新到 ZooKeeper 组件，同时将本地内存中该 Region 的状态修改为 PENDING_OPEN。

2）Master 通过 RPC 发送 open 命令给拥有该 Region 的 RegionServer，令其打开该 Region。

3）RegionServer 接收到 Master 发送过来的命令后，生成一个 RS_ZK_REGION_OPENING 事件，更新到 ZooKeeper。

4）Master 监听到 ZooKeeper 节点变动后，更新内存中 Region 的状态为 OPENING。

5）RegionServer 执行 Region 打开操作，初始化相应的服务。

6）打开完成之后生成事件 RS_ZK_REGION_OPENED，更新到 ZooKeeper，Master 监听到 ZooKeeper 节点变动后，更新该 Region 的状态为 OPEN。

总体来看，整个 unassign/assign 操作是一个比较复杂的过程，涉及 Master、RegionServer 和 ZooKeeper 三个组件，三个组件的主要职责如下：

- Master 负责维护 Region 在整个操作过程中的状态变化，起到枢纽的作用。
- RegionServer 负责接收 Master 的指令执行具体 unassign/assign 操作，实际上就是关闭 Region 或者打开 Region 操作。
- ZooKeeper 负责存储操作过程中的事件。ZooKeeper 有一个路径为 /hbase/region-in-transition 的节点，一旦 Region 发生 unssign 操作，就会在这个节点下生成一个子节点，子节点的内容是“事件”经过序列化的字符串，并且 Master 会在这个子节点上监听，一旦发生任何事件，Master 会监听到并更新 Region 的状态。

2. Region In Transition

Region 迁移操作会伴随 Region 状态的不断变迁，这里有两个问题需要关注：

1）为什么需要设置这些状态？

2）如何管理这些状态？

先来讨论设置这些 Region 状态的意义。无论是 unassign 操作还是 assign 操作，都是由多个子操作组成，涉及多个组件的协调合作，只有通过记录 Region 状态才能知道当前 unassign 或者 assign 的进度，在异常发生后才能根据具体进度继续执行。

再来讨论如何管理这些状态。Region 的这些状态会存储在三个区域：meta 表，Master 内存，ZooKeeper 的 region-in-transition 节点，并且作用不同，说明如下：

- meta 表只存储 Region 所在的 RegionServer，并不存储迁移过程中的中间状态，如果 Region 从 rs1 成功迁移到 rs2，那么 meta 表中就持久化存有 Region 与 rs2 的对应关系，而如果迁移中间出现异常，那么 meta 表就仅持久化存有 Region 与 rs1 的对应关系。
- Master 内存中存储整个集群所有的 Region 信息，根据这个信息可以得出此 Region 当前以什么状态在哪个 RegionServer 上。Master 存储的 Region 状态变更都是由 RegionServer 通过 ZooKeeper 通知给 Master 的，所以 Master 上的 Region 状态变更总是滞后于真正的 Region 状态变更。注意，我们在 HBase Master WebUI 上看到的 Region 状态都来自于 Master 内存信息。
- ZooKeeper 中存储的是临时性的状态转移信息，作为 Master 和 RegionServer 之间反馈 Region 状态的通道。如果 Master（或者相应 RegionServer）在中间某个阶段发生异常，ZooKeeper 上存储的状态可以在新 Master 启动之后作为依据继续进行迁移操作。

只有这三个状态保持一致，对应的 Region 才处于正常的工作状态。然而，在很多异常情况下，Region 状态在三个地方并不能保持一致，这就会出现 region-in-transition(RIT) 现象。

举个简单的例子，RegionServer 已经将 Region 成功打开，但是在远程更新 hbase:meta 元数据时出现异常（网络异常、RegionServer 宕机、hbase:meta 异常等），此时 Master 上维护的 Region 状态为 OPENING，ZooKeeper 节点上 Region 的状态为 RS_ZK_REGION_OPENING，hbase:meta 存储的信息是 Region 所在 rs 为 null。但是 Region 已经在新的 RegionServer 上打

开了，此时在 Web UI 上就会看到 Region 处于 RIT 状态。

了解了 RIT 的由来，就会明白 Region 在迁移的过程中必然会出现短暂的 RIT 状态，这种场景并不需要任何人工干预操作。

8.2　Region 合并

在线合并 Region 是 HBase 非常重要的功能之一。相比 Region 分裂，在线合并 Region 的使用场景比较有限，最典型的一个应用场景是，在某些业务中本来接收写入的 Region 在之后的很长时间都不再接收任何写入，而且 Region 上的数据因为 TTL 过期被删除。这种场景下的 Region 实际上没有任何存在的意义，称为空闲 Region。一旦集群中空闲 Region 很多，就会导致集群管理运维成本增加。此时，可以使用在线合并功能将这些 Region 与相邻的 Region 合并，减少集群中空闲 Region 的个数。

从原理上看，Region 合并的主要流程如下：

1）客户端发送 merge 请求给 Master。

2）Master 将待合并的所有 Region 都 move 到同一个 RegionServer 上。

3）Master 发送 merge 请求给该 RegionServer。

4）RegionServer 启动一个本地事务执行 merge 操作。

5）merge 操作将待合并的两个 Region 下线，并将两个 Region 的文件进行合并。

6）将这两个 Region 从 hbase:meta 中删除，并将新生成的 Region 添加到 hbase:meta 中。

7）将新生成的 Region 上线。

HBase 使用 merge_region 命令执行 Region 合并，如下：

```
$ hbase> merge_region 'ENCODED_REGIONNAME', 'ENCODED_REGIONNAME'
$ hbase> merge_region 'ENCODED_REGIONNAME', 'ENCODED_REGIONNAME', true
```

merge_region 是一个异步操作，命令执行之后会立刻返回，用户需要一段时间之后手动检测合并是否成功。默认情况下 merge_region 命令只能合并相邻的两个 Region，非相邻的 Region 无法执行合并操作。同时 HBase 也提供了一个可选参数 true，使用此参数可以强制让不相邻的 Region 进行合并，因为该参数风险较大，一般并不建议生产线上使用。

8.3　Region 分裂

Region 分裂是 HBase 最核心的功能之一，是实现分布式可扩展性的基础。HBase 中，Region 分裂有多种触发策略可以配置，一旦触发，HBase 会寻找分裂点，然后执行真正的分裂操作。

1. Region 分裂触发策略

在当前版本中，HBase 已经有 6 种分裂触发策略。每种触发策略都有各自的适用场景，用户可以根据业务在表级别选择不同的分裂触发策略。常见的分裂策略如图 8-3 所示。

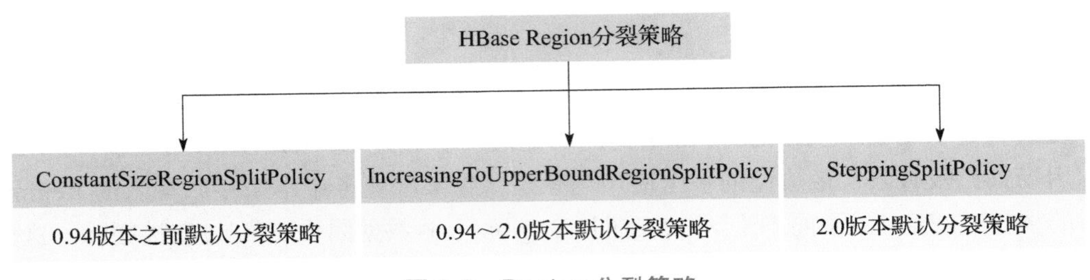

图 8-3 Region 分裂策略

- ConstantSizeRegionSplitPolicy：0.94 版本之前默认分裂策略。表示一个 Region 中最大 Store 的大小超过设置阈值（hbase.hregion.max.filesize）之后会触发分裂。ConstantSizeRegionSplitPolicy 最简单，但是在生产线上这种分裂策略却有相当大的弊端——分裂策略对于大表和小表没有明显的区分。阈值（hbase.hregion.max.filesize）设置较大对大表比较友好，但是小表就有可能不会触发分裂，极端情况下可能就只有 1 个 Region，这对业务来说并不是什么好事。如果阈值设置较小则对小表友好，但一个大表就会在整个集群产生大量的 Region，对于集群的管理、资源使用来说都不是一件好事。
- IncreasingToUpperBoundRegionSplitPolicy：0.94 版本～ 2.0 版本默认分裂策略。这种分裂策略总体来看和 ConstantSizeRegionSplitPolicy 思路相同，一个 Region 中最大 Store 大小超过设置阈值就会触发分裂。但是这个阈值并不像 ConstantSizeRegionSplitPolicy 是一个固定的值，而是在一定条件下不断调整，调整后的阈值大小和 Region 所属表在当前 RegionServer 上的 Region 个数有关系，调整后的阈值等于 (#regions) * (#regions) * (#regions) * flush size * 2，当然阈值并不会无限增大，最大值为用户设置的 MaxRegionFileSize。这种分裂策略很好地弥补了 ConstantSizeRegionSplitPolicy 的短板，能够自适应大表和小表，而且在集群规模较大的场景下，对很多大表来说表现很优秀。然而，这种策略并不完美，比如在大集群场景下，很多小表就会产生大量小 Region，分散在整个集群中。
- SteppingSplitPolicy：2.0 版本默认分裂策略。这种分裂策略的分裂阈值也发生了变化，相比 IncreasingToUpperBoundRegionSplitPolicy 简单了一些，分裂阈值大小和待分裂 Region 所属表在当前 RegionServer 上的 Region 个数有关系，如果 Region 个数等于 1，分裂阈值为 flush size * 2，否则为 MaxRegionFileSize。这种分裂策略对于大集群中的大表、小表会比 IncreasingToUpperBoundRegionSplitPolicy 更加友好，小表不会再产生大量的小 Region。

另外，还有一些其他分裂策略，比如使用 DisableSplitPolicy 可以禁止 Region 发生分裂；而 KeyPrefixRegionSplitPolicy 和 DelimitedKeyPrefixRegionSplitPolicy 依然依据默认的分裂策略，但对于分裂点有自己的规定，比如 KeyPrefixRegionSplitPolicy 要求必须让相同的 PrefixKey 处于同一个 Region 中。

在用法上，一般情况下使用默认分裂策略即可，也可以在 cf 级别设置 Region 分裂策略，命令为如下：

```
    create 'table', {NAME => 'cf', SPLIT_POLICY => 'org.apache.hadoop.hbase.
regionserver. ConstantSizeRegionSplitPolicy'}
```

2. Region 分裂准备工作——寻找分裂点

满足 Region 分裂策略之后就会触发 Region 分裂。分裂被触发后的第一件事是寻找分裂点。所有默认分裂策略，无论是 ConstantSizeRegionSplitPolicy、IncreasingToUpperBoundRegionSplitPolicy 还是 SteppingSplitPolicy，对于分裂点的定义都是一致的。当然，用户手动执行分裂时可以指定分裂点进行分裂，这里并不讨论这种情况。

HBase 对于分裂点的定义为：整个 Region 中最大 Store 中的最大文件中最中心的一个 Block 的首个 rowkey。另外，HBase 还规定，如果定位到的 rowkey 是整个文件的首个 rowkey 或者最后一个 rowkey，则认为没有分裂点。

什么情况下会出现没有分裂点的场景呢？最常见的就是待分裂 Region 只有一个 Block，执行 split 的时候就会无法分裂。比如，新建一张测试表，往新表中插入几条数据并执行 flush，再执行 split，就会发现数据表并没有真正执行分裂。原因就在于测试表中只有一个 Block，这个时候翻看 debug 日志可以看到如下代码：

```
    2017-08-19 11:26:17,404 INFO [PriorityRpcServer.handler=1,queue=1,port=60020]
regionserver.RSRpcServices: Splitting split,,1503112775843.6adfcc49ba04f307d6c6a60
4572d1bb2.
    2017-08-19 11:26:17,499 DEBUG [PriorityRpcServer.handler=1,queue=1,port=60020]
regionserver.StoreFile: cannot split because midkey is the same as first or last
row
    2017-08-19 11:26:17,499 DEBUG [PriorityRpcServer.handler=1,queue=1,port=60020]
regionserver.CompactSplitThread: Region split,,1503112775843.6adfcc49ba04f307d6c6a
604572d1bb2. not splittable because midkey=null
```

3. Region 核心分裂流程

HBase 将整个分裂过程包装成了一个事务，目的是保证分裂事务的原子性。整个分裂事务过程分为三个阶段：prepare、execute 和 rollback。操作模板如下：

```
if (!st.prepare()) return;
try {
  st.execute(this.server, this.server, user);
  success = true;
```

```
} catch (Exception e) {
  try {
    st.rollback(this.server, this.server);
  } catch (IOException re) {
    String msg = "Failed rollback of failed split of parent.getRegionNameAsString()
      -- aborting server";
    LOG.info(msg, re);
  }
}
```

（1）prepare 阶段

在内存中初始化两个子 Region，具体生成两个 HRegionInfo 对象，包含 tableName、regionName、startkey、endkey 等。同时会生成一个 transaction journal，这个对象用来记录分裂的进展，具体见 rollback 阶段。

（2）execute 阶段

分裂的核心操作，如图 8-4（来自 Hortonworks）所示。

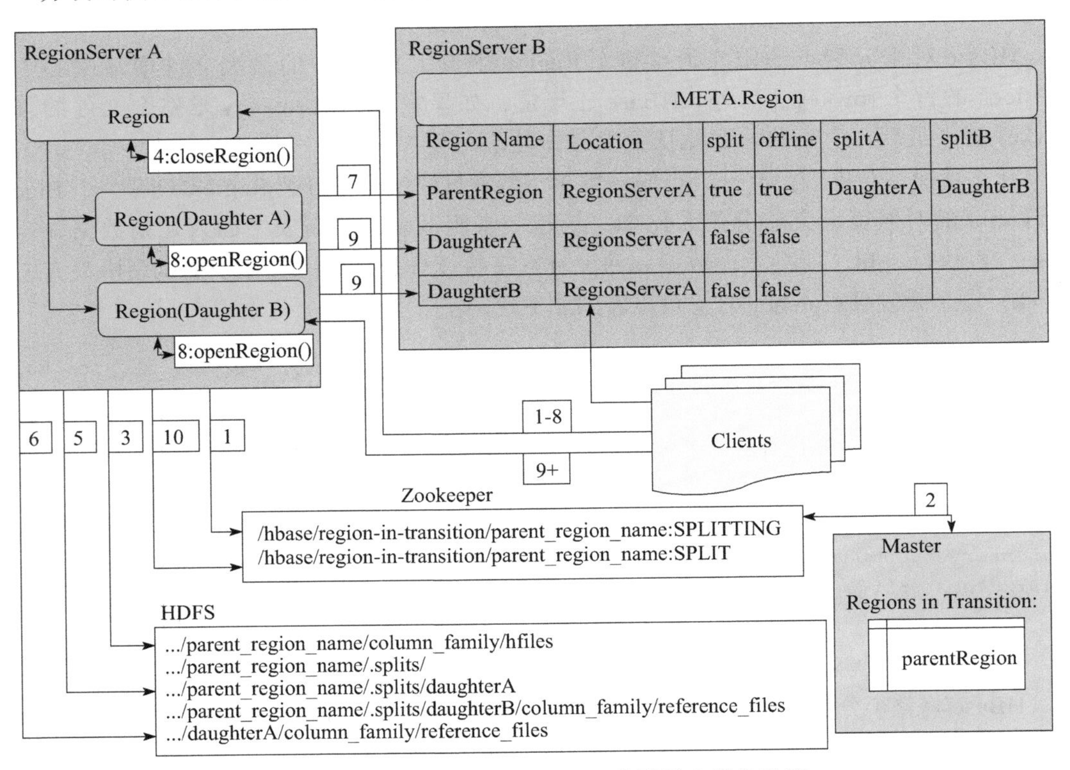

图 8-4 execute 阶段：Region 分裂核心操作流程

这个阶段的步骤如下：

1）RegionServer 将 ZooKeeper 节点 /region-in-transition 中该 Region 的状态更改为 SPLITING。

2）Master 通过 watch 节点 /region-in-transition 检测到 Region 状态改变，并修改内存中 Region 的状态，在 Master 页面 RIT 模块可以看到 Region 执行 split 的状态信息。

3）在父存储目录下新建临时文件夹 .split，保存 split 后的 daughter region 信息。

4）关闭父 Region。父 Region 关闭数据写入并触发 flush 操作，将写入 Region 的数据全部持久化到磁盘。此后短时间内客户端落在父 Region 上的请求都会抛出异常 NotServingRegionException。

5）在 .split 文件夹下新建两个子文件夹，称为 daughter A、daughter B，并在文件夹中生成 reference 文件，分别指向父 Region 中对应文件。这个步骤是所有步骤中最核心的一个环节，生成了如下 reference 文件日志。

```
2017-08-12 11:53:38,158 DEBUG [StoreOpener-0155388346c3c919d3f05d7188e885e0-1]
regionserver.StoreFileInfo: reference 'hdfs:// hdfscluster/hbase-rsgroup/data/
default/music/0155388346c3c919d3f05d7188e885e0/cf/d24415c4fb44427b8f698143e5c4d9dc
.00bb6239169411e4d0ecb6ddfdbacf66' to region=00bb6239169411e4d0ecb6ddfdbacf66 hfil
e=d24415c4fb44427b8f698143e5c4d9dc。
```

其中，reference 文件名为 d24415c4fb44427b8f698143e5c4d9dc.00bb6239169411e4d0ecb6ddfdbacf66，格式比较特殊，该文件名具体含义如下：根据日志可以看到，分裂的父 Region 是 00bb6239169411e4d0ecb6ddfdbacf66，对应的 HFile 文件是 d24415c4fb44427b8f698143e5c4d9dc，可见通过 reference 文件名就可以知道 reference 文件指向哪个父 Region 中的哪个 HFile 文件，如图 8-5 所示。

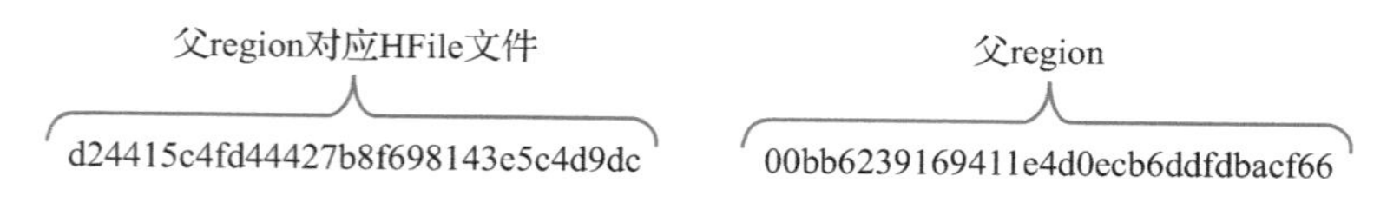

图 8-5 reference 文件名构成

除此之外，reference 文件的文件内容也非常重要。reference 文件是一个引用文件（并非 Linux 链接文件），文件内容并不是用户数据，而是由两部分构成：其一是分裂点 splitkey，其二是一个 boolean 类型的变量（true 或者 false），true 表示该 reference 文件引用的是父文件的上半部分（top），false 表示引用的是下半部分（bottom）。用户可以使用 hadoop 命令查看 reference 文件的具体内容：

```
hadoop dfs -cat /hbase-rsgroup/data/default/music/0155388346c3c919d3f05d7188e8
85e0/cf/d24415c4fb44427b8f698143e5c4d9dc.00bb6239169411e4d0ecb6ddfdbacf66
```

6）父 Region 分裂为两个子 Region 后，将 daughter A、daughter B 拷贝到 HBase 根目录下，形成两个新的 Region。

7）父 Region 通知修改 hbase:meta 表后下线，不再提供服务。下线后父 Region 在 meta 表中的信息并不会马上删除，而是将 split 列、offline 列标注为 true，并记录两个子 Region，参见图 8-6。

.META.Region					
Region Name	Location	split	offline	splitA	splitB
ParentRegion	RegionServerA	true	true	DaughterA	DaughterB
DaughterA	RegionServerA	false	false		
DaughterB	RegionServerA	false	false		

图 8-6 父 Region 通知修改 hbase.meta 表后下线，不再提供服务

8）开启 daughter A、daughter B 两个子 Region。通知修改 hbase:meta 表，正式对外提供服务，参见图 8-7。

Region Name	Location	split	offline	splitA	splitB
ParentRegion	RegionServerA	true	true	DaughterA	DaughterB
DaughterA	RegionServerA	false	false		
DaughterB	RegionServerA	false	false		

图 8-7 开启两个子 Region，通知修改 hbase.meta 表

（3）rollback 阶段

如果 execute 阶段出现异常，则执行 rollback 操作。为了实现回滚，整个分裂过程分为很多子阶段，回滚程序会根据当前进展到哪个子阶段清理对应的垃圾数据。代码中使用 JournalEntryType 来表征各个子阶段，具体见表 8-2。

表 8-2 用 Journal Entey Type 表征 Region 分裂子阶段

Journal Entey Type	拆分进度	回滚（清理垃圾数据）
STARTED	拆分逻辑被触发	NONE
PREPARED	执行拆分前的准备工作	NONE
SET_SPLITING_IN_ZK	Zookeeper 中创建出拆分节点	删除 Zookeeper 中的拆分节点
CREATE_SPLIT_DIR	拆分目录 .split 被生成	清理父 Region 下的拆分目录
CLOSED_PARENT_REGION	父 Region 被关闭	重新对父 Region 执行初始化操作
OFFLINE_PARENT	父 Region 被下线，不再提供线上服务	重新将父 Region 上线
STARTED_REGION_A_CREATED	第一个子 Region 被成功创建	清理第一个子 Region 的存储目录
STARTED_REGION_A_CREATED	第二个子 Region 被成功创建	清理第二个子 Region 的存储目录
OPENED_REGION_A	第一个子 Region 被开启	关闭第一个子 Region
OPENED_REGION_B	第二个子 Region 被开启	关闭第二个子 Region

4. Region 分裂原子性保证

Region 分裂是一个比较复杂的过程，涉及父 Region 中 HFile 文件分裂、两个子 Region 生成、系统 meta 元数据更改等很多子步骤，因此必须保证整个分裂过程的原子性，即要么分裂成功，要么分裂失败，在任何情况下不能出现分裂完成一半的情况。

为了实现原子性，HBase 使用状态机的方式保存分裂过程中的每个子步骤状态，这样一旦出现异常，系统可以根据当前所处的状态决定是否回滚，以及如何回滚。遗憾的是，目前实现中这些中间状态都只存储在内存中，一旦在分裂过程中出现 RegionServer 宕机的情况，有可能会出现分裂处于中间状态的情况，也就是 RIT 状态。这种情况下需要使用 HBCK 工具具体查看并分析解决方案。

在 2.0 版本之后，HBase 将实现新的分布式事务框架 Procedure V2 (HBASE-12439)，新框架使用类似 HLog 的日志文件存储这种单机事务（DDL 操作、split 操作、move 操作等）的中间状态，因此可以保证即使在事务执行过程中参与者发生了宕机，依然可以使用对应日志文件作为协调者，对事务进行回滚操作或者重试提交，从而大大减少甚至杜绝 RIT 现象。这也是 HBase 2.0 在可用性方面最值得期待的一个亮点功能。

5. Region 分裂对其他模块的影响

Region 分裂过程因为没有涉及数据的移动，所以分裂成本本身并不是很高，可以很快完成。分裂后子 Region 的文件实际没有任何用户数据，文件中存储的仅是一些元数据信息——分裂点 rowkey 等。那么通过 reference 文件如何查找数据呢？子 Region 的数据实际在什么时候完成真正迁移？数据迁移完成之后父 Region 什么时候会被删掉？下面来分析这几个问题。

（1）通过 reference 文件查找数据

通过 reference 文件查找数据的整个流程如图 8-8 所示。

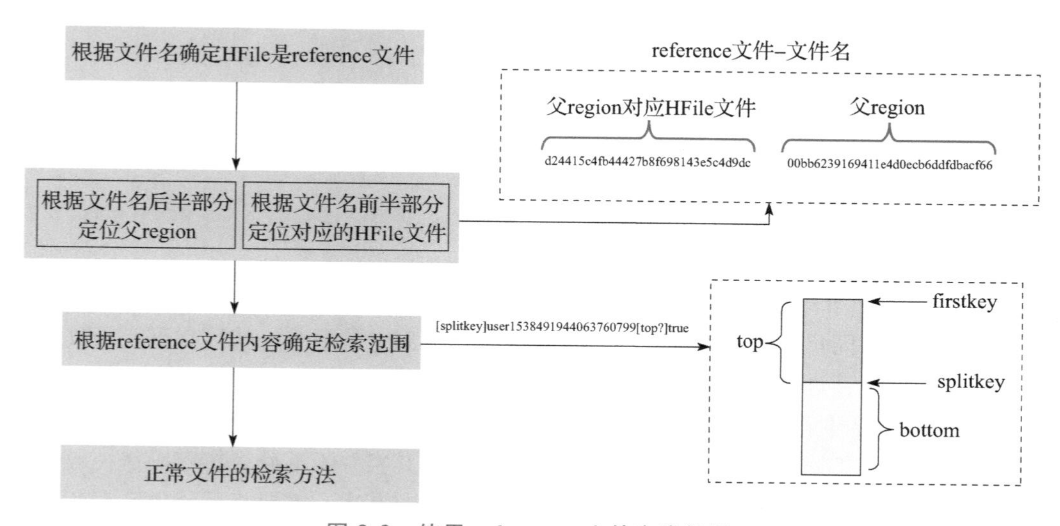

图 8-8　使用 reference 文件查找数据

1）根据 reference 文件名（父 Region 名 + HFile 文件名）定位到真实数据所在文件路径。

2）根据 reference 文件内容中记录的两个重要字段确定实际扫描范围。top 字段表示扫描范围是 HFile 上半部分还是下半部分。如果 top 为 true，表示扫描的是上半部分，结合 splitkey 字段可以明确扫描范围为 [firstkey, splitkey)；如果 top 为 false，表示扫描的是下半部分，结合 splitkey 字段可以明确扫描范围为 [splitkey, endkey)。

（2）父 Region 的数据迁移到子 Region 目录的时间

迁移发生在子 Region 执行 Major Compaction 时。根据 Compaction 原理，从一系列小文件中依次由小到大读出所有数据并写入一个大文件，完成之后再将所有小文件删掉，因此 Compaction 本身就是一次数据迁移。分裂后的数据迁移完全可以借助 Compaction 实现，子 Region 执行 Major Compaction 后会将父目录中属于该子 Region 的所有数据读出来，并写入子 Region 目录数据文件中。

（3）父 Region 被删除的时间

Master 会启动一个线程定期遍历检查所有处于 splitting 状态的父 Region，确定父 Region 是否可以被清理。检查过程分为两步：

1）检测线程首先会在 meta 表中读出所有 split 列为 true 的 Region，并加载出其分裂后生成的两个子 Region（meta 表中 splitA 列和 splitB 列）。

2）检查两个子 Region 是否还存在引用文件，如果都不存在引用文件就可以认为该父 Region 对应的文件可以被删除。

（4）HBCK 中的 split 相关命令

上文提到在执行 split 过程中一旦发生 RegionServer 宕机等异常可能会导致 region-in-transition。通常情况下建议使用 HBCK 查看报错信息，然后再根据 HBCK 提供的一些工具进行修复，HBCK 提供了部分命令对处于 split 状态的 rit region 进行修复，主要的命令如下：

```
    -fixSplitParents  Try to force offline split parents to be online.
    -removeParents    Try to offline and sideline lingering parents and keep
daughter regions.
    -fixReferenceFiles  Try to offline lingering reference store files
```

8.4 HBase 的负载均衡应用

负载均衡是分布式系统的必备功能，多个节点组成的分布式系统必须通过负载均衡机制保证各个节点之间负载的均衡性，一旦出现负载非常集中的情况，就很有可能导致对应的部分节点响应变慢，进而拖慢甚至拖垮整个集群。

在实际生产线环境中，负载均衡机制最重要的一个应用场景是系统扩容。分布式系统通过增加节点实现扩展性，但如果说扩容就是增加节点其实并不准确。扩容操作一般分为两个步骤：首先，需要增加节点并让系统感知到节点加入；其次，需要将系统中已有节点负载迁移到新加入节点上。第二步负载迁移在具体实现上需要借助于负载均衡机制。

负载均衡从字面上来看就是通过一定策略使得整个系统的负载在所有节点上都表现均衡。那首先需要明确系统负载是什么，应该通过哪些元素来刻画。负载明确之后进一步检查集群的负载现状，如果已经均衡就不必做任何处理，如果不均衡就要制订负载迁移计划。迁移计划制订之后需要根据计划进行具体负载的迁移。

1. 负载均衡策略

HBase 官方目前支持两种负载均衡策略：SimpleLoadBalancer 策略和 StochasticLoadBalancer 策略。

(1) SimpleLoadBalancer 策略

这种策略能够保证每个 RegionServer 的 Region 个数基本相等，假设集群中一共有 n 个 RegionServer，m 个 Region，那么集群的平均负载就是 average = m/n，这种策略能够保证所有 RegionServer 上的 Region 个数都在［ floor (average), ceil (average) ］之间。

因此，SimpleLoadBalancer 策略中负载就是 Region 个数，集群负载迁移计划就是 Region 从个数较多的 RegionServer 上迁移到个数较少的 RegionServer 上。

很显然这种策略简单易懂，但是，考虑的因素太过单一，对于 RegionServer 上的读写 QPS、数据量大小等因素都没有实际考虑，这样就可能出现一种情况：虽然集群中每个 RegionServer 的 Region 个数都基本相同，但因为某台 RegionServer 上的 Region 全部都是热点数据，导致 90% 的读写请求还是落在了这台 RegionServer 上，这样显而易见没有达到负载均衡的目的。

(2) StochasticLoadBalancer 策略

StochasticLoadBalancer 策略相比 SimpleLoadBalancer 策略更复杂，它对于负载的定义不再是 Region 个数这么简单，而是由多种独立负载加权计算的复合值，这些独立负载包括：

- Region 个数（RegionCountSkewCostFunction）
- Region 负载
- 读请求数（ReadRequestCostFunction）
- 写请求数（WriteRequestCostFunction）
- Storefile 大小（StoreFileCostFunction）
- MemStore 大小（MemStoreSizeCostFunction）
- 数据本地率（LocalityCostFunction）
- 移动代价（MoveCostFunction）

这些独立负载经过加权计算会得到一个代价值，系统使用这个代价值来评估当前 Region 分布是否均衡，越均衡代价值越低。HBase 通过不断随机挑选迭代来找到一组 Region 迁移计划，使得代价值最小。

2. 负载均衡策略的配置

StochasticLoadBalancer 是目前 HBase 默认的负载均衡策略。用户可以通过配置选择具体的负载均衡策略，如下所示：

```
<property>
    <name>hbase.master.loadbalancer.class</name>
    <value>org.apache.hadoop.hbase.master.balancer.SimpleLoadBalancer</value>
</property>
```

3. 负载均衡相关的命令

HBase 提供了多个与负载均衡相关的 shell 命令，主要包括负载均衡开关 balance_switch 以及负载均衡执行 balancer 等命令。

拓展阅读

[1] http://blog.cloudera.com/blog/2012/11/apache-hbase-assignmentmanager-improvements/

[2] https://blogs.apache.org/hbase/entry/hbase_zk_less_region_assignment

[3] https://docs.google.com/document/d/1jkIblLGxO4qgjo5lQOhAAypgDfxA_BEfxiPmcgDK0Do/edit

[4] https://issues.apache.org/jira/secure/attachment/12845124/ProcedureV2b.pdf

[5] https://issues.apache.org/jira/browse/HBASE-12439

[6] https://issues.apache.org/jira/secure/attachment/12693273/Procedurev2Notification-Bus.pdf

第9章 宕机恢复原理

我们知道，Google 的三篇论文在真正意义上开启了大数据时代，这三篇论文提出了一个非常重要的论断：可以使用大量廉价但具有可扩展性的机器集群来替代昂贵而且不具有扩展性的硬件设备。这一论断对大数据的普及具有非常重要的意义，几乎所有公司都在一夜之间看到了玩转大数据的希望。

这里隐含了两个非常重要的事实：其一，廉价机器非常有可能出现各种各样的故障。对于单个个体来说，故障概率可能还小，但对于拥有成千上万个节点的集群来说，可能每天都会有机器发生故障。其二，大数据体系需要在故障发生的时候自动感知并及时恢复服务，如果靠人力去发现故障并恢复就需要非常大的运维成本。所以，几乎所有大数据体系的基础软件服务，比如 Hadoop、HBase、Spark 等，都具有故障自动检测并恢复的能力。

本章重点介绍 HBase 中 RegionServer 常见故障分析、故障恢复基本原理、宕机之后数据恢复流程等。

9.1 HBase 常见故障分析

HBase 系统中主要有两类服务进程：Master 进程以及 RegionServer 进程。Master 主要负责集群管理调度，在实际生产线上并没有非常大的压力，因此发生软件层面故障的概率非常低。RegionServer 主要负责用户的读写服务，进程中包含很多缓存组件以及与 HDFS 交互的组件，实际生产线上往往会有非常大的压力，进而造成的软件层面故障会比较多。

下面，笔者总结了生产线上常见的一些可能导致 RegionServer 宕机的异常。

- Full GC 异常：长时间的 Full GC 是导致 RegionServer 宕机的最主要原因，据不完全统计，80% 以上的宕机原因都和 JVM Full GC 有关。导致 JVM 发生 Full GC 的原因有很多：HBase 对于 Java 堆内内存管理的不完善，HBase 未合理使用堆外内存，

JVM 启动参数设置不合理，业务写入或读取吞吐量太大，写入读取字段太大，等等。其中部分原因要归结于 HBase 系统本身，另一部分原因和用户业务以及 HBase 相关配置有关，这部分的优化工作会在本书第 13 章详细解读。

- HDFS 异常：RegionServer 写入读取数据都是直接操作 HDFS 的，如果 HDFS 发生异常会导致 RegionServer 直接宕机。
- 机器宕机：物理节点直接宕机也是导致 RegionServer 进程挂掉的一个重要原因。通常情况下，物理机直接宕机的情况相对比较少，但虚拟云主机发生宕机的频率比较高。很多公司会将 HBase 系统部署在虚拟云环境，因为种种原因发生机器宕机的情况相对就会多一些。网络环境不稳定其实也可以归属于这类。
- HBase Bug：生产线上因为 HBase 系统本身 bug 导致 RegionServer 宕机的情况很少，但在之前的版本中有一个问题让笔者印象深刻：RegionServer 经常会因为耗尽了机器的端口资源而自行宕机，这个 bug 的表现是，随着时间的推移，处于 close_wait 状态的端口越来越多，当超过机器的配置端口数（65535）时 RegionServer 进程就会被 kill 掉。

9.2 HBase 故障恢复基本原理

1. Master 故障恢复原理

在 HBase 体系结构中，Master 主要负责实现集群的负载均衡和读写调度，并没有直接参与用户的请求，所以整体负载并不很高。

HBase 采用基本的热备方式来实现 Master 高可用。通常情况下要求集群中至少启动两个 Master 进程，进程启动之后会到 ZooKeeper 上的 Master 节点进行注册，注册成功后会成为 Active Master，其他在 Master 节点未注册成功的进程会到另一个节点 Backup-Masters 节点进行注册，并持续关注 Active Master 的情况，一旦 Active Master 发生宕机，这些 Backup-Masters 就会立刻得到通知，它们再次竞争注册 Master 节点，注册成功就可成为 Active Master。

一方面，Active Master 会接管整个系统的元数据管理任务，包括管理 ZooKeeper 以及 meta 表中的元数据，并根据元数据决定集群是否需要执行负载均衡操作等。另一方面，Active Master 会响应用户的各种管理命令，包括创建、删除、修改表，move、merge region 等命令。

2. RegionServer 故障恢复原理

一旦 RegionServer 发生宕机，HBase 会马上检测到这种宕机，并且在检测到宕机之后将宕机 RegionServer 上的所有 Region 重新分配到集群中其他正常的 RegionServer 上，再根据 HLog 进行丢失数据恢复，恢复完成之后就可以对外提供服务。整个过程都是自动完成的，并不需要人工介入。基本原理如图 9-1 所示。

1）Master检测到RegionServer宕机。HBase检测宕机是通过ZooKeeper实现的，正常情况下RegionServer会周期性向ZooKeeper发送心跳，一旦发生宕机，心跳就会停止，超过一定时间（SessionTimeout）ZooKeeper就会认为RegionServer宕机离线，并将该消息通知给Master。

图9-1 RegionServer故障恢复示意图

2）切分未持久化数据的HLog日志。RegionServer宕机之后已经写入MemStore但还没有持久化到文件的这部分数据必然会丢失，HBase提供了WAL机制来保证数据的可靠性，可以使用HLog进行恢复补救。HLog中所有Region的数据都混合存储在同一个文件中，为了使这些数据能够按照Region进行组织回放，需要将HLog日志进行切分再合并，同一个Region的数据最终合并在一起，方便后续按照Region进行数据恢复。

3）Master重新分配宕机RegionServer上的Region。RegionServer宕机之后，该RegionServer上的Region实际上处于不可用状态，所有路由到这些Region上的请求都会返回异常。但这种情况是短暂的，因为Master会将这些不可用的Region重新分配到其他RegionServer上，但此时这些Region还并没有上线，因为之前存储在MemStore中还没有落盘的数据需要回放。

4）回放HLog日志补救数据。第3）步中宕机RegionServer上的Region会被分配到其他RegionServer上，此时需要等待数据回放。第2）步中提到HLog已经按照Region将日志数据进行了切分再合并，针对指定的Region，将对应的HLog数据进行回放，就可以完成丢失数据的补救工作。

5）恢复完成，对外提供服务。数据补救完成之后，可以对外提供读写服务。

9.3 HBase故障恢复流程

根据上节的基本原理，本节介绍HBase故障恢复的具体流程，重点讨论RegionServer的宕机恢复，特别是图9-1中的前两步。

1. Master检测RegionServer宕机

HBase使用ZooKeeper协助Master检测RegionServer宕机。所有RegionServer在启动之后都会在ZooKeeper节点/rs上注册一个子节点，这种子节点的类型为临时节点（ephemeral）。临时节点的意义是，一旦连接在该节点上的客户端因为某些原因发生会话超时，这个临时节点就会自动消失，并通知watch在该临时节点（及其父节点）上的其他客户端。

使用 ZooKeeper 临时节点机制，RegionServer 注册成临时节点之后，Master 会 watch 在 /rs 节点上（该节点下的所有子节点一旦发生离线就会通知 Master)，这样一旦 RegionServer 发生宕机，RegionServer 注册到 /rs 节点下的临时节点就会离线，这个消息会马上通知给 Master，Master 检测到 RegionServer 宕机。

很多情况下 RegionServer 实际上并没有发生宕机，而是发生了长时间的 GC，也会导致 RegionServer 注册到 /rs 节点下的临时节点离线，这是因为发生 GC 会使得 RegionServer 进程进入"Stop-The-World"，RegionServer 向 ZooKeeper 发送心跳也会停止，心跳长时间断开就会发生会话超时，临时节点就会离线。

ZooKeeper 的会话超时时间是可以在配置文件中进行配置的，见参数 zookeeper.session.timeout，默认为 180s。该参数配置需要参考当前业务对延迟的容忍度以及当前实际网络环境，对于网络环境很好而且业务延迟要求很高的集群，可以适量将该参数设置较短，这是因为将该参数设置较短可以让 Master 更加及时地检测到 RegionServer 发生的一些异常，迅速作出反应；而对于部分网络环境较差或者离线集群，可以适度将该参数设置较长。需要注意的是，该参数调整需要配合 ZooKeeper 服务器端参数，涉及的主要参数有 tickTime、minSessionTimeout 以及 maxSessionTimeout。最典型的一个相关问题是，参数 zookeeper.session.timeout 设置得很大，而且 GC 时间明显小于设置的值，但还是发生了故障恢复，这就是因为服务器端 maxSessionTimeout 设置相对较小，ZooKeeper 认为会话超时时间超过这个值就会让临时节点离线。

2. 切分未持久化数据的 HLog

HBase 的 LSM 树结构存在一个问题：一旦 RegionServer 宕机，已经写入内存中的数据就会丢失，所以系统要求数据写入内存之前先写入 HLog，这样即使 RegionServer 宕机也可以从 HLog 中恢复数据。

当前版本中，一台 RegionServer 默认只有一个 HLog 文件，即所有 Region 的日志都是混合写入该 HLog 的。然而，日志回放需要以 Region 为单元进行，一个 Region 一个 Region 地回放，因此在回放之前首先需要将 HLog 按照 Region 进行分组，每个 Region 的日志数据合并放在一起，方便后面按照 Region 进行回放。这个分组合并过程称为 HLog 切分。

为了更好地理解当前 HBase 中 HLog 的切分方案，先介绍在之前版本中 HBase 是如何切分 HLog 的，再介绍当前的切分方案，这样可以更加清晰地知道事情的来龙去脉。从实现方案来讲，HBase 最初实现了单机版的 HLog 切分，之后 0.96 版本在单机版的基础上发展成分布式日志切分（Distributed Log Splitting，DLS)。

（1）LogSplitting 策略

HBase 最初阶段日志切分的整个过程都由 Master 控制执行，如图 9-2 所示。

假设集群中某台 RegionServer（srv.example.com,60020,125413957298）发生了宕机，这台 RegionServer 对应的所有 HLog 在 HDFS 上的存储路径为 /hbase/WALs/srv.example.com,60020,125413957298。日志切分就是将这个目录下所有 HLog 文件中的所有 KV 按照

Region 进行分组。整个切分合并流程可以归纳为下面三步：

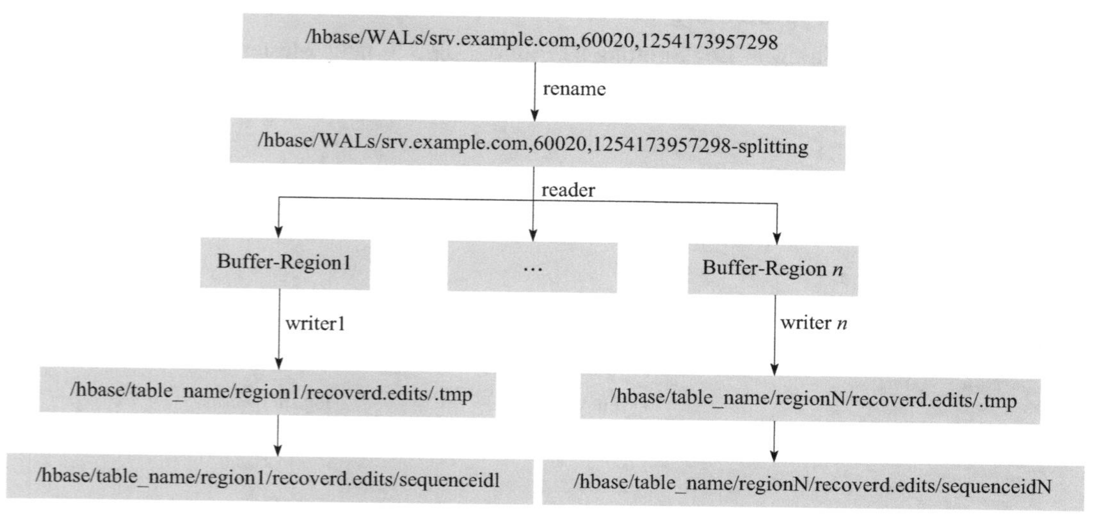

图 9-2 LogSplitting 策略

1）将待切分日志文件夹重命名。为什么需要将文件夹重命名？这是因为在某些场景下 RegionServer 并没有真正宕机，但是 Master 会认为其已经宕机并进行故障恢复，比如 RegionServer 与 ZooKeeper 集群之间的网络发生异常，但与外网之间的网络正常，这种场景下用户并不知道 RegionServer 宕机，所有的写入更新操作还会继续发送到该 RegionServer，而且由于该 RegionServer 自身还继续工作所以会接收用户的请求，此时如果不重命名日志文件夹，就会发生 Master 已经在使用 HLog 进行故障恢复了，但是 RegionServer 还在不断写入 HLog，导致数据发生不一致。将 HLog 文件夹重命名可以保证数据在写入 HLog 的时候异常，此时用户的请求就会异常终止，不会出现数据不一致的情况。

2）启动一个读线程依次顺序读出每个 HLog 中所有数据对，根据 HLogKey 所属的 Region 写入不同的内存 buffer 中，如图 9-2 中 Buffer-Region1 内存放 Region1 对应的所有日志数据，这样整个 HLog 中的所有数据会完整地按照 Region 进行切分。

3）切分完成之后，Master 会为每个 buffer 启动一个独立的写线程，负责将 buffer 中的数据写入各个 Region 对应的 HDFS 目录下。写线程会先将数据写入临时路径：/hbase/table_name/region/recoverd.edits/.tmp，之后再重命名成为正式路径：/hbase/table_name/region/recoverd.edits/.sequenceidx。

切分完成之后，Region 重新分配到其他 RegionServer，最后按顺序回放对应 Region 的日志数据。这种日志切分可以完成最基本的任务，但是效率极差。效率差主要是因为整个切分过程都只有 Master 参与，在某些场景下（比如集群整体宕机），需要恢复大量数据（几十 G 甚至几百 G），Master 单机切分可能需要数小时！另外，切分过程中 Master 在大负载的情况下一旦出现异常就会导致整个故障恢复不能正常完成。正因为单机故障恢复效率太差、可靠性不高，HBase 在之后的版本中开发了 Distributed Log Splitting（DLS）架构。

（2）Distributed Log Splitting

Distributed Log Splitting 是 Log Splitting 的分布式实现，它借助 Master 和所有 RegionServer 的计算能力进行日志切分，其中 Master 是协调者，RegionServer 是实际的工作者。基本工作原理如图 9-3 所示。

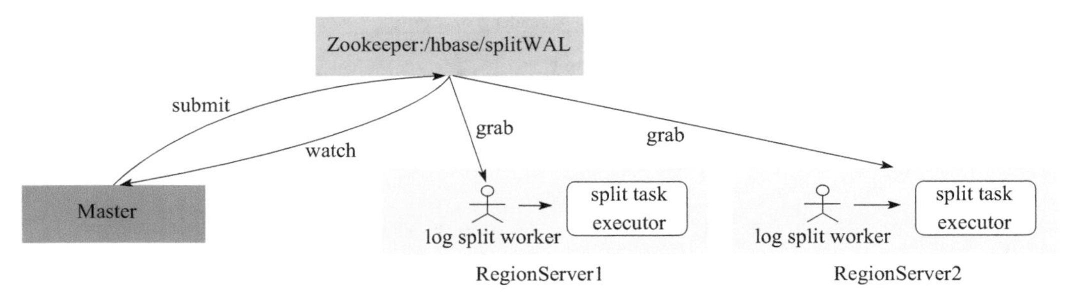

图 9-3 Distributed Log Splitting 策略

DLS 基本步骤如下：

1）Master 将待切分日志路径发布到 ZooKeeper 节点上（/hbase/splitWAL），每个日志为一个任务，每个任务都有对应的状态，起始状态为 TASK_UNASSIGNED。

2）所有 RegionServer 启动之后都注册在这个节点上等待新任务，一旦 Master 发布任务，RegionServer 就会抢占该任务。

3）抢占任务实际上要先查看任务状态，如果是 TASK_UNASSIGNED 状态，说明当前没有被占有，此时修改该节点状态为 TASK_OWNED。如果修改成功，表明任务抢占成功；如果修改失败，则说明其他 RegionServer 抢占成功。

4）RegionServer 抢占任务成功之后，将任务分发给相应线程处理，如果处理成功，则将该任务对应的 ZooKeeper 节点状态修改为 TASK_DONE；如果处理失败，则将状态修改为 TASK_ERR。

5）Master 一直监听该 ZooKeeper 节点，一旦发生状态修改就会得到通知。如果任务状态变更为 TASK_ERR，则 Master 重新发布该任务；如果任务状态变更为 TASK_DONE，则 Master 将对应的节点删除。

图 9-4 是 RegionServer 抢占任务以及日志切分的示意图。

1）假设 Master 当前发布了 4 个任务，即当前需要回放 4 个日志文件，分别为 hlog1、hlog2、hlog3 和 hlog4。

2）RegionServer1 抢占到了 hlog1 和 hlog2 日志，RegionServer2 抢占到了 hlog3 日志，RegionServer3 抢占到了 hlog4 日志。

3）以 RegionServer1 为例，其抢占到 hlog1 和 hlog2 日志之后分别将任务分发给两个 HLogSplitter 线程进行处理，HLogSplitter 负责对日志文件执行具体的切分——首先读出日志中每一个数据对，根据 HLogKey 所属 Region 写入不同的 Region Buffer。

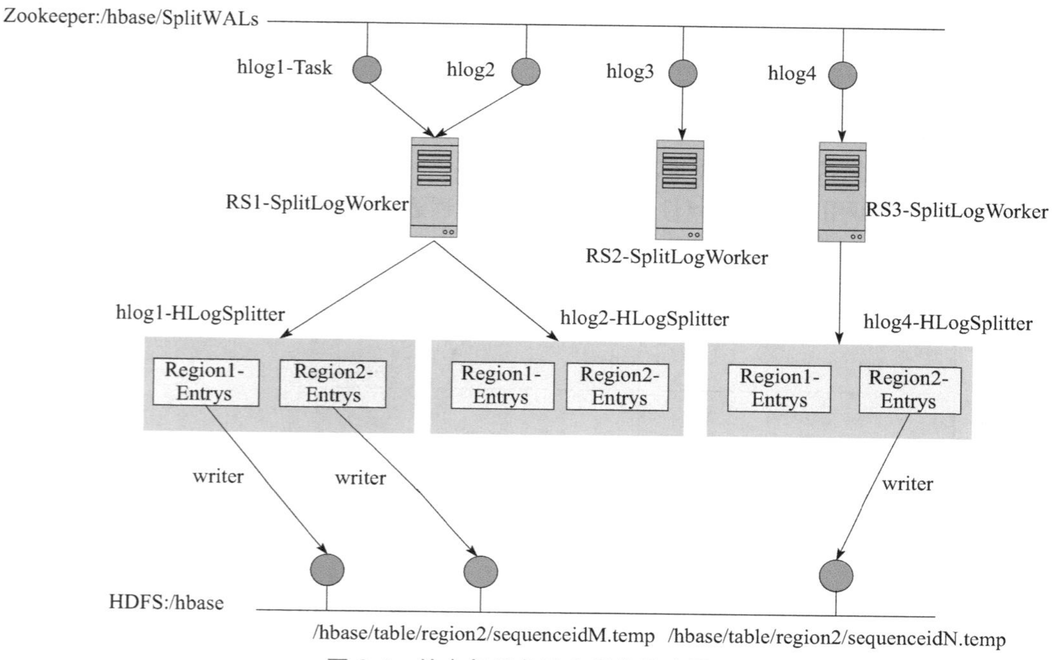

图 9-4　抢占与任务日志切分示意图

4）每个 Region Buffer 都会有一个对应的写线程，将 buffer 中的日志数据写入 hdfs 中，写入路径为 /hbase/table/region2/sequenceid.temp，其中 sequenceid 是一个日志中某个 Region 对应的最大 sequenceid。

5）针对某一 Region 回放日志。只需要将该 Region 对应的所有文件按照 sequenceid 由小到大依次进行回放即可。

Distributed Log Splitting 方式可以很大程度上加快故障恢复的进程，正常故障恢复时间可以降低到分钟级别。然而，这种方式会产生很多日志小文件，产生的文件数将会是 $M \times N$，其中 M 是待切分的总 hlog 数量，N 是一个宕机 RegionServer 上的 Region 个数。假如一个 RegionServer 上有 200 个 Region，并且有 90 个 hlog 日志，一旦该 RegionServer 宕机，那么 DLS 方式的恢复过程将会创建 90 × 200 = 18 000 个小文件。这还只是一个 RegionServer 宕机的情况，如果整个集群宕机，小文件将会更多。

（3）Distributed Log Replay

Distributed Log Replay（DLR）方案在基本流程上做了一些改动，如图 9-5 所示。

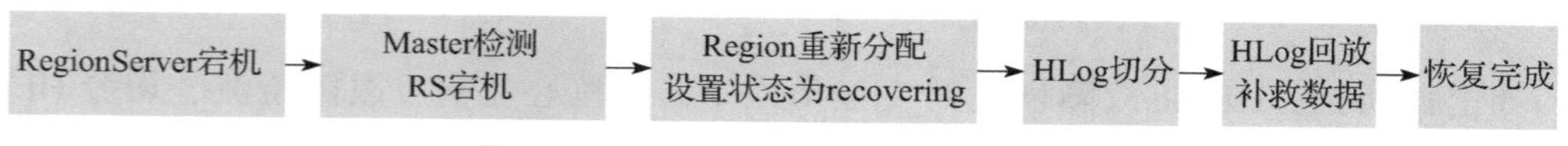

图 9-5　Distributed Log Replay 策略

相比 Distributed Log Splitting 方案，流程上的改动主要有两点：先重新分配 Region，再切分回放 HLog。Region 重新分配打开之后状态设置为 recovering。核心在于 recovering 状态的 Region 可以对外提供写服务，不能提供读服务，而且不能执行 split、merge 等操作。

DLR 的 HLog 切分回放基本框架类似于 Distributed Log Splitting，但在分解 HLog 为 Region-Buffer 之后并没有写入小文件，而是直接执行回放。这种设计可以大大减少小文件的读写 IO 消耗，解决 DLS 的短板。

可见，在写可用率以及恢复性能上，DLR 方案远远优于 DLS 方案，官方也给出了简单的测试报告，如图 9-6 所示。

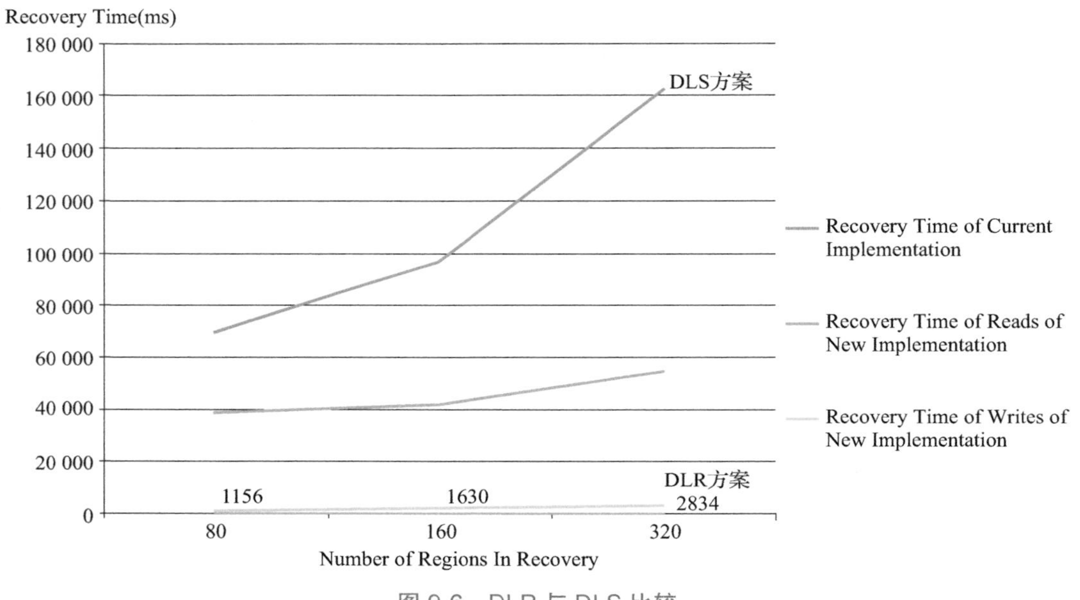

图 9-6 DLR 与 DLS 比较

可见，DLR 在写可用恢复是最快的，读可用恢复稍微弱一点，但都比 DLS 好很多。

在 HBase 的 0.95 版本中，DLR 功能已经基本实现，一度在 0.99 版本设为默认，但是因为还存在一些功能性缺陷（主要是在 rolling upgrades 的场景下可能导致数据丢失），在 1.1 版本取消了默认设置。用户可以通过设置参数 hbase.master.distributed.log.replay = true 来开启 DLR 功能，当然前提是将 HFile 格式设置为 v3（v3 格式 HFile 引入了 tag 功能，replay 标示是用 tag 实现的）。

9.4 HBase 故障时间优化

如上面所述，HBase 故障恢复需要经历以下 4 个核心流程：故障检测、切分 HLog、Assign Region、回放 Region 的 HLog 日志，其中切分 HLog 这一步耗时最长，尤其是拥有大量 Region 的大集群。下面我们一起来探讨优化切分 HLog 的一些常用技巧。

假设一个 HBase 集群有 5 个节点，每个节点同时部署 RegionServer 和 DataNode 服务，平均每个 RegionServer 上维护了 5000 个 Region。这时一旦某个 RegionServer 异常宕机，需要将每一个 HLog 切分成 5000 份，每个 Region 对应一份切分后的日志数据。在早些的版本中，RegionServer 在为这 5000 个 Region 切分 HLog 时，需要为每一个 Region 打开一个 writer，发现当前 HLog 读到的 Entry 是 region-1 的数据时，就把这个 Entry 往 region-1 对应的 writer 做追加写入。

这种设计其实是存在严重问题的：对 HDFS 集群来说，HBase 的每一个 writer 需要消耗 3 个不同 DataNode 各一个 Xceiver 线程，这个 Xceiver 线程主要用来接受 HDFS 客户端发过来的数据包。而事实上，HDFS 集群上的每个 DataNode 的 Xceiver 个数都是有限的，默认为 4096。因此，对这个集群来说，同时宕机 2 台 RegionServer，需要消耗约 5000 × 3 × 2 = 30000 个 Xceiver 线程，超过了整个 HDFS 集群的上限 4096 × 5=20480 个，DataNode 便会不断报错告知 HBase 的 writer：此时 Xceiver 个数不够。最后，HBase 集群会不断重试失败的 split log 任务，整个集群因为耗尽 HDFS 集群的 Xcevier 线程而一直无法恢复，对业务可用性造成灾难性的影响，如图 9-7 所示。

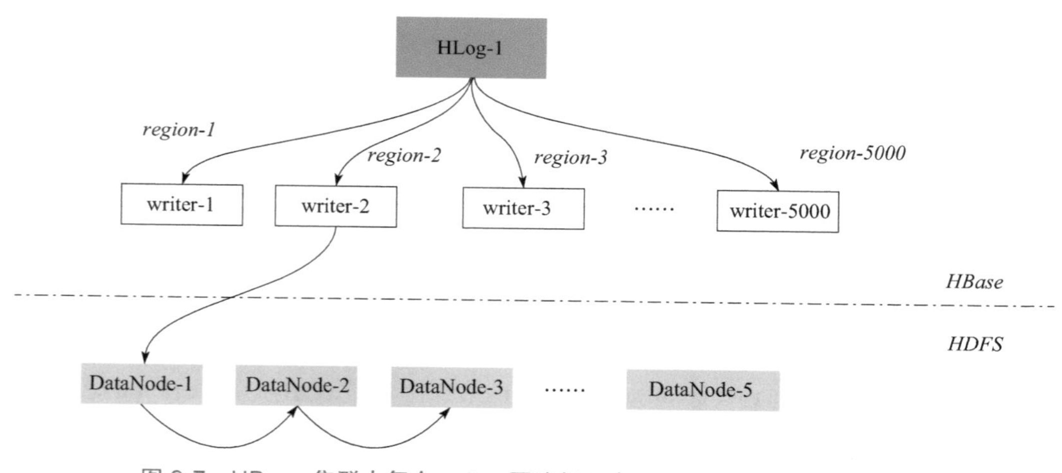

图 9-7　HBase 集群中每个 writer 要消耗 3 个 DataNode 的 Xceiver 线程

针对上述问题，有几个思路来优化：

首先，应该控制的是 writer 的个数。即使一个 RegionServer 上的 Region 数为 5000，也不能直接打开 5000 个 writer。这就是 HBASE-19358 要解决的问题，这个 issue 由小米 HBase 团队提出并解决。核心思路是，为 HLog 中的每一个 Region 设一个缓冲池，每个 Region 的缓冲池有一个阈值上限 hbase.regionserver.hlog.splitlog.buffersize。如果碰到一条新的 HLog Entry，发现对应 Region 的缓冲池没有到上限，则直接写缓冲池；否则，选出当前所有缓冲池中超过阈值的缓冲池集合，将这个集群中的缓冲池依次刷新成 HDFS 上的一个新文件，这个过程是放到一个 writer 池中完成，也就能保证任意时刻最多只有指定个数的 writer 在写数据文件。这样的好处显而易见，就是任意时间点的 writer 个数得到控制（无论业务有多少个 Region），不会造成 Xceiver 被耗尽，副作用就是 split 操作之后产生的文件数变多，实际上影响不大，如图 9-8 所示。

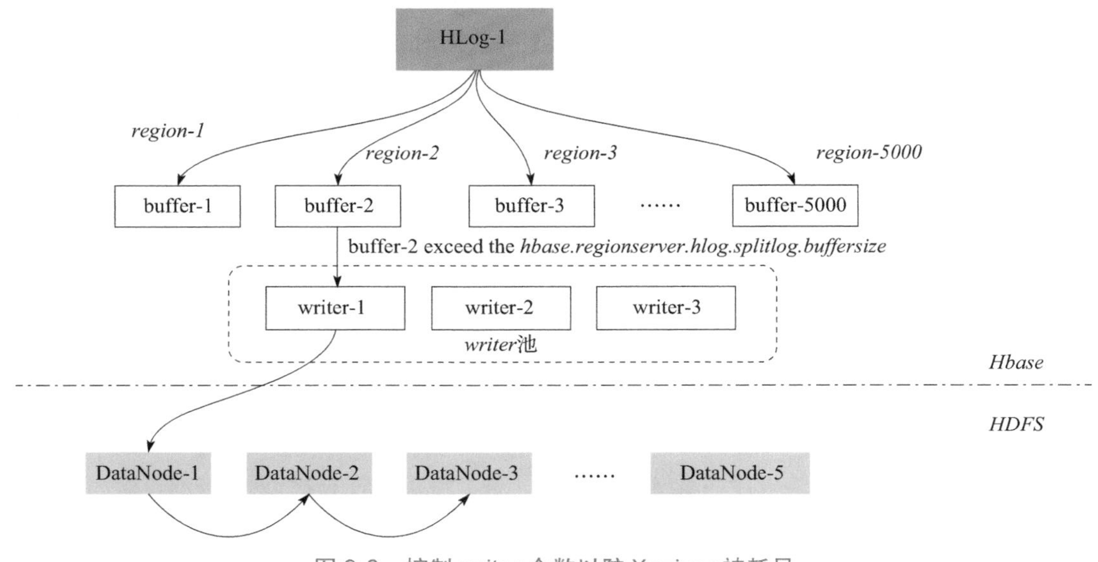

图 9-8　控制 writer 个数以防 Xceiver 被耗尽

若想开启这个功能，首先需要使用 HBase 1.4.1 及以上版本，同时需要配置如下参数：

```
hbase.split.create.writer.limited=true
hbase.regionserver.hlog.splitlog.buffersize=536870912  # 512MB
hbase.regionserver.hlog.splitlog.writer.threads=32
```

其中第一个参数表示是否开启 HBASE-19358 功能，注意在 HBase 2.0.0 以上的版本，该参数改为：hbase.split.writer.creation.bounded；第二个参数表示每个 Region 的缓冲池阈值，一旦超过阈值开始刷新成文件；第三个参数表示线程池的线程个数。

此外，由上面可以看出，集群故障恢复的快慢其实由以下几个变量决定：

- 故障 RegionServer 的个数，设为 CrashedRSCount，整个集群的 RegionServer 个数为 TotalRSCount。
- 故障 RegionServer 上需要切分的 HLog 个数，由参数 hbase.hstore.blockingStoreFiles 决定，设为 HLogPerRS。
- HDFS 集群的 DataNode 个数，设为 DataNodeCount。
- 每个 RegionServer 上能并行跑的 Split worker 个数，由参数 hbase.regionserver.wal.max.splitters 决定，设为 MaxSplitWorkerPerRS。

- 每个 Split worker 能开的 writer 线程个数，由 hbase.regionserver.hlog.splitlog.writer.threads 参数决定，设为 WritersPerSplitWorker。

为了保证集群既快又好地完成故障恢复，一方面我们需要让 Split HLog 有更高的并发，另一方面必须要控制 Xceiver 的个数不能超过 HDFS 集群的总数（避免恶性循环）。于是，我们可以在满足如下条件的前提下，尽可能调高并发：

$$TotalRSCount \times MaxSplitWorkerPerRS \times WritersPerSplitWorker \times 3 \leqslant DataNodeCount \times 4096$$

很明显，想要调高并发，只能调大 MaxSplitWorkerPerRS 的值或者 WritersPerSplitWorker 的值。

最后，总共需要切分的日志个数为：

$$CrashedRSCount \times HLogPerRS$$

因此，想要尽快地让集群恢复，应该控制故障 RS 的个数和 HLogPerRS 个数，但故障 RS 个数我们是没法控制的，只能控制 hbase.hstore.blockingStoreFiles 参数。注意，这个参数不能设太大也不能设太小。设太大会导致故障恢复太慢，设太小会导致 MemStore 频繁地进行 flush 操作，影响性能。

CHAPTER 10

第10章 复　制

为了实现跨HBase集群的数据同步，HBase提供了非常重要的复制功能。

HBase默认采用异步复制的方式同步数据，即客户端执行完put之后，RegionServer的后台线程不断地推送HLog的Entry到Peer集群。这种方式一般能满足大多数场景的需求，例如跨集群数据备份、HBase集群间数据迁移等。

但是HBase 1.x版本的复制功能，无法保证Region迁移前后的HLog的Entry按照严格一致的顺序推送到备集群，某些极端情况下可能造成主从集群数据不一致。为此，社区在HBase 2.x版本上实现了串行复制来解决这个问题。

另外，默认的异步复制无法满足强一致性的跨机房热备需求。因为备份机房的数据肯定会落后主集群，一旦主集群异常，无法直接切换到备份集群，因此，社区提出并研发了同步复制。

本章先介绍复制场景及原理，再介绍串行复制与同步复制。

10.1 复制场景及原理

现在有一个SSD的HBase集群被业务方A访问，业务方A对HBase集群的延迟和可用性要求非常高。现在又收到业务方B的需求，希望对表TableX跑数据分析任务（用MapReduce或者Spark来实现）。对HBase来说，这种任务都是用大量的scan去扫全表来实现的。如果直接去扫SSD在线集群，会极大影响集群的延迟和可用性，对业务方A来说不可接受。另外，业务方B的数据分析任务是一个每天定期跑的任务，希望每次分析的数据都尽可能是最新的数据。如何解决这个问题？

一个思路就是，用一批成本较低的HDD机器搭建一个离线的HBase集群，然后把表TableX的全量数据导入离线集群，再通过复制把增量数据实时地同步到离线集群，业务方B的分析任务直接跑在离线集群上。这样既满足了业务方B的需求，又不会对业务方A造成任何影响。操作方式大致如下。

步骤 1：先确认表 TableX 的多个 Column Family 都已经将 REPLICATION_SCOPE 设为 1。

步骤 2：在 SSD 集群上添加一条 DISABLED 复制链路，提前把主集群正在写入的 HLog 堵在复制队列中[1]，代码如下：

```
add_peer '100', CLUSTER_KEY => "zk1,zk2,zk3:11000:/hbase-hdd", STATE => "DISABLED",
          TABLE_CFS => { "TableX" => [] }
```

步骤 3：对 TableX 做一个 Snapshot，并用 HBase 内置的 ExportSnapshot 工具把 Snapshot 拷贝到离线集群上。注意，不要使用 distcp 拷贝 snapshot，因为容易在某些情况下造成数据丢失。

步骤 4：待 Snapshot 数据拷贝完成后，从 Snapshot 中恢复一个 TableX 表到离线集群。

步骤 5：打开步骤 1 中添加的 Peer：

```
enable_peer '100'
```

步骤 6：等待 peer = 100，所有堵住的 HLog 都被在线集群推送到离线集群，也就是两个集群的复制延迟等于 0，就可以开始在离线集群上跑分析任务了。

为什么需要在步骤 2 创建一个 DISABLED 的 Peer?

因为步骤 3 要完成 Snapshot 到离线集群的拷贝，可能需要花费较长时间。业务方 A 在此期间会不断写入新数据到 TableX，如果不执行步骤 2，则会造成离线集群丢失在拷贝 Snapshot 过程中产生的增量数据，造成主备集群数据不一致。提前创建一个 DISABLED 的 Peer，可以使拷贝 Snapshot 过程中产生的增量数据都能堆积在 Peer 的复制队列中，直到拷贝 Snapshot 完成并 enable_peer 之后，由在线集群的 RegionServer 把这一段堵在复制队列中的 HLog 慢慢推送到离线集群。这样就能保证在线集群和离线集群数据的最终一致性。

复制功能还可以用于一些其他的场景，例如不同 HBase 集群间数据无缝迁移，跨 HBase 集群的数据备份，HBase 集群同步到异构的存储系统等。思路和上述例子大同小异，感兴趣的读者可以思考并实践上面 3 种场景，这里不再赘述。

10.1.1 管理流程的设计和问题

复制功能在 HBase 1.x 版本上实现的较为粗糙。Peer 是指一条从主集群到备份集群的复制链路。一般在创建 Peer 时，需要指定 PeerId、备份集群的 ZooKeeper 地址、是否开启数据同步，以及需要同步的 namespace、table、column family 等，甚至还可以指定这个复制链路同步到备份集群的数据带宽。

在 HBase 1.x 版本中，创建 Peer 的流程大致如下：HBase 客户端在 ZooKeeper 上创建一个 ZNode，创建完成之后客户端返回给用户创建 Peer 成功。这时 HBase 的每一个 RegionServer

---

[1] 如果主集群的某个 RegionServer 下有 3 个 HLog：log1、log2、log3，其中 log3 是正在写入的 HLog。那么，添加复制链路时，log3 将进入 peer 的复制队列，log1 和 log2 不会进入复制队列。

会收到创建 ZNode 的 Watch Event，然后在预先注册的 CallBack 中添加一个名为 ReplicationSource,<PeerId> 的线程。该 Peer 在 ZooKeeper 上维持一个 HLog 复制队列，写入时产生的新 HLog 文件名会被添加到这个复制队列中。同时，ReplicationSource 不断地从 HLog 复制队列中取出 HLog，然后把 HLog 的 Entry 逐个推送到备份集群。复制流程见图 10-1。

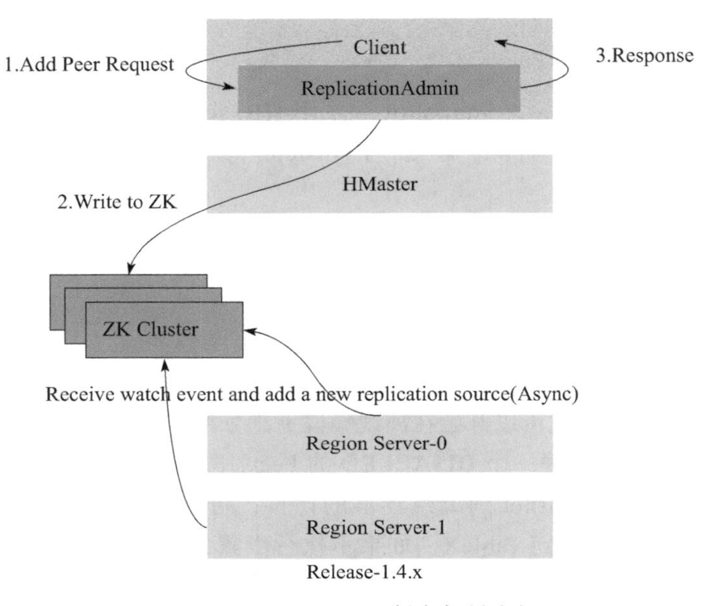

图 10-1 HBase 1.x 版本复制流程

事实上，在 HBase 1.x 版本的复制功能实现上，存在一些比较明显的问题：

- 暴露太大的 ZooKeeper 权限给客户端。HBase 客户端必须拥有写 ZooKeeper 的 ZNode 的权限，若用户误写 ZooKeeper 节点，则可能造成灾难性的问题。
- 创建、删除、修改 Peer 这些操作都直接请求 ZooKeeper 实现，不经过 RegionServer 或者 Master 服务，HBase 服务端无法对请求进行认证，也无法实现 Coprocessor。
- 从图 10-1 中可以看出，HBase 写了 ZNode 就返回给客户端。RegionServer 添加 Replication Source 线程是异步的，因此客户端无法确认是否所有的 RegionServer 都成功完成 Replication 线程创建。若有某一个 RegionServer 初始化复制线程失败，则会造成该 Peer 同步阻塞。另外，这种方式也无法实现后续较为复杂的管理流程，如串行复制和同步复制。

在 HBase 2.x 版本上，小米 HBase 团队对复制功能进行了大规模的代码重构，主要体现在完善复制功能、修复遗留 Bug、开发复制高级功能（例如串行复制和同步复制），等等。

HBase 2.x 版本重新设计了复制管理流程。HBase 客户端在创建 Peer 时，流程如下：

1）将创建 Peer 的请求发送到 Master。

2）Master 内实现了一个名为 Procedure 的框架。对于一个 HBase 的管理操作，我们会把管理操作拆分成 N 个步骤，Procedure 在执行完第 i 个步骤后，会把这个步骤的状态信息持久化到 HDFS 上，然后继续跑第 $i+1$ 个步骤。这样，在管理流程的任何一个步骤 k 出现异常，我们都可以直接从步骤 k 接着重试，而不需要把所有 N 个步骤重跑。对于创建 Peer 来说，Procedure 会为该 Peer 创建相关的 ZNode，并将复制相关的元数据保存在 ZooKeeper 中。

3）Master 的 Procedure 会向每一个 RegionServer 发送创建 Peer 的请求，直到所有的 RegionServer 都成功创建 Peer；否则会重试。

4）Master 返回给 HBase 客户端。

HBase 2.x 版本改进后的复制管理流程如图 10-2 所示。

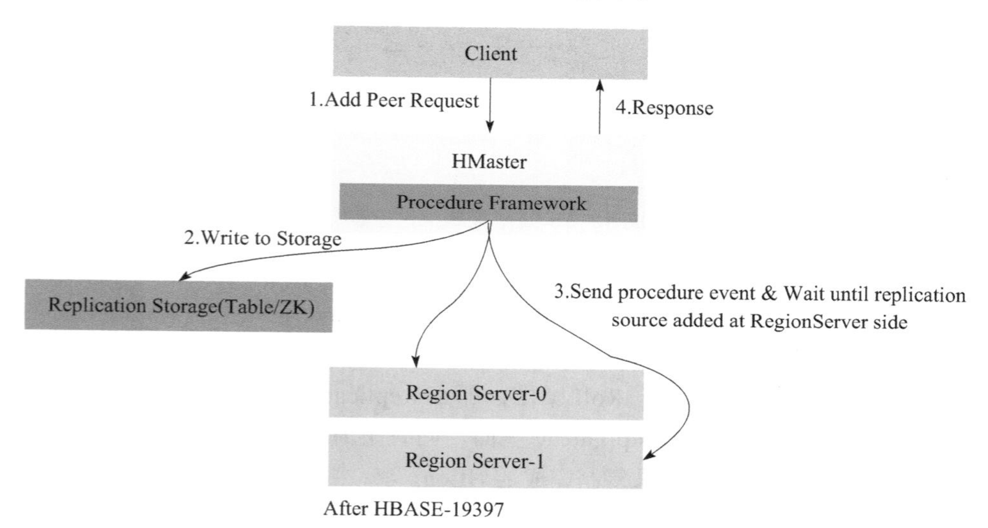

图 10-2 HBase 2.x 版本改进后的复制管理流程

改进之后，HBase 很好地解决上述 HBase 1.x 的 3 个明显问题。把复制管理流程用 Procedure 实现之后，可以实现更加复杂的管理流程，为串行复制和同步复制铺好了道路。

我们以创建 Peer 为例，描述了 HBase 1.x 和 HBase 2.x 管理流程的一些问题和设计。删除 Peer、修改 Peer 的流程与之类似，这里不再赘述。

10.1.2 复制原理

在创建完 Peer 之后，真正负责数据同步的是 RegionServer 的 ReplicationSource 线程，这里讲讲数据究竟是如何同步到备份集群的。注意，由于 HBase 1.x 的复制功能存在一些问题[⊖]，所以，这里以 HBase 2.x 版本为例分析复制功能。HBase 1.x 和 HBase 2.x 的核心设计思路类似，因此，使用 HBase1.x 版本的读者也可以参考。

图 10-3 描述了数据复制的基本流程。这里，数据从主集群复制到备份集群。主集群也称为数据源、源集群、Source 集群；备份集群也称为目的集群、Peer 集群。

⊖ HBase 1.x 复制模块存在的问题主要是上面说的管理流程问题，这些问题暂不影响复制功能的使用。但是对开发更复杂的功能很不友好，所以我们在 HBase 2.x 上实现了重构。

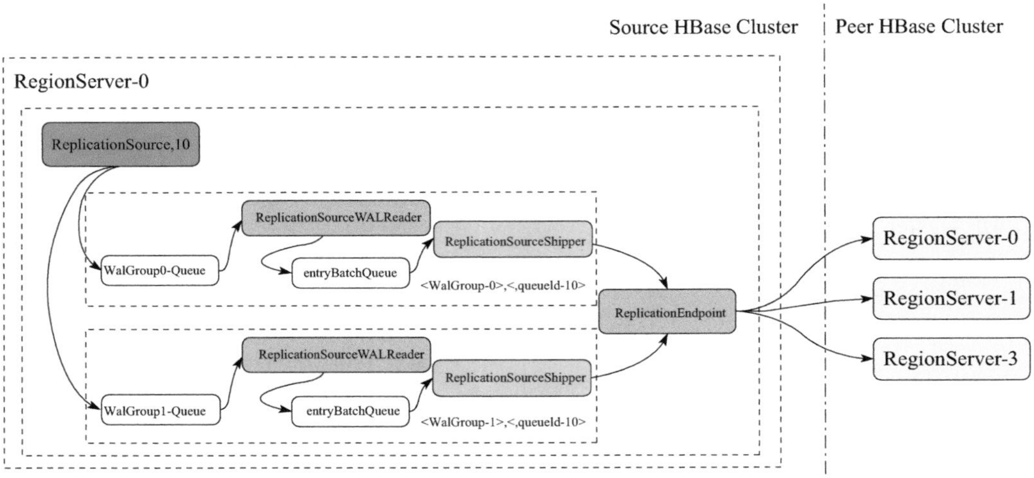

图 10-3 数据复制推送流程

1）在创建 Peer 时，每一个 RegionServer 会创建一个 ReplicationSource 线程（线程名：replicationSource,10，这里 10 表示 PeerId）。ReplicationSource 首先把当前正在写入的 HLog 都保存在复制队列中。然后在 RegionServer 上注册一个 Listener，用来监听 HLog Roll 操作。如果 RegionServer 做了 HLog Roll 操作，那么 ReplicationSource 收到这个操作后，会把这个 HLog 分到对应的 walGroup-Queue 里面，同时把 HLog 文件名持久化到 ZooKeeper 上，这样重启后还可以接着复制未复制完成的 HLog。

2）每个 WalGroup-Queue 后端有一个 ReplicationSourceWALReader 的线程，这个线程不断地从 Queue 中取出一个 HLog，然后把 HLog 中的 Entry 逐个读取出来，放到一个名为 entryBatchQueue 的队列内。

3）entryBatchQueue 队列后端有一个名为 ReplicationSourceShipper 的线程，不断从 Queue 中取出 Log Entry，交给 Peer 的 ReplicationEndpoint。ReplicationEndpoint 把这些 Entry 打包成一个 replicateWALEntry 操作，通过 RPC 发送到 Peer 集群的某个 RegionServer 上。对应 Peer 集群的 RegionServer 把 replicateWALEntry 解析成若干个 Batch 操作，并调用 batch 接口执行。待 RPC 调用成功之后，ReplicationSourceShipper 会更新最近一次成功复制的 HLog Position 到 ZooKeeper，以便 RegionServer 重启后，下次能找到最新的 Position 开始复制。

其中有两问题需要提示一下。

（1）为什么需要把 HLog 分成多个 walGroup-Queue?

一个 Peer 可能存在多个 walGroup-Queue，因为现在 RegionServer 为了实现更高的吞吐量，容许同时写多个 WAL（HBASE-5699），同时写的 N 个 WAL 属于 N 个独立的 Group。所以，在一个 Peer 内，为每一个 Group 设置一个 walGroup-Queue。一种常见的场景是，为每个业务设置一个 namespace，然后每个 namespace 写自己独立的 WAL，不同的 WAL Group 通过不同的复制线程去推，这样如果某个业务复制阻塞了，并不会影响其他的业务

(因为不同的 namespace 产生的 HLog 会分到不同的 walGroup-Queue)。

(2)哪些复制相关的信息是记录在 ZooKeeper 的?

复制过程中主要有两个重要的信息存放在 ZooKeeper 上:

- Peer 相关的信息,例如:

```
/hbase/replication/peers/10/peer-state
```

add_peer 时设置的相关配置叫作 PeerConfig,是存放在 /hbase/replication/peers/10 内的,Peer 是 DISABLE 还是 ENABLE 状态,是存放在 /hbase/replication/peers/10/peer-state 内的。

- 每个 RegionServer 都在 /hbase/replication/rs 下有一个独立的目录,用来记录这个 Peer 下有哪些 HLog,以及每个 HLog 推送到哪个 Position。示例如下:

```
/hbase/replication/rs/hbase-hadoop-st3913.org,24600,1538568864416/10/hbase-
hadoop-st3913.org%2C24600%2C1538568864416.1538623567442
```

表示 hbase-hadoop-st3913.org,24600,1538568864416 这个 RegionServer 下,有一个 peer = 10 的 ReplicationSource,这个 Peer 目前有一个 HLog: hbase-hadoop-st3913.org%2C24600%2C1538568864416.1538623567442,最近一次成功复制的 HLog 偏移量就被序列化存放在这个 ZNode 内。

思考与练习

[1] 尝试搭建两个 HBase 集群,一个集群作为主集群,另外一个集群作为备集群。然后用 HBase 的 PerformanceEvaluation 工具不断写入数据,模拟本节开始介绍的数据同步方案。等数据同步完成之后,用 PerformanceEvaluation 工具继续写入 10 分钟后再停止。最后用 HBase 内置的 VerifyReplication 工具验证主集群和备集群的数据是否严格一致。

[2] HBase 如何解决循环复制的问题?所谓循环复制,也就是 A 集群建立了一个复制到 B 集群的 Peer,B 集群建立了一个复制到 C 集群的 Peer,C 集群建立了一个复制到 A 集群的 Peer,如何保证向 A 集群写入数据时不会出现 A → B → C → A → B → C → A 这样毫无意义的循环复制?

[3] 如何把 HBase 一张表的部分数据实时同步到 MySQL 中去?请实现一个 Replication Endpoint 解决这个问题。

[4] 对如下这样一个 Peer 来说,只需要将 HLog 中属于 TableX 的 Entry 推送到 Peer 集群。那么,读取 HLog 的 Entry 时,必须过滤掉那些不属于 TableX 的数据。这个过滤操作是在本节复制流程中的哪个步骤完成的?

```
add_peer '100', CLUSTER_KEY => "zk1,zk2,zk3:11000:/hbase-hdd",
                 STATE => "DISABLED",
                 TABLE_CFS => { "TableX" => [] },
```

为了防止复制流量对备份集群造成太大的压力,可以通过 set_peer_bandwidth 来设置该条复制链路的最大带宽,这个限流是在本节介绍的复制流程中哪一步实现的?

［5］ 在某个 RegionServer 因为 Session Expired 挂掉之后，HBase 该如何处理这个挂掉的 RegionServer 产生的复制队列？请描述具体的实现流程。

［6］ 有一个用户在 HBase 邮件列表中问到：现在有 A、B 两个 HBase 集群，其中 A 集群会复制数据到 B 集群，同时 A 和 B 两个集群搭建在两个不同的 ZooKeeper 集群上。现在集群 B 对应的 ZooKeeper 集群需要下线，集群 B 将依赖一个新的 ZooKeeper 集群。该如何调整 A、B 之间的复制链路，使得 B 集群能切换到新 ZooKeeper 集群，同时不会造成复制链路有任何数据丢失。请给出具体的方案和操作步骤。

［7］ 为了把 snapshot 从集群 A 导入到集群 B，我们会采用 ExportSnapshot 来实现数据传输。有的用户喜欢用 distcp 来实现 snapshot 导入，但是 distcp 在某些情况下可能会造成丢数据。请阅读 ExportSnapshot 代码，阐述 distcp 在哪些场景下可能造成数据丢失。

［8］ 在 10.1.2 节复制原理中，主集群 RegionServer 的 ReplicationSource 线程会把 HLog 的 Entry 数据先通过 replicationWALEntry 协议发送给备集群的某个 RegionServer，然后备集群的 RegionServer 会调用 HTable#batch 接口把数据写入到自身集群中。请问这样实现有什么好处？为什么 ReplicationSource 线程不直接调用 batch 接口把数据写入到备份集群呢？

［9］ 现在一条复制链路的主集群有 200 个节点，而备集群只有 20 个节点。同时，主集群有大量业务采用 put 接口进行数据写入，由于备集群节点少无法承载大量复制流量写入。是否可以改造复制链路，将写备集群的过程改成 bulkload 方式写入？该如何实现？

10.2 串行复制

10.2.1 非串行复制导致的问题

设想这样一个场景：如图 10-4 左侧所示，现在有一个源集群往 Peer 集群同步数据，其中有一个 Region-A 落在 RegionServer0（简称 RS0）上。此时，所有对 Region-A 的写入，都会被记录在 RegionServer0 对应的 HLog-0 内。

图 10-4 复制在 Region 移动后无法保证串行性

但是，一旦 Region-A 从 RegionServer0 移到 RegionServer1 上（见图 10-4 右侧），之后所有对 Region-A 的写入，都会被 RegionServer1 记录在对应的 HLog-1 内。这时，就至少存在两个 HLog 同时拥有 Region-A 的写入数据了，而 RegionServer0 和 RegionServer1 都会为 Peer 开一个复制线程（ReplicationSource）。也就是说，RegionServer0 和 RegionServer1 会并行地把 HLog-0 和 HLog-1 内包含 Region-A 的数据写入 Peer 集群。

不同的 RegionServer 并行地把同一个 Region 的数据往 Peer 集群推送，至少会带来两个已知的问题。

第一个问题：写入操作在源集群的执行顺序和 Peer 集群的执行顺序不一致。

如图 10-5 所示，Region-A 在源集群的写入顺序为：

1）t1 时间点执行：Put, K0, V0, t1。

2）t2 时间点执行：Put, K0, V0, t2。

3）在 t3 时间点，Region-A 从 RegionServer0 移到 RegionServer1 上。

4）t4 时间点执行：Put, K0, V0, t5。

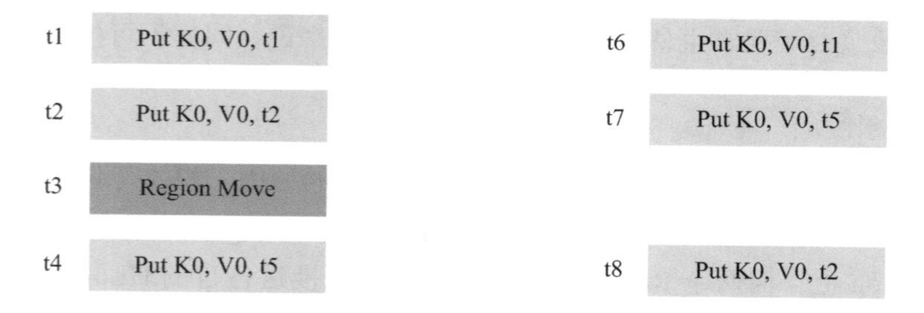

图 10-5 Peer 集群执行的顺序和源集群不一致

由于 RegionServer 可能并行地把同一个 Region 的数据往 Peer 推送，那么数据到了 Peer 集群的写入顺序可能变成：

1）t6 时间点执行：Put, K0, V0, t1。

2）t7 时间点执行：Put, K0, V0, t5。

3）t8 时间点执行：Put, K0, V0, t2。

可以看到，时间戳为 t5 的 Put 操作反而在时间戳为 t2 的 Put 操作之前写入到 Peer 集群。那么，在 Peer 集群的［t7, t8）时间区间内，用户可以读取到 t1 和 t5 这两个版本的 Put，但这种状态在源集群是永远读取不到的。

对于那些依赖 HBase 复制功能的消息系统来说，这意味着消息的发送顺序可能在复制过程中被颠倒。对那些要求消息顺序严格一致的业务来说，发生这种情况是不可接受的。

第二个问题：在极端情况下，可能导致主集群数据和备集群数据不一致。

在图 10-6 所示的例子中，由于写入操作在 Peer 集群执行可能乱序，左侧源集群的写入顺序到了 Peer 集群之后，就可能变成如右侧所示写入顺序。如果 Peer 集群在 t7 和 t9 之间，执行了完整的 Major Compaction，那么执行 Major Compaction 之后，K0 这一行数据全部都被清理，然后在 t9 这个时间点，时间戳为 t2 的 Put 开始在 Peer 集群执行。

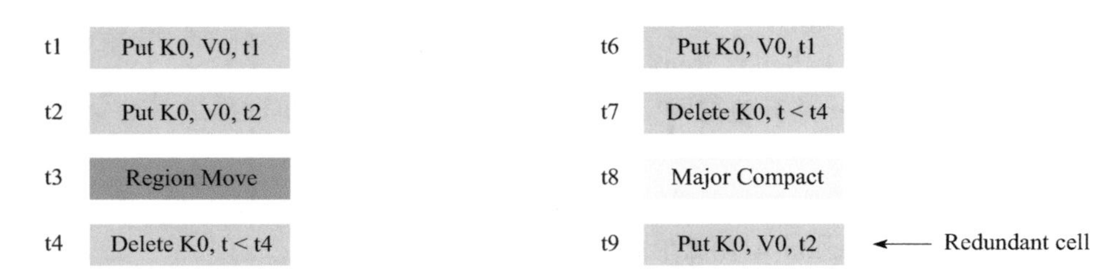

图 10-6 乱序后 Major compact 导致主从集群数据不一致

这样最终导致的结果就是：源集群上 rowkey = K0 的所有 cell 都被清除，但是到了 Peer 集群，用户还能读取到一个多余的 Put（时间戳为 t2）。在这种极端情况下，就造成主备之间最终数据的不一致。对于要求主备集群最终一致性的业务来说，同样不可接受。

10.2.2 串行复制的设计思路

为了解决非串行复制的问题，先思考一下产生该问题的原因。根本原因在于，Region 从一个 RegionServer 移动到另外一个 RegionServer 的过程中，Region 的数据会分散在两个 RegionServer 的 HLog 上，而两个 RegionServer 完全独立地推送各自的 HLog，从而导致同一个 Region 的数据并行写入 Peer 集群。

那么一个简单的解决思路就是：把 Region 的数据按照 Region 移动发生的时间点 t0 分成两段，小于 t0 时间点的数据都在 RegionServer0 的 HLog 上，大于 t0 时间点的数据都在 RegionServer1 的 HLog 上。让 RegionServer0 先推小于 t0 的数据，等 RegionServer0 把小于 t0 的数据全部推送到 Peer 集群之后，RegionServer1 再开始推送大于 t0 的数据。这样，就能保证 Peer 集群该 Region 的数据写入顺序完全和源集群的顺序一致，从而解决非串行复制带来的问题。

从整个时间轴上来看，Region 可能会移动 N 次，因此需要 N 个类似 t0 这样的时间点，把时间轴分成 $N+1$ 个区间。只要依次保证第 i $(0 \leqslant i < N)$ 个区间的数据推送到 Peer 集群之后，再开始推送第 $i+1$ 个区间的数据，那么非串行复制的问题就能解决。

目前 HBase 社区版本的实现如图 10-7 所示。先介绍三个重要的概念：

- Barrier：和上述思路中 t0 的概念类似。具体指的是，每一次 Region 重新 Assign 到新的 RegionServer 时，新 RegionServer 打开 Region 前能读到的最大 SequenceId（对应此 Region 在 HLog 中的最近一次写入数据分配的 Sequence Id）。因此，每 Open 一次 Region，就会产生一个新的 Barrier。Region 在 Open N 次之后，就会有 N 个 Barrier 把该 Region 的 SequenceId 数轴划分成 $N+1$ 个区间。

- LastPushedSequenceId：表示该 Region 最近一次成功推送到 Peer 集群的 HLog 的 SequenceId。事实上，每次成功推送一个 Entry 到 Peer 集群之后，都需要将 LastPushedSequenceId 更新到最新的值。
- PendingSequenceId：表示该 Region 当前读到的 HLog 的 SequenceId。

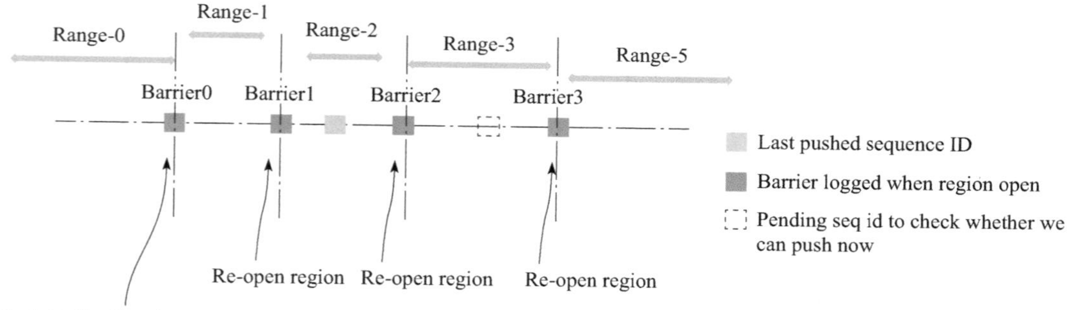

图 10-7 根据 Region 移动时间点将日志划分成多个区间，并严格有序推送区间内日志

HBase 集群只要对每个 Region 都维护一个 Barrier 列表和 LastPushedSequenceId，就能按照规则确保在上一个区间的数据完全推送之后，再推送下一个区间的数据。以图 10-7 所示的情况为例，LastPushedSeqenceId 在 Range-2 区间内，说明 Range-2 这个区间有一个 RegionServer 正在推送该 Region 的数据，但是还没有完全推送结束。那么，负责推送 Range-3 区间的 RegionServer 发现上一个区间的 HLog 还没有完全推送结束，就会休眠一段时间之后再检查一次上一个区间是否推送结束，若推送结束则开始推本区间的数据；否则继续休眠。

串行复制功能由小米 HBase 研发团队设计并提交到社区，目前已经整合到 HBase 2.x 分支。对此功能有需求的读者，可以尝试使用此功能。

> 思考与练习
>
> 通过如下命令可以创建一个串行复制的 Peer：
>
> ```
> add_peer '100', CLUSTER_KEY => "zk1,zk2,zk3:11000:/hbase-hdd",
>                 STATE => "DISABLED",
>                 TABLE_CFS => { "TableX" => [] }
> set_peer_serial '100', true
> ```
>
> 请尝试在测试集群上创建一个串行复制的 Peer。并查阅源码，在设计创建串行复制 Peer 的 Procedure 中，需要注意哪些问题？

10.3 同步复制

通常，我们所说的 HBase 复制指的是异步复制，即 HBase 客户端写入数据到主集群之后就返回了，然后主集群再异步地把数据依次推送到备份集群。这样存在的一个问题是，若主集群因意外或者 Bug 无法提供服务时，备份集群的数据是比主集群少的。这时，HBase 的可用性将受到极大影响，如果把业务切换到备份集群，则必须接受备份集群比主集群少的这个事实。

事实上，有些在线服务业务对可用性和数据一致性要求极高，这些业务期望能为在线集群搭建备份集群，一旦主集群可用性发生抖动，甚至无法提供服务时，就马上切换到备份集群上去，同时还要求备份集群的数据和主集群数据保持一致。这种需求是异步复制没法保证的，而 HBase 2.1 版本上实现的同步复制可以满足这类需求。

接下来，我们将探讨 HBase 社区版本同步复制的设计思路。

10.3.1 设计思路

同步复制的核心思想是，RegionServer 在收到写入请求之后，不仅会在主集群上写一份 HLog 日志，还会同时在备份集群上写一份 RemoteWAL 日志，如图 10-8 所示。只有等主集群上的 HLog 和备集群上的 RemoteWAL 都写入成功且 MemStore 写入成功后，才会返回给客户端，表明本次写入请求成功。除此之外，主集群到备集群之间还会开启异步复制链路，若主集群上的某个 HLog 通过异步复制完全推送到备份集群，那么这个 HLog 在备集群上对应的 RemoteWAL 则被清理，否则不可清理。因此，可以认为，RemoteWAL 是指那些已经成功写入主集群但尚未被异步复制成功推送到备份集群的数据。

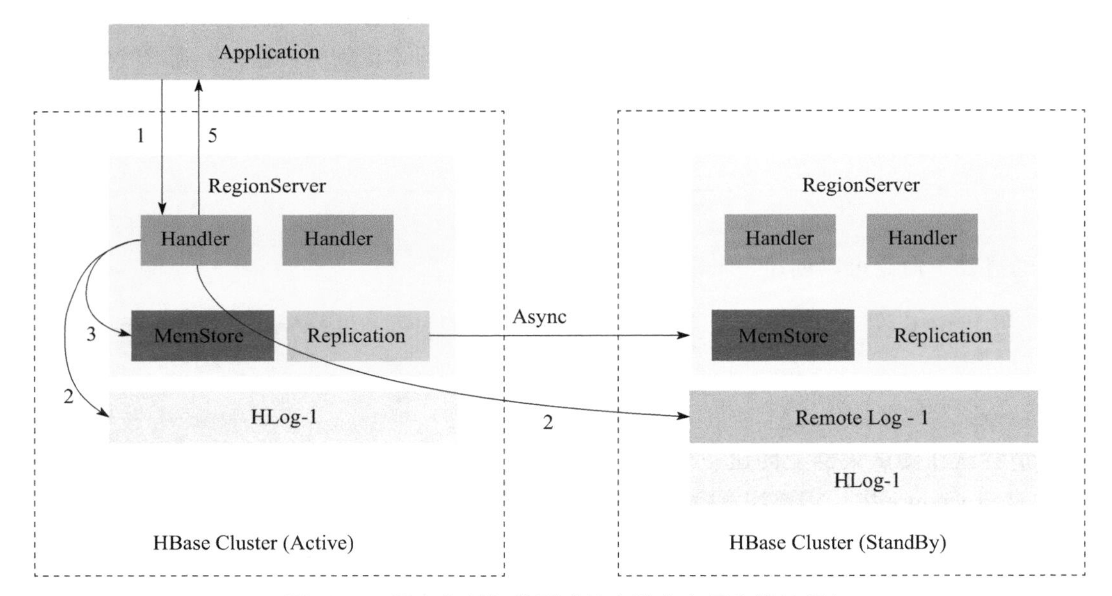

图 10-8 同步复制架构图（其中数字表示步骤编号）

因此，对主集群的每一次写入，备份集群都不会丢失这次写入数据。一旦主集群发生故障，只需要回放 RemoteWAL 日志到备集群，备集群马上就可以为线上业务提供服务。这就是同步复制的核心设计。

1. 集群复制的几种状态

为了方便实现同步复制，我们将主集群和备集群的同步复制状态分成 4 种（注意：每个 Peer 对应一个主集群和备集群，同步复制状态是指定 Peer 的主集群或备集群的状态）。

- Active（简称 A）：这种状态的集群将在远程集群上写 RemoteWAL 日志，同时拒绝接收来自其他集群的复制数据。一般情况下，同步复制中的主集群会处于 Active 状态。
- Downgrade Active（简称 DA）：这种状态的集群将跳过写 RemoteWAL 流程，同时拒绝接收来自其他集群的复制数据。一般情况下，同步复制中的主集群因备份集群不可用卡住后，会被降级为 DA 状态，用来满足业务的实时读写。
- Standby（简称 S）：这种状态的集群不容许 Peer 内的表被客户端读写，它只接收来自其他集群的复制数据。同时确保不会将本集群中 Peer 内的表数据复制到其他集群上。一般情况下，同步复制中的备份集群会处于 Standby 状态。
- None（简称 N）：表示没有开启同步复制。

为了更直观地对比这几种状态，我们设计了表 10-1。

表 10-1　集群复制状态比较

对比项	Active	Downgrade Active	Standby	None
是否写 RemoteWAL	是	否	否	否
是否容许客户端读写集群	是	是	否	是
是否接收异步复制请求	否	否	是	是
是否能复制 Entry 到其他集群	是	是	否	是

集群的复制状态是可以从其中一种状态切换到另外一种状态的。4 种状态的转移参见图 10-9。

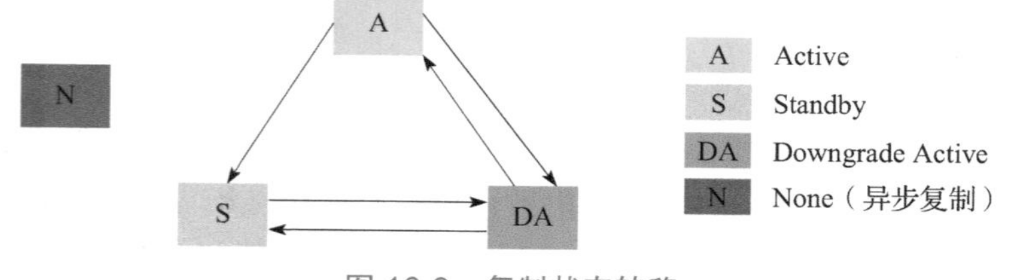

图 10-9　复制状态转移

2. 建立同步复制

建立同步复制过程如图 10-10 所示，可分为三步：

1）在主集群和备份集群分别建立一个指向对方集群的同步复制 Peer。这时，主集群和备份集群的状态默认为 DA。

2）通过 transit_peer_sync_replication_state 命令将备份集群的状态从 DA 切换成 S。

3）将主集群状态从 DA 切换成 A。

这样一个同步复制链路就成功地建立起来了。

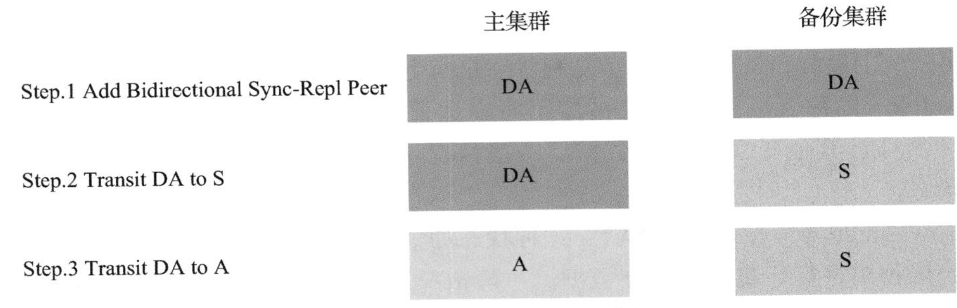

图 10-10 同步复制集群流程

3. 备集群故障处理流程

当备份集群发生故障时，处理流程如下（见图 10-11）：

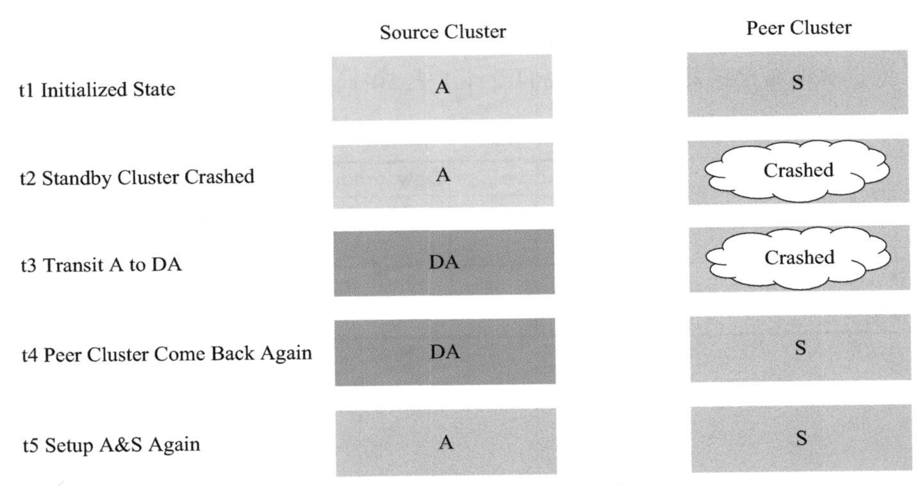

图 10-11 备集群故障处理流程

1）先将主集群状态从 A 切换为 DA。因为此时备份集群已经不可用，那么所有写入到主集群的请求可能因为写 RemoteWAL 失败而失败。我们必须先把主集群状态从 A 切成 DA，这样就不需要写 RemoteWAL 了，从而保证业务能正常读写 HBase 集群。后续业务的写入已经不是同步写入到备份集群了，而是通过异步复制写入备份集群。

2）在确保备份集群恢复后，可以直接把备份集群状态切换成 S。在第 1 步到第 2 步之间的数据都会由异步复制同步到备份集群，第 2 步后的写入都是同步写入到备份集群，因此主备集群数据最终是一致的。

3）最后把主集群状态从 DA 切换成 A。

4. 主集群故障处理流程

当主集群发生故障时，处理流程如下（见图10-12）：

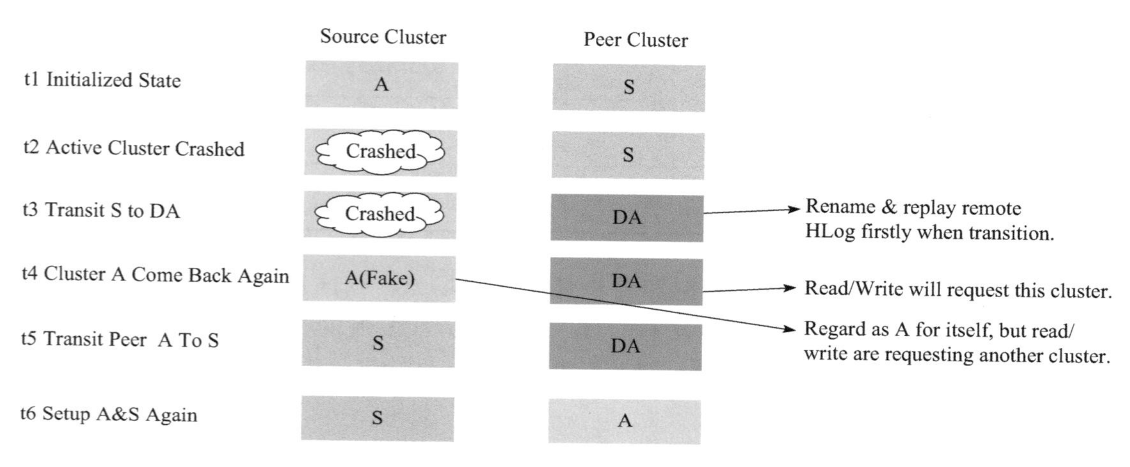

图10-12　主集群故障处理流程

1）先将备份集群状态从S切换成DA，切换成DA之后备份集群将不再接收来自主集群复制过来的数据，此时将以备份集群的数据为准。注意，S状态切换成DA状态的过程中，备集群会先回放RemoteWAL日志，保证主备集群数据一致性后，再让业务方把读写流量都切换到备份集群。

2）t4时间点，主集群已经恢复，虽然业务已经切换到原来的备集群上，但是原来的主集群还认为自己是A状态。

3）t5时间点，在上面“建立同步复制”中提到，备份集群建立了一个向主集群复制的Peer，由于A状态下会拒绝所有来自其他集群的复制请求，因此这个Peer会阻塞客户端写向备集群的HLog。这时，我们直接把原来的主集群切换成S状态，等原来备集群的Peer把数据都同步到主集群之后，两个集群的数据将最终保持一致。

4）t6时间点，把备集群状态从DA切换成A，继续开启同步复制保持数据一致性。

10.3.2　同步复制和异步复制对比

同步复制和异步复制对比参见表10-2。

表10-2　同步复制和异步复制对比

对比项	异步复制	同步复制
读路径	无影响	无影响
写路径	无影响	需要写一份 Remote WAL
网络带宽	需要占用集群的1倍带宽	需要占用2倍带宽，其中1倍用来实现异步复制，另外1倍用来写 Remote WAL

（续）

对比项	异步复制	同步复制
存储空间	无需占用额外的存储空间	Remote WAL 会占用 1 倍 WAL 存储空间
最终一致性	若主集群无法恢复，则无法保证数据的最终一致性	总能保证数据的最终一致性
可用性	若主集群故障，则业务不可用	若主集群故障，只需要很少时间回放 RemoteWAL 便可提供服务。可用性更高
运维复杂性	运维操作简单	操作较为复杂，需要在理解集群当前状态的情况下手动（或者独立的服务）切换主备集群

写入性能对比：针对同步复制和异步复制的写场景，社区用 YCSB 做了一次压力测试。目前 HBase 2.1 版本，同步复制的写入性能比异步复制的写入性能下降 13% 左右（HBASE-20751）。后续，社区会持续对同步复制的写入性能进行优化，为对同步复制有需求的用户提供更好的性能体验。

思考与练习

按照官方文档尝试在两个测试集群上开启同步复制功能，并设法验证同步复制的正确性。

拓展阅读

[1] 官方文档 -HBase 复制：http://hbase.apache.org/book.html#_cluster_replication

[2] 串行复制设计文档：https://issues.apache.org/jira/browse/HBASE-20046

[3]《HBaseConWest 2018 - HBase Practice At XiaoMi》，主要参考 Replication Improvement 部分。https://github.com/openinx/openinx.github.io/blob/master/ppt/hbase-practice-at-xiaomi-hbasecon2018.pdf

[4] 同步复制设计文档：https://issues.apache.org/jira/browse/HBASE-19064

[5]《HBaseConAsia 2018 - HBase at XiaoMi》，主要参考 Synchronous Replication 部分。https://yq.aliyun.com/download/2920

[6] 同步复制性能测试对比：https://issues.apache.org/jira/browse/HBASE-20751

第 11 章 备份与恢复

成熟数据库都有相对完善的备份与恢复功能。备份与恢复功能是数据库在数据意外丢失、损坏下的最后一根救命稻草。数据库定期备份、定期演练恢复是当下很多重要业务都在慢慢接受的最佳实践，也是数据库管理者推荐的一种管理规范。在真实线上环境，数据损坏丢失的概率非常小，然而一旦发生（人为误操作、存储设备损坏等）就会造成不可挽回的损失。

本章将详细介绍 HBase 最核心的备份与恢复工具——Snapshot。首先介绍 Snapshot 的基础背景和使用方法，然后重点介绍 Snapshot 的创建流程以及基于 Snapshot 恢复数据的工作原理，最后介绍 Snapshot 的实践案例。

11.1 Snapshot 概述

1. HBase 备份与恢复工具的发展过程

HBase 备份与恢复功能从无到有经历了多个发展阶段，从最早使用 distcp 进行关机全备份，到 0.94 版本使用 copyTable 工具在线跨集群备份，再到 0.98 版本推出在线 Snapshot 备份，每次备份与恢复功能的发展都极大地丰富了用户的备份与恢复体验。

- 使用 distcp 进行关机全备份。HBase 的所有文件都存储在 HDFS 上，因此只要使用 Hadoop 提供的文件复制工具 distcp 将 HBASE 目录复制到同一 HDFS 或者其他 HDFS 的另一个目录中，就可以完成对源 HBase 集群的备份工作。但这种备份方式需要关闭当前集群，不提供所有读写操作服务，在现在看来这是不可接受的。
- 使用 copyTable 工具在线跨集群备份。copyTable 工具通过 MapReduce 程序全表扫描待备份表数据并写入另一个集群。这种备份方式不再需要关闭源集群，但依然存在很多问题：

  - 全表扫描待备份表数据会极大影响原表的在线读写性能。
  - 备份时间长，不适合做频繁备份。
  - 备份数据不能保证数据的一致性，只能保证行级一致性。

- 使用Snapshot在线备份。Snapshot备份以快照技术为基础原理，备份过程不需要拷贝任何数据，因此对当前集群几乎没有任何影响，备份速度非常快而且可以保证数据一致性。笔者推荐在0.98之后的版本都使用Snapshot工具来完成在线备份任务。

2. 在线Snapshot备份能实现什么功能

Snapshot是HBase非常核心的一个功能，使用在线Snapshot备份可以满足用户很多需求，比如增量备份和数据迁移。

- 全量/增量备份。任何数据库都需要具有备份的功能来实现数据的高可靠性，Snapshot可以非常方便地实现表的在线备份功能，并且对在线业务请求影响非常小。使用备份数据，用户可以在异常发生时快速回滚到指定快照点。
  - 使用场景一：通常情况下，对于重要的业务数据，建议每天执行一次Snapshot来保存数据的快照记录，并且定期清理过期快照，这样如果业务发生严重错误，可以回滚到之前的一个快照点。
  - 使用场景二：如果要对集群做重大升级，建议升级前对重要的表执行一次Snapshot，一旦升级有任何异常可以快速回滚到升级前。
- 数据迁移。可以使用ExportSnapshot功能将快照导出到另一个集群，实现数据的迁移。
  - 使用场景一：机房在线迁移。比如业务集群在A机房，因为A机房机位不够或者机架不够需要将整个集群迁移到另一个容量更大的B集群，而且在迁移过程中不能停服。基本迁移思路是，先使用Snapshot在B集群恢复出一个全量数据，再使用replication技术增量复制A集群的更新数据，等待两个集群数据一致之后将客户端请求重定向到B机房。
  - 使用场景二：利用Snapshot将表数据导出到HDFS，再使用Hive\Spark等进行离线OLAP分析，比如审计报表、月度报表等。

3. 在线Snapshot备份与恢复的用法

在线Snapshot备份与恢复最常用的4个工具是snapshot、restore_snapshot、clone_snapshot以及ExportSnapshot。

- snapshot，可以为表打一个快照，但并不涉及数据移动。例如为表'sourceTable'打一个快照'snapshotName'，可以在线完成：

```
hbase> snapshot 'sourceTable', 'snapshotName'
```

- restore_snapshot，用于恢复指定快照，恢复过程会替代原有数据，将表还原到快照点，快照点之后的所有更新将会丢失，例如：

```
hbase> restore_snapshot 'snapshotName'
```

- clone_snapshot，可以根据快照恢复出一个新表，恢复过程不涉及数据移动，可以在秒级完成，例如：

```
hbase> clone_snapshot 'snapshotName', 'tableName'
```

- ExportSnapshot，可以将 A 集群的快照数据迁移到 B 集群。ExportSnapshot 是 HDFS 层面的操作，需使用 MapReduce 进行数据的并行迁移，因此需要在开启 MapReduce 的机器上进行迁移。Master 和 RegionServer 并不参与这个过程，因此不会带来额外的内存开销以及 GC 开销。唯一的影响是 DataNode 在拷贝数据的时候需要额外的带宽以及 IO 负载，ExportSnapshot 针对这个问题设置了参数 bandwidth 来限制带宽的使用，示例代码如下：

```
hbase org.apache.hadoop.hbase.snapshot.ExportSnapshot \
    -snapshot MySnapshot -copy-from hdfs://srv2:8082/hbase \
    -copy-to hdfs://srv1:50070/hbase -mappers 16 -bandwidth  1024
```

11.2 Snapshot 创建

11.2.1 Snapshot 技术基础原理

Snapshot 是很多存储系统和数据库系统都支持的功能。一个 Snapshot 是全部文件系统或者某个目录在某一时刻的镜像。实现数据文件镜像最简单粗暴的方式是加锁拷贝（之所以需要加锁，是因为镜像得到的数据必须是某一时刻完全一致的数据），拷贝的这段时间不允许对原数据进行任何形式的更新删除，仅提供只读操作，拷贝完成之后再释放锁。这种方式涉及数据的实际拷贝，在数据量大的情况下必然会花费大量时间，长时间的加锁拷贝会导致客户端长时间不能更新删除，这是生产线上不能容忍的。

Snapshot 机制并不会拷贝数据，可以理解为它是原数据的一份指针。在 HBase 的 LSM 树类型系统结构下是比较容易理解的，我们知道 HBase 数据文件一旦落到磁盘就不再允许更新删除等原地修改操作，如果想更新删除只能追加写入新文件。这种机制下实现某个表的 Snapshot，只需为当前表的所有文件分别新建一个引用（指针）。对于其他新写入的数据，重新创建一个新文件写入即可。Snapshot 基本原理如图 11-1 所示。

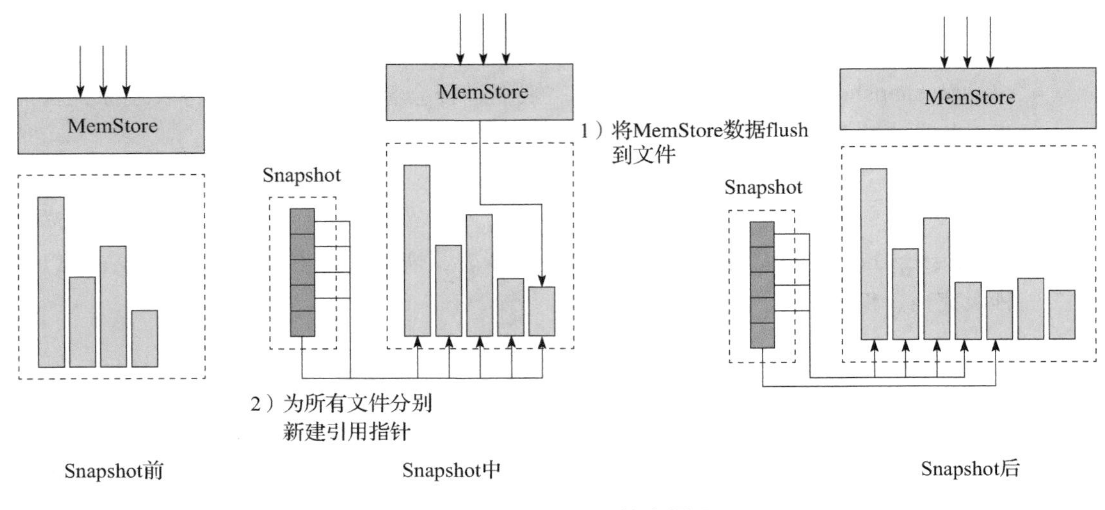

图 11-1 Snapshot 基本原理

Snapshot 流程主要涉及 2 个步骤：

1）将 MemStore 中的缓存数据 flush 到文件中。

2）为所有 HFile 文件分别新建引用指针，这些指针元数据就是 Snapshot。

11.2.2 在线 Snapshot 的分布式架构——两阶段提交

HBase 为指定表执行 Snapshot 操作，实际上真正执行 Snapshot 的是对应表的所有 Region。这些 Region 分布在多个 RegionServer 上，因此需要一种机制来保证所有参与执行 Snapshot 的 Region 要么全部完成，要么都没有开始做，不能出现中间状态，比如某些 Region 完成了，而某些 Region 未完成。

1. 两阶段提交基本原理

HBase 使用两阶段提交（Two-Phase Commit，2PC）协议来保证 Snapshot 的分布式原子性。2PC 一般由一个协调者和多个参与者组成，整个事务提交分为两个阶段：prepare 阶段和 commit 阶段（或 abort 阶段）。整个过程如图 11-2 所示。

1）prepare 阶段协调者会向所有参与者发送 prepare 命令。

2）所有参与者接收到命令，获取相应资源（比如锁资源），执行 prepare 操作确认可以执行成功。一般情况下，核心工作都是在 prepare 操作中完成。

3）返回给协调者 prepared 应答。

4）协调者接收到所有参与者返回的 prepared 应答（表明所有参与者都已经准备好提交），在本地持久化 committed 状态。

5）持久化完成之后进入 commit 阶段，协调者会向所有参与者发送 commit 命令。

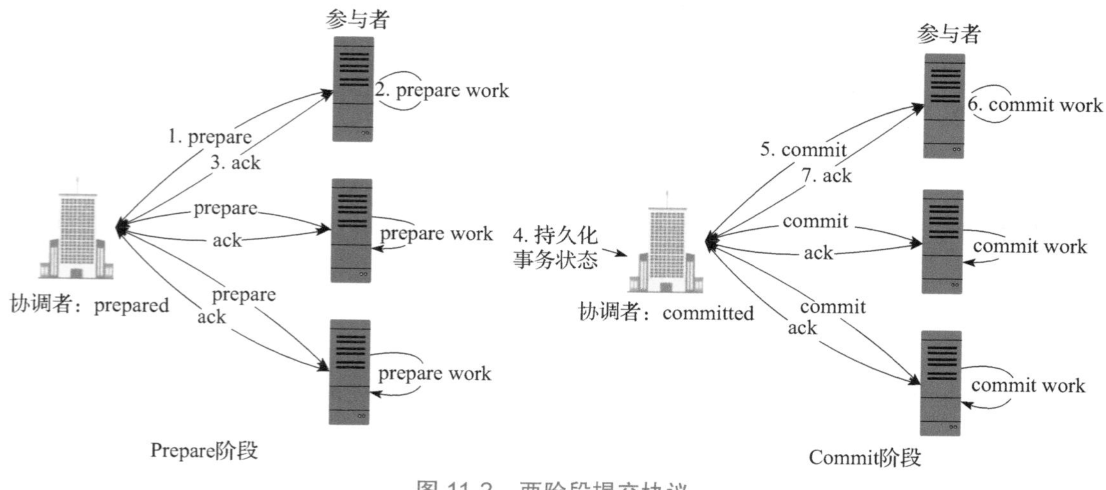

图 11-2　两阶段提交协议

6）参与者接收到 commit 命令，执行 commit 操作并释放资源，通常 commit 操作都非常简单。

7）返回给协调者。

2. Snapshot 两阶段提交实现

HBase 使用 2PC 协议来构建 Snapshot 架构，基本步骤如下。

prepare 阶段：

1）Master 在 ZooKeeper 创建一个 /acquired-snapshotname 节点，并在此节点上写入 Snapshot 相关信息（Snapshot 表信息）。

2）所有 RegionServer 监测到这个节点，根据 /acquired-snapshotname 节点携带的 Snapshot 表信息查看当前 RegionServer 上是否存在目标表，如果不存在，就忽略该命令。如果存在，遍历目标表中的所有 Region，针对每个 Region 分别执行 Snapshot 操作，注意此处 Snapshot 操作的结果并没有写入最终文件夹，而是写入临时文件夹。

3）RegionServer 执行完成之后会在 /acquired-snapshotname 节点下新建一个子节点 /acquired-snapshotname/nodex，表示 nodex 节点完成了该 RegionServer 上所有相关 Region 的 Snapshot 准备工作。

commit 阶段：

1）一旦所有 RegionServer 都完成了 Snapshot 的 prepared 工作，即都在 /acquired-snapshotname 节点下新建了对应子节点，Master 就认为 Snapshot 的准备工作完全完成。Master 会新建一个新的节点 /reached-snapshotname，表示发送一个 commit 命令给参与的 RegionServer。

2）所有 RegionServer 监测到 /reached-snapshotname 节点之后，执行 commit 操作。commit 操作非常简单，只需要将 prepare 阶段生成的结果从临时文件夹移动到最终文件夹即可。

3）在 /reached-snapshotname 节点下新建子节点 /reached-snapshotname/nodex，表示节点 nodex 完成 Snapshot 工作。

abort 阶段：

如果在一定时间内 /acquired-snapshotname 节点个数没有满足条件（还有 RegionServer 的准备工作没有完成），Master 认为 Snapshot 的准备工作超时。Master 会新建另一新节点 /abort-snapshotname，所有 RegionServer 监听到这个命令之后会清理 Snapshot 在临时文件夹中生成的结果。

可以看到，在这个系统中 Master 充当了协调者的角色，RegionServer 充当了参与者的角色。Master 和 RegionServer 之间的通信通过 ZooKeeper 来完成，同时，事务状态也记录在 ZooKeeper 的节点上。Master 高可用情况下主 Master 发生宕机，从 Master 切换成主后，会根据 ZooKeeper 上的状态决定事务是否继续提交或者回滚。

11.2.3 Snapshot 核心实现

Snapshot 使用两阶段提交协议实现分布式架构，用以协调一张表中所有 Region 的 Snapshot。那么，每个 Region 是如何真正实现 Snapshot 呢？ Master 又是如何汇总所有 Region Snapshot 结果呢？

1. Region 实现 Snapshot

Snapshot 的基本流程如图 11-3 所示。

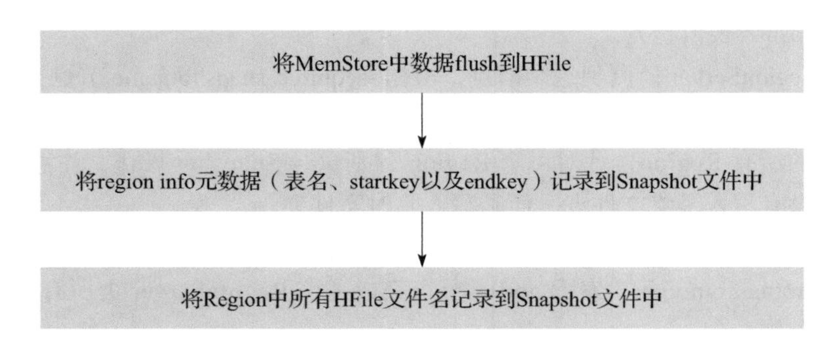

图 11-3 Snapshot 基本流程

图 11-3 中的步骤分别对应 debug 日志中如下片段：

```
    snapshot.FlushSnapshotSubprocedure: Flush Snapshotting region yixin:yunxin,user1359,1502949275629.77f4ac61c4db0be9075669726f3b72e6. started...
    snapshot.SnapshotManifest: Storing 'yixin:yunxin,user1359,1502949275629.77f4ac61c4db0be9075669726f3b72e6.' region-info for snapshot.
    snapshot.SnapshotManifest: Creating references for hfiles
    snapshot.SnapshotManifest: Adding snapshot references for [] hfiles
```

Region 生成的 Snapshot 文件是临时文件，在 /hbase/.hbase-snapshot/.tmp 目录下，因为 Snapshot 过程通常特别快，所以很难看到单个 Region 生成的 Snapshot 文件。

2. Master 汇总所有 Region Snapshot 的结果

Master 会在所有 Region 完成 Snapshot 之后执行一个汇总操作（consolidate），将所有 region snapshot manifest 汇总成一个单独 manifest，汇总后的 Snapshot 文件可以在 HDFS 目录下看到的，路径为：/hbase/.hbase-snapshot/snapshotname/data.manifest。Snapshot 目录下有 3 个文件，如下所示：

```
    hadoop@hbase19:~/cluster-data/hbase/logs$ ./hdfs dfs -ls /hbase/.hbase-
snapshot/music_snapshot
    Found 3 items
    -rw-r--r--      3  hadoop hadoop     0 2017-08-18 17:47 /hbase/.hbase-
snapshot/music_snapshot/.inprogress
    -rw-r--r--      3  hadoop hadoop    34 2017-08-18 17:47 /hbase/.hbase-
snapshot/music_snapshot/.snapshotinfo
    -rw-r--r--      3  hadoop hadoop    34 2017-08-18 17:47 /hbase/.hbase-
snapshot/music_snapshot/data.manifest
```

其中 .snapshotinfo 为 Snapshot 基本信息，包含待 Snapshot 的表名称以及 Snapshot 名。data.manifest 为 Snapshot 执行后生成的元数据信息，即 Snapshot 结果信息。可以使用 hadoop dfs -cat /hbase/.hbase-snapshot/snapshotname/data.manifest 查看具体的元数据信息。

思考与练习

[1] 小明现在负责管理一个 HBase 集群，这个 HBase 集群有 20 个节点。上面有一个表叫做 gallery，用来存储用户同步到云端的照片信息等，由于数据量很大，这个表被分裂成 4000 个 Region，每个 Region 下有 50 个左右的 HFile 文件。这导致小明每次做 Snapshot 的时候都容易超时，请问该如何解决这个问题？该做哪些优化来保证做 Snapshot 更高效？

[2] 我们通过 list_snapshots 查看 snapshot 列表时，发现每个 snapshot 都带有一个时间点 t。这是否能说明这个快照内的所有数据都是时间点 t 之前写入的？是否可能存在大于时间点 t 的数据？为什么？

11.3 Snapshot 恢复

Snapshot 可以实现很多功能，比如 restore_snapshot 可以将当前表恢复到备份的时间点，clone_snapshot 可以使用快照恢复出一个新表，ExportSnapshot 可以将备份导出到另一个集群实现数据迁移等。那这些功能是如何基于 Snapshot 实现的呢？本节以 clone_snapshot 功能为例进行深入分析。clone_snapshot 可以概括为如下六步：

1）预检查。确认当前目标表没有执行 snapshot 以及 restore 等操作，否则直接返回错误。

2）在 tmp 文件夹下新建目标表目录并在表目录下新建 .tabledesc 文件，在该文件中写入表 schema 信息。

3）新建 region 目录。根据 snapshot manifest 中的信息新建 Region 相关目录以及 HFile 文件。

4）将表目录从 tmp 文件夹下移到 HBase Root Location。

5）修改 hbase:meta 表，将克隆表的 Region 信息添加到 hbase:meta 表中，注意克隆表的 Region 名称和原数据表的 Region 名称并不相同（Region 名称与 table 名称相关，table 名不同，Region 名则肯定不同）。

6）将这些 Region 通过 round-robin 方式均匀分配到整个集群中，并在 ZooKeeper 上将克隆表的状态设置为 enabled，正式对外提供服务。

在使用 clone_snapshot 工具克隆表的过程中并不涉及数据的移动，克隆出来的 HFile 文件没有任何内容。那么克隆出的表中是什么文件？与原表中数据文件如何建立对应关系？

在实现中 HBase 借鉴了类似于 Linux 系统中软链接的概念，使用一种名为 LinkFile 的文件指向了原文件。LinkFile 文件本身没有任何内容，它的所有核心信息都包含在它的文件名中。LinkFile 的命名方式为 'table=region-origin_hfile'，通过这种方式就可以很容易定位到原始文件的具体路径：/${hbase-root}/table/region/origin_hfile。所有针对新表的读取操作都会转发到原始表执行，因此就不需要移动数据了。如下是一个 LinkFile 示例：

```
    hadoop@hbase19:~/hbase-current/bin ./hdfs dfs -ls /hbase/data/default/music/
fec3584ec3ea8766ffda5cb8ed0d7/cf
    Found 1 items
    -rw-r-r-r- -    3   hadoop hadoop      0 2017-08-23 07:27 /hbase/data/default/
music/fec3584ec3ea8766ffda5cb8ed0d7/cf/music=5e54d8620eae123761e5290e618d556b-f928
e045bb1e41ecbef6fc28ec2d5712
```

其中，LinkFile 文件名为 music=5e54d8620eae123761e5290e618d556b-f928e045bb1e41ecbef6fc28ec2d5712，根据定义可以知道，music 为原始文件的表名，与引用文件所在的 Region、引用文件名的关系如图 11-4 所示。

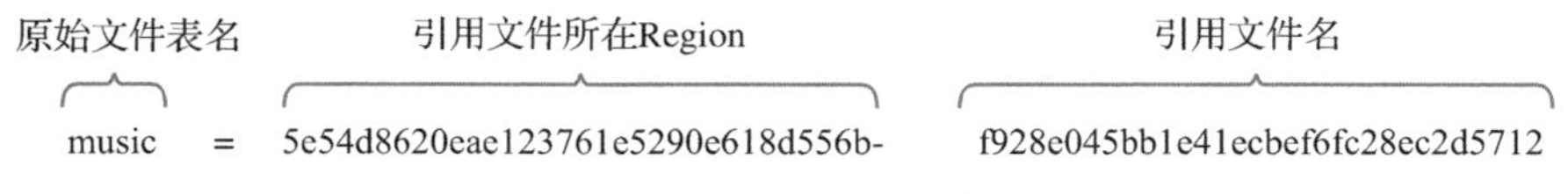

图 11-4 LinkFile 文件名

我们可以依据规则，根据 LinkFile 的文件名定位到引用文件所在位置，${hbase-root}/music/5e54d8620eae123761e5290e618d556b/cf/f928e045bb1e41ecbef6fc28ec2d5712。

思考与练习

［1］学习 copy-on-write 的基本原理，举例说明该原理在哪些系统工程中得到了实践应用。

［2］使用 Snapshot 相关工具将一个集群中的表数据迁移到另一个集群，验证两个集群数据的一致性，并记录整理迁移过程，说明哪些因素会影响迁移效率。

［3］在离线集群中，很多用户的 MapReduce 或 Spark 作业都会通过扫描全表来完成离线分析任务。这些全表扫描任务会对离线集群造成巨大压力，包括 GC 压力、磁盘带宽压力、网络带宽压力等等，非常容易影响其他业务的正常访问。事实上，这些任务可以采用扫描快照（Scan Snapshot）的方式来完成，这就跳过了 RegionServer 这一层的资源开销，大大提升扫描效率。请阐述快照扫描的原理以及相关注意事项。

［4］由于快照扫描需要用户直接访问 HBase 集群上的 HFile 文件，这需要直接读取 HDFS 文件的权限。请问该如何满足这个需求？

11.4 Snapshot 进阶

1. 在线 Snapshot 原理深入解析

Snapshot 实际上是一系列原始表的元数据，主要包括表 schema 信息、原始表所有 Region 的 region info 信息、Region 包含的列簇信息，以及 Region 下所有的 HFile 文件名、文件大小等。

如果原始表发生了 Compaction 导致 HFile 文件名发生了变化或者 Region 发生了分裂，甚至删除了原始表，Snapshot 是否就失效了？如果不失效，HBase 又是如何实现的？

HBase 的实现方案比较简单，在原始表发生 Compaction 操作前会将原始表数据复制到 archive 目录下再执行 compact（对于表删除操作，正常情况也会将删除表数据移动到 archive 目录下），这样 Snapshot 对应的元数据就不会失去意义，只不过原始数据不再存在于数据目录下，而是移动到了 archive 目录下。

可以做个实验：

1）使用 Snapshot 工具给一张表做快照：snapshot 'test','test_snapshot'。

2）查看 archive 目录，确认不存在这个目录：hbase-root-dir/archive/data/default/test。

3）对表 test 执行 major_compact 操作：major_compact 'test'。

4）再次查看 archive 目录，就会发现 test 原始表移动到了该目录，/hbase-root-dir/archive/data/default/test 存在。

同理，如果对原始表执行 delete 操作，比如 delete 'test'，也会在 archive 目录下找到该目录。这里需要注意的是，和普通表删除的情况不同，普通表一旦删除，刚开始是可以在 archive 中看到删除表的数据文件，但是等待一段时间后 archive 中的数据就会被彻底删除，再也无法找回。这是因为 Master 上会启动一个定期清理 archive 中垃圾文件的线程

（HFileCleaner），定期对这些被删除的垃圾文件进行清理。但是 Snapshot 原始表被删除之后进入 archive，并不可以被定期清理掉，上节说过 clone 出来的新表并没有 clone 真正的文件，而是生成了指向原始文件的链接，这类文件称为 LinkFile，很显然，只要 LinkFile 还指向这些原始文件，它们就不可以被删除。这里有两个问题：

1）什么时候 LinkFile 会变成真实的数据文件？HBase 会在新表执行 compact 的时候将合并后的文件写到新目录并将相关的 LinkFile 删除，理论上讲是借着 compact 顺便做了这件事。

2）系统在删除 archive 中原始表文件的时候怎么知道这些文件还被 LinkFile 引用着？HBase 使用 back-reference 机制完成这件事情。HBase 会在 archive 目录下生成一种新的 back-reference 文件，来帮助原始表文件找到引用文件。back-reference 文件表示如下：

- 原始文件：/hbase/data/table-x/region-x/cf/file-x。
- clone 生成的 LinkFile：/hbase/data/table-cloned/region-y/cf/{table-x}={region-x}-{file-x}。
- back-reference 文 件：/hbase/archive/data/table-x/region-x/cf/.links-{file-x}/{region-y}.{table-cloned}。

可以看到，back-reference 文件路径前半部分是原文件信息，后半部分是新文件信息，如图 11-5 所示。

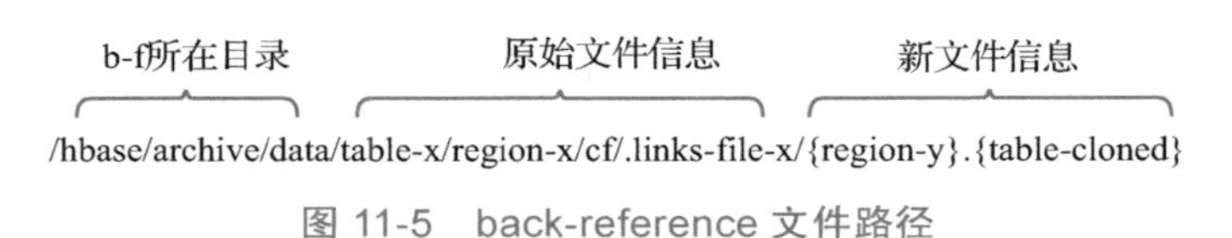

图 11-5 back-reference 文件路径

back-reference 文件第一部分表示该文件所在目录为 {hbase-root}/archive/data。第二部分表示原文件路径，其中非常重要的子目录是 .links-{file-x}，用来标识该路径下的文件为 back-reference 文件。这部分路径实际上只需要将原始文件路径（/table-x/region-x/cf/file-x）中的文件名 file-x 改为 .link-file-x。第三部分表示新文件路径，新文件的文件名可以根据原文件得到，因此只需要得到新文件所在的表和 Region 即可，可以用 {region-y}.{table-cloned} 表征。

可见，在删除原文件的时候，只需要简单地拼接就可以得到 back-reference 目录，查看该目录下是否有文件就可以判断原文件是否还被 LinkFile 引用，进一步决定是否可以删除。

2. 在线 Snapshot 原理实验

我们将所讲知识点串起来做个简单的小实验。

1）使用 Snapshot 给一张表做快照，比如 snapshot 'table-x', 'table-x-snapshot'。

2）使用 clone_snapshot 克隆出一张新表，比如 clone_snapshot 'table-x-snapshot', 'table-x-cloned'。查看新表 test_clone 的 HDFS 文件目录，确认存在 LinkFile。

代码示例如下：

```
hadoop@hbase19:~/hadoop-current/bin$ ./hdfs dfs -ls /hbase/data/default/table-
x-cloned/d53b04216b87f7f9777878483f3d3770/cf
```

```
Found 1 items
-rw-r--r--r    3 hadoop hadoop    5001   2017-09-02 20:07 /hbase/data/default/
table-x-cloned/d53b04216b87f7f9777878483f3d3770/cf/table-x=0587b9bd883f4461a533f77
102d347a1-eb4f9458906045ee807aad3ba79f18aa
```

删除原表 table-x（删表之前先确认 archive 下没有原表文件），查看确认原表文件进入 archive，并且 archive 中存在 back-reference 文件。注意查看 back-reference 文件格式。

```
hadoop@hbase19:~/hadoop-current/bin$ ./hdfs dfs -ls /hbase/archive/data/
default/table-x/0e58197698e3527f68f9fc35e2688b06/cf
Found 2 items
drwxr-xr-x   3 hadoop hadoop   0  2017-09-02 20:07  /hbase/archive/data/default/
table-x/0e58197698e3527f68f9fc35e2688b06/cf/.links-eb4f9458906045ee807aad3ba79f18aa
-rw-r--r--    3 hadoop hadoop    5001   2017-09-02 20:15   /hbase/archive/data/
default/table-x/0e58197698e3527f68f9fc35e2688b06/cf/eb4f9458906045ee807aad3ba79f18aa
hadoop@hbase19:~/hadoop-current/bin$ ./hdfs dfs -ls /hbase/archive/data/default/
table-x/0e58197698e3527f68f9fc35e2688b06/cf/.links-eb4f9458906045ee807aad3ba79f18aa
Found 1 items
-rw-r--r--r   3 hadoop hadoop   0  2017-09-02 20:07  /hbase/archive/data/default/
table-x/0e58197698e3527f68f9fc35e2688b06/cf/.links-eb4f9458906045ee807aad3ba79f18aa/
d53b04216b87f7f9cc7878483f3d3770.table-x-cloned
```

对表 table-x-clone 执行 major_compact，命令为 major_compact 'table-x-clone'。执行命令前确认 table-x-clone 文件目录下存在 LinkFile。

major_compact 执行完成之后查看 table-x-clone 的 HDFS 文件目录，确认所有 LinkFile 已经不存在，全部变成了真实数据文件。代码如下：

```
hadoop@hbase19:~/hadoop-current/bin$ ./hdfs dfs -ls /hbase/data/default/table-
x-cloned/d53b04216b87f7f9777878483f3d3770/cf
Found 1 items
-rw-r--r--r    3 hadoop hadoop    5001   2017-09-02 20:23 /hbase/data/default/
table-x-cloned/d53b04216b87f7f9777878483f3d3770/cf/0587b9bd883f4461a533f77102d347a1
```

拓展阅读

[1] Online Apache HBase Backups with CopyTable: https://blog.cloudera.com/blog/2012/06/online-hbase-backups-with-copytable-2/

[2] Introduction to Apache HBase Snapshots: http://blog.cloudera.com/blog/2013/03/introduction-to-apache-hbase-snapshots/

[3] Introduction to Apache HBase Snapshots, Part 2: Deeper Dive: http://blog.cloudera.com/blog/2013/06/introduction-to-apache-hbase-snapshots-part-2-deeper-dive/

[4] Backup and Restore：http://hbase.apache.org/book.html#casestudies

CHAPTER 12

第12章 HBase运维

到这里，笔者将带读者进入非常重要的环节——HBase系统运维与优化部分，HBase运维是大多数HBase管理员最关心的话题，这个部分分为三章，分别讲解HBase系统基础运维、HBase系统优化以及HBase线上实践运维案例。

本章将会结合笔者多年的生产线运维经验，重点介绍HBase系统在监控报警、性能测试以及业务隔离等多个方面的最佳实践。

12.1 HBase系统监控

为了对HBase系统进行精细化、实时的管理，最重要的任务就是对HBase系统实施全面有效的监控，及时获取集群主要运行指标的实时数值，根据这些数值对系统的运行状态进行合理化评判，并通过进一步分析对系统进行调整。另外，在定位问题的时候，查看历史监控数值有助于对问题的深入分析。作为一个非常成熟的项目，HBase系统本身提供了非常丰富的监控指标和指标输出方式，方便用户对其重要指标进行有效监控。

12.1.1 HBase监控指标输出方式

HBase系统指标监控框架依赖于底层Hadoop系统，目前Hadoop Metric Framework已经升级到v2，API见Hadoop Metrics 。Hadoop监控指标框架是基于MetricsContext接口实现的，目前HBase系统自带了两种Context实现方式：GangliaContext以及FileContext。除了Context实现之外，HBase还可以使用Java Management Extensions（JMX）来输出监控指标。

1. Ganglia

Ganglia是UC Berkeley发起的一个开源集群监视项目，用于测量数以千计的节点。HBase

可以通过修改 ${RS_HOME}/conf/hadoop-metrics2-hbase.properties 文件配置使用 Ganglia：

```
*.sink.ganglia.class=org.apache.hadoop.metrics2.sink.ganglia.GangliaSink31
*.sink.ganglia.period=10
hbase.sink.ganglia.period=10
hbase.sink.ganglia.servers=${GMETADHOST_IP}:PORT
```

修改完成之后重启 RegionServer 节点，可以在 Ganglia 界面看到所有的监控指标。需要注意的是，默认情况下 RegionServer 会输出大量的监控指标值，Ganglia 可能会因为指标值太大而处理困难，可以使用 Metrics Filtering 指定输出少量核心指标：

```
hbase.sink.ganglia.metric.filter.include=readRequestCount|writeRequestCount|numActiveHandler|numCallsInGeneralQueue|flushQueueLength|updatesBlockedTime|compactionQueueLength|GcTimeMillis|GcTimeMillisParNew|GcTimeMillisConcurrentMarkSweep|flushQueueSize|regionCount|storeFileCount|storeFileSize|hlogFileCount|totalRequestCount|numOpenConnections
|numCallsInReplicationQueue|numCallsInPriorityQueue|blockCacheHitCount|blockCacheMissCount|blockCacheExpressHitPercent|MemHeapUsedM|MemMaxM|MemNonHeapCommittedM
|MemNonHeapUsedM|MemNonHeapMaxM
```

2. JMX

除了使用 Hadoop 监控指标框架输出监控指标信息，也可以通过 JMX 输出监控指标信息。目前很多监控系统都支持 JMX 方式对监控指标进行收集。可以通过 Master 和 RegionServer 的 Web 用户界面以 json 的形式查看 JMX 监控指标信息。

- Master 的 JMX 监控指标信息：http://master_ip:port/jmx。
- RegionServer 的 JMX 监控指标信息：http://regionserver_ip:port/jmx。

通过解析 json 格式的 JMX 监控指标，用户也可以写客户端程序对感兴趣的指标进行实时采集，再将采集到的数据推送给指标显示系统。图 12-1 是采集指标信息后利用自主开发的监控系统显示出来的效果图。

12.1.2 HBase 核心监控指标

HBase 系统每时每刻都会输出大量的指标数值，其中只有部分指标是需要经常关注的。这些核心监控指标可以分为通用监控指标、写相关监控指标和读相关监控指标三种。

1. HBase 通用监控指标

HBase 通用监控指标参见表 12-1。

表 12-1 HBase 通用监控指标

监控指标	指标含义
regionCount	RegionServer 上 Region 的数量
storeFileCount	RegionServer 上 HFile 的总数量
storeFileSize	RegionServer 上 HFile 的总大小
hlogFileCount	RegionServer 上 HLog 文件数量

（续）

监控指标	指标含义
totalRequestCount	RegionServer 累计请求数
readRequestCount	RegionServer 累计读请求数
writeRequestCount	RegionServer 累计写请求数
numOpenConnections	RegionServer 上开启的 RPC 连接数
numActiveHandler	RegionServer 上活跃的请求队列 Handler 数量
flushQueueLength	RegionServer 上 flush 队列长度
compactionQueueLength	RegionServer 上 Compaction 队列长度
GcTimeMillis	RegionServer 上当前 GC 时长
GcTimeMillisParNew	RegionServer 上新生代 GC 时长
GcTimeMillisConcurrentMarkSweep	RegionServer 上老生代 GC 时长
op_measure	op 可以取值 Append, Delete, Mutate, Get 等；measure 可以取值 min, max, mean, median, 75th_percentile, 95th_percentile, 99th_percentile 等

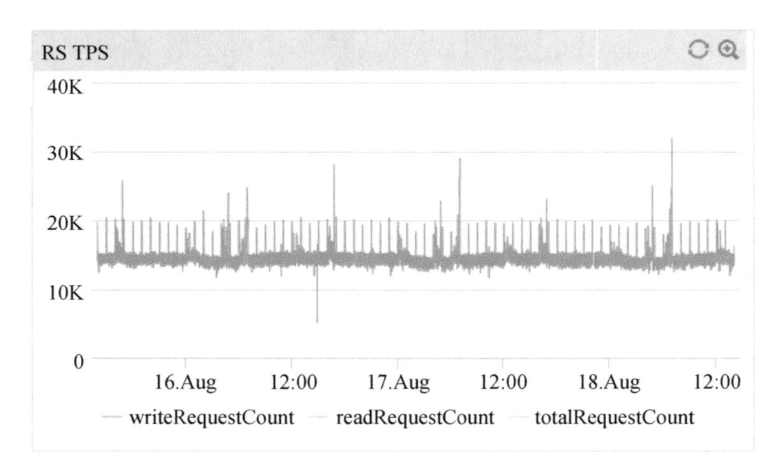

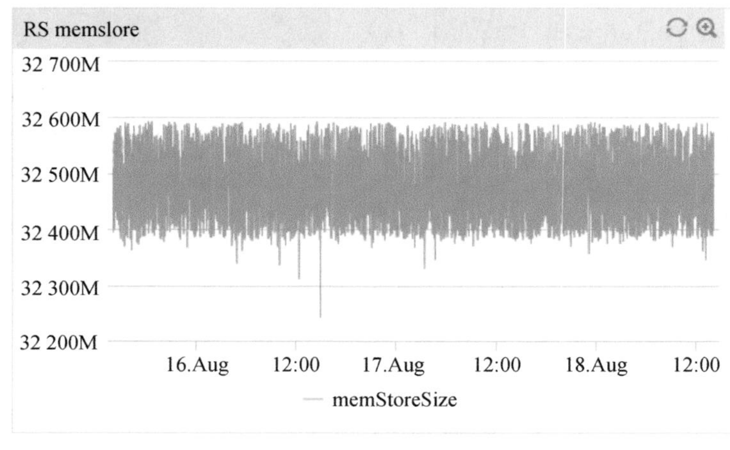

图 12-1　JMX 采集监控图

2. HBase 写相关监控指标

HBase 写相关监控指标参见表 12-2。

表 12-2 HBase 写相关监控指标

监控指标	指标含义
memStoreSize	RegionServer 上 MemStore 的总大小
updatesBlockedTime	RegionServer 因为文件太多导致更新被阻塞的时间（毫秒）

3. HBase 读相关监控指标

HBase 读相关监控指标参见表 12-3。

表 12-3 HBase 读相关监控指标

监控指标	指标含义
blockCacheHitCount	命中 BlockCache 的次数
blockCacheMissCount	未命中 BlockCache 的次数
blockCacheExpressHitPercent	BlockCache 缓存命中率
percentFilesLocal	RegionServer 上数据本地率
slowGetCount	RegionServer 上 slow get 的数量

4. 系统硬件指标监控

实际上，不仅 HBase 系统的监控指标很重要，对于系统硬件层面的监控同样非常重要。这些监控指标包括系统 IO、系统 CPU、系统网络带宽以及系统内存等各个方面，这些指标可以通过 Linux 提供的各种工具命令周期性采集，比如 top、vmstat 等。系统硬件指标监控如图 12-2 所示。

12.1.3 HBase 表级监控

上述 HBase 监控指标都是以 RegionServer 维度进行统计的数值，可以有效反映当前 RegionServer 的各项工作负载情况。然而，在很多情况下，RegionServer 级别的监控并不能解决所有问题，如图 12-3 所示的例子。

图 12-3 所示为集群中某个 RegionServer 的 writeRequestCount、readRequestCount 和 totalRequestCount 的指标监控曲线，图中箭头表示在某一个时刻 RegionServer 处理的读请求数量出现了一次尖峰。因为集群环境下一个 RegionServer 通常会有多个业务的 Region 分片，所以图中的读请求尖峰具体是由哪个业务导致的是无法监控到的。此时需要表维度的监控指标信息。HBase 在 1.3.0 版本之后将表维度监控指标信息输出到了 JMX，详见 HBASE-15518。

在此基础上可以通过采集这些指标信息进行表维度指标监控，如图 12-4 所示，对表维度的读写请求数量、store file 数量以及 store file 大小进行监控。

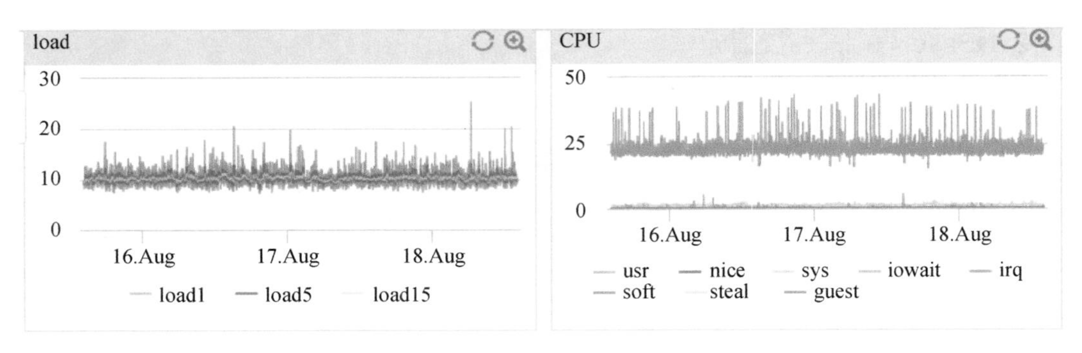

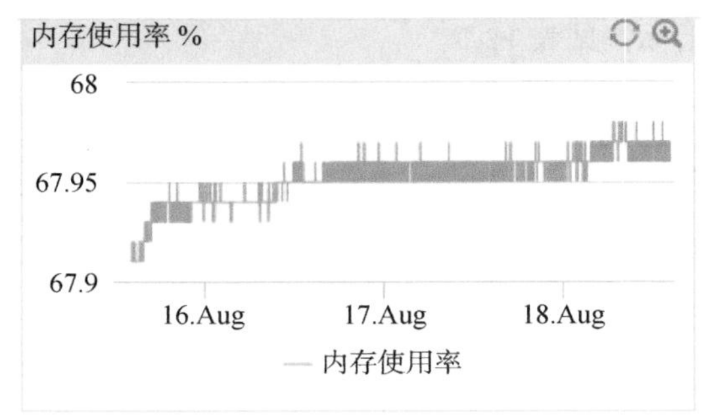

图 12-2 系统硬件指标监控

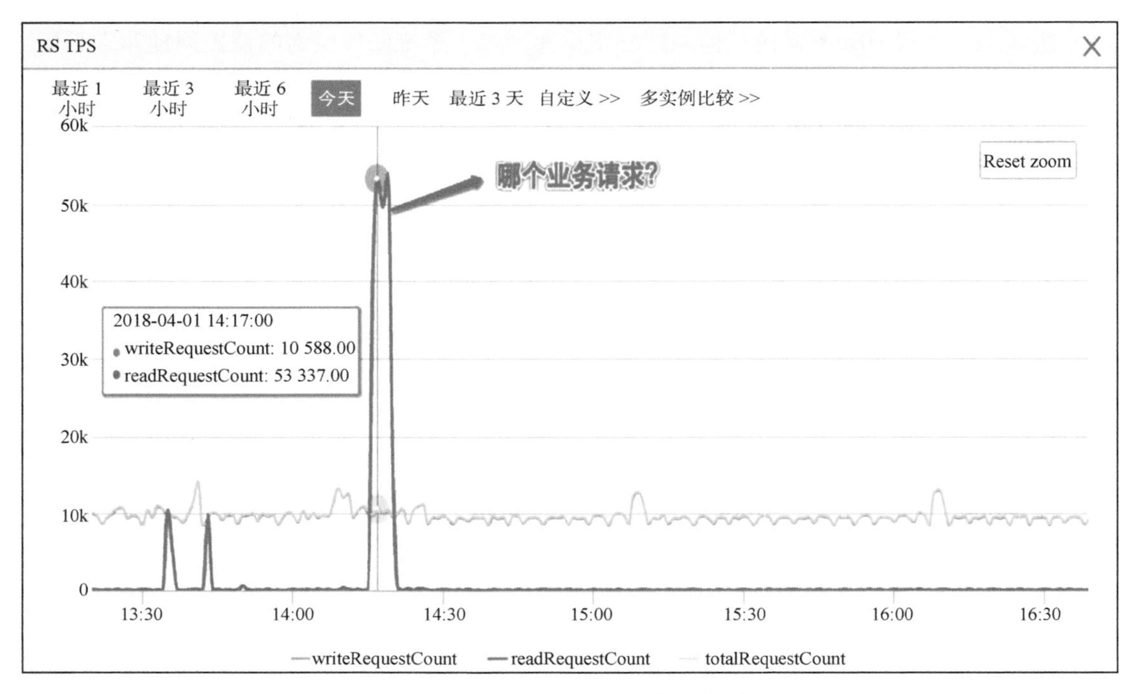

图 12-3 RegionServer 级别监控

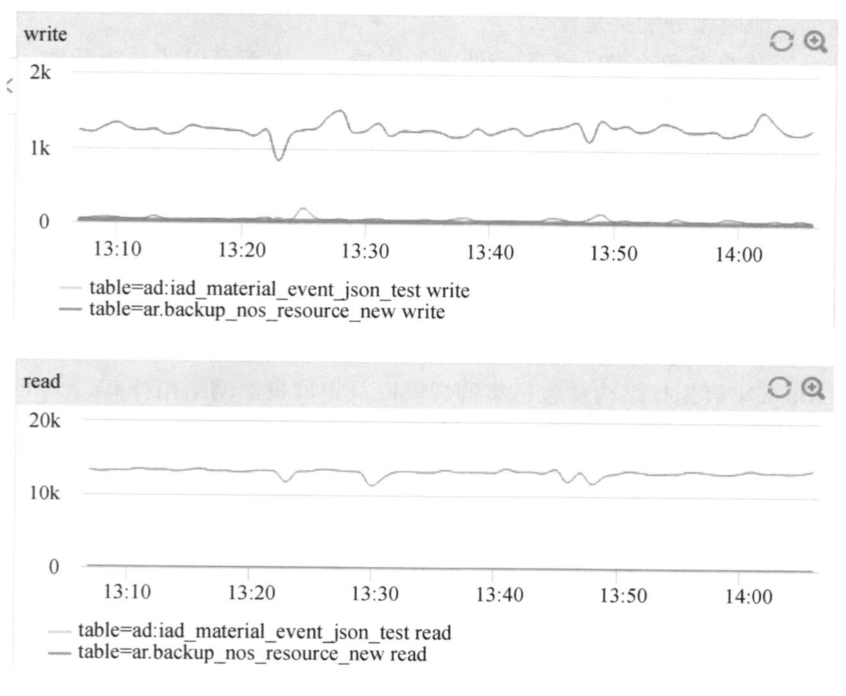

图 12-4　表级别监控

12.2　HBase 集群基准性能测试

学习 HBase，有一个非常好的入门方法，即测试它的基准性能。其实不止学习 HBase，学习其他任何一种数据库系统，基准性能测试都是理解这个系统非常重要的手段之一。所以强烈推荐大家在了解一些基本的 HBase 知识之后，能够亲自针对当前 HBase 集群做一次完整的基准性能测试。

对于性能测试，不同人有不同的理解。很多人认为一次性能测试就是使用一个测试工具对当前集群运行几个 workload，并得出几个诸如读写吞吐量、读写延迟的指标。这种理解方式是非常片面的、不完整的。使用这种方式对系统进行测试并不能真正深入理解这个系统。

完整地做完一次基准性能测试需要至少获取以下三方面的信息：

- 确定 HBase 集群在当前软硬件环境下的基本指标。如平均以及最大读写吞吐量、平均以及最大读写延迟等。这些指标可以评估线上 HBase 的整体性能，量化当前 HBase 集群的基本性能情况，为业务应用提供参考。
- 明确 HBase 集群在不同负载场景下性能瓶颈的原因。例如，写入性能瓶颈是 CPU 资源不够还是内存、带宽资源不足，或是软件参数配置限制？另外，随机读性能瓶颈、扫描读性能瓶颈分别又是什么?

- 明确系统核心参数对 HBase 系统性能的影响。一方面可以让系统开发运维人员对症下药，提升系统性能；另一方面可以从系统工作原理出发对其进行分析，这样的分析对深入理解系统非常重要。可以通过针对性地修改核心参数，进行多次对比测试，理解这些参数对于系统性能的影响。

一次完整的 HBase 基准性能测试至少包含如下 6 个步骤。

1）明确测试环境（软硬件环境）。

测试环境对测试结果的重要性不言而喻，不同的测试环境必然对应不同的测试结果。HBase 基准性能测试环境主要包括三个方面。

- HBase 集群拓扑结构：包括集群规模以及集群机器网络拓扑。
- 硬件环境：包括测试机器物理硬件配置以及网络状态等。
- 软件环境：包括操作系统版本信息、HBase 以及依赖环境（JDK、Hadoop 等）的版本信息、测试工具的基本信息等。另外，还需要重点说明待测试 HBase 集群的核心配置，包括 JVM 配置、BlockCache 配置等。

2）明确测试数据集和负载集。

- 完整的 HBase 测试数据集说明包括测试数据集总数、单行数据字段数、单个字段大小以及 HDFS 副本数等。
- 负载集表示要测试的负载场景，包括单纯随机写、单纯随机写、单纯扫描读以及各种读写混合场景等。

3）使用 YCSB 进行负载测试。

YCSB（Yahoo! Cloud Serving Benchmark）是 Yahoo 公司开发的专门用于 NoSQL 测试的基准测试工具，使用该工具可以对待测试集群进行不同负载场景下的测试。使用 YCSB 对 HBase 进行测试的步骤见 12.3 节。

4）统计测试结果并进行可视化处理。

YCSB 测试完成之后会得到读写吞吐量、读写延迟等基本指标数值，如果这些数值不做可视化处理则很不直观。可以使用 Excel 的图表功能对数值简单进行处理。图 12-5 是一个随机写负载测试结果的可视化图表示例。

图 12-5 中，横坐标表示随机写入的线程数量，左侧纵坐标表示写入吞吐量（ops/sec），右侧纵坐标表示写入延迟（ms）。

5）结合资源使用情况进行结果分析。

结合资源使用情况对结果进行分析可以轻松地定位到系统的瓶颈原因。图 12-6 是 HBase 随机写入后单台 RegionServer 带宽的使用曲线图。

本次测试中写入线程为 1000，带宽基本维持在 100M 左右，对于千兆网卡来说基本上已经打满。因此对于随机写来说，当客户端写入线程数增加到一定程度，系统带宽资源基本耗尽，系统吞吐量就不再会增加。

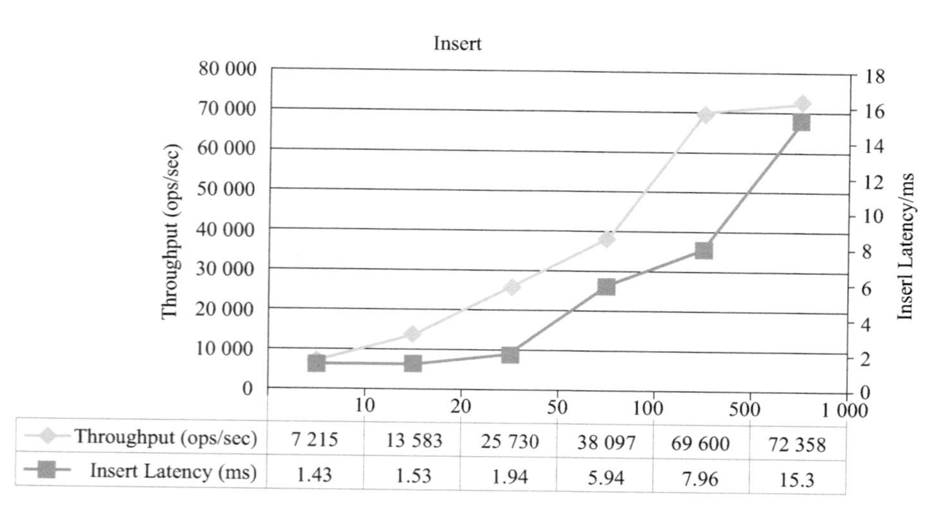

	10	20	50	100	500	1 000
Throughput (ops/sec)	7 215	13 583	25 730	38 097	69 600	72 358
Insert Latency (ms)	1.43	1.53	1.94	5.94	7.96	15.3

图 12-5 HBase 写入吞吐量曲线

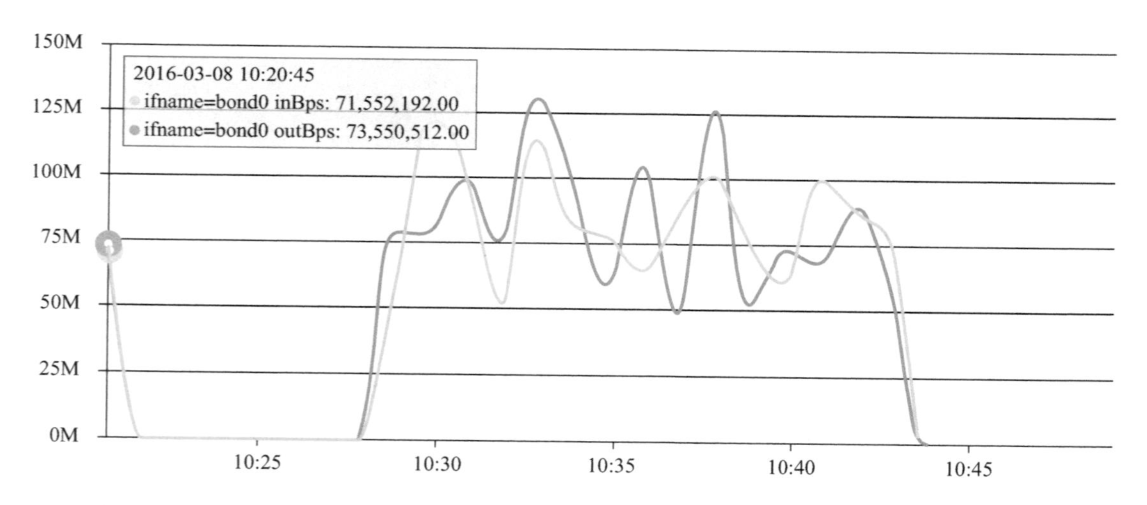

图 12-6 带宽使用曲线图

当然，如果测试环境的带宽是万兆网卡的话，系统的随机写吞吐量还会继续增大。增大到一定程度之后，遇到其他资源瓶颈。

6）撰写完整的基准性能测试报告。

一份完整的基准性能测试报告需要包含上面的所有测试步骤，好的测试报告在读完之后就能了解测试者在什么环境下用什么工具做了哪些负载测试，测试的结果如何，系统的瓶颈在哪里。另外，好的测试报告可以完整地复现，即另一个测试者用报告中的测试环境、测试数据集、测试负载集以及测试方法可以得到几乎一致的测试结果以及资源使用情况。

12.3 HBase YCSB

YCSB 支持的测试目标覆盖常见的所有 NoSQL 数据库，包括 Bigtable、Cassandra、HBase、Kudu、Mongodb、Redis、Memcached 以及 Elasticsearch 等。

1. YCSB 下载安装

可以在 github（https://github.com/brianfrankcooper/YCSB/releases）上下载最新的 YCSB 安装包。对于 HBase 系统，需要根据不同 HBase 版本分别选择下载 ycsb-hbase098-binding-0.x.0.tar.gz 或者 ycsb-hbase10-binding-0.x.0.tar.gz，其中 1.0 以前的 HBase 版本选择前者，1.0 以后的版本选择后者。

2. YCSB 性能测试主要步骤

使用 YCSB 对 HBase 集群进行基准性能测试，包含如下 5 个步骤。

1）在集群中新建待测的 HBase 数据表。

代码如下：

```
hbase(main):001:0> n_splits= 200 # HBaserecommends (10 * number of regionservers)
hbase(main):002:0> create 'usertable','family', {SPLITS => (1..n_splits).map
{|i| "user#{1000+i*(9999-1000)/n_splits}"}}
```

2）选择合适的测试负载。

YCSB 根目录下 workloads 文件夹中有多个文件：workloada ~ workloade。每个文件对应一种测试负载的相关配置。

- workloada：更新 – 读取均衡型负载，update 操作占 50%，read 操作占 50%。对应的典型应用场景为 session 存储系统记录最近的操作。
- workloadb：读多写少型负载，read 操作占 95%，update 操作占 5%。对应的典型应用场景为 photo 标签存储系统，更新较少，用户大多情况都是读取操作。
- workloadc：正态随机读负载，read 操作占 100%，而且读取的数据服从正态分布。对应的典型应用场景为用户身份证系统，几乎全部是查询操作。
- workloadd：最近数据随机读取负载，读取的数据服从 latest 分布。
- workloade：区间扫描读取负载，scan 操作占 95%，insert 操作占 5%。scan 的最大长度为 100，长度变化遵循随机分布。

除过这些系统预先设定好的测试负载之外，用户还可以根据自己的实际场景配置对应的测试负载，只需要对负载配置文件中的相关参数进行修改即可。比如用户如果想设置“热点读”类型负载，可以设置 workload 中的如下两个参数：

```
# Percentage of data items that constitute the hot set
hotspotdatafraction=0.05
# Percentage of operations that access the hot set
hotspotopnfraction=0.95
```

workload 文件中各个参数的具体含义可以参考 workload 文件夹下的 workload_template 文件，里面对几乎所有参数的含义都做了详细的解释说明。

3）选择合适的运行参数，主要设置合适的客户端线程数。

YCSB 客户端提供了多个重要的命令行参数：

- -threads：客户端线程数。默认情况下如果不指定该参数，客户端线程数仅为 1 个。用户可以增大该参数来模拟真实线上的线程数量。
- -target：每秒的目标操作吞吐量。默认情况下，客户端会以能达到的最大吞吐量运行，用户可以设置 target 参数 throttle 操作吞吐量，用来观察对应的操作延迟变化。
- -s：状态输出。设置该参数之后，YCSB 客户端会将最新的测试指标每隔 10s 输出一次到控制台，方便用户及时了解当前的测试情况。

4）load 数据。

创建好目标表，选择合适的测试负载以及运行参数之后就进入正式的测试阶段。YCSB 测试阶段分为两个阶段：load 阶段和 transaction 阶段。load 数据的命令如下：

```
python bin/ycsb load hbase10 -P workloads/workload_load -cp hbase-conf-dir -p
table=usertable -p columnfamily=family -threads 50 -s
```

其中，load 参数表示测试阶段为 load 阶段。-P workloads/workload_load 设置 load 阶段对应的负载，workload_load 文件中需要配置 recordcount 来设置测试的数据集规模，比如目标测试数据集规模为 1 亿条数据，就将 recordcount 设置为 1000000000。-cp hbase-conf-dir 用来设置测试 HBase 集群的 conf 目录，-p table = usertable 以及 -p columnfamily 分别指定测试的数据表以及列簇。-threads 50 用来设置客户端线程数。

5）执行负载测试。

实际执行负载的命令如下：

```
python bin/ycsb run hbase10 -P workloads/workloadb -cp hbase-dir -p table=
usertable -p ·columnfamily=family -p measurementtype=timeseries -p timeseries.
granularity=2000 -threads 150 -s
```

其中，run 命令表示测试阶段为 transactions 阶段。其他参数与 load 阶段基本相同，不再赘述。

3. YCSB 测试注意事项

- 关注是否是全内存测试，全内存测试和非全内存测试结果相差会比较大。是否是全内存测试取决于：总数据量大小，集群 JVM 内存大小，BlockCache 占比，访问分布是否是热点访问。在 JVM 内存大小以及 BlockCache 占比不变的情况下，可以增大总数据量或者修改访问分布。
- 关注测试客户端是否存在瓶颈。HBase 测试某些场景特别耗费带宽资源，如果单个客户端进行测试很可能会因为客户端带宽被耗尽导致无法测出实际服务器集群性能。

12.4 HBase 业务隔离

生产线上，HBase 集群通常会为大量业务同时提供服务，业务之间共享集群资源。这种共享行为可以极大地提高集群资源使用率，但如果没有合理的业务隔离机制，业务之间就会相互竞争系统资源，导致比较严重的服务质量问题。根据笔者的观察，大多数共享集群出现的问题都和业务之间相互影响有关。HBase 集群上业务共享的资源主要有队列资源、CPU/内存资源、IO 资源等。

1. 队列资源隔离

RegionServer 默认提供一个请求队列给所有业务使用，这会导致部分延迟较高的请求影响其他对延迟敏感的业务，HBase 并没有提供业务级别的队列设置功能，而是提供了读写队列隔离方案。RegionServer 可以同时提供写队列、get 请求队列和 scan 请求队列，这样就将写请求、get 请求和 scan 请求分发到不同的队列，不同队列使用不同的工作线程进行处理，有效隔离了不同请求类型的相互影响。

2. CPU/ 内存资源隔离

CPU/ 内存资源可以统称为计算资源，计算资源隔离的主流方案有 Docker 容器、Yarn 容器等，目前在使用上已经比较普及。结合 HBase 使用场景，实现业务之间计算资源隔离还需要让不同业务运行在不同容器上。针对这个需求，HBase 提供了 RegionServer Group（RSGroup）方案。RSGroup 方案的原理非常清晰：用户可以将集群划分为多个组，每个组里包含指定 RegionServer 集合，每个组同时可以指定特定的业务。这样，不同的业务就可以划分到不同的组，对应不同的 RegionServer 集合，再结合容器概念，每个 RegionServer 运行在不同的容器，就可以实现业务之间计算资源隔离。RSGroup 最核心的作用是保证业务一旦分配到指定组，对应的 Region 就只能在该组里面的 RegionSever 上运行，而不能被分配到其他组的 RegionServer 上面。RSGroup 方案的部署示意图如图 12-7 所示。

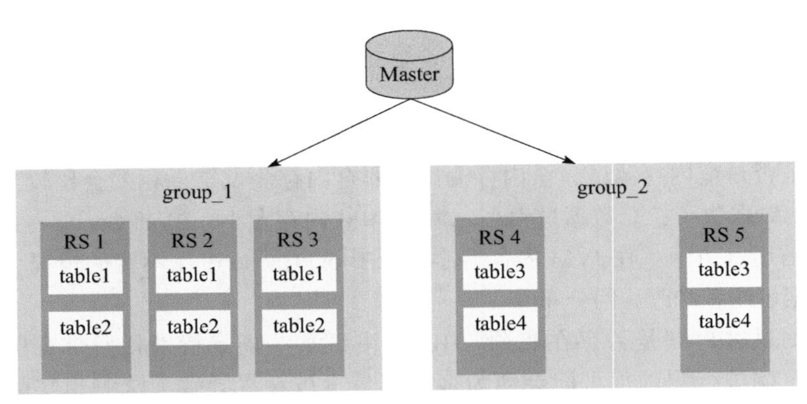

图 12-7 RSGroup 部署示意图

RSGroup 方案在 HBase 1.4 以上版本才原生支持，在之前的版本中并没有原生支持。因此如果使用低版本 HBase 的用户想使用 RSGroup 方案，需要打对应 patch 到社区版本。官方社区基于 HBase 1.x 版本提供了 patch，可以方便地集成到社区 1.x 版本，具体见 HBASE-15631。使用 RSGroup 功能只需要在配置文件中修改如下配置项：

```
<property>
   <name>hbase.coprocessor.master.classes</name>
   <value>org.apache.hadoop.hbase.rsgroup.RSGroupAdminEndpoint</value>
</property>
<property>
   <name>hbase.master.loadbalancer.class</name>
   <value>org.apache.hadoop.hbase.rsgroup.RSGroupBasedLoadBalancer</value>
</property>
```

生产线上，分组原则一般遵循如下几条：

- 在线业务和离线业务尽量划分到不同组。
- 重要业务和边缘业务尽量划分到不同组。
- 非常重要的业务尽量单独划分到独立组。

RSGroup 方案可以很好地解决 HBase 计算资源隔离问题，但同时也带来了一个新问题——运维上不方便，使用 RSGroup 会自动关闭全局自动负载均衡，后续负载均衡都需要手动触发。

3. IO 资源隔离

不同于 CPU/ 内存资源，IO 资源隶属存储资源。众所周知，HBase 数据文件存储依赖于 HDFS 系统，而当前 HDFS 系统并没有提供业务隔离的针对性方案，这就导致 HBase 数据库在 IO 资源隔离方面并没有特别好的解决方案。如果业务之间在 IO 资源存在很大争用而引起服务质量问题，目前只能部署独立 HBase 集群进行隔离。

12.5 HBase HBCK

HBaseFsck (HBCK) 工具可以检测 HBase 集群中 Region 的一致性和完整性，同时可以对损坏的集群进行修复。HBCK 主要工作在两种模式下：一致性检测只读模式和多阶段修复模式。

1. HBase 集群一致性状态

HBase 集群一致性主要包括两个方面。

- HBase Region 一致性：集群中所有 Region 都被 assign，而且 deploy 到唯一一台 RegionServer 上，并且该 Region 的状态在内存中、hbase:meta 表中以及 ZooKeeper 这三个地方需要保持一致。
- HBase 表完整性：对于集群中任意一张表，每个 rowkey 都仅能存在于一个 Region 区间。

2. HBCK 的集群一致性状态检测

使用如下 hbck 命令检查 HBase 集群是否存在损坏：

```
$ ./bin/hbase hbck
```

命令执行后，在窗口中输出集群所有 Region 一致性和完整性的检查信息，并在最后输出检查结果：OK 或者 INCONSISTENCIES。

集群管理员通常需要执行多次 hbck 命令以防止部分 Region 出现临时性的非一致性状态，比如刚好有些 Region 在执行 split、merge 或者 move 操作。一个好的运维习惯是，间隔性（比如每天晚上执行）地执行 hbck 命令，并在多次出现不一致的情况下发出报警信息。

集群如果存在不一致的 Region，HBCK 会在窗口输出基本的报告信息，如果想获取更多的细节，可以加上 -details 选项：

```
$ ./bin/hbase hbck -details
```

有时候集群规模很大，包含几万甚至几十万的 Region，对整个集群执行一次 hbck 命令可能会比较耗时。HBCK 允许管理员只针对某些表进行一致性、完整性检测。比如下面的命令就只对表 TableFoo 和 TableBar 进行检测：

```
$ ./bin/hbase hbck TableFoo TableBar
```

3. HBCK 的局部低危修复

如果发现集群有不一致的情况，就需要尝试进行修复。集群修复的基本原则是首先修复低风险的 Region 一致性问题（以及部分表完整性问题），再谨慎修复部分高风险的表完整性问题（overlap 问题）。

低风险的 Region 一致性问题修复是指，这类修复仅仅涉及 Master 内存中 Region 状态、ZooKeeper 临时节点中 Region 状态以及 hbase:meta 元数据表中 Region 状态的修改，并不实际修改任何 HDFS 文件。修复成功之后，Region 的状态在 .regioninfo 文件、Master 内存、ZooKeeper 临时节点和 hbase:meta 元数据表中保持一致。

Region 一致性问题修复有两个基本选项。

- -fixAssignments：修复 assign 相关问题，如没有 assigned、assign 不正确或者同时 assign 到多台 RegionServer 的问题 Regions。
- -fixMeta：主要修复 .regioninfo 文件和 hbase:meta 元数据表的不一致。修复原则是以 HDFS 文件为准。如果 Region 在 HDFS 上存在，但在 hbase:meta 表中不存在，就会在 hbase:meta 表中添加一条记录。反之如果在 HDFS 上不存在，而在 hbase:meta 表中存在，就会将 hbase:meta 表中对应的记录删除。

除了 Region 一致性问题是低风险问题之外，部分表完整性问题的风险也不高。最典型的就是 HDFS Region 空洞（HDFS Region holes）。这类问题可以添加 -fixHdfsHoles 选项进行修复，这个命令会在空洞形成的地方填充一个空 Region。另外，这个命令通常不单独使用，而是和 -fixMeta、-fixAssignments 一起使用：

```
$ ./bin/hbase hbck -fixAssignments -fixMeta -fixHdfsHoles
```

或者使用选项 -repairHoles，等价于上述命令：

```
$ ./bin/hbase hbck -repairHoles
```

4. HBCK 的高危修复

Region 区间 overlap 相关问题的修复属于高危修复操作，因为这类修复通常需要修改 HDFS 上的文件，有时甚至需要人工介入。对于这类高危修复，建议先执行 hbck -details 命令，详细了解更多的问题细节，再执行相应的修复命令。

笔者建议在 overlap 分析的基础上使用 merge 命令，强制将存在 overlap 的相关 Region 全部合并到一起。需要注意的是，对于多个 Region，需要两两合并，之后对合并后的 Region 执行 Major Compaction，再两两合并。

5. 经典使用案例

（1）Region 没有部署到任何 RegionServer 上

执行 hbck 命令检查之后，确认 Region 元数据信息在 HDFS 和 hbase:meta 中都存在，但没有部署到任何一台 RegionServer 上，hbck 命令的输出如下：

```
    ERROR:Region {meta => NEW_REGION_P6UDG76Y3G,\x00\x01,1475215564393.29a314bfe30d0
3de0580f75daa9ee5c3., hdfs => hdfs://hdfscluster/hbase/data/default/NEW_REGION_P6UDG7
6Y3G/29a314bfe30d03de0580f75daa9ee5c3, deploy => } not deployed on any region server.
    ......
    ERROR: There is a hole in the region chain betwwn and . You need to create a
new .regioininfo and region dir in hdfs to plug the hole
    ERROR: Found inconsistency in table NEW_REGION_P6UDG76Y3G
```

如果在 hbck 命令输出的 detail 信息中看到 “not deployed on any region server”，可以使用如下命令进行修复：

```
./hbase hbck -fixAssignments
```

当然，除了使用 hbck 命令，也可以直接在 hbase shell 中执行 assign 命令部署指定 Region。需要特别注意的是，hbck 命令输出中如果包含 “There is a hole in the region chain...” 这样的信息，暂时不用处理，先执行 -fixAssignments 命令，再执行 hbck 命令，看看是否还输出这样的信息。

（2）Region 没有部署到任何 RegionServer 上且元数据表中对应记录为空

执行 hbck 命令检查之后，发现 Region 元数据信息只在 HDFS 中存在，在 hbase:meta

中不存在，而且没有部署到任何一台 RegionServer 上，hbck 命令输出如下：

```
ERROR:Region {meta => null, hdfs => hdfs://hdfscluster/hbase/data/default/NEW_REGION_P6UDG76Y3G/29a314bfe30d03de0580f75daa9ee5c3, deploy => } on HDFS, but not listed in hbase:meta or deployed on any region server.
......
ERROR: There is a hole in the region chain betwwn and . You need to create a new .regioininfo and region dir in hdfs to plug the hole
ERROR: Found inconsistency in table NEW_REGION_P6UDG76Y3G
```

如果在 hbck 命令输出的 detail 信息中看到"on HDFS, but not listed in hbase:meta or deployed on any region server"，可以使用如下命令进行修复：

```
./hbase hbck -fixMeta -fixAssignments
```

同样，看到"There is a hole in the region chain…"这样的信息，先不用处理，执行上述修复命令，再执行 hbck 命令检查是否还有不一致的现象。

（3）HBase version file 丢失

HBase 集群启动时会加载 HDFS 上的 version file（/hbase-root/hbase.version）来确定 HBase 的版本信息，如果该文件丢失或损坏，则系统无法正常启动。此时可以使用如下命令进行修复：

```
./hbase hbck -fixVersionFile
```

命令会重新生成一份 hbase.version 文件，文件中 HBase 集群版本信息来自当前运行的 HBCK 版本。

对于 HBCK 工具，笔者总结最好的实践方式如下：

1）周期性地多次执行 hbck 命令，对集群进行定期体检，如果发现异常则报警。

2）若能对表执行 hbck 修复，就对表进行修复，而不要对整个集群进行修复操作。

3）大多数导致集群不一致的问题是"not deployed on any region server"，可以放心使用 -fixAssignments 进行修复，对于上文提到的几种情况都可以放心地进行修复。

4）对于其他 overlap 的情况，需要管理员认真分析，再谨慎使用 hbck 命令进行修复。如果可以手动修复，建议手动修复。

5）如果使用 HBCK 工具无法修复集群的不一致，需要结合日志进行进一步分析，决定修复方案。

12.6 HBase 核心参数配置

参数配置是一个富有技巧性的工作，每个参数的背后都隐藏着对应模块的工作原理，如果不清楚这些工作原理，就没办法真正理解这些参数的核心意义。所以笔者推荐系统性地学习整个系统的工作原理，再结合工作原理分析这些参数在系统中扮演什么样的角色。然而，对于许多刚开始接触 HBase 的工程师来说，参数配置是非常必要的一项技能，很多 HBase 运维工程师甚至反过来从这些参数入手，推导整个系统的工作原理。现在看来这样做也未尝不可。

接下来，笔者会对 HBase 中常见的参数进行分类整理，解释每个参数的实际意义以及在生产线上的配置注意事项，如果关注这些参数背后的工作原理，可以参考本书前面相关章节。

1. Region 相关参数

hbase.hregion.max.filesize：默认为 10G，简单理解为，Region 中最大的 Store 中所有文件大小一旦大于该值整个 Region 就会执行分裂。

解读：实际生产环境中，建议对该值设置不要太大也不要太小。太大会导致系统后台执行 compaction 消耗大量系统资源，一定程度上影响业务响应；太小会导致 Region 分裂比较频繁（分裂本身对业务读写会有一定影响）。太多 Region 会消耗大量系统资源，并且在 RegionServer 故障恢复时比较耗时。

2. BlockCache 相关参数

BlockCache 相关的参数非常多，而且比较容易混淆。不同的 BlockCache 策略对应不同的参数，并且这些参数配置会影响 MemStore 相关参数的配置。笔者对 BlockCache 策略一直持有这样的观点：RegionServer 内存在 20G 以内的就选择 LRUBlockCache，大于 20G 的就选择 BucketCache 中的 offheap 模式。接下来所有的相关配置都基于 BucketCache 的 offheap 模型进行说明。

- hfile.block.cache.size：默认为 0.4，该值用来设置 LRUBlockCache 的内存大小，0.4 表示 JVM 内存的 40%。

  解读：当前 HBase 系统默认采用 LRUBlockCache 策略，BlockCache 大小和 MemStore 大小均为 JVM 的 40%。对于 BucketCache 策略来讲，Cache 分为了两层，L1 采用 LRUBlockCache，主要存储 HFile 中的元数据 Block，L2 采用 BucketCache，主要存储业务数据 Block。因为只用来存储元数据 Block，所以只需要设置很小的 Cache 即可。
- hbase.bucketcache.ioengine：BucketCache 策略的模式选择，可选项包括 heap、offheap 以及 file 三种，分别表示使用堆内内存、堆外内存以及 SSD 硬盘作为缓存存储介质。
- hbase.bucketcache.size：堆外存大小，配置的大小主要依赖于物理内存大小。

3. MemStore 相关参数

- hbase.hregion.memstore.flush.size：默认为 128M（134217728），MemStore 大于该阈值就会触发 flush。如果当前系统 flush 比较频繁，并且内存资源比较充足，可以适

当将该值调整为 256M。注意，调大阈值也是有副作用的——这可能造成宕机时需要 Split 的 HLog 数量变多，从而延长故障恢复时间。

- hbase.hregion.memstore.block.multiplier：默认为 4，表示一旦某 Region 中所有写入 MemStore 的数据大小总和达到或超过阈值 hbase.hregion.memstore.block.multiplier * hbase.hregion.memstore.flush.size，就会执行 flush 操作，并抛出 RegionTooBusyException 异常。

  解读：当前 1.x 版本默认值为 4，通常不会有问题。如果日志中出现类似“Above memstore limit, regionName =... , server = ... , memstoreSizse = ... , blockingMemstoreSize = ...”，就需要考虑修改该参数了。

- hbase.regionserver.global.memstore.size：默认为 0.4，表示占用总 JVM 内存大小的 40%。该参数非常重要，整个 RegionServer 上所有写入 MemStore 的数据大小总和不能超过该阈值，否则会阻塞所有写入请求并强制执行 flush 操作。

  解读：一旦 RegionServer 写入出现阻塞，查看日志中是否存在关键字 Blocking updates on，如果存在说明当前 RegionServer 总 MemStore 内存大小已经超过该阈值，需要明确是不是 Region 数目太多、单表列簇设计太多或者该参数设置太小。

- hbase.regionserver.global.memstore.lower.limit：默认为 0.95，表示 RegionServer 级别总 MemStore 大小的低水位是 hbase.regionserver.global.memstore.size 的 95%。这个参数表示 RegionServer 上所有写入 MemStore 的数据大小总和一旦超过这个阈值，就会挑选最大的 MemStore 执行强制 flush 操作。

  解读：之前在 HBase 线上集群出现过这样一个问题：运维巡检发现集群中所有 RegionServer 的 HFile 个数一直处于增长状态，在 3 个月时间内由 4000 个左右增长到 9000 个左右，而理论上应该稳定在 4000 个左右。

  排查发现，大多数 MemStore 在只有 60MB 左右大小的时候就开始进行 flush 操作（RegionServer 日志中对应关键字 "Finished memstore flush of ~61.32 MB/64301408"），而正常情况下 MemStore 需要写满 128MB 才会 flush，于是猜测 RegionServer 中 HFile 数量不断增多是因为 flush 的 MemStore 太小导致 HFile 增多，使得 Compaction 来不及合并。

  继续排查，在 RegionServer 的日志（Debug 级别）中发现关键字 "Flush thread woke up because memory above low water"，根据代码确认，此时 RegionServer 中所有 MemStore 的内存大小总和已经超过低水位阈值 hbase.regionserver.global.memstore.size*hbase.regionserver.global.memstore.lower.limit，RegionServer 开始挑选最大的 MemStore 启动强制 flush，而 RegionServer 中此时最大的 MemStore 大小只有 60MB 左右。

  进一步检查发现参数 hbase.regionserver.global.memstore.size 的值为 0.35，调大到 0.45 后，执行 flush 的 MemStore 大小从 60MB 增大到 115MB 左右，观察一段时间后，RegionServer 的 HFile 数量开始不断下降，最终稳定在 4000 左右。

- hbase.regionserver.optionalcacheflushinterval：默认为 1h（3600000ms），HBase 会发起一个线程定期 flush 所有 MemStore，该值表示 flush 的执行间隔。

4. Compaction 相关参数

Compaction 模块主要用来合并小文件，删除过期数据以及标记为 deleted 的数据等。该模块涉及参数较多，对系统读写性能影响也很大，下面主要介绍部分比较核心的参数。

- hbase.hstore.compactionThreshold：默认为 3，Compaction 的触发条件之一，当 store 中文件数超过该阈值就会触发 Compaction。
- hbase.hstore.compaction.max：默认为 10，最多可以参与 minor compaction 的文件数。
- hbase.regionserver.thread.compaction.throttle：默认为 2G，是评估单个 Compaction 为 small 或者 large 的判断依据。为了防止 large compaction 长时间执行阻塞其他 small compaction，HBase 将这两种 Compaction 进行了分离处理，每种 Compaction 会分配独立的线程池。
- hbase.regionserver.thread.compaction.large/small：默认为 1，large 和 small Compaction 的处理线程数。

  解读：在写入负载比较高的集群，可以适当增加这两个参数的值，提高系统 Compaction 的效率。但需注意，这两个参数不能太大，否则有可能出现 Compaction 效率不增反降的现象。具体设定值和硬件环境有关，建议经过真实线上环境测试得出。
- hbase.hstore.blockingStoreFiles：默认为 10，表示某个 store 中文件数一旦大于该阈值，就会导致所有更新阻塞。生产线上建议将该值设置较大，避免出现阻塞更新，一旦发现日志中出现 "too many store files"，就要查看该值是否设置正确。
- hbase.hregion.majorcompaction：默认为 1 周（604800000），表示 Major Compaction 的触发周期。生产线上建议大表 Major Compaction 选择业务低峰期手动执行，将此参数设置为 0，即关闭自动触发机制。

5. HLog 相关参数

- hbase.regionserver.maxlogs：默认为 32，Region flush 的触发条件之一，wal 日志文件总数超过该阈值就会强制执行 flush 操作。该默认值对于很多集群来说太小，生产线上具体设置参考 HBASE-14951。
- hbase.regionserver.hlog.splitlog.writer.threads：默认为 3，RegionServer 恢复数据时 HLog 日志按照 Region 切分之后重新写入 HDFS 的线程数。生产环境中 Region 个数普遍较多，为了加速数据恢复，建议设置较大（请参考 9.4 节，确切地说，该值是在满足特定约束下尽可能地调大。）。

6. 请求队列相关参数

- hbase.regionserver.handler.count：默认为 30，服务器端用来处理用户请求的线程数。

生产线上通常需要将该值调到 100 ～ 200。

解读：用户关心的请求响应时间由两部分构成：排队时间和服务时间，response time = queue time + service time。优化系统需要经常关注排队时间，如果用户请求排队时间很长，首要需要检查 hbase.regionserver.handler.count 是否没有调整。

- hbase.ipc.server.callqueue.handler.factor：默认为 0，服务器端设置队列个数，假如该值为 0.1，那么服务器就会设置 handler.count × 0.1 = 30 × 0.1 = 3 个队列。
- hbase.ipc.server.callqueue.read.ratio：默认为 0，服务器端设置读写业务分别占用的队列百分比以及 handler 百分比。假如该值为 0.5，表示读写各占一半队列，同时各占一半 handler。
- hbase.ipc.server.call.queue.scan.ratio：默认为 0，服务器端为了将 get 和 scan 隔离设置了该参数。

队列相关参数设置比较复杂，为了方便理解，举例如下：

```
<property>
    <name>hbase.regionserver.handler.count</name>
    <value>100</value>
</property>
// RegionServer 会设置 100*0.1 = 10 个队列处理用户的请求
<property>
    <name>hbase.ipc.server.callqueue.handler.factor</name>
    <value>0.1</value>
</property>
// 10 个队列中分配 5（10*0.5）个队列处理用户的读请求，另外 5 个队列处理用户的写请求
<property>
    <name>hbase.ipc.server.callqueue.read.ratio</name>
    <value>0.5</value>
</property>
// 5 个读队列中分配 1（5*0.2）个队列处理用户的 scan 请求，其他 4 个队列处理用户的 get 请求
<property>
    <name>hbase.ipc.server.callqueue.scan.ratio</name>
    <value>0.2</value>
</property>
```

7. 其他重要参数

- hbase.online.schema.update.enable：默认为 true，表示更新表 schema 的时候不再需要先 disable 再 enable，直接在线更新即可。该参数在 HBase 2.0 之后默认为 true。生产线上建议设置为 true。
- hbase.quota.enabled：默认为 false，表示是否开启 quota 功能，quota 的功能主要是限制用户 / 表的 QPS，起到限流作用。
- hbase.snapshot.enabled：默认为 true，表示是否开启 snapshot 功能，snapshot 功能主要用来备份 HBase 数据。生产线上建议设置为 true。
- zookeeper.session.timeout：默认为 180s，表示 ZooKeeper 客户端与服务器端 session

超时时间，超时之后 RegionServer 将会被踢出集群。

解读：有两点需要重点关注，一是，该值需要与 ZooKeeper 服务器端 session 相关参数一同设置才会生效，只将该值增大而不修改 ZooKeeper 服务端参数，可能并不会实际生效。二是，通常情况下离线集群可以将该值设置较大，在线业务需要根据业务对延迟的容忍度进行设置。

- hbase.zookeeper.useMulti：默认为 true，表示是否开启 ZooKeeper 的 multi-update 功能，该功能在某些场景下可以加速批量请求完成，而且可以有效防止部分异常问题。生产线上建议设置为 true。注意设置为 true 的前提是 ZooKeeper 服务端的版本在 3.4 以上，否则会出现 ZooKeeper 客户端夯住的情况。
- hbase.coprocessor.master.classes：生产线上建议设置 org.apache.hadoop.hbase.security.access.AccessController，可以使用 grant 命令对 namespace、table、cf 设置访问权限。
- hbase.coprocessor.region.classes：生产线上建议设置 org.apache.hadoop.hbase.security.token.TokenProvider, org.apache.hadoop.hbase.security.access.AccessController，同上。

HBase 系统中存在大量参数，大部分参数并不需要修改，只有一小部分核心参数需要根据集群硬件环境、网络环境以及业务类型进行调整。另外，上述参数只是一部分核心参数，可能并不完整，比如 kerberos、replication、rest、thrift、hdfs client 等相关模块参数并没有涉及，如有需要可以参考其他资料进行配置。

另外，在 HBase 1.0.0 版本之后开始支持在线配置更新，运维人员可以在不重启 RegionServer 的情况下更改部分配置。详见 http://hbase.apache.org/1.2/book.html#dyn_config。

12.7 HBase 表设计

和传统数据库不同，HBase 作为典型的 KV 存储，数据表没有 schema。No-Schema 模式非常方便用户在线增删数据列，而且几乎没有任何额外代价，但这并不意味着 HBase 建表不需要任何设置。HBase 以列簇为单元对数据进行独立存储，不同列簇的存储属性可以不同，因此建表时需要对不同列簇的相关属性进行说明。

建表语句整体上可以拆解成三个部分：表名、列簇属性设置、表属性设置。

1. 表名

强烈建议生产线创建表时不要单独使用表名，而应该使用命名空间加表名的形式。同一个业务的相关表放在同一个命名空间下，不同业务使用不同的命名空间。

2. 列簇属性设置

这个模块可以根据业务需求设置多个列簇（示例中仅有一个列簇），每个列簇都可以配置相关的属性。下面介绍几个核心属性。

- VERSIONS：系统保留的最大版本数，默认为 1。数据的版本数量一旦超过该值，最老的版本就会被依次回收。

- BLOCKCACHE：是否开启 BlockCache，默认为 true。如果该值为 true，数据 Block 从 HFile 加载出来之后会被放入读缓存，供后续读请求读取。如果设置为 false，表示数据 Block 在任何时候都不会放入读缓存。在两种场景下可以将此值设置为 false——一种场景是数据量很大且读取没有任何热点；另一种场景是表数据仅供 OLAP 分析，没有 OLTP 需求。
- BLOOMFILTER：布隆过滤器类型，可选项为 NONE、ROW 和 ROWCOL，默认为 ROW。布隆过滤器过滤部分肯定不存在待查找的 KV 来提高随机读的效率。ROW 模式表示仅仅根据 rowkey 就可以判断待查找数据是否存在于 HFile 中，而 ROWCOL 模式只对指定列的随机读有优化作用，如果用户只根据 rowkey 定位所有数据，而没有具体指定列查找，ROWCOL 模式就不会有任何效果。通常建议选择 ROW 模式。
- TTL (Time To Live)：数据失效时间。TTL 是 HBase 非常重要的一个特性，可以让数据自动过期失效，不需要用户手动删除。大多数大数据业务最关心最新数据，对历史数据关注度会逐渐降低，这种背景下让数据自动失效不仅不影响业务服务，反而会降低存储成本、减少数据量规模，进而提升查询性能。需要注意的是，HBase TTL 过期的数据是通过 Compaction 机制进行删除的，因此会出现失效时间到期之后，数据还存在于系统之中但查询不出来的情况。
- COMPRESSION：压缩算法，可选项为 NONE、SNAPPY、LZ4 和 ZLTD。压缩最直接、最重要的作用是减少数据存储成本，理论上 SNAPPY 算法的压缩率可以达到 5：1 甚至更高，但是根据测试数据不同，压缩率可能并没有达到理论值，另一方面，压缩 / 解压缩需要消耗大量计算资源，对系统 CPU 资源需求较高。

  从原理上来讲，数据压缩不是 KV 级别的操作，而是文件 Block 级别的操作。HBase 在写入 Block 到 HDFS 之前会首先对数据块进行压缩，再落盘。读数据首先从 HDFS 中加载出 Block 之后进行解压缩，再缓存到 BlockCache，最后返回给用户。

  经过测试，相比其他算法，SNAPPY 算法在压缩率、编解码速率等方面都表现得更加优秀，生产线上一般推荐使用 SNAPPY。
- DATA_BLOCK_ENCODING：数据编码算法，可选项 NONE、PREFIX、DIFF、FASTDIFF 和 PREFIX_TREE。和压缩一样，编码最直接、最重要的作用也是减少数据存储成本；编码 / 解码一般也需要大量计算，需要消耗大量 CPU 资源。

  在实际生产线上需要注意谨慎使用 PREFIX_TREE 编码，在实际生产线实践中，我们发现 PREFIX_TREE 编码存在很多严重的问题，比如会引起 Compaction 一直卡住（详见 HBASE-12959），此外还可能造成 scan miss（详见 HBASE-12817）。目前该功能属于实验性质特性，而且在最新发布的 2.0 版本中该功能由于开发不完善已经从系统中移除。因此出于安全考虑，建议不使用 PREFIX_TREE 编码算法。

- BLOCKSIZE：文件块大小。Block 是 HBase 系统文件层面写入、读取的最小粒度，默认块大小为 64K。对于不同的业务数据，块大小的合理设置对读写性能有很大的影响。通常来说，如果业务请求以 get 请求为主，可以考虑将块设置较小；如果以 scan 请求为主，可以将块调大；默认的 64K 块大小是在 scan 和 get 之间取得的一个平衡。

注意　默认块大小适用于多种数据使用模式，调整块大小是比较高级的操作。配置错误将对性能产生负面影响。因此建议在调整之后进行测试，根据测试结果决定是否可以线上使用。

- DFS_REPLICATION：数据 Block 在 HDFS 上存储的副本数，默认为 HDFS 文件系统设置值。DFS_REPLICATION 可以让不同列簇数据在 HDFS 上拥有不同的副本数，这是非常个性化、非常有意义的一个配置。比如在默认备份数为 3 的情况下，某个列簇数据非常重要而且数据量不大，那就可以将 DFS_REPLICATION 设置为 5，增加数据的绝对可靠性；同理，如果某个列簇数据不重要但数据量非常大，在业务允许的情况下可以将 DFS_REPLICATION 设置为 2，甚至为 1。
- IN_MEMORY：如果表中某些列的数据量不大，但是进行 get 和 scan 操作的频率又特别高，同时业务方还希望 get 和 scan 操作的延迟更低，此时采用 IN_MEMORY 效果比较好。

3. 表属性设置

这个模块可以配置表级别相关的属性，下面介绍 6 个核心属性。

- 预分区设置属性：预分区是 HBase 最佳实践中非常重要的一个策略，不经过预分区设置的业务通常在后期会出现数据分布极度不均衡的情况，进而造成读写请求不均衡，严重时会出现写入阻塞、读取延迟不可控，甚至影响整个集群其他业务。因此建议所有业务表上线必须做预分区处理。

　　与预分区相关的配置项主要有 NUMREGIONS 和 SPLITALGO。NUMREGIONS 表示预分区个数，该属性设置由业务表预估数据量、规划 REGION 大小等因素共同决定。SPLITALGO 表示切分策略，可选项有 UniformSplit 和 HexStringSplit 两种，HexStringSplit 策略适用于 rowkey 前缀是十六进制字符串的场景，比如经过 MD5 编码为十六进制的 rowkey；UniformSplit 策略适用于 rowkey 是比较随机的字节数组的场景，比如经过某些 hash 算法转换为字节数组的 rowkey。当然，用户也可以通过实现“org.apache.hadoop.hbase.util.RegionSplitter.SplitAlgorithm”接口定制适合自己业务表的切分策略。

- MAX_FILESIZE：最大文件大小，功能与配置文件中 "hbase.hregion.max.filesize" 的配置项相同，默认为 10G。MAX_FILESIZE 属性的主要意义在于设置 Region 自动切分的时机，可以理解为 Region 中最大的 Store 所有文件大小总和一旦大于该值整个 Region 就会执行分裂。综合考虑，建议线上设置为 5G ～ 30G。
- READONLY：只读表，默认为 false。
- COMPACTION_ENABLED：Compaction 是否开启，默认为 true，表示允许 Minor/Major Compaction 自动执行。
- MEMSTORE_FLUSHSIZE：单个 MemStore 的大小，功能与配置文件中 "hbase.hregion.memstore.flush.size" 的配置项相同，默认为 128M。在系统资源允许的情况下，对于部分写入吞吐率较高的业务可以考虑将该值单独设置较大。
- DURABLITY：WAL 持久化等级，默认为 USE_DEFAULT。其他可选项有 SKIP_WAL、ASYNC_WAL 以及 FSYNC_WAL。根据业务的重要程度以及写入吞吐量的要求综合考虑该配置项的设置，比如部分业务写入吞吐量非常大，但数据并不是很重要，允许在异常情况下丢失部分数据，在这种情况下可以选择 SKIP_WAL 或者 ASYNC_WAL。

了解了表属性设置之后会发现，很多属性在之前版本中只存在于配置文件中，属于集群级别配置，比如 DFS_REPLICATION、MAX_FILESIZE、MEMSTORE_FLUSHSIZE 等。集群级别配置有两个非常大的弊端，一是修改需要重启才能生效；二是不灵活，不能做到针对不同业务定制化配置。现在将这些设置下放到表级别，甚至列簇级别，使不同表、不同列簇可以定制，非常有利于系统适配业务的变化。

12.8 Salted Table

对某些业务来说，rowkey 本身并不具备前缀散列性，例如时间戳。timestamp = 1545569863 和 timestamp = 1545569877 二者共同的前缀都是 15455698，因此，这种把时间戳设计为 rowkey 的两行数据会分布在同一个 Region 内，而且后续不断写入的数据也都会落在同一个 Region 内，这很容易造成数据热点。

因此，对 rowkey 做哈希是一种很好的解决数据热点的方式。例如，业务要存放的 rowkey = row1，通过哈希算法算出来一个前缀：PREFIX = MD5SUM (rowkey) % 4，实际在 HBase 中存放的 rowkey = PREFIX + row1，也就是由 PREFIX 和 row1 二者拼接生成的 rowkey。

在建表的时候，我们把一个表预分成 5 个 Region：

- region-00 对应区间（-∞ , 01）。
- region-01 对应区间 [01, 02)。
- region-02 对应区间 [02, 03)。

● region-03 对应区间 [03, +∞)。

这样，很好地保证了每一个 rowkey 都随机、均匀地落在不同的 Region 上，解决了数据热点的问题。在 get 操作时候，假设待读取的 rowkey = row1，则先算出 HBase 中实际存放的 rowkey = MD5SUM (row1) % 4 + row1，按照这个 rowkey 去 get 数据即可（如图 12-8 所示）。

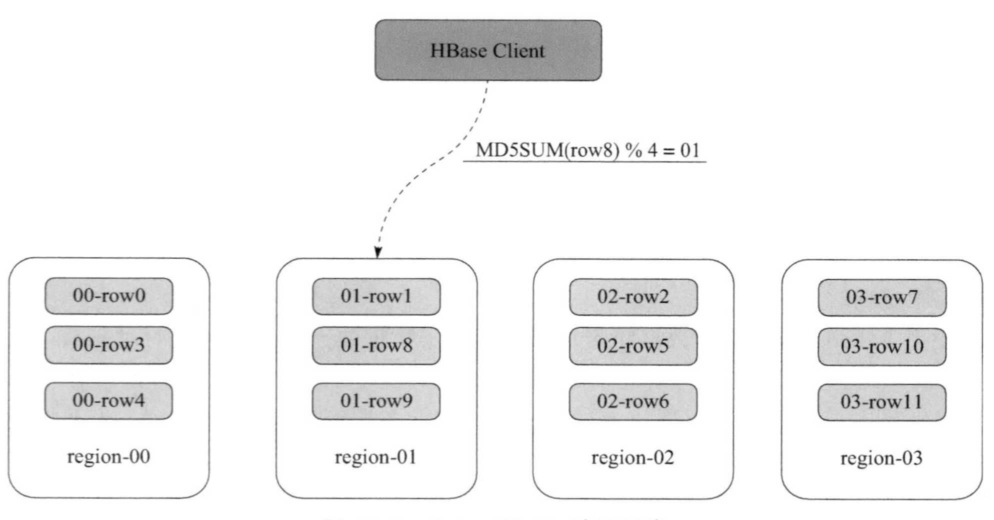

图 12-8　Salted Table 读写示意

但是，对 Salted Table 做 scan 操作的时候，会稍微麻烦一点。如图 12-9 所示，如果需要通过 scan 获取 [row4, +∞) 这个区间的数据，需要分 3 个步骤进行读取。

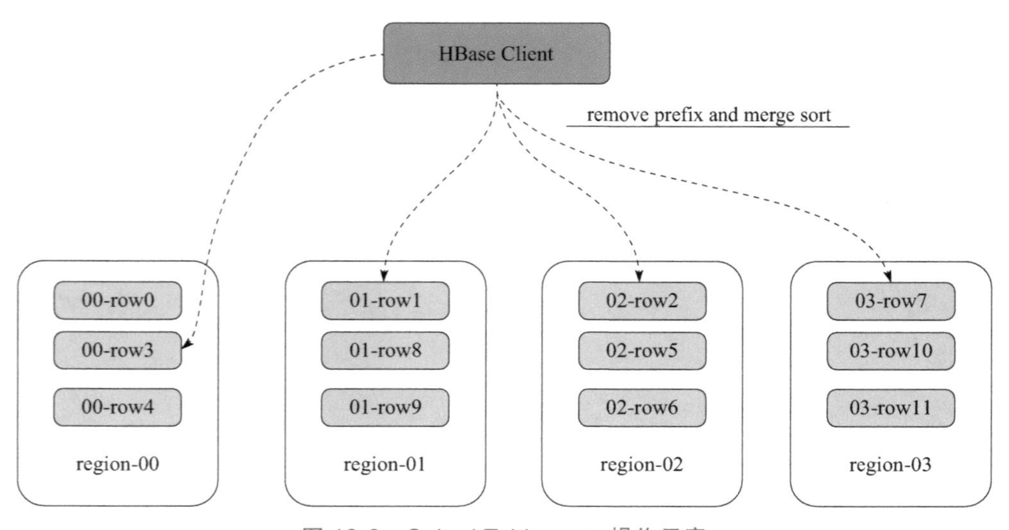

图 12-9　Salted Table scan 操作示意

步骤 1：针对每一个 Region 计算出 row4 在 HBase 中实际存放的 rowkey：

- 在 region-00 中，对应的 rowkey = 00-row4。
- 在 region-01 中，对应的 rowkey = 01-row4。
- 在 region-02 中，对应的 rowkey = 02-row4。
- 在 region-03 中，对应的 rowkey = 03-row4。

步骤 2：上述 4 个 Region，每一个 Region 打开一个 Scanner，并 Seek 到 row4 的前一行数据，Scanner.next() 即可读取 [row4，+∞) 中的第一行数据：

- 在 region-00 中，Seek 到 rowkey = 00-row3。
- 在 region-01 中，Seek 到 rowkey = 01-row1。
- 在 region-02 中，Seek 到 rowkey = 02-row2。
- 在 region-03 中，Seek 到 rowkey = 03-row7。

步骤 3：将 4 个 Scanner 做多路归并，读出每一条记录。同时，在返回记录给用户前去掉 2 字节固定前缀。

本质上 Salted Table 通过数据哈希很好地解决了数据热点的问题，同时对 get、put 这类按照 rowkey 做点查（只查询一条记录）的操作非常友好，性能也很棒。但是，对于 scan 操作并不是特别友好，虽然可以通过上述算法来实现业务层面的 rowkey 有序，但是毕竟会将任何类型的 scan 操作都转化成多个 Region 的多路归并算法，所以在性能上相比正常表要差不少。

总之，上层用户需要平衡 Salted Table 的利弊，对自身的业务做出有利的选择。上述多 Region 的多路归并算法，HBase 的 Release 版本中并未实现，感兴趣的读者可以自行实现相关算法。

第13章 HBase系统调优

HBase 集群运行的效率，不仅取决于 HBase 系统本身，还取决于其所依赖的操作系统、JDK 以及 HDFS。因此 HBase 集群性能优化不仅要对 HBase 参数进行调优，还需要对操作系统、JDK 以及 HDFS 进行相应的调整。

调优工作是一个系统性工作，调优者除了对操作系统、JDK、HDFS 以及 HBase 有一定了解之外，还需要对系统硬件、集群容量规划的相关知识有所涉猎。不仅如此，调优者还需要掌握 HBase 集群的相关测试工具与测试方法，以便对调优的结果进行明确验证。只有经过对比测试和线上验证的调优才能站得住脚。

本章内容涵盖了部分调优技能，通过介绍与 HBase 最相关的调优内容，来介绍部分调优方法和思路，包括 GC 调优、操作系统调优以及 HBase 读写性能调优等。

13.1 HBase GC 调优

纵观 HBase 的发展历程，对其进行的各种优化从未停止，而 GC 优化更是其中的重中之重。从 0.94 版本提出 MemStoreLAB、MemStore Chuck Pool 等策略对写缓存 MemStore 进行优化开始，到 0.96 版本提出 BucketCache 以及堆外内存方案对读缓存 BlockCache 进行优化，再到后续 2.0 版本引入更多堆外内存，可见，HBase 会将堆外内存的使用作为优化 GC 的一个战略方向。

然而在当前版本中，无论引入多少堆外内存，都无法避免读写全路径使用 JVM 内存，以 BucketCache 中 offheap 模式为例，即使 HBase 数据块是缓存在堆外内存，但是在读取的时候还是会首先将堆外内存中的 Block 加载到 JVM 内存中，再返回给用户[⊖]。既然绕不过

⊖ 在 HBase 2.x 中，HBASE-11425 这个 ISSUE 已经通过引用计数的手段避免了堆外内存向堆内的额外拷贝，这样 GC 压力会更小。

JVM 内存，就需要落脚于 GC 本身，对 GC 本身进行优化。

1. CMS GC 和 G1 GC

通常来讲，每种应用都会有自己的内存对象特性，通常可分为两种：一种是短寿对象（指存活时间相对较短的对象，比如临时变量等）居多的工程，比如大多数纯 HTTP 请求处理工程，短寿对象可能占到所有对象的 70% 左右；另一种是长寿对象（指存活对象较长的对象，比如 TTL 设置较长的缓存对象）居多的工程，比如类似于 HBase、Spark 等这类大内存工程。具体以 HBase 为例，来看看具体的内存对象。

- RPC 请求对象，比如 Request 对象和 Response 对象，一般这些对象会随着短连接 RPC 的销毁而消亡，这些对象可以认为是短寿对象。
- MemStore 对象，HBase 的 MemStore 中对象一般会持续存活较长时间，用户写入数据到 MemStore 中之后对象就一直存在，直至 MemStore 写满之后 flush 到 HDFS。这类对象属于长寿对象。
- BlockCache 对象，和 MemStore 对象一样，BlockCache 对象一般也会在内存中存活较长时间，属于长寿对象。

因此可以看出，HBase 系统属于长寿对象居多的工程，一方面，GC 的时候要将 RPC 这类短寿对象在 Young 区淘汰掉；另一方面，要减少 Old 区的对象总量。

针对 HBase 这种大内存系统，目前 JVM 对应的主流 GC 策略有 CMS[㊀] GC 以及 G1 GC 两种。当前业界使用 CMS GC 较多，不过已经有很多公司开始使用 G1 GC。

CMS 收集器在 Full GC 场景下会尝试通过一次串行的完整垃圾收集来回收碎片化的堆内存，这个过程通常会持续很长时间，这段时间内应用程序线程都停止工作。关于 CMS GC 的更多资料可以参考：

- https://docs.oracle.com/javase/8/docs/technotes/guides/vm/gctuning/cms.html
- https://blogs.oracle.com/poonam/understanding-cms-gc-logs

G1 垃圾收集器是一种增量型的收集器，具有并行整理内存碎片的功能。相比 CMS 垃圾收集器，G1 能够提供更加可预测的停顿时间。通过引入一个并行的、多阶段的并发标记周期，G1 能够处理更大的堆内存，并且在最坏情况下仍能够提供合理的停顿时间。需要特别提醒的是，使用 G1 垃圾收集器需要 JDK 版本在 JDK8 以上。G1 GC 的更多资料如下：

- G1 GC Fundamentals (HubSpot blog): https://product.hubspot.com/blog/g1gc-fundamentals-lessons-from-taming-garbage-collection
- Understanding G1 GC Logs (Oracle blog): https://blogs.oracle.com/poonam/entry/understanding_g1_gc_logs
- Tuning HBase Garbage Collection (Intel blog): https://software.intel.com/en-us/blogs/2014/06/18/part-1-tuning-java-garbage-collection-for-hbase
- Tuning G1 GC for Your HBase: https://blogs.apache.org/hbase/entry/tuning_g1gc_for_your_hbase

---

㊀ CMS 指 Concurrent Mark and Sweep（并发标记回收器）。

2. CMS GC 调优

为了便于统计 CMS 的日志信息，需要开启以下相关参数：

```
-verbose:gc
-XX:+PrintGCDetails
-XX:+PrintGCDateStamps
-XX:+PrintGCApplicationStoppedTime
-XX:+PrintTenuringDistribution
```

CMS GC 的主要配置参数如下所示：

```
-Xmx30g -Xms30g -Xmn1g -Xss256k
-XX:MaxPermSize=256m
-XX:SurvivorRatio=2
-XX:MaxTenuringThreshold=15
-XX:CMSInitiatingOccupancyFraction=75
-XX:+UseParNewGC
-XX:+UseConcMarkSweepGC
-XX:+CMSParallelRemarkEnabled
-XX:+UseCMSCompactAtFullCollection
-XX:+UseCMSInitiatingOccupancyOnly
-XX:-DisableExplicitGC
```

其中，大多数参数都可以使用上述配置，需要调整优化的参数有 -Xmn 和 -XX:SurvivorRatio 两个。通常来说，建议参数设置如下：

- -Xmn 可以随着 Java 分配堆内存增大而适度增大，取值范围通常为 1 ～ 3G；比如 -Xmx ≤ 16G，-Xmn = 512M，16G < -Xmx ≤ 32G，-Xmn = 1G，32G < -Xmx ≤ 64G，-Xmn = 2G。
- -XX:SurvivorRatio = 2。

3. HBase GC 调优方法论

无论哪种 GC，对其进行优化的核心都应该包含如下 3 个步骤：

1）了解对应 GC 的主要工作原理以及主要配置参数，从理论上分析哪些参数可能会影响 GC 性能，这些参数就是优化的目标参数。

2）针对目标参数设置对照组进行对照测试（ycsb 测试）。

3）对相同负载下不同对照参数配置的 GC 性能做对比。GC 性能可以通过 GC 日志分析得出，或者通过 JVM 提供的 jstat -gcutil 工具查看。

13.2　G1 GC 性能调优

1. CMS 和 G1 GC 的本质区别

Java 有两种最常用的 GC 算法，一种是以 CMS 为代表的并发标记清除算法；另一种是以 G1 为代表的并发标记整理算法。

如图 13-1 所示，CMS（并发标记清扫算法）在触发老年代垃圾回收时（有两种情况会触发老年代垃圾回收，一种是年轻代对象往老年代拷贝的时候，发现老年代无法分配一块合适大小的连续内存；另一种是统计多次 GC 的 STW 时间，发现 GC 时间占比较大），通过多线程并发标记可回收的内存块，在回收过程中不会挪动被引用的对象。因此 GC 之后，存活的对象是散落在整个老年代中的。这样随着时间的推移，存活的对象会分布得极为散乱，导致大量内存碎片，以致最后不得不进行一次 full GC 来达到整理内存碎片的目的。

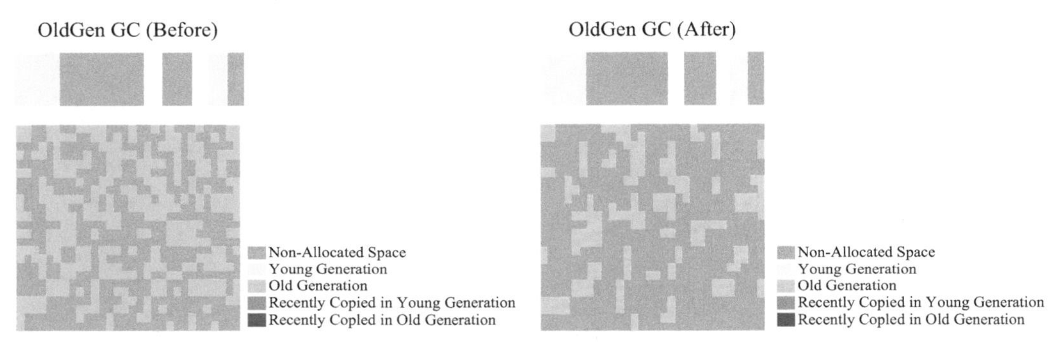

图 13-1 CMS 算法示意

G1 算法如图 13-2 所示。G1 把整个堆划分成很多相同大小的 Region（一般设为 32MB）。无论 Young GC，还是 Old GC，都选择一部分 Region，将其中存活的对象拷贝到若干个全新的 Region 上，然后释放旧的 Region 的空间。而所谓 G1，就是 Garbage First 的简写，也就是在选择一批 Region 做 GC 时，会优先选择那些垃圾占比最高的 Region。

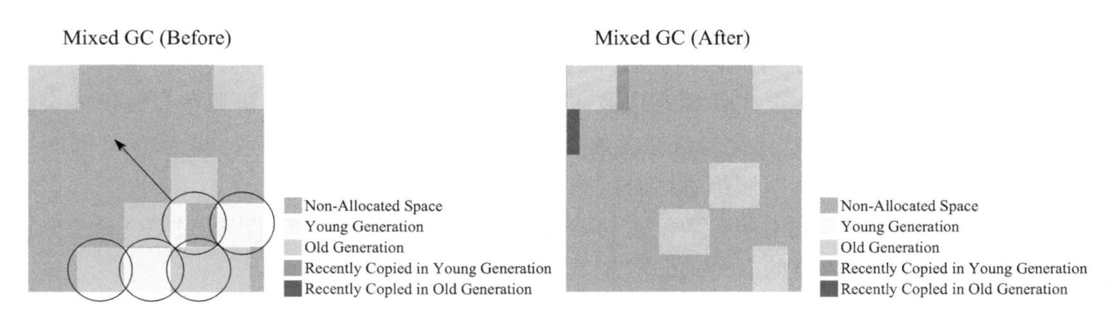

图 13-2 G1 算法示意

G1 类似于 CMS，也会分年轻代和老年代。不同的地方在于，G1 的年轻代并不像 CMS 那样分配两个连续的内存块，然后两个内存块交替使用。G1 的年轻代是由分散的多个 Region 组成，而且 Region 的个数会随着前面多次 young GC 的 STW 时间动态调整。若之前的 young GC 耗时比较长，则 G1 会调小 young 区大小，反之则调大，因为更大的 young 区明显会导致更长的 STW 耗时。

另外，G1 一旦触发老年代垃圾回收，会将待回收的 Region 分成若干批次，每一批次从 young 区和 old 区中按照 Garbage First 策略选若干个 Region 进行垃圾回收，每一批垃圾回收都叫做 mixed GC。因此 G1 本质上是将一次大的内存整理过程分摊成多次小的内存整理过程，从而达到控制 STW 延迟和避免 full GC 的目的。

综上所述，CMS 和 G1 GC 本质区别如下：

- CMS 老年代 GC 并不会挪动对象，只有在做 full GC 的时候才会挪动对象，处理碎片问题。所以，理论上使用 CMS 无法避免 STW 的 full GC。而 G1 可以通过多次 mixed GC 增量地处理内存碎片，所以，G1 有能力完全避免 STW 的 full GC。
- 由于 G1 的老年代回收是增量式的，所以 G1 更加适合大堆。

为了帮助读者对 G1 有更深入的理解，下面将通过一个压力测试来介绍调整 G1 参数的过程。

2. 测试环境

首先我们创建一个有 400 个 Region 的表，先加载 1 亿条记录，每条记录 1000 字节。然后使用 40 个写线程和 20 个读线程进行压力测试，每组对比测试跑一个小时。下面是与 GC 相关的 HBase 配置：

```
hbase.regionserver.global.memstore.lowerLimit=0.3
hbase.regionserver.global.memstore.upperLimit=0.45
hfile.block.cache.size=0.1
hbase.hregion.memstore.flush.size=268435456# 256MB
hbase.bucketcache.ioengine=offheap
```

部署的集群是 2 个 Master，5 个 RegionServer。重要的配置如下：

- JDK 采用 1.8.0_111 版本。
- 每个 RegionServer 设置 30G 堆内内存和 30G 堆外内存，其中堆内内存主要用于 MemStore，堆外内存主要用于 BucketCache。
- 每台机器 CPU 为 24 核，12 块 4T 的 HDD 盘，网卡为 10Gb/s。

3. G1 GC 核心参数

首先介绍 G1 GC 中各项核心参数的意义。

- MaxGCPauseMillis：每次 G1 GC 的目标停顿时间，这是一个软限制，也就是 G1 会尽量控制 STW 的时间不超过该值，但不保证每次 STW 都严格小于该值。
- G1NewSizePercent：young 区占比的下限。G1 会根据 MaxGCPauseMillis 动态调整 young 区的大小，但要保证 young 区占比肯定大于或等于该值。
- InitiatingHeapOccupancyPercent（IHOP）：G1 开始进行并发标记的阈值。并发标记之后，就会进入 Mixed GC 周期。注意，一次 Mixed GC 周期内会执行多次 Mixed

GC。

- MaxTenuringThreshold：一个对象最多经历多少次 young GC 会被放入老年代。
- G1HeapRegionSize：G1 会把堆分成很多 Region，G1HeapRegionSize 用来控制每个 Region 的大小。注意这里需要写成 32m，而不能写成 32。
- G1MixedGCCountTarget：一个 mixed GC 周期中最多执行多少次 mixed GC。
- G1OldCSetRegionThresholdPercent：一次 mixed GC 最多能回收多大的 OldRegion 空间。

图 13-3 所示为测试使用的初始 JVM 参数。左侧参数中主要关注标粗的 7 个选项，右侧参数用来输出 GC 日志。

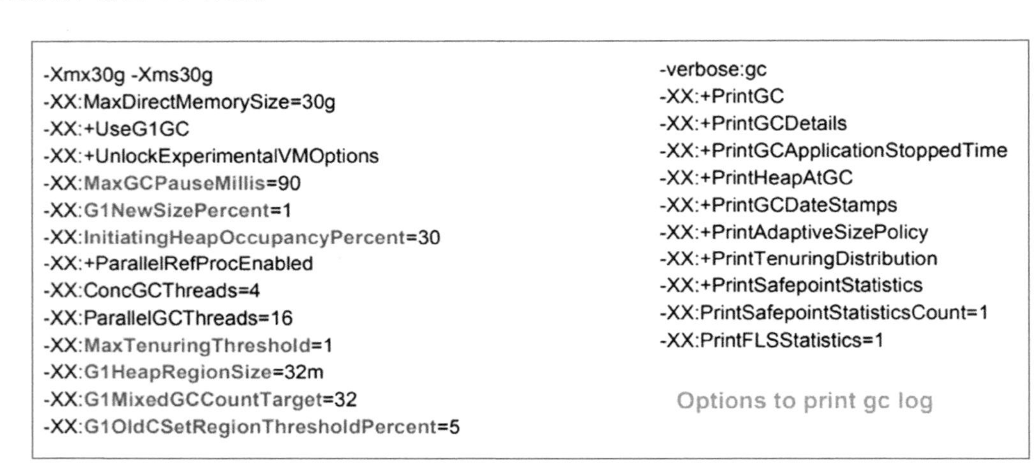

图 13-3 G1 算法初始 JVM 参数

4. 初始参数效果

在集群中采用上述初始参数，压测一段时间后，用 HotSpot 开发的 gc_log_visualizer（https://github.com/HubSpot/gc_log_visualizer）工具，把 GC 日志绘成监控曲线，如图 13-4 所示。

图 13-4 中曲线说明如下：

- 在 12 000 ～ 16 000MB 上下浮动的这条线，表示整个堆的占用，堆总内存等于老年代内存与年轻代内存之和。
- 在 10 000MB ～ 12 000MB 上下浮动的这条线，表示老年代的内存占用。
- IHOP 这条水平线对应我们设的 InitiatingHeapOccupancyPercent，这里设为 30G × 0.3= 9G。可以看到，实际的堆占用始终在 IHOP 这条线之上。这就意味着我们在不停地做并发标记，从而频繁地触发 mixed GC。图中显示在 15 分钟内进入了 70 次 mixed GC 周期。
- 在 2000MB 上下浮动的这条线，表示 young 区的大小，可以看出 G1 通过不断调整 young 区的大小来适应停顿时间。

- 图中的小框表示一次 mixed GC 回收的内存，可以看出每次回收的内存都很少，大概在 1800 ～ 2400MB 之间。

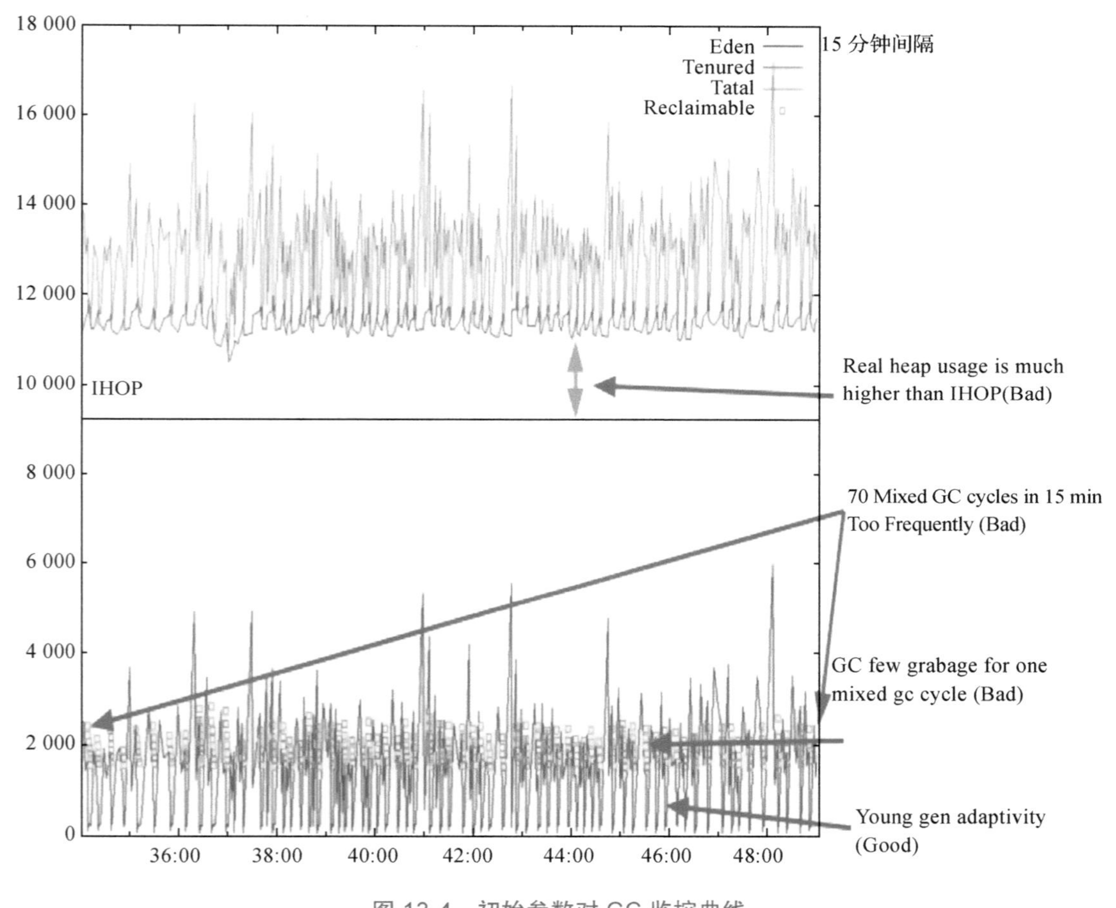

图 13-4 初始参数对 GC 监控曲线

图 13-5 表示 GC 占用整个程序执行时间的百分比，可以看出最低也在 4% 以上。

我们需要调整 IHOP，IHOP 要比常驻内存对象总大小大一些。我们使用的是 offheap 的 bucketcache，所以调整 IHOP 时不用考虑 bucket cache，只需要考虑 MemStore 和 L1-cache。MemStore 配置的上限是 45%，L1-cache 约为 10%，再留出 10% 的 buffer，所以这里把 IHOP 调整为 65。

（1）调整 IHOP

图 13-6 是调整之后的测试结果，可以看到实际堆占用在 IHOP 这条线上下浮动，说明这个值还是比较合理的。同时，我们在 15 分钟之内只进入了 6 次 mixed GC 周期，每次 mixed GC 回收的内存也多了很多。之前一次 mixed GC 最多只能回收 2.4G，现在最多可回收 11G。

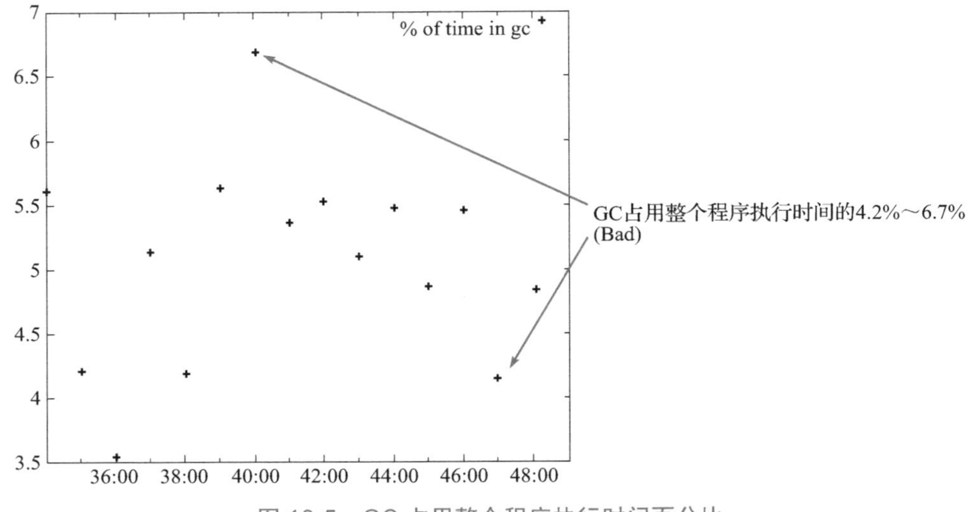

图 13-5　GC 占用整个程序执行时间百分比

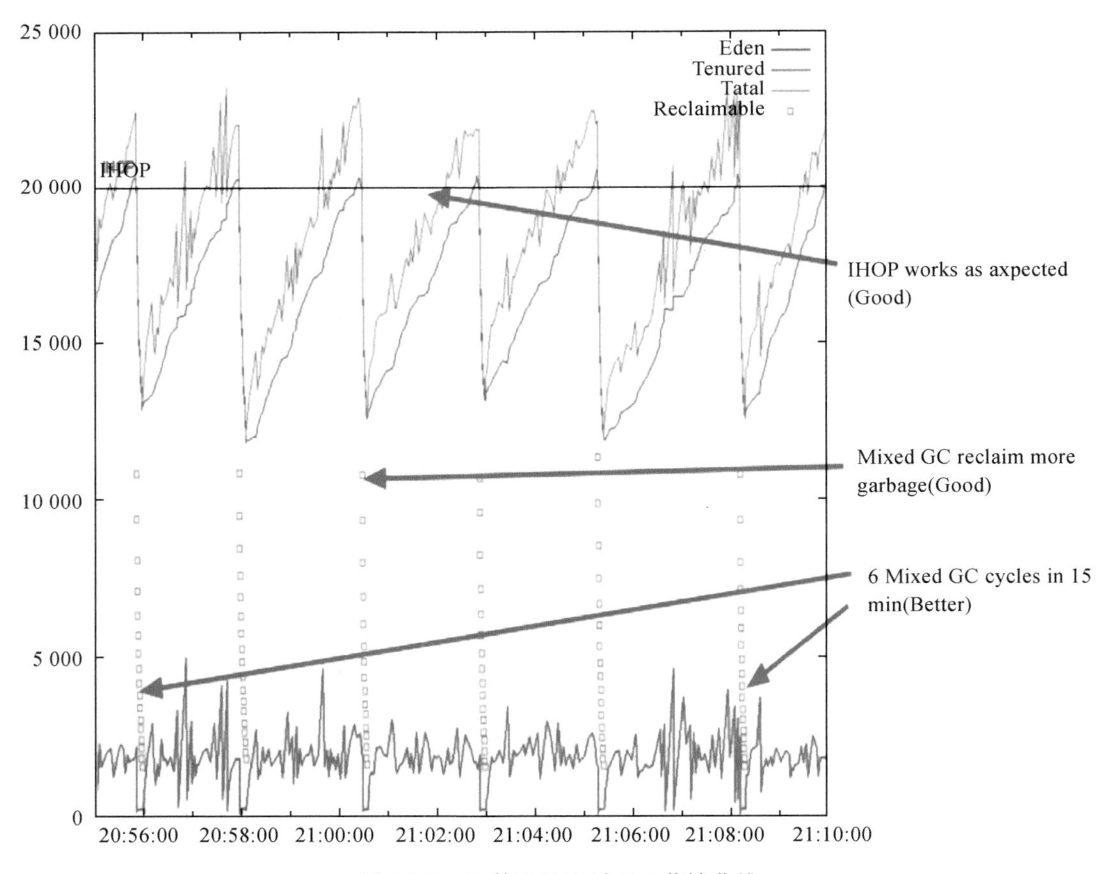

图 13-6　调整 IHOP 后 GC 监控曲线

从图 13-7 中可以看出，GC 占用程序总执行时间明显变少了。上一次测试 GC 耗时占比在 [4.2%，6.7%] 区间，本次测试 GC 耗时占比在 [1.8%，5.5%] 区间。

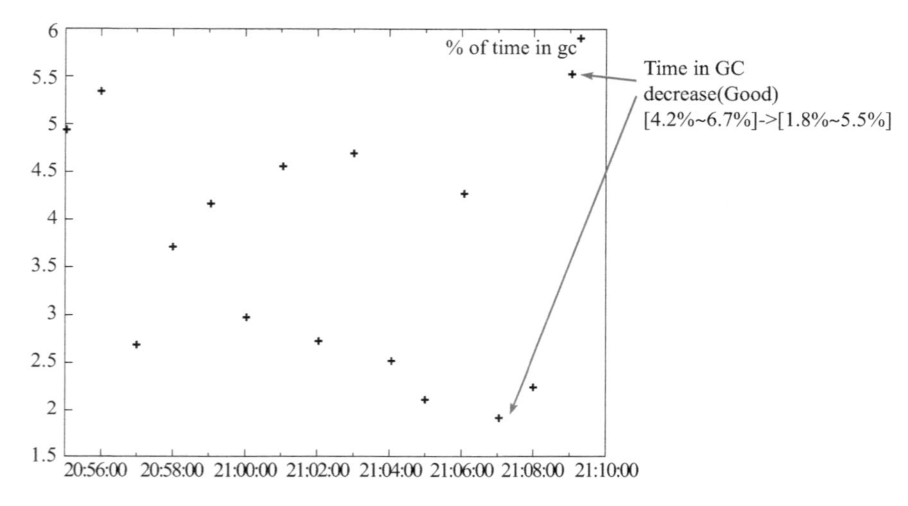

图 13-7　调整 IHOP 后 GC 占整个程序执行时间百分比

图 13-8 是单次 mixed GC 的耗时。可以看到有的 mixed GC 耗时超过 130ms，同时有大量的 mixed GC 耗时在 90ms 以上。另外，我们设的 G1MixedGCTarget 是 32，但是一次 mixed GC 周期只做了 17 次 mixed GC 就结束了。

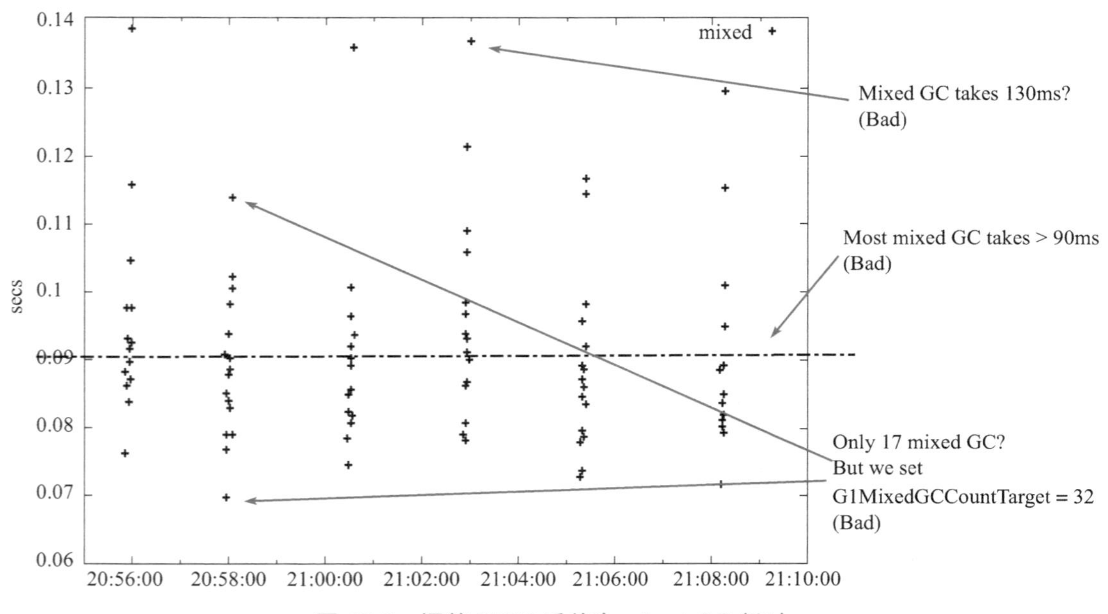

图 13-8　调整 IHOP 后单次 mixed GC 耗时

我们查一下 mixed GC 的日志，如图 13-9 所示。

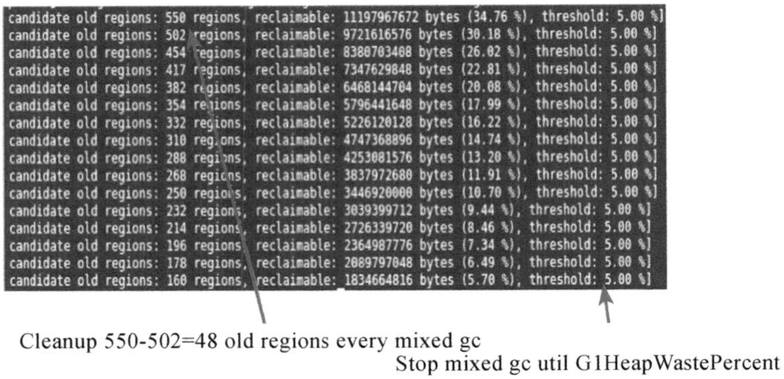

```
candidate old regions: 550 regions, reclaimable: 11197967672 bytes (34.76 %), threshold: 5.00 %]
candidate old regions: 502 regions, reclaimable: 9721616576 bytes (30.18 %), threshold: 5.00 %]
candidate old regions: 454 regions, reclaimable: 8380703408 bytes (26.02 %), threshold: 5.00 %]
candidate old regions: 417 regions, reclaimable: 7347629848 bytes (22.81 %), threshold: 5.00 %]
candidate old regions: 382 regions, reclaimable: 6468144704 bytes (20.08 %), threshold: 5.00 %]
candidate old regions: 354 regions, reclaimable: 5796441648 bytes (17.99 %), threshold: 5.00 %]
candidate old regions: 332 regions, reclaimable: 5226120128 bytes (16.22 %), threshold: 5.00 %]
candidate old regions: 310 regions, reclaimable: 4747368896 bytes (14.74 %), threshold: 5.00 %]
candidate old regions: 288 regions, reclaimable: 4253081576 bytes (13.20 %), threshold: 5.00 %]
candidate old regions: 268 regions, reclaimable: 3837972680 bytes (11.91 %), threshold: 5.00 %]
candidate old regions: 250 regions, reclaimable: 3446920000 bytes (10.70 %), threshold: 5.00 %]
candidate old regions: 232 regions, reclaimable: 3039399712 bytes (9.44 %), threshold: 5.00 %]
candidate old regions: 214 regions, reclaimable: 2726339720 bytes (8.46 %), threshold: 5.00 %]
candidate old regions: 196 regions, reclaimable: 2364987776 bytes (7.34 %), threshold: 5.00 %]
candidate old regions: 178 regions, reclaimable: 2089797048 bytes (6.49 %), threshold: 5.00 %]
candidate old regions: 160 regions, reclaimable: 1834664816 bytes (5.70 %), threshold: 5.00 %]
```

Cleanup 550-502=48 old regions every mixed gc

Stop mixed gc util G1HeapWastePercent

图 13-9 调整 IHOP 后 mixed GC 日志

两次候选 old region 数量之间的差值就是一次 mixed GC 回收的 old region 的个数。可以发现，随着 mixed GC 的进行，可回收的 old Region 数量逐步变小。日志中可以看出第一次 mixed GC 清理了 48 个 old region。为什么第一次会清理 48 个 old region 呢?

因为我们设的 G1OldCSetRegionThresholdPercent = 5，因此一次 mixed GC 最多回收 $30(G) \times 1024 \times 0.05 = 1536(MB)$，而 48 个 old region 的总内存正好是 $48(region) \times 32(MB) = 1536(MB)$。因此，如果能进一步缩小 mixed GC 回收的内存量，那么该次 mixed GC 的 STW 耗时就变小，通过多个 STW 延迟更低的 mixed GC 来整理内存，这样就可以避免出现大量耗时在 90ms 以上的 mixed GC，进一步保证更低的 HBase 读写操作延迟。

（2）调整 G1OldCSetRegionThresholdPercent

这里，把 G1OldCSetRegionThresholdPercent 调成 2。

如图 13-10 所示，测试结果表明一次 mixed GC 周期内执行的 mixed GC 次数确实变多了。同时，超过 90ms 的 mixed GC 次数确实变少了。

但这里有一个问题：Survivor 区内存大小不够，会导致部分对象在 young GC 之后直接进入老年代，这样老年代内存会增长得很快，从而频繁地触发 mixed GC。因为我们设的 G1NewSizePercent 是 1，同时 JVM 默认的 SurvivorRatio=8，因此 Survivor 区的内存为：$30(G) \times 1024 \times 0.01/8 = 38.4(MB)$。但我们查看日志发现，age 为 1 的对象占用内存大概在 50 ～ 60MB 之间，如图 13-11 所示。

因此，把 SurvivorRatio 调整为 4，这样 Survivor 区内存将增长一倍。

（3）调整 SurvivorRatio

将 SurvivorRatio 调整为 4 之后测试，结果如图 13-12 所示，在 15 分钟内，Mixed GC 周期由调整前的 6 次变成了调整后的 5 次。mixed GC 周期少了，说明进入老年代的年轻对象也就少了，这样也就减轻了老年代的 GC 压力。

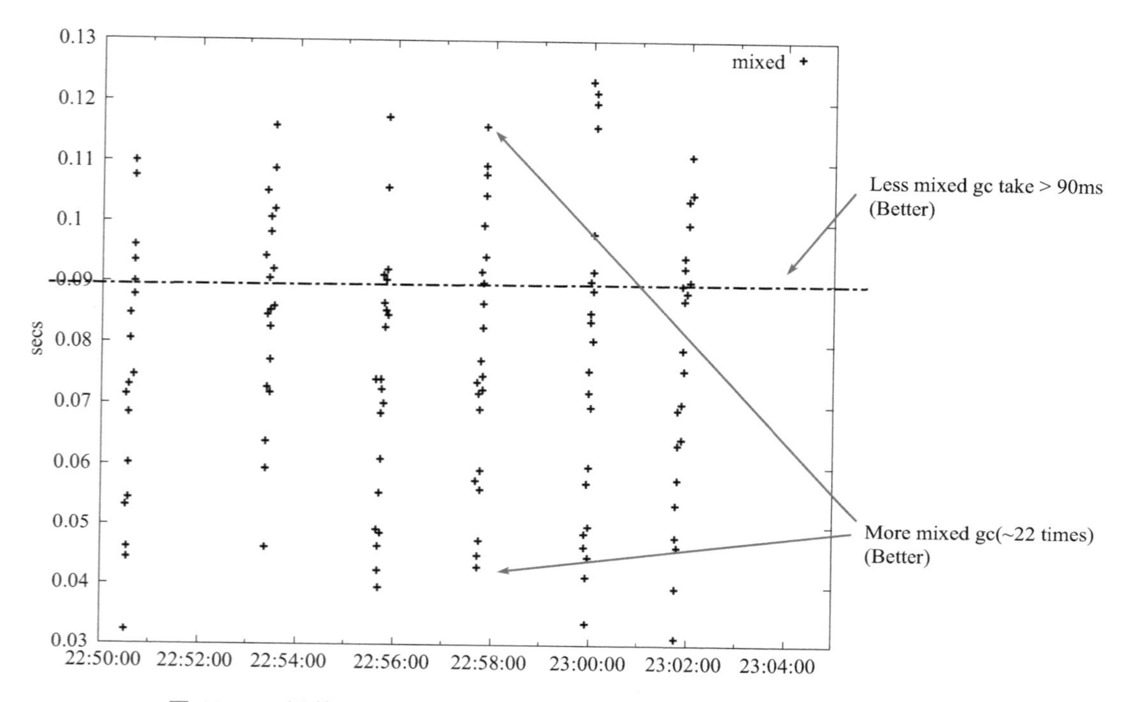

图 13-10　调整 G1OldCSetRegionThresholdPercent 后 mixed GC 耗时

```
2017-08-01T23:44:24.513+0800: 6941.966: [GC pause (G1 Evacuation Pause) (young)
Desired survivor size 33554432 bytes, new threshold 1 (max 1)
- age   1:   54715128 bytes,   54715128 total
2017-08-01T23:44:25.052+0800: 6942.505: [GC pause (G1 Evacuation Pause) (young)
Desired survivor size 33554432 bytes, new threshold 1 (max 1)
- age   1:   54556840 bytes,   54556840 total
2017-08-01T23:44:25.676+0800: 6943.129: [GC pause (G1 Evacuation Pause) (young)
Desired survivor size 33554432 bytes, new threshold 1 (max 1)
- age   1:   56378696 bytes,   56378696 total
2017-08-01T23:44:26.203+0800: 6943.656: [GC pause (G1 Evacuation Pause) (young)
Desired survivor size 33554432 bytes, new threshold 1 (max 1)
- age   1:   51437840 bytes,   51437840 total
2017-08-01T23:44:27.073+0800: 6944.526: [GC pause (G1 Evacuation Pause) (young)
Desired survivor size 33554432 bytes, new threshold 1 (max 1)
- age   1:   54067080 bytes,   54067080 total
2017-08-01T23:44:27.446+0800: 6944.899: [GC pause (G1 Evacuation Pause) (mixed)
Desired survivor size 33554432 bytes, new threshold 1 (max 1)
- age   1:   51810536 bytes,   51810536 total
```

33.554,432<54,067,080? Many objects with age=1 in Eden gen will be moved into old gen directly, which lead to old gen increasing so fast. finally mix gc occur frequently.(Bad)

图 13-11　调整 G1OldCSetRegionThresholdPercent 后 GC 相关日志

对比图 13-13 和图 13-14，可以看出，调整后只有极少数的 mixed GC 耗时超过了 90ms。同时 GC 耗时占比也从之前的 [1.8%，5.5%] 下降到了 [1.6%，4.7%]。

到目前为止，我们调整了 InitiatingHeapOccupancyPercent（IHOP），G1OldCSetRegion-ThresholdPercent 以及 SurvivorRatio 共 3 个参数。测试结果表明，目前的配置基本达到了以下几个目标：

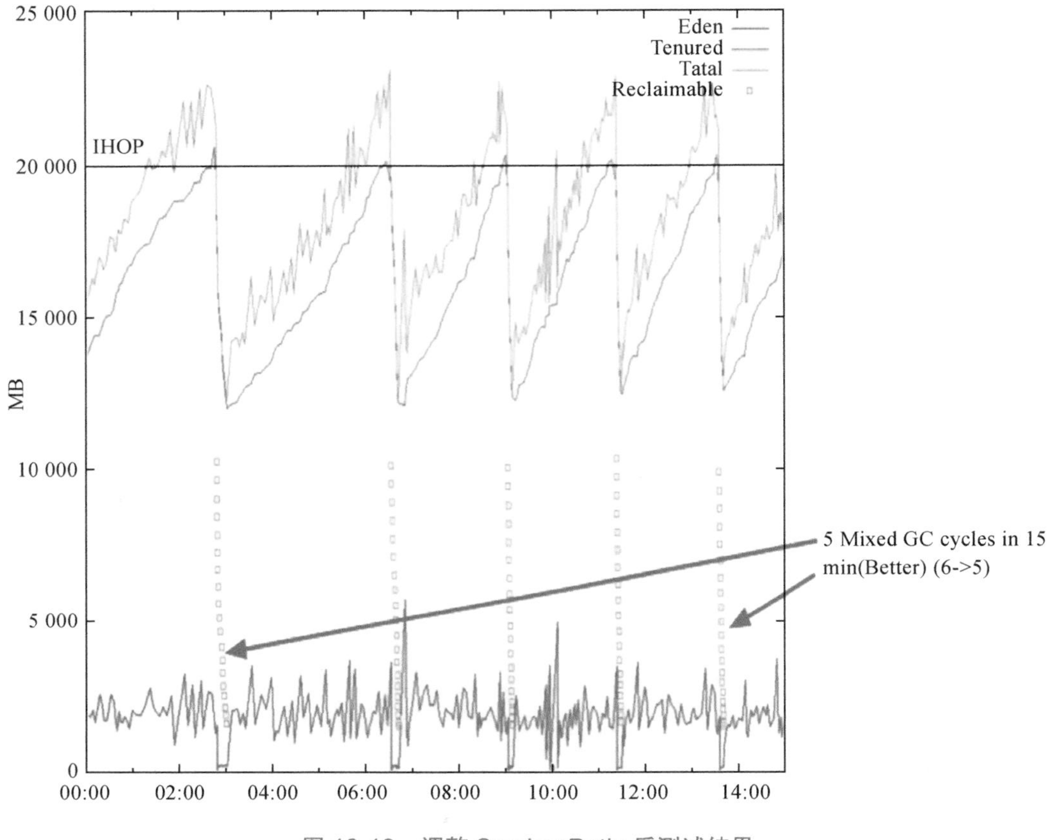

图 13-12 调整 SurvivorRatio 后测试结果

- young 区在不断地动态调整，自适应性良好。这说明 young 区的 GC 压力合适，若 young 区的 GC 压力特别大，STW 的耗时特别长，则 young 区的大小会一直被压缩在 G1NewSizePercent 这个阈值附近。
- 现在在 15 分钟之内，大概进入 5 次 mixed GC 周期。说明 old 区的 GC 压力也合适。
- 绝大部分的 mixed GC 停顿时间都控制在 90ms 以内，即能稳定地控制 GC 对 HBase 读写请求的影响。
- GC 耗时占比被压缩在 [1.6%，4.7%]。

（4）调整 G1NewSizePercent

接下来，我们尝试把测试的压力增大，再观察一下 G1 GC 的表现。

- 由之前 Load 1 亿行数据改成 Load 10 亿行数据。
- 由之前 40 个写线程和 20 个读线程，改成 200 个写线程和 100 个读线程。

GC 日志如图 13-15 所示。可以发现，在 101ms 之内发生了 2 次连续 mixed GC，1s 之内发生了 4 次 mixed GC。这说明两次 mixed GC 的间隔太短，这会导致一次 RPC 经历多次

mixed GC，这些 RPC 耗时就会非常长，这样单次 mixed GC 的耗时已经不能正确反映 GC 对 RPC 耗时的影响。

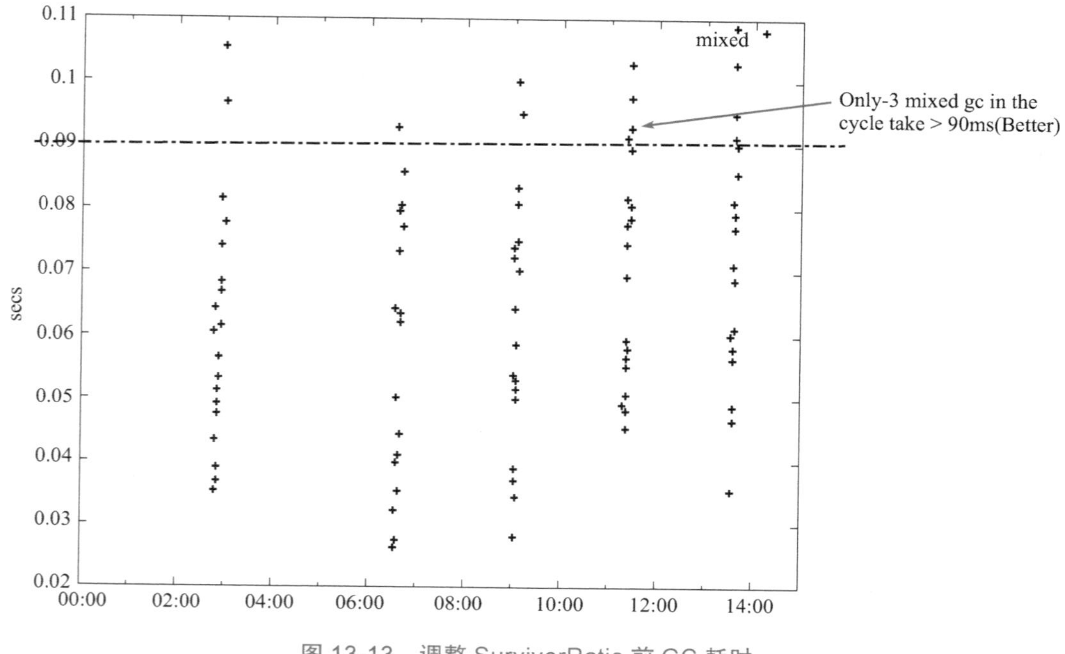

图 13-13　调整 SurvivorRatio 前 GC 耗时

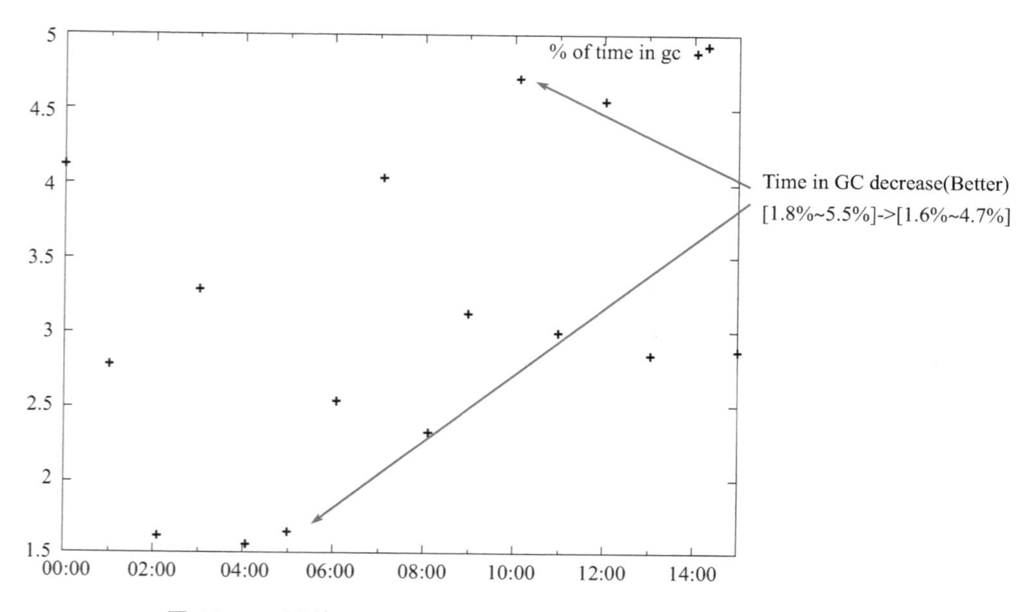

图 13-14　调整 SurvivorRatio 后 GC 占整个程序执行时间百分比

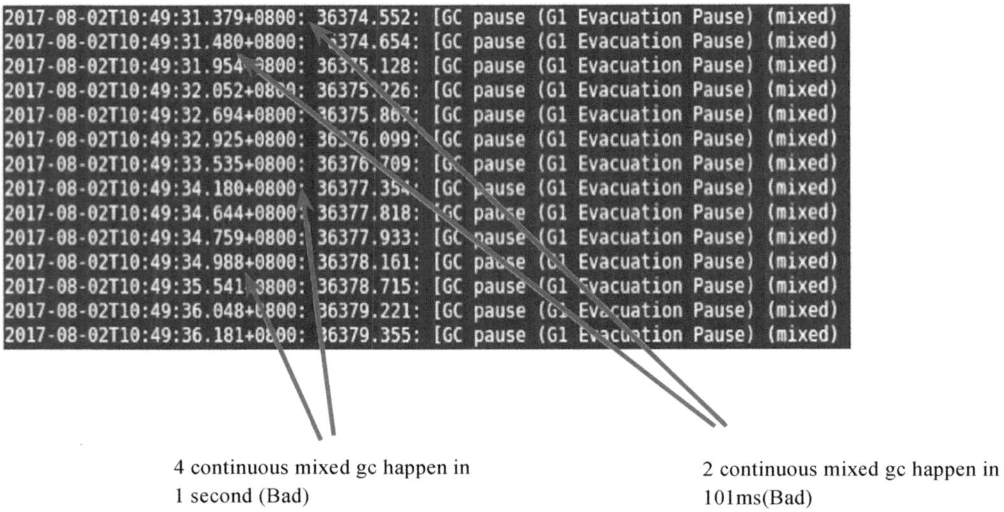

```
2017-08-02T10:49:31.379+0800: 36374.552: [GC pause (G1 Evacuation Pause) (mixed)
2017-08-02T10:49:31.480+0800: 36374.654: [GC pause (G1 Evacuation Pause) (mixed)
2017-08-02T10:49:31.954+0800: 36375.128: [GC pause (G1 Evacuation Pause) (mixed)
2017-08-02T10:49:32.052+0800: 36375.226: [GC pause (G1 Evacuation Pause) (mixed)
2017-08-02T10:49:32.694+0800: 36375.867: [GC pause (G1 Evacuation Pause) (mixed)
2017-08-02T10:49:32.925+0800: 36376.099: [GC pause (G1 Evacuation Pause) (mixed)
2017-08-02T10:49:33.535+0800: 36376.709: [GC pause (G1 Evacuation Pause) (mixed)
2017-08-02T10:49:34.180+0800: 36377.354: [GC pause (G1 Evacuation Pause) (mixed)
2017-08-02T10:49:34.644+0800: 36377.818: [GC pause (G1 Evacuation Pause) (mixed)
2017-08-02T10:49:34.759+0800: 36377.933: [GC pause (G1 Evacuation Pause) (mixed)
2017-08-02T10:49:34.988+0800: 36378.161: [GC pause (G1 Evacuation Pause) (mixed)
2017-08-02T10:49:35.541+0800: 36378.715: [GC pause (G1 Evacuation Pause) (mixed)
2017-08-02T10:49:36.048+0800: 36379.221: [GC pause (G1 Evacuation Pause) (mixed)
2017-08-02T10:49:36.181+0800: 36379.355: [GC pause (G1 Evacuation Pause) (mixed)
```

4 continuous mixed gc happen in 1 second (Bad)

2 continuous mixed gc happen in 101ms(Bad)

图 13-15 调整 G1NewSizePercent 前 mixed GC 日志

因为单次 mixed GC 无法在 MaxGCPauseMillis 内完成，G1 的自适应算法会不断缩小 young 区，直到我们设置的下限，而在大压力情况下，young 区消耗得非常快，从而导致频繁地触发 GC。尤其是在 mixed GC 周期内，由于 young 区的耗尽导致发生连续不断的 mixed GC。

通常的 G1 GC 调优方法是，把 MaxGCPauseMillis 调大，但调大的同时，young GC 的耗时也会变长。我们这里有一个小技巧，就是把 G1NewSizePercent 调大，我们观察发现，young GC 在非 mixed GC 周期内，young 区大小约为 4%，所以这里我们把 G1NewSizePercent 设为 4。这样对 young GC 不会有影响，但可以避免 young 区在 mixed GC 周期内被耗尽。

调整之后，测试结果如图 13-16 所示。可以看出，两次 mixed GC 的间隔都在 1.5s 以上。这样就解决了上述问题。

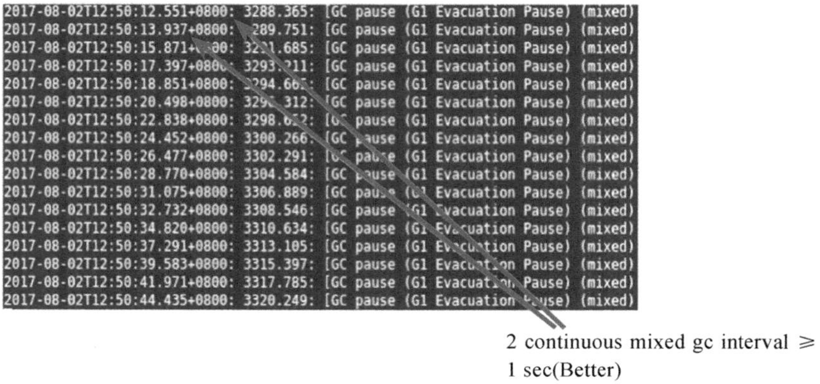

```
2017-08-02T12:50:12.551+0800: 3288.365: [GC pause (G1 Evacuation Pause) (mixed)
2017-08-02T12:50:13.937+0800: 3289.751: [GC pause (G1 Evacuation Pause) (mixed)
2017-08-02T12:50:15.871+0800: 3291.685: [GC pause (G1 Evacuation Pause) (mixed)
2017-08-02T12:50:17.397+0800: 3293.211: [GC pause (G1 Evacuation Pause) (mixed)
2017-08-02T12:50:18.851+0800: 3294.665: [GC pause (G1 Evacuation Pause) (mixed)
2017-08-02T12:50:20.498+0800: 3296.312: [GC pause (G1 Evacuation Pause) (mixed)
2017-08-02T12:50:22.838+0800: 3298.652: [GC pause (G1 Evacuation Pause) (mixed)
2017-08-02T12:50:24.452+0800: 3300.266: [GC pause (G1 Evacuation Pause) (mixed)
2017-08-02T12:50:26.477+0800: 3302.291: [GC pause (G1 Evacuation Pause) (mixed)
2017-08-02T12:50:28.770+0800: 3304.584: [GC pause (G1 Evacuation Pause) (mixed)
2017-08-02T12:50:31.075+0800: 3306.889: [GC pause (G1 Evacuation Pause) (mixed)
2017-08-02T12:50:32.732+0800: 3308.546: [GC pause (G1 Evacuation Pause) (mixed)
2017-08-02T12:50:34.820+0800: 3310.634: [GC pause (G1 Evacuation Pause) (mixed)
2017-08-02T12:50:37.291+0800: 3313.105: [GC pause (G1 Evacuation Pause) (mixed)
2017-08-02T12:50:39.583+0800: 3315.397: [GC pause (G1 Evacuation Pause) (mixed)
2017-08-02T12:50:41.971+0800: 3317.785: [GC pause (G1 Evacuation Pause) (mixed)
2017-08-02T12:50:44.435+0800: 3320.249: [GC pause (G1 Evacuation Pause) (mixed)
```

2 continuous mixed gc interval ≥ 1 sec(Better)

图 13-16 调整 G1NewSizePercent 后 mixed GC 日志

（5）总结

G1 GC 的调优思路包括以下几点：

- IHOP 需要考虑常驻内存对象的总大小。
- 通过 G1NewSizePercent 和 MaxGCPauseMillis 来控制 Young GC 的耗时和触发 mixed GC 的时间间隔。
- 通过 MixedGCCountTarget 和 OldCSetRegionThreshold 来控制每次 Mixed GC 周期内执行 mixed GC 的次数以及单次 mixed GC 的耗时。
- 注意选择正确的 SurvivorRatio。

13.3 HBase 操作系统调优

HBase 官方文档对 Linux 操作系统环境有几点配置要求：

- Set vm.min_free_kbytes to at lease 1GB(8GB on larger memory systems)
- Set vm.swappiness = 0
- Disable NUMA zone reclaim with vm.zone_reclaim_mode = 0
- Turn transparent huge pages(THP) off:

```
echo never > /sys/kernel/mm/transparent_hugepage/enabled
echo never > /sys/kernel/mm/transparent_hugepage/defrag
```

要理解上述操作系统的配置，需要从 Linux 操作系统的 swap 概念说起。

1. Linux swap 基本概念

在 Linux 操作系统中，swap 的作用类似于 Windows 系统下的“虚拟内存”。当物理内存不足时，拿出部分硬盘空间当 swap 分区（虚拟成内存）使用，从而解决内存容量不足的问题。

swap 意思是交换，顾名思义，当某进程向 OS 申请内存却发现内存不足时，OS 会把内存中暂时不用的数据交换出去，放在 swap 分区中，这个过程称为 swap out。当某进程又需要这些数据且 OS 发现还有空闲物理内存时，又会把 swap 分区中的数据交换回物理内存中，这个过程称为 swap in。

当然，swap 大小是有上限的，一旦 swap 使用完，操作系统会触发 OOM-Killer 机制，把消耗内存最多的进程 kill 掉以释放内存。

swap 机制的设计初衷是，避免因为物理内存用尽而只能直接粗暴 kill 进程的问题。但坦白地讲，几乎所有数据库对 swap 都不怎么待见，无论 MySQL、Oracle、MongoDB 抑或 HBase，为什么？主要因为下面两个方面：

- 数据库系统一般都对响应延迟比较敏感，如果使用 swap 代替内存，数据库服务性能必然变得不可接受。对于响应延迟极其敏感的系统，延迟太大和服务不可用没有任何区别。不仅如此，比服务不可用更严重的是，swap 场景下进程可能一直存在，但系统却一直不可用。反过来想，如果不使用 swap 而直接将进程 kill，大多数高可用系统都可以自动恢复，用户基本无感知，这是不是一种更好的选择？即使没有高可用服务，发出报警之后人工介入也比服务一直不可用更能令人接受。

- 对于诸如 HBase 这类分布式系统来说，其实并不担心某个节点宕掉，而恰恰担心某个节点卡住。一个节点宕掉，最多就是小部分请求短暂不可用，重试即可恢复。但是一个节点卡住会将所有分布式请求都夯住，服务器端线程资源被占用不放，导致整个集群请求阻塞，甚至集群被拖垮。

2. Set vm.min_free_kbytes to at lease 1GB

既然 HBase 对 swap 不待见，那是不是就要使用 swap off 命令关闭磁盘缓存特性呢？实际上并不是这样，数据库通常会选择尽量少用而不是不用。HBase 官方文档的几点要求实际上就是落实这个策略：尽可能降低 swap 的影响。Linux 会在两种场景下触发内存回收：

- 在内存分配时，如发现没有足够空闲内存，会立刻触发内存回收。
- 开启守护进程（swapd 进程）周期性对系统内存进行检查，在可用内存降低到特定阈值之后主动触发内存回收。

第一种场景容易理解，下面重点看看第二种场景，如图 13-17 所示。

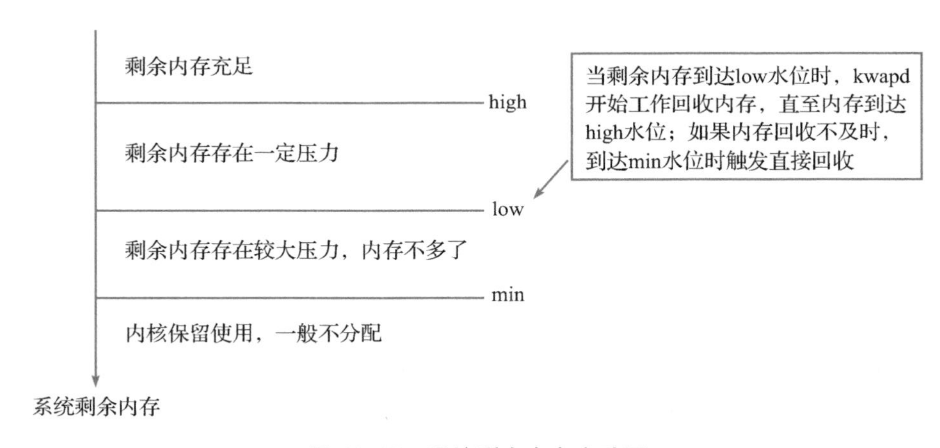

图 13-17　系统剩余内存变动图

这里就要引出我们关注的第一个参数：vm.min_free_kbytes，代表系统所保留空闲内存的最低限 watermark[min]，并且影响 watermark[low] 和 watermark[high]。简单可以认为：

```
watermark[min] = min_free_kbytes
watermark[low] = watermark[min] * 5 / 4 = min_free_kbytes * 5 / 4
watermark[high] = watermark[min] * 3 / 2 = min_free_kbytes * 3 / 2
watermark[high]-watermark[low]=watermark[low] - watermark[min] = min_free_kbytes / 4
```

可见，Linux 的这几个水位线与参数 min_free_kbytes 密不可分。min_free_kbytes 对于系统的重要性不言而喻，其值既不能太大，也不能太小。

min_free_kbytes 如果太小，[min，low] 之间水位的 buffer 就会很小，在 kswapd 回收的过程中，一旦上层申请内存的速度太快（典型应用：数据库），就会导致空闲内存极易降至 watermark[min] 以下，此时内核就会直接在应用程序的进程上下文中进行回收，再用回收上来的空闲页满足内存申请，因此实际会阻塞应用程序，带来一定的响应延迟。

当然，min_free_kbytes 也不宜太大，太大会导致应用程序进程内存减少，浪费系统内存资源，还会导致 kswapd 进程花费大量时间进行内存回收。

官方文档中要求 min_free_kbytes 不能小于 1G（在大内存系统中设置为 8G），意味着不要轻易触发直接回收。

3. Set vm.swappiness = 0

Linux 内存回收对象主要分为两种：

- 文件缓存。为了避免文件数据每次都从硬盘读取，系统会将热点数据存储在内存中，提高性能。如果仅仅将文件读出来，内存回收只需要释放这部分内存，下次再次读取该文件数据时直接从硬盘中读取即可（类似 HBase 文件缓存）。如果不仅将文件读出来，而且对这些缓存的文件数据进行了修改（脏数据），回收内存就需要将这部分数据文件写回硬盘再释放。
- 匿名内存。这部分内存没有实际载体，不像文件缓存有硬盘文件这样一个载体，比如典型的堆、栈数据等。这部分内存在回收的时候不能直接释放或者写回类似文件的媒介中。因此提出 swap 机制，将这类内存换出到硬盘中，需要的时候再加载进来。

既然有两类内存可以被回收，那么在这两类内存都可以被回收的情况下，Linux 是如何决定最终回收哪类内存呢？这里就引出了我们关心的第二个参数：swappiness，这个值用来定义内核使用 swap 的积极程度，值越高，内核就越积极地使用 swap，值越低，就会降低对 swap 的使用积极性。该值取值范围为 0 ～ 100，默认是 60。swappiness 在内存回收时，通过控制回收的匿名页更多一些还是回收的文件缓存更多一些来达到目的。swappiness 等于 100，表示匿名内存和文件缓存将用同样的优先级进行回收，默认 60 表示文件缓存会优先被回收。对于数据库来说，swap 是尽量需要避免的，所以需要将其设置为 0。此处需要注意，设置为 0 并不代表不执行 swap。

4. Disable NUMA zone reclaim

NUMA（Non-Uniform Memory Access）是相对统一内存访问（Uniform Memory Access，UMA）来说的，两者都是 CPU 的设计架构，早期 CPU 设计为 UMA 结构，如图 13-18 所示。

为了缓解多核 CPU 读取同一块内存所遇到的通道瓶颈问题，芯片工程师又设计了

NUMA 结构，如图 13-19 所示。

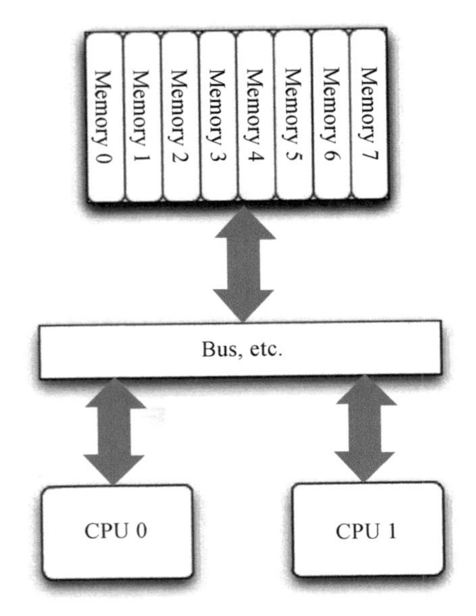

图 13-18 UMA 架构

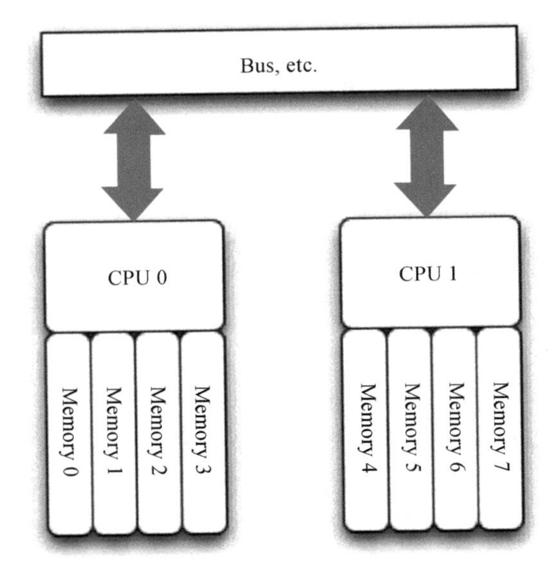

图 13-19 NUMA 架构

这种架构可以很好地解决 UMA 所面临的问题，即不同 CPU 有专属内存区，为了实现 CPU 之间的“内存隔离”，还需要在软件层面提供两点支持：

- 内存分配需要在请求线程当前所处 CPU 的专属内存区域进行分配。如果分配到其他 CPU 专属内存区，隔离性会受到一定影响，并且跨越总线的内存访问性能必然会降低。
- 一旦 local 内存（专属内存）不够用，优先淘汰 local 内存中的内存页，而不是去查看远程内存区是否有空闲内存借用。

这样实现，隔离性确实好了，但问题也来了：NUMA 这种特性可能会导致 CPU 内存使用不均衡，部分 CPU 专属内存不够使用，频繁需要回收，进而可能发生 swap，系统响应延迟会严重抖动。而与此同时，其他部分 CPU 专属内存可能都很空闲。这就会产生一种奇特的现象：使用 free 命令查看当前系统还有部分空闲物理内存，系统却不断发生 swap，导致某些应用性能急剧下降。

对于小内存应用来讲，NUMA 所带来的这种问题并不突出，相反，local 内存所带来的性能提升却相当可观。但是对于数据库这类内存大户来说，NUMA 默认策略所带来的稳定性隐患是不可接受的。因此数据库系统通常都强烈要求对 NUMA 的默认策略进行改进。

- 将内存分配策略由默认的亲和模式改为 interleave 模式，将内存 page 打散分配到不同的 CPU zone 中。通过这种方式解决内存可能分布不均的问题，可以在一定程度上缓解上述问题。对于 MongoDB 来说，在启动的时候就会提示使用 interleave 内存分配策略：

```
WARNING: You are running on a NUMA machine.
We suggest launching mongod like this to avoid performance problems:
numactl -interleave=all mongod [other options]
```

- 改进内存回收策略，此处涉及参数 zone_reclaim_mode，这个参数定义了 NUMA 架构下不同的内存回收策略，取值 0/1/2/4，其中 0 表示在 local 内存不够用的情况下可以去其他的内存区域分配内存；1 表示在 local 内存不够用的情况下本地先回收再分配；2 表示本地回收尽可能先回收文件缓存对象；4 表示本地回收优先使用 swap 回收匿名内存。HBase 推荐配置 zone_reclaim_mode = 0，这在一定程度上降低了 swap 发生的概率。

5. Turn transparent huge pages（THP）off

关闭 THP 特性是各种数据库极力推荐的，那么什么是 THP？它和 HugePage 有什么关系？为什么数据库都推荐关闭该特性？

（1）HugePage 是怎么来的？

简单来说，计算机内存是通过表映射（内存索引表）的方式进行内存寻址的，目前系统内存以 4KB 为一页，作为内存寻址的最小单元。随着内存不断增大，内存索引表的大小将会不断增大。一台 256G 内存的机器，如果使用 4KB 小页，仅索引表大小就要 4G 左右。要知道这个索引表是必须放在内存的，而且是在 CPU 内存，表太大就会发生大量 miss，内存寻址性能就会下降。

HugePage 就是为了解决这个问题而设计的，HugePage 使用 2MB 大小的大页代替传统小页来管理内存，这样内存索引表就可以控制到很小，进而全部装在 CPU 内存，防止出现 miss。

（2）什么是 THP（Transparent Huge Pages）？

HugePage 是一种大页理论，那具体怎么使用 HugePage 特性呢？目前系统提供了两种使用方式，一种称为 Static Huge Pages，另一种就是 Transparent Huge Pages。前者顾名思义是一种静态管理策略，需要用户自己根据系统内存大小手动配置大页个数，这样在系统启动的时候就会生成对应个数的大页，后续将不再改变。而 Transparent Huge Pages 是一种动态管理策略，它会在运行期动态分配大页给应用，并对这些大页进行管理，对用户来说完全透明，不需要进行任何配置。另外，目前 THP 只针对匿名内存区域。

（3）HBase（数据库）为什么要求关闭 THP 特性？

THP 是一种动态管理策略，会在运行期分配管理大页，因此会有一定程度的分配延时，这对追求响应延时的数据库系统来说不可接受。除此之外，THP 还有很多弊端，有兴趣的读者可以参考文章《why-tokudb-hates-transparent-hugepages》（https://www.percona.com/blog/2014/07/23/why-tokudb-hates-transparent-hugepages/）。

（4）THP 关闭 / 开启对 HBase 读写性能影响有多大？

为了验证 THP 开启 / 关闭对 HBase 性能的影响到底有多大，笔者做了一个简单的测试：测试集群仅一个 RegionServer，测试负载为读写比 1:1。THP 在部分系统中有 always 以及 never 两个选项，在部分系统中多了一个 madvise 选项。可以使用命令 echo never/always > /sys/kernel/mm/transparent_hugepage/enabled 来关闭 / 开启 THP。测试结果如图 13-20 所示。

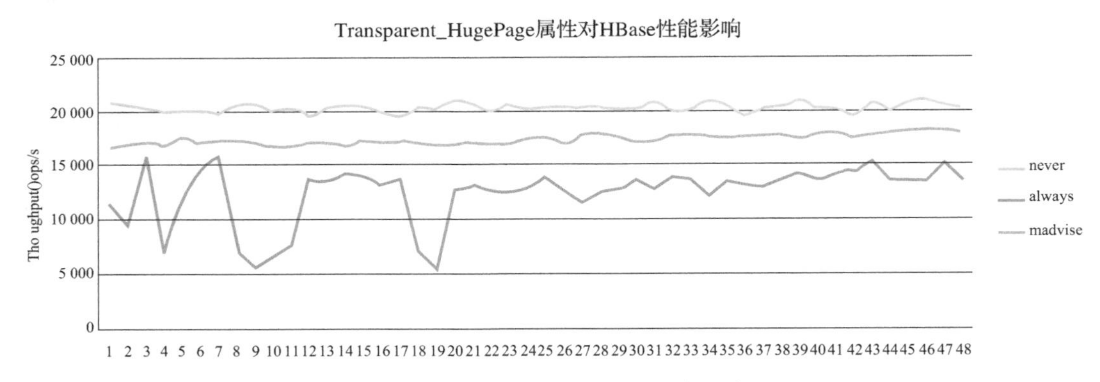

图 13-20 THP 对 HBase 性能影响

图 13-20 中，THP 关闭场景下（never）HBase 性能最优，比较稳定。而在 THP 开启的场景（always）下，性能相比关闭的场景有 30% 左右的下降，而且曲线抖动很大。可见，HBase 线上切记要关闭 THP。

13.4 HBase-HDFS 调优策略

HDFS 作为 HBase 最终数据存储系统，通常会使用三副本策略存储 HBase 数据文件以及日志文件。从 HDFS 的角度看，HBase 是它的客户端。实际实现中，HBase 服务通过调用 HDFS 的客户端对数据进行读写操作，因此对 HDFS 客户端的相关优化也会影响 HBase 的读写性能。这里主要关注如下三个方面。

1. Short-Circuit Local Read

当前 HDFS 读取数据都需要经过 DataNode，客户端会向 DataNode 发送读取数据的请求，DataNode 接收到请求后从磁盘中将数据读出来，再通过 TCP 发送给客户端。对于本地数据，Short Circuit Local Read 策略允许客户端绕过 DataNode 直接从磁盘上读取本地数据，因为不需要经过 DataNode 而减少了多次网络传输开销，因此数据读取的效率会更高。

开启 Short Circuit Local Read 功能，需要在 hbase-site.xml 或者 hdfs-site.xml 配置文件中增加如下配置项：

```
<configuration>
  <property>
  <name>dfs.client.read.shortcircuit</name>
  <value>true</value>
</property>
<property>
  <name>dfs.domain.socket.path</name>
  <value>/home/stack/sockets/short_circuit_read_socket_PORT</value>
</property>
 <property>
  <name>dfs.client.read.shortcircuit.buffer.size</name>
  <value>131072</value>
 </property>
</configuration>
```

需要注意的是，dfs.client.read.shortcircuit.buffer.size 参数默认是 1M，对于 HBase 系统来说有可能会造成 OOM，详见 HBASE-8143 HBase on Hadoop 2 with local short circuit reads (ssr) causes OOM。

2. Hedged Read

HBase 数据在 HDFS 中默认存储三个副本，通常情况下 HBase 会根据一定算法优先选择一个 DataNode 进行数据读取。然而在某些情况下，有可能因为磁盘问题或者网络问题等引起读取超时，根据 Hedged Read 策略，如果在指定时间内读取请求没有返回，HDFS 客户端将会向第二个副本发送第二次数据请求，并且谁先返回就使用谁，之后返回的将会被丢弃。

开启 Hedged Read 功能，需要在 hbase-site.xml 配置文件中增加如下配置项：

```
<property>
  <name>dfs.client.hedged.read.threadpool.size</name>
  <value>20</value><!-- 20 threads -->
</property>
<property>
  <name>dfs.client.hedged.read.threshold.millis</name>
  <value>10</value><!-- 10 milliseconds -->
</property>
```

其中，参数 dfs.client.hedged.read.threadpool.size 表示用于 hedged read 的线程池线程数量，默认为 0，表示关闭 hedged read 功能；参数 dfs.client.hedged.read.threshold.millis 表示 HDFS 数据读取超时时间，超过这个阈值，HDFS 客户端将会再发起一次读取请求。

3. Region Data Locality

Region Data Locality，即数据本地率，表示当前 Region 的数据在 Region 所在节点存储的比例。举个例子，假设 HBase 集群有 Node1 ～ Node5 总计 5 台机器，每台机器上部署了 RegionServer 进程和 DataNode 进程。RegionA 位于 Node1 节点，数据 a 写入 RegionA 后对应的 HDFS 三副本数据分别位于（Node1，Node2，Node3），数据 b 写入 RegionA 后对应的 HDFS 三副本数据分别位于（Node1，Node4，Node5），同理，数据 c 写入 RegionA 后对应的 HDFS 三副本数据分别位于（Node1，Node3，Node5）。

可以看出数据写入 RegionA 之后，本地 Node1 肯定会写一份，因此所有落到 RegionA 上的读请求都可以在本地直接读取到数据，数据本地率就是 100%。

现在假设 RegionA 被迁移到了 Node2 上，此时只有数据 a 在该节点上，其他数据（b 和 c）只能远程跨节点读取，本地率仅为 33.3%（假设 a、b 和 c 的数据大小相同）。

显然，数据本地率太低会在数据读取时产生大量的跨网络 IO 请求，导致读请求延迟较高，因此提高数据本地率可以有效优化随机读性能。

数据本地率低通常是由于 Region 迁移（自动 balance 开启、RegionServer 宕机迁移、手动迁移等）导致的，因此可以通过避免 Region 无故迁移来维护高数据本地率，具体措施有关闭自动 balance，RegionServer 宕机及时拉起并迁回飘走的 Region 等。另外，如果数据本地率很低，还可以在业务低峰期通过执行 major_compact 将数据本地率提升到 100%。

执行 major_compact 提升数据本地率的理论依据是，major_compact 本质上是将 Region 中的所有文件读取出来然后写到一个大文件，写大文件必然会在本地 DataNode 生成一个副本，这样 Region 的数据本地率就会提升到 100%。

13.5 HBase 读取性能优化

HBase 系统的读取优化可以从三个方面进行：服务器端、客户端、列簇设计，如图 13-21 所示。

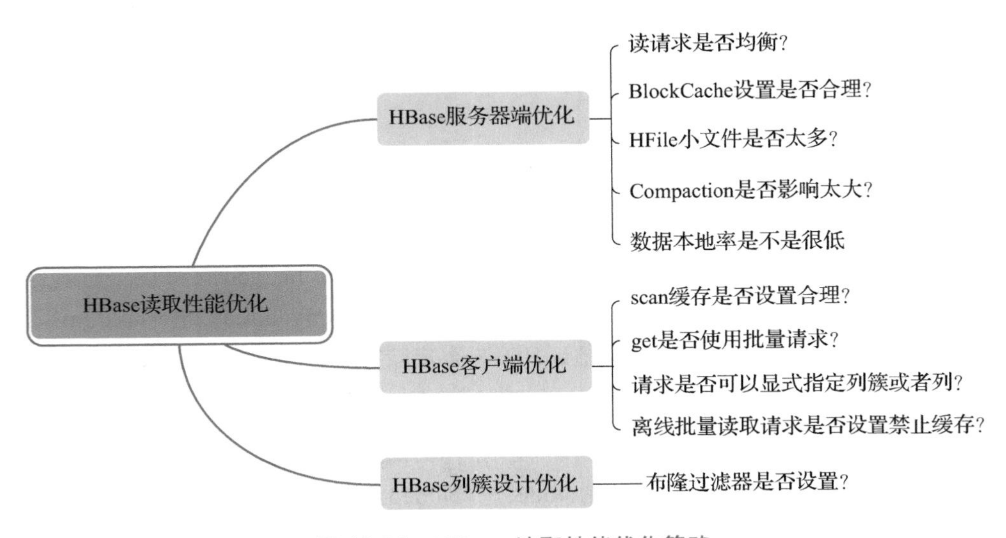

图 13-21 HBase 读取性能优化策略

13.5.1 HBase 服务器端优化

1. 读请求是否均衡？

优化原理：假如业务所有读请求都落在集群某一台 RegionServer 上的某几个 Region 上，很显然，这一方面不能发挥整个集群的并发处理能力，另一方面势必造成此台 RegionServer 资源严重消耗（比如 IO 耗尽、handler 耗尽等），导致落在该台 RegionServer 上的其他业务受到波及。也就是说读请求不均衡不仅会造成本身业务性能很差，还会严重影响其他业务。

观察确认：观察所有 RegionServer 的读请求 QPS 曲线，确认是否存在读请求不均衡现象。

优化建议：Rowkey 必须进行散列化处理（比如 MD5 散列），同时建表必须进行预分区处理。

2. BlockCache 设置是否合理？

优化原理：BlockCache 作为读缓存，对于读性能至关重要。默认情况下 BlockCache 和 MemStore 的配置相对比较均衡（各占 40%），可以根据集群业务进行修正，比如读多写少业务可以将 BlockCache 占比调大。另一方面，BlockCache 的策略选择也很重要，不同策略对读性能来说影响并不是很大，但是对 GC 的影响却相当显著，尤其在 BucketCache 的 offheap 模式下 GC 表现非常优秀。

观察确认：观察所有 RegionServer 的缓存未命中率、配置文件相关配置项以及 GC 日志，确认 BlockCache 是否可以优化。

优化建议：如果 JVM 内存配置量小于 20G，BlockCache 策略选择 LRUBlockCache；否则选择 BucketCache 策略的 offheap 模式。

3. HFile 文件是否太多？

优化原理：HBase 在读取数据时通常先到 MemStore 和 BlockCache 中检索（读取最近写入数据和热点数据），如果查找不到则到文件中检索。HBase 的类 LSM 树结构导致每个 store 包含多个 HFile 文件，文件越多，检索所需的 IO 次数越多，读取延迟也就越高。文件数量通常取决于 Compaction 的执行策略，一般和两个配置参数有关：hbase.hstore.compactionThreshold 和 hbase.hstore.compaction.max.size，前者表示一个 store 中的文件数超过阈值就应该进行合并，后者表示参与合并的文件大小最大是多少，超过此大小的文件不能参与合并。这两个参数需要谨慎设置，如果前者设置太大，后者设置太小，就会导致 Compaction 合并文件的实际效果不明显，很多文件得不到合并，进而导致 HFile 文件数变多。

观察确认：观察 RegionServer 级别以及 Region 级别的 HFile 数，确认 HFile 文件是否过多。

优化建议：hbase.hstore.compactionThreshold 设置不能太大，默认为 3 个。

4. Compaction 是否消耗系统资源过多？

优化原理：Compaction 是将小文件合并为大文件，提高后续业务随机读性能，但是也会带来 IO 放大以及带宽消耗问题（数据远程读取以及三副本写入都会消耗系统带宽）。正常配置情况下，Minor Compaction 并不会带来很大的系统资源消耗，除非因为配置不合理导致 Minor Compaction 太过频繁，或者 Region 设置太大发生 Major Compaction。

观察确认：观察系统 IO 资源以及带宽资源使用情况，再观察 Compaction 队列长度，确认是否由于 Compaction 导致系统资源消耗过多。

优化建议：对于大 Region 读延迟敏感的业务（100G 以上）通常不建议开启自动 Major Compaction，手动低峰期触发。小 Region 或者延迟不敏感的业务可以开启 Major Compaction，但建议限制流量。

5. 数据本地率是不是很低？

优化原理：13.4 节详细介绍了 HBase 中数据本地率的概念，如果数据本地率很低，数据读取时会产生大量网络 IO 请求，导致读延迟较高。

观察确认：观察所有 RegionServer 的数据本地率（见 jmx 中指标 PercentFileLocal，在 Table Web UI 可以看到各个 Region 的 Locality）。

优化建议：尽量避免 Region 无故迁移。对于本地率较低的节点，可以在业务低峰期执行 major_compact。

13.5.2 HBase 客户端优化

1. scan 缓存是否设置合理？

优化原理：HBase 业务通常一次 scan 就会返回大量数据，因此客户端发起一次 scan 请求，实际并不会一次就将所有数据加载到本地，而是分成多次 RPC 请求进行加载，这样设计一方面因为大量数据请求可能会导致网络带宽严重消耗进而影响其他业务，另一方面因为数据量太大可能导致本地客户端发生 OOM。在这样的设计体系下，用户会首先加载一部分数据到本地，然后遍历处理，再加载下一部分数据到本地处理，如此往复，直至所有数据都加载完成。数据加载到本地就存放在 scan 缓存中，默认为 100 条数据。

通常情况下，默认的 scan 缓存设置是可以正常工作的。但是对于一些大 scan（一次 scan 可能需要查询几万甚至几十万行数据），每次请求 100 条数据意味着一次 scan 需要几百甚至几千次 RPC 请求，这种交互的代价无疑是很大的。因此可以考虑将 scan 缓存设置增大，比如设为 500 或者 1000 条可能更加合适。笔者之前做过一次试验，在一次 scan 10w+ 条数据量的条件下，将 scan 缓存从 100 增加到 1000 条，可以有效降低 scan 请求的总体延迟，延迟降低了 25% 左右。

优化建议：大 scan 场景下将 scan 缓存从 100 增大到 500 或者 1000，用以减少 RPC 次数。

2. get 是否使用批量请求？

优化原理：HBase 分别提供了单条 get 以及批量 get 的 API 接口，使用批量 get 接口可以减少客户端到 RegionServer 之间的 RPC 连接数，提高读取吞吐量。另外需要注意的是，批量 get 请求要么成功返回所有请求数据，要么抛出异常。

优化建议：使用批量 get 进行读取请求。需要注意的是，对读取延迟非常敏感的业务，批量请求时每次批量数不能太大，最好进行测试。

3. 请求是否可以显式指定列簇或者列？

优化原理：HBase 是典型的列簇数据库，意味着同一列簇的数据存储在一起，不同列簇的数据分开存储在不同的目录下。一个表有多个列簇，如果只是根据 rowkey 而不指定列簇进行检索，不同列簇的数据需要独立进行检索，性能必然会比指定列簇的查询差很多，很多情况下甚至会有 2 ～ 3 倍的性能损失。

优化建议：尽量指定列簇或者列进行精确查找。

4. 离线批量读取请求是否设置禁止缓存？

优化原理：通常在离线批量读取数据时会进行一次性全表扫描，一方面数据量很大，另一方面请求只会执行一次。这种场景下如果使用 scan 默认设置，就会将数据从 HDFS 加载出来放到缓存。可想而知，大量数据进入缓存必将其他实时业务热点数据挤出，其他业务不得不从 HDFS 加载，进而造成明显的读延迟毛刺。

优化建议：离线批量读取请求设置禁用缓存，scan.setCacheBlocks (false)。

13.5.3 HBase 列簇设计优化

布隆过滤器是否设置？

优化原理：布隆过滤器主要用来过滤不存在待检索 rowkey 的 HFile 文件，避免无用的 IO 操作。

布隆过滤器取值有两个 —— row 以及 rowcol，需要根据业务来确定具体使用哪种。如果业务中大多数随机查询仅仅使用 row 作为查询条件，布隆过滤器一定要设置为 row；如果大多数随机查询使用 row+column 作为查询条件，布隆过滤器需要设置为 rowcol。如果不确定业务查询类型，则设置为 row。

优化建议：任何业务都应该设置布隆过滤器，通常设置为 row，除非确认业务随机查询类型为 row+column，则设置为 rowcol。

13.6 HBase 写入性能调优

HBase 系统主要应用于写多读少的业务场景，通常来说对系统的写入吞吐量要求都比较高。而在实际生产线环境中，HBase 运维人员或多或少都会遇到写入吞吐量比较低、写入比较慢的情况。碰到类似问题，可以从 HBase 服务器端和业务客户端两个角度分析，确认是否还有提高的空间。根据经验，笔者分别针对 HBase 服务端以及客户端列出了可能的多个优化方向，如图 13-22 所示。

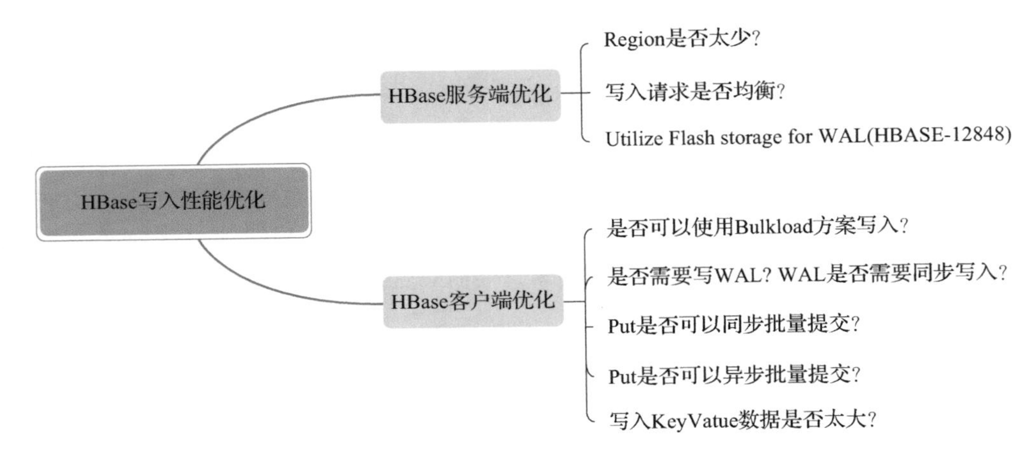

图 13-22 HBase 写性能优化策略

13.6.1 HBase 服务器端优化

1. Region 是否太少？

优化原理：当前集群中表的 Region 个数如果小于 RegionServer 个数，即 Num (Region of Table) < Num (RegionServer)，可以考虑切分 Region 并尽可能分布到不同的 RegionServer 上以提高系统请求并发度。

优化建议：在 Num (Region of Table) < Num (RegionServer) 的场景下切分部分请求负载高的 Region，并迁移到其他 RegionServer。

2. 写入请求是否均衡？

优化原理：写入请求如果不均衡，会导致系统并发度较低，还有可能造成部分节点负载很高，进而影响其他业务。分布式系统中特别需要注意单个节点负载很高的情况，单个节点负载很高可能会拖慢整个集群，这是因为很多业务会使用 Mutli 批量提交读写请求，一旦其中一部分请求落到慢节点无法得到及时响应，会导致整个批量请求超时。

优化建议：检查 Rowkey 设计以及预分区策略，保证写入请求均衡。

3. Utilize Flash storage for WAL

该特性会将 WAL 文件写到 SSD 上，对于写性能会有非常大的提升。需要注意的是，该特性建立在 HDFS 2.6.0+ 以及 HBase 1.1.0+ 版本基础上，以前的版本并不支持该特性。

使用该特性需要两个配置步骤：

1）使用 HDFS Archival Storage 机制，在确保物理机有 SSD 硬盘的前提下配置 HDFS 的部分文件目录为 SSD 介质。

2）在 hbase-site.xml 中添加如下配置：

```
<property>
    <name>hbase.wal.storage.policy</name>
    <value>ONE_SSD</value>
</property>
```

hbase.wal.storage.policy 默认为 none，用户可以指定 ONE_SSD 或者 ALL_SSD。

- ONE_SSD：WAL 在 HDFS 上的一个副本文件写入 SSD 介质，另两个副本写入默认存储介质。
- ALL_SSD：WAL 的三个副本文件全部写入 SSD 介质。

13.6.2 HBase 客户端优化

1. 是否可以使用 Bulkload 方案写入？

Bulkload 是一个 MapReduce 程序，运行在 Hadoop 集群。程序的输入是指定数据源，输出是 HFile 文件。HFile 文件生成之后再通过 LoadIncrementalHFiles 工具将 HFile 中相关元数据加载到 HBase 中。

Bulkload 方案适合将已经存在于 HDFS 上的数据批量导入 HBase 集群。相比调用 API 的写入方案，Bulkload 方案可以更加高效、快速地导入数据，而且对 HBase 集群几乎不产生任何影响。

2. 是否需要写 WAL？WAL 是否需要同步写入？

优化原理：数据写入流程可以理解为一次顺序写 WAL+ 一次写缓存，通常情况下写缓存延迟很低，因此提升写性能只能从 WAL 入手。HBase 中可以通过设置 WAL 的持久化等级决定是否开启 WAL 机制以及 HLog 的落盘方式。WAL 的持久化分为四个等级：SKIP_WAL，ASYNC_WAL，SYNC_WAL 以及 FSYNC_WAL。如果用户没有指定持久化等级，HBase 默认使用 SYNC_WAL 等级持久化数据。

在实际生产线环境中，部分业务可能并不特别关心异常情况下少量数据的丢失，而更关心数据写入吞吐量。比如某些推荐业务，这类业务即使丢失一部分用户行为数据可能对推荐结果也不会构成很大影响，但是对于写入吞吐量要求很高，不能造成队列阻塞。这种场景下可以考虑关闭 WAL 写入。退而求其次，有些业务必须写 WAL，但可以接受 WAL 异步写入，这是可以考虑优化的，通常也会带来一定的性能提升。

优化推荐：根据业务关注点在 WAL 机制与写入吞吐量之间做出选择，用户可以通过客户端设置 WAL 持久化等级。

3. Put 是否可以同步批量提交？

优化原理：HBase 分别提供了单条 put 以及批量 put 的 API 接口，使用批量 put 接口可以减少客户端到 RegionServer 之间的 RPC 连接数，提高写入吞吐量。另外需要注意的是，批量 put 请求要么全部成功返回，要么抛出异常。

优化建议：使用批量 put 写入请求。

4. Put 是否可以异步批量提交？

优化原理：如果业务可以接受异常情况下少量数据丢失，可以使用异步批量提交的方式提交请求。提交分两阶段执行：用户提交写请求，数据写入客户端缓存，并返回用户写入成功；当客户端缓存达到阈值（默认 2M）后批量提交给 RegionServer。需要注意的是，在某些客户端异常的情况下，缓存数据有可能丢失。

优化建议：在业务可以接受的情况下开启异步批量提交，用户可以设置 setAutoFlush (false)

5. 写入 KeyValue 数据是否太大？

KeyValue 大小对写入性能的影响巨大。一旦遇到写入性能比较差的情况，需要分析写入性能下降是否因为写入 KeyValue 的数据太大。KeyValue 大小对写入性能影响曲线如图 13-23 所示。

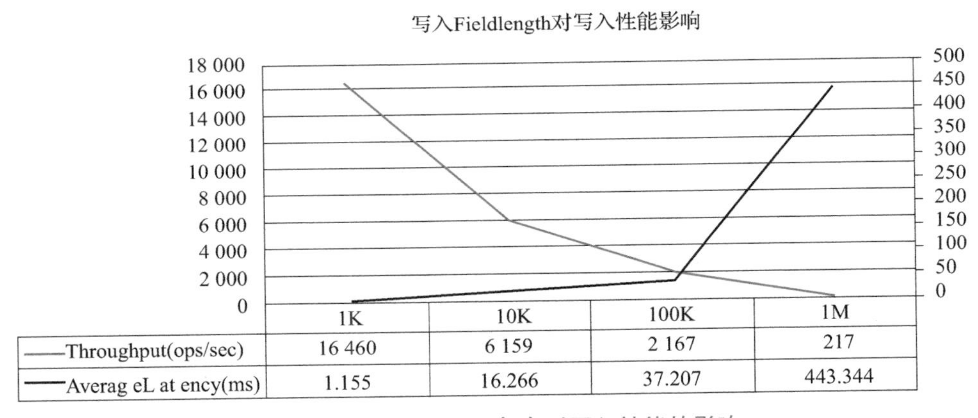

	1K	10K	100K	1M
Throughput(ops/sec)	16 460	6 159	2 167	217
Averag eL at ency(ms)	1.155	16.266	37.207	443.344

图 13-23 KeyValue 大小对写入性能的影响

图 13-23 中横坐标是写入的一行数据（每行数据 10 列）大小，左纵坐标是写入吞吐量，右纵坐标是写入平均延迟（ms）。可以看出，随着单行数据不断变大，写入吞吐量急剧下降，写入延迟在 100K 之后急剧增大。

第14章 HBase运维案例分析

在实际运维HBase集群过程中，大多数管理员总会遇到RegionServer异常宕机、业务写入延迟增大甚至无法写入等类似问题。本章将结合笔者的经验，列举多个真实生产线环境中遇到的RegionServer异常宕机、业务写入阻塞等案例，介绍遇到这些问题的基本排查思路。同时，重点对HBase系统中的核心日志进行梳理介绍，最后对如何通过监控、日志等工具进行问题排查进行总结，形成问题排查套路，方便读者进行实践。

14.1 RegionServer宕机

RegionServer异常宕机是HBase集群运维中最常遇到的问题之一。集群中一旦RegionServer宕机，就会造成部分服务短暂的不可用，随着不可用的Region全部迁移到集群中其他RegionServer并上线，就又可以提供正常读写服务。

触发RegionServer异常宕机的原因多种多样，主要包括：长时间GC导致RegionServer宕机，HDFS DataNode异常导致RegionServer宕机，以及系统严重Bug导致RegionServer宕机等。

案例一：长时间GC导致RegionServer宕机

长时间Full GC导致RegionServer宕机是HBase入门者最常遇到的问题，也是RegionServer宕机最常见的原因。分析这类问题，可以遵循如下排错过程。

现象：收到RegionServer进程退出的报警。

（1）宕机原因定位

步骤1：通常在监控上看不出RegionServer宕机最直接的原因，而需要到事发RegionServer对应的日志中进行排查。排查日志可以直接搜索两类关键字——a long garbage collecting pause或者ABORTING region server。对于长时间Full GC的场景，搜索第一个关键字肯定会检索到如下日志：

```
    2017-06-14T17:22:02.054 WARN [JvmPauseMonitor] util.JvmPauseMonitor: Detected pause
in JVM or host machine (eg GC): pause of approximately 20542ms
    GC pool 'ParNew' had collection(s): count=1 time=0ms
    GC pool 'ConcurrentMarkSweep' had collection(s): count=2 time=20898ms
    2017-06-14T17:22:02.054 WARN  [regionserver60020.periodicFlusher] util.Sleeper:
We slept 20936ms instead of 100ms, this is likely due to a long garbage collecting pause
and it's usually bad, see http://hbase.apache.org/book.html#trouble.rs.runtime.zkexpired
```

当然反过来，如果在日志中检索到上述内容，基本就可以确认这次宕机和长时间GC有直接关系。需要结合RegionServer宕机时间继续对GC日志进行进一步的排查。

步骤2：通常CMS GC策略会在两种场景下产生严重的Full GC，一种称为Concurrent Mode Failure，另一种称为Promotion Failure。同样，可以在GC日志中搜索相应的关键字进行确认：concurrent mode failure或者promotion failed。本例中在GC日志中检索到如下日志：

```
    2017-06-14T17:22:02.054+0800: 21039.790: [Full GC20172017-06-14T17:22:02.054+0800:
21039.790: [CMS2017-06-14T17:22:02.054+0800: 21041.477:[CMS-concurrent-mark: 1.767/1.782
sec] [Times: user=14.01 sys=0.00 real=1.79 secs] (concurrent mode failure): 25165780K-
>25165777K(25165824K), 18.4242160 secs] 26109489K->26056746K(26109568K), [CMS Perm :
48563K->48534K(262144K), 18.4244700 secs] [Times: user=28.77 sys=0.00 real=18.42 secs]]
    2017-06-14T17:22:20.473+0800: 21058.215: Total time for which application
threads were stopped: 18.4270530 seconds
```

现在基本可以确认是由于concurrent mode failure模式的Full GC导致长时间应用程序暂停。

（2）故障因果分析

先是JVM触发了concurrent mode failure模式的Full GC，这种GC会产生长时间的stop the world，造成上层应用的长时间暂停。应用长时间暂停会导致RegionServer与ZooKeeper之间建立的session超时。session一旦超时，ZooKeeper就会认为此RegionServer发生了“宕机”，通知Master将此RegionServer踢出集群。

什么是concurrent mode failure模式的GC？为什么会造成长时间暂停？假设HBase系统正在执行CMS回收老年代空间，在回收的过程中恰好从年轻代晋升了一批对象进来，不巧的是，老年代此时已经没有空间再容纳这些对象了。这种场景下，CMS收集器会停止继续工作，系统进入stop-the-world模式，并且回收算法会退化为单线程复制算法，整个垃圾回收过程会非常漫长。

（3）解决方案

分析出问题的根源是concurrent mode failure模式的Full GC之后，就可以对症下药。既然是因为老年代来不及GC导致的问题，那只需要让CMS收集器更早一点回收就可以大概率避免这种情况发生。JVM提供了参数XX:CMSInitiatingOccupancyFraction=N来设置CMS回收的时机，其中N表示当前老年代已使用内存占总内存的比例，可以将该值修改得更小使回收更早进行，比如改为60。

另外，对于任何 GC 时间太长导致 RegionServer 宕机的问题，一方面建议运维人员检查一下系统 BlockCache 是否开启了 BucketCache 的 offheap 模式，如果没有相应配置，最好对其进行修改。另一方面，建议检查 JVM 中 GC 参数是否配置合适。

案例二：系统严重 Bug 导致 RegionServer 宕机

1. 大字段 scan 导致 RegionServer 宕机

现象：收到 RegionServer 进程退出的报警。

（1）宕机原因定位

步骤 1：日志定位。RegionServer 宕机通常在监控上看不出最直接的原因，而需要到事发 RegionServer 对应的日志中进行排查。先检索 GC 相关日志，如果检索不到再继续检索关键字 "abort"，通常可以确定宕机时的日志现场。查看日志找到可疑日志 "java.lang.OutOfMemoryError: Requested array size exceeds VM limit"，如下所示：

```
2016-11-22 22:45:33,518 FATAL [IndexRpcServer.handler=5,queue=0 port=50020] region
      server.HRegionServer; Run out of memory; HRegionServer will abort itself immediately
java.lang.OutOfMemoryError:Requested array size exceeds VM Limit
    at java.nio.HeapByteBuffer. <init>(HeapByteBuffer.java:57)
    at java.nio.ByteBuffer.allocate(ByteBuffer.java:332)
    at org.apache.hadoop.hbase.io.ByteBufferOutputStream.checkSizeAndGrow(Byte
        BufferOutputStream.java:74)
    at org.apache.hadoop.hbase.io.ByteBufferOutputStream.write(ByteBufferOutputStream.
        java:112)
    at org.apache.hadoop.hbase.KeyValue.oswrite(KeyValue.java:2881)
    at org.apache.hadoop.hbase.codec.KeyValueCodec$KeyValueEncoder.write(KeyValue
        Codec.java:50)
    at org.apache.hadoop.hbase.ipc.IPOUtil.buildCellBlock(IPOUtil.java:120)
    at org.apache.hadoop.hbase.ipc.RpcServer$Call.setResponse(RpcServer.java:384)
    at org.apache.hadoop.hbase.ipc.CallRunner.run(CallRunner.java:128)
    at org.apache.hadoop.hbase.ipc.RpcExecutor.consumerLoop(RpcExecutor.java:112)
    at org.apache.hadoop.hbase.ipc.RpcExecutor$1.run(RpcExecutor.java:92)
    at java.lang.Thread.run(Thread.java:745)
```

步骤 2：源码确认。看到带堆栈的 FATAL 级别日志，最直接的定位方式就是查看源码或者根据关键字在网上搜索。通过查看源码以及相关文档，确认该异常发生在 scan 结果数据回传给客户端时，由于数据量太大导致申请的 array 大小超过 JVM 规定的最大值（Interge.Max_Value-2），如下所示：

```
66    private void checkSizeAndGrow(int extra) {
67      if ( (buf.position() + extra) > buf.limit()) {
68        // size calculation is complex, because we could overflow negativ
69        // and/or not allocate enough space. this fixes that.
70        int newSize = (int)Math.min((((long)buf.capacity()) * 2),
71            (long)(Integer.MAX_VALUE));
72        newSize = Math.max(newSize, buf.position() + extra);
73
74        ByteBuffer newBuf = ByteBuffer.allocate(newSize);
75        buf.flip();
76        newBuf.put(buf);
77        buf = newBuf;
78      }
79    }
80
```

上限是Interger.MAX_VALUE

（2）故障因果分析

因为 HBase 系统自身的 bug，在某些场景下 scan 结果数据太大导致 JVM 在申请 array 时抛出 OutOfMemoryError，造成 RegionServer 宕机。

（3）本质原因分析

造成这个问题的原因可以认为是 HBase 的 bug，不应该申请超过 JVM 规定阈值的 array。另一方面，也可以认为是业务方用法不当。

- 表列太宽（几十万列或者上百万列），并且对 scan 返回结果没有对列数量做任何限制，导致一行数据就可能因为包含大量列而超过 array 的阈值。
- KeyValue 太大，并且没有对 scan 的返回结果做任何限制，导致返回数据结果大小超过 array 阈值。

（4）解决方案

目前针对该异常有两种解决方案，一是升级集群，这个 bug 在 0.98 的高版本（0.98.16）进行了修复，系统可以直接升级到高版本以解决这个问题。二是要求客户端访问的时候对返回结果大小做限制（scan.setMaxResultSize (210241024)），并且对列数量做限制（scan.setBatch(100)）。当然，0.98.13 版本以后也可以在服务器端对返回结果大小进行限制，只需设置参数 hbase.server.scanner.max.result.size 即可。

2. close_wait 端口耗尽导致 RegionServer 宕机

现象：收到 RegionServer 进程退出的报警。

（1）宕机原因定位

步骤 1：日志定位。RegionServer 宕机通常在监控上看不出最直接的原因，而需要到事发 RegionServer 对应的日志中进行排查。先检索 GC 相关日志，如果检索不到再继续检索关键字 "abort/ABORT"，通常可以确定宕机时的日志现场。查看日志找到了可疑日志 "java.net.BindException：Address already in use"，如下所示：

```
    FATAL [regionserver60020.logRoller] regionserver.HRegionServer: ABORTING
region server hbase8.photo.163.org,60020,1449193615307: IOE in log roller
    java.net.BindException: Problem binding to [hbase8.photo.163.org/10.160.126.136:0]
    java.net.BindException: Address already in use;
        at org.apache.hadoop.net.NetUtils.wrapException(NetUtils.java:719)
        at org.apache.hadoop.ipc.Client.call(Client.java:1351)
        at org.apache.hadoop.ipc.Client.call(Client.java:1300)
        at org.apache.hadoop.ipc.ProtobufRpcEngine$Invoker.invoke(ProtobufRpcEngine.java:206)
```

步骤 2：监控确认。日志中 "Address already in use" 说明宕机和连接端口耗尽相关，为了确认更多细节，可以查看监控中关于连接端口的监控信息。如图 14-1 所示。

根据监控图，明显可以看到红色曲线表示的 CLOSE_WAIT 连接数随着时间不断增加，一直增加到 40k+ 之后悬崖式下跌到 0。通过与日志对比，确认增加到最高点之后的下跌就是因为 RegionServer 进程宕机退出引起的。

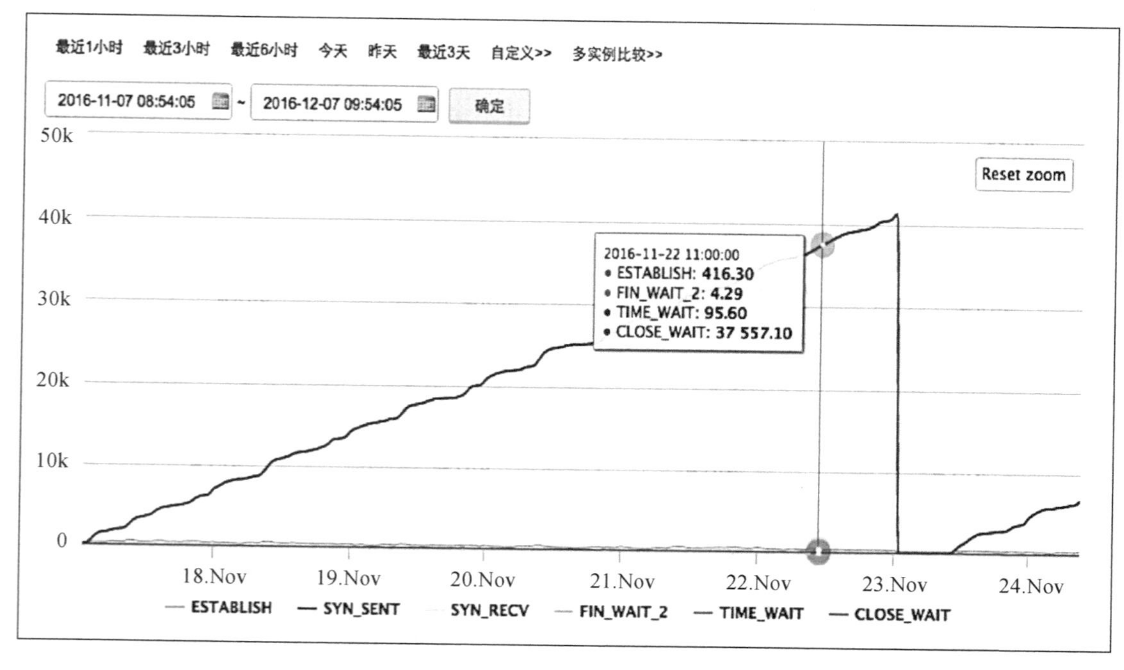

图 14-1　监控确认

（2）故障因果分析

可以基本确认 RegionServer 宕机是由 CLOSE_WAIT 连接数超过某一个阈值造成的。

（3）本质原因分析

为什么系统的 CLOSE_WAIT 连接数会不断增加？无论从日志、监控和源码中都不能非常直观地找到答案，只能从网上找找答案。以 CLOSE_WAIT 为关键字在 HBase 官方 Jira 上搜索，很容易得到多方面的信息，具体详见：HBASE-13488 和 HBASE-9393。

通过对 Jira 上相关问题的分析，确认是由于 RegionServer 没有关闭与 datanode 之间的连接导致。

（4）解决方案

这个问题是一个偶现问题，只有在某些应用场景下才会触发。一旦触发并没有非常好的解决方案。如果想临时避免这类问题的发生，可以对问题 RegionServer 定期重启。如果想长期解决此问题，需要同时对 HDFS 和 HBase 进行升级，HDFS 需要升级到 2.6.4 或者 2.7.0+ 以上版本，HBase 需要升级到 1.1.12 以上版本。

14.2　HBase 写入异常

支持高吞吐量的数据写入是 HBase 系统的先天优势之一，也是很多业务选择 HBase 作为数据存储的最重要依据之一。HBase 写入阶段出现重大异常或者错误是比较少见的，可是一旦出现，就有可能造成整个集群夯住，导致所有写入请求都出现异常。

出现写入异常不用太过担心，因为触发原因并不多，可以按照下面案例中所列举的思路一一进行排查处理。

案例一：MemStore 占用内存大小超过设定阈值导致写入阻塞

现象：整个集群写入阻塞，业务反馈写入请求大量异常。

（1）写入异常原因定位

步骤 1：一旦某个 RegionServer 出现写入阻塞，直接查看对应 RegionServer 的日志。在日志中首先搜索关键字 "Blocking updates on"，如果能够检索到如下类似日志就说明写入阻塞是由于 RegionServer 的 MemStore 所占内存大小已经超过 JVM 内存大小的上限比例（详见参数 hbase.regionserver.global.memstore.size，默认 0.4）。

```
Blocking updates on ***: the global memstore size *** is >= than blocking *** size
```

步骤 2：导致 MemStore 所占内存大小超过设定阈值的原因有很多，比如写入吞吐量非常高或者系统配置不当，然而这些原因并不会在运行很长时间的集群中忽然出现。还有一种可能是，系统中 HFile 数量太多导致 flush 阻塞，于是 MemStore 中的数据不能及时落盘而大量积聚在内存。可以在日志中检索关键字 "too many store files"，出现此类日志就可以基本确认是由于 Region 中 HFile 数量过多导致的写入阻塞。

步骤 3：为了进一步确认异常原因，需要查看当前 RegionServer 中 HFile 的数量。如果有 HFile 相关信息监控，则可以通过监控查看。除此之外，还可以通过 Master 的 Web UI 查看。在 Web UI 的 RegionServers 列表模块，点击 Storefiles 这个 tab，就可以看到所有关于 HFiles 的相关信息，其中方框内的 Num.Storefiles 是我们关心的 HFile 数量，如图 14-2 所示。

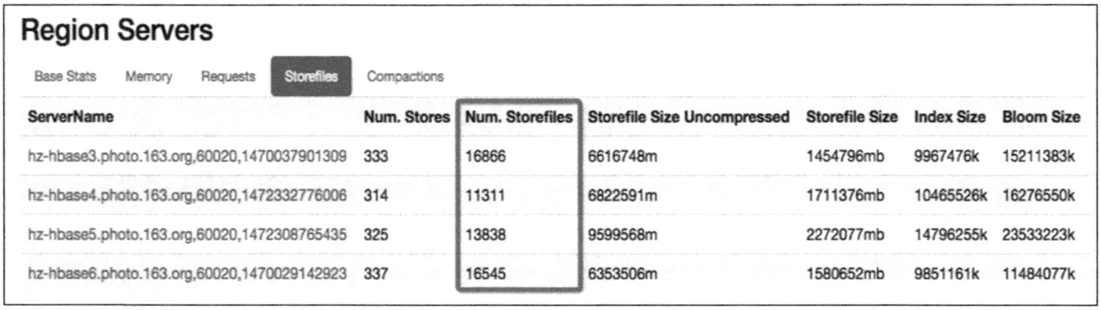

Region Servers

Base Stats　Memory　Requests　Storefiles　Compactions

ServerName	Num. Stores	Num. Storefiles	Storefile Size Uncompressed	Storefile Size	Index Size	Bloom Size
hz-hbase3.photo.163.org,60020,1470037901309	333	16866	6616748m	1454796mb	9967476k	15211383k
hz-hbase4.photo.163.org,60020,1472332776006	314	11311	6822591m	1711376mb	10465526k	16276550k
hz-hbase5.photo.163.org,60020,1472308765435	325	13838	9599568m	2272077mb	14796255k	23533223k
hz-hbase6.photo.163.org,60020,1470029142923	337	16545	6353506m	1580652mb	9851161k	11484077k

图 14-2　Storefiles 示意图

很明显，整个集群中每个 RegionServer 的 HFile 数量都极端不正常，达到了 1w+，除以 Num.Stores 得到每个 Store 的平均 HFile 数量也在 50+ 左右。这种情况下很容易达到

"hbase.hstore.blockingStoreFiles" 这个阈值上限，导致 RegionServer 写入阻塞。

步骤 4：问题定位到这里，我们不禁要问，为什么 HFile 数量会增长这么快？理论上如果 Compaction 的相关参数配置合理，HFile 的数量会在一个正常范围上下波动，不可能增长如此之快。此时，笔者挑选了一个 HFile 数量多的 Region，对该 Region 手动执行 major_compact，希望可以减少 HFile 数量。然而结果非常奇怪，Compaction 根本没有执行，这个 Region 的 HFile 数量自然也没有丝毫下降。

为了弄明白对应 RegionServer 的 Compaction 执行情况，可以在 RegionServer 的 UI 界面上点击 Queues 这个 tab，查看当前 Compaction 的队列长度，同时点击 Show non-RPC Tasks 查看当前 RegionServer 正在执行 Compaction 操作的基本信息，包括开始时间、持续时常等，如图 14-3 所示（图 14-6 仅是一个示意图，不是事发时的 RegionServer UI 界面）。

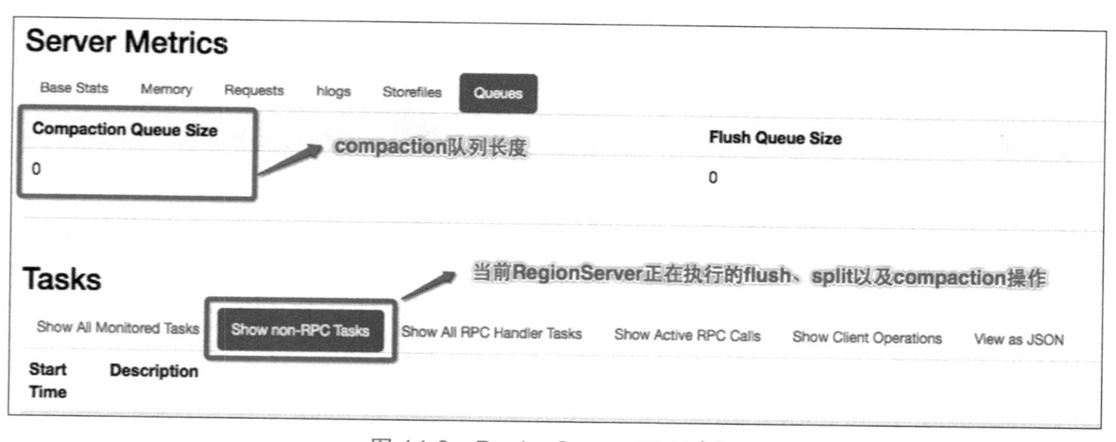

图 14-3　RegionServer UI 示意图

通过对 Show non-RPC Tasks 中 Compaction 操作的分析，发现其中表 test-sentry 的 Compaction 非常可疑。疑点包括：

- RegionServer 上的 Compaction 操作都被这张表占用了，很长一段时间并没有观察到其他表执行 Compaction。
- 这张表执行 Compaction 的 Region 大小为 10G 左右，但是整个 Compaction 持续了 10+ 小时，而且没有看到 Region 中文件数量减少。

因此我们怀疑是这张表消耗掉了所有 Compaction 线程，导致 Compaction 队列阻塞，整个集群所有其他表都无法执行 Compaction。

步骤 5：为什么这张表的 Compaction 会持续 10+ 小时呢？此时日志、监控已经不能帮助我们更好地分析这个问题了。因为怀疑 Compaction 线程有异常，我们决定使用 jstack 工具对 RegionServer 进程的线程栈进行分析。执行 jstack pid，在打印出的线程栈文件中检索关键字 compact，发现这些 Compaction 好像都卡在一个地方，看着像和 PREFIX_TREE 编码有关，如下所示：

```
"regionserver60020-smallCompactions-1472452400345" daemon prio=10 tid=0x000000002db0800 nid=0x5db6 runnable [0x00007fe81ba98000]
   java.lang.Thread.State: RUNNABLE
        at org.apache.hadoop.hbase.codec.prefixtree.decode.PrefixTreeArrayScanner.advance(PrefixTreeArrayScanner.java:216)
        at org.apache.hadoop.hbase.codec.prefixtree.PrefixTreeSeeker.next(PrefixTreeSeeker.java:123)
        at org.apache.hadoop.hbase.io.hfile.HFileReaderV2$EncodedScannerV2.next(HFileReaderV2.java:1101)
        at org.apache.hadoop.hbase.regionserver.StoreFileScanner.reseekAtOrAfter(StoreFileScanner.java:273)
        at org.apache.hadoop.hbase.regionserver.StoreFileScanner.reseek(StoreFileScanner.java:173)
        at org.apache.hadoop.hbase.regionserver.NonLazyKeyValueScanner.doRealSeek(NonLazyKeyValueScanner.java:55)
        at org.apache.hadoop.hbase.regionserver.KeyValueHeap.generalizedSeek(KeyValueHeap.java:313)
        at org.apache.hadoop.hbase.regionserver.KeyValueHeap.reseek(KeyValueHeap.java:257)
        at org.apache.hadoop.hbase.regionserver.StoreScanner.reseek(StoreScanner.java:708)
        at org.apache.hadoop.hbase.regionserver.StoreScanner.seekAsDirection(StoreScanner.java:694)
        at org.apache.hadoop.hbase.regionserver.StoreScanner.next(StoreScanner.java:544)
        at org.apache.hadoop.hbase.regionserver.compactions.Compactor.performCompaction(Compactor.java:223)
        at org.apache.hadoop.hbase.regionserver.compactions.DefaultCompactor.compact(DefaultCompactor.java:96)
        at org.apache.hadoop.hbase.regionserver.DefaultStoreEngine$DefaultCompactionContext.compact(DefaultStoreEngine.java:110)
        at org.apache.hadoop.hbase.regionserver.HStore.compact(HStore.java:1106)
        at org.apache.hadoop.hbase.regionserver.HRegion.compact(HRegion.java:1506)
        at org.apache.hadoop.hbase.regionserver.CompactSplitThread$CompactionRunner.run(CompactSplitThread.java:478)
```

仔细查看了一下，这张表和所有其他表唯一的不同就是，这张表没有使用 snappy 压缩，而是使用 PREFIX_TREE 编码。

步骤 6：之前我们对 HBase 系统中 PREFIX_TREE 编码了解并不多，而且相关的资料很少，我们只能试着去 HBase Jira 上检索相关的 issue。检索发现 PREFIX_TREE 编码功能目前并不完善，还有一些反馈的问题，比如 HBASE-12959 就反映 PREFIX_TREE 会造成 Compaction 阻塞，HBASE-8317 反映 PREFIX_TREE 会造成 seek 的结果不正确等。我们和社区工作的相关技术人员就 PREFIX_TREE 的功能进行了深入沟通，确认此功能目前尚属实验室功能，可以在测试环境进行相关测试，但不建议直接在生产环境使用。

（2）写入阻塞原因分析

- 集群中有一张表使用了 PREFIX_TREE 编码，该功能在某些场景下会导致执行 Compaction 的线程阻塞，进而耗尽 Compaction 线程池中的所有工作线程。其他表的 Compaction 请求只能在队列中排队。
- 集群中所有 Compaction 操作都无法执行，这使不断 flush 生成的小文件无法合并，HFile 的数量随着时间不断增长。
- 一旦 HFile 的数量超过集群配置阈值 "hbase.hstore.blockingStoreFiles"，系统就会阻塞 flush 操作，等待 Compaction 执行合并以减少文件数量，然而集群 Compaction 已经不再工作，导致的最直接后果就是集群中 flush 操作也被阻塞。
- 集群中 flush 操作被阻塞后，用户写入到系统的数据就只能在 MemStore 中不断积累而不能落盘。一旦整个 RegionServer 中的 MemStore 占用内存超过 JVM 总内存大小的一定比例上限（见参数 hbase.regionserver.global.memstore.size，默认 0.4），系统就不再接受任何的写入请求，导致写入阻塞。此时 RegionServer 需要执行 flush 操作将 MemStore 中的数据写到文件来降低 MemStore 的内存压力，很显然，因为集群 flush

功能已经瘫痪，所以 MemStore 的大小会一直维持在非常高的水位，写入请求也会一直被阻塞。

（3）解决方案

- 强烈建议在生产环境中不使用 PREFIX_TREE 这种实验性质的编码格式，HBase 2.x 版本考虑到 PREFIX_TREE 的不稳定性，已经从代码库中移除了该功能。另外，对于社区发布的其他实验性质且没有经过生产环境检验的新功能，建议不要在实际业务中使用，以免引入许多没有解决方案的问题。
- 强烈建议生产环境对集群中 HFile 相关指标（store file 数量、文件大小等）以及 Compaction 队列长度等进行监控，有助于问题的提前发现以及排查。
- 合理设置 Compaction 的相关参数。hbase.hstore.compactionThreshold 表示触发执行 Compaction 的最低阈值，该值不能太大，否则会积累太多文件。hbase.hstore.blockingStoreFiles 默认设置为 7，可以适当调大一些，比如调整为 50。

案例二：RegionServer Active Handler 资源被耗尽导致写入阻塞

1. 大字段写入导致 Active Handler 资源被耗尽

现象：集群部分写入阻塞，部分业务反馈集群写入忽然变慢并且数据开始出现堆积的情况。

（1）写入异常原因定位

步骤 1：在异常的 RegionServer 的日志中检索关键字 "Blocking updates on" 和 "too many store files"，未发现任何相关日志信息。排除案例一中可能因为 Store file 数量过多导致的 MemStore 内存达到配置上限引起的写入阻塞。

步骤 2：集群并没有出现所有写入都阻塞的情况，还是有部分业务可以写入。排查表级别 QPS 监控后发现了一个非常关键的信息点：业务 A 开始写入之后整个集群部分业务写入的 TPS 都几乎断崖式下跌。

几乎在相同时间点集群中其他业务的写入 TPS 都出现下跌。但是直观上来看业务 A 的 TPS 并不高，只有 1 万次 / 秒左右，没有理由影响其他业务。于是我们继续查看其他监控信息，首先确认系统资源（主要是 IO）并没有到达瓶颈，其次确认了写入的均衡性，直至看到图 14-4，才追踪到影响其他业务写入的第二个关键点——RegionServer 的 Active Handler 在事发时间点被耗尽。

该 RegionServer 上配置的 Active Handler 个数为 150，具体见参数 hbase.regionserver.handler.count，默认为 30。

步骤 3：经过对比，发现两者时间点非常一致，基本确认是由于该业务写入导致这台 RegionServer 的 active handler 被耗尽，进而其他业务拿不到 handler，自然写不进去。为什么会这样？正常情况下 handler 在处理完客户端请求之后会立马释放，唯一的解释是这些请求的延迟实在太大了。

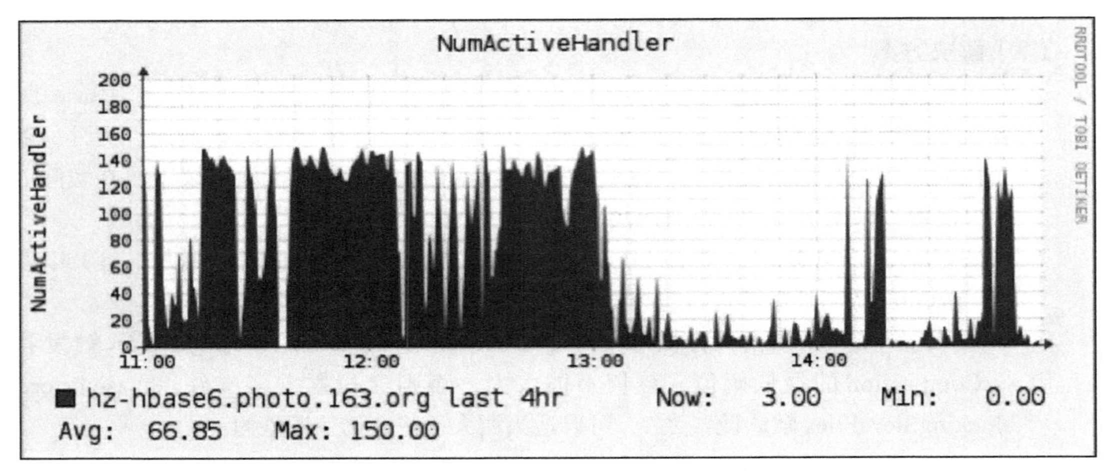

图 14-4 调整 ActiveHandler 耗尽示意图

试想，我们去汉堡店排队买汉堡，有 150 个窗口服务，正常情况下大家买一个很快，这样 150 个窗口可能只需要 50 个窗口进行服务。假设忽然来了一批大汉，要定制超大汉堡，好了，所有的窗口都工作起来，而且因为大汉堡不好制作导致服务很慢，这样必然会导致其他排队的用户长时间等待，直至超时。

可问题是写请求不应该有如此大的延迟。和业务方沟通之后确认该表主要存储语料库文档信息，都是平均 100K 左右的数据。在前面的案例中提到了 KeyValue 大小对写入性能有非常大的影响，随着写入 KeyValue 的增大，写入延迟几乎成倍增加。KeyValue 太大会导致 HLog 文件写入频繁切换、flush 以及 Compaction 频繁被触发，写入性能自然也会急剧下降。

（2）写入阻塞原因分析

- 集群中某业务在某些时间段间歇性地写入大 KeyValue 字段，因为自身写入延迟非常高导致长时间占用系统配置的 Active Handler，进而表现为系统 Active Handler 耗尽。
- 其他业务的写入请求因为抢占不到 handler，只能在请求队列中长时间排队，表现出来就是写入吞吐量急剧下降，甚至写入请求超时。

（3）解决方案

目前针对这种因较大 KeyValue 导致，写入性能下降的问题还没有直接的解决方案，好在社区已经意识到这个问题，在接下来即将发布的 HBase 2.0.0 版本中会针对该问题进行深入优化（详见 HBase MOB），优化后用户使用 HBase 存储文档、图片等二进制数据都会有极佳的性能体验。

针对集群中部分业务影响其他业务的场景，还可以尝试使用 RSGroup 功能将不同操作类型的业务隔离到不同的 RegionServer 上，实现进程级别的隔离，降低业务之间的相互干扰，提升系统可用性和稳定性。

2. 小集群 IO 离散型随机读取导致 Active Handler 资源耗尽

和上个案例相似，笔者还遇到过另外一起因为 Active Handler 资源耗尽导致集群写入请求阻塞的线上问题。

现象：集群部分写入阻塞，部分业务反馈集群写入忽然变慢并且数据开始出现堆积的情况，如图 14-5 所示。

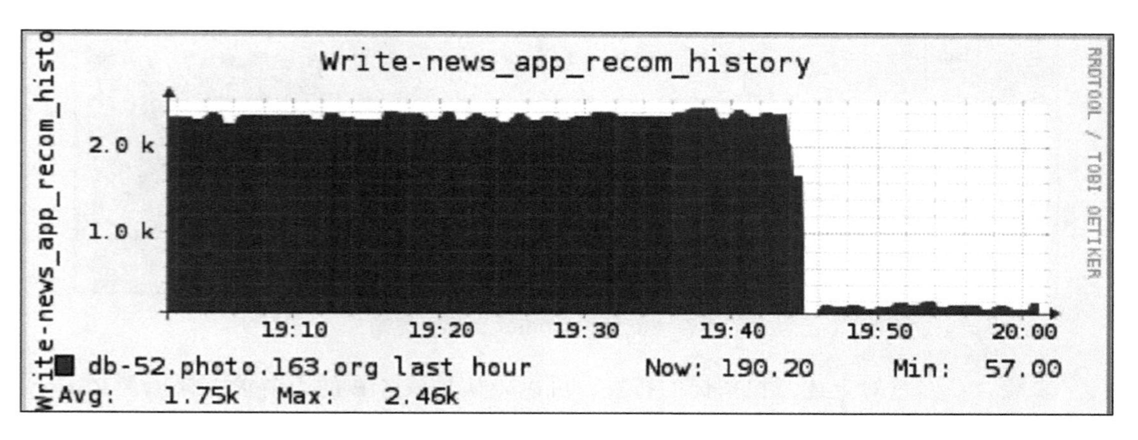

图 14-5 写入阻塞示意图

（1）写入异常原因定位

步骤 1：在异常 RegionServer 的日志中检索关键字 "Blocking updates on" 和 "too many store files"，未发现任何相关日志信息。排除案例一中可能因为 HFile 数量过多导致的 MemStore 内存达到配置上限引起的写入阻塞。

步骤 2：有了上一个案例的经验，笔者也对系统中其他表的 TPS 监控信息进行了排查，发现了一个非常关键的信息点：业务 B 开始读取之后整个集群部分业务的写入 TPS 几乎断崖式下跌。图 14-6 是业务 B 在对应时间点的读 TPS 监控。

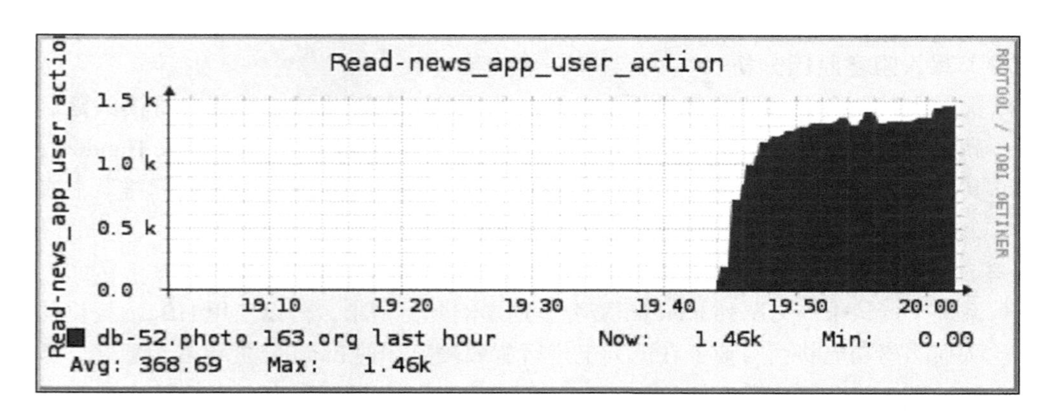

图 14-6 业务 B 对应时间点的读 TPS 监控图

显然，业务 B 的读请求影响到了整个集群的写请求。那是不是和上个案例一样耗尽了系统的 Active Handler 呢？排查了该 RegionServer 上的 ActiveHandlerNum 指标之后我们确认了这个猜测，如图 14-7 所示。

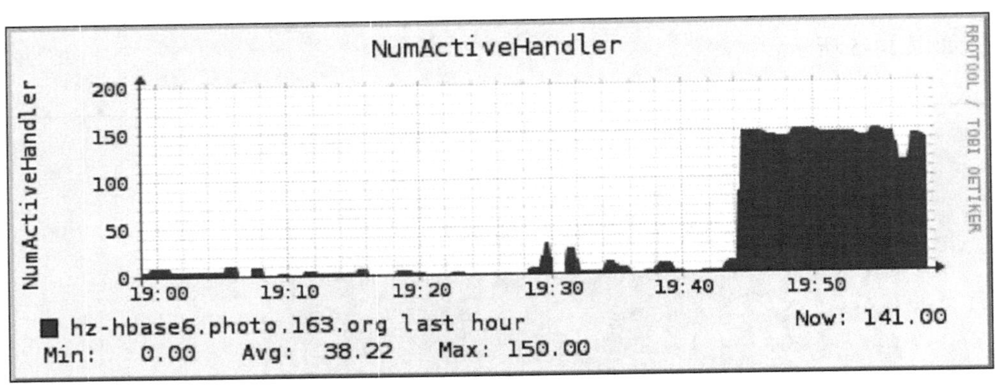

图 14-7　Active Handler 耗尽示意图

步骤 3：经过对上述监控指标的排查，可以确认是业务 B 的读请求消耗掉了 RegionServer 的 handler 线程，导致其他业务的写请求吞吐量急剧下降。为什么读请求会消耗掉系统 handler 线程呢？根据监控看读请求的 QPS 只有 1400 左右，并不高啊。

经过和业务沟通，我们确认该业务的特性是没有任何热点读的随机读，所有请求都会落盘。经过简单的计算，发现这类无热点的随机读应用在小集群中很致命，完全可能使读延迟非常高。

当前一块 4T sata 硬盘的 IOPS 是 200 次 / 秒，一台机器上 12 块盘，所以能承受的最大 IOPS 约为 2400 次 / 秒，一个 4 台物理机组成的集群总的 IOPS 上限为 9600 次 / 秒。上述 B 表 QPS 在 1500 左右，因为读取请求在实际读取的时候存在放大效应，比如上述一次读请求是一次 scan 的 next 请求，会涉及大量 KeyValue 读取而不是一个 KeyValue；另外在 HFile 层面查找指定 KeyValue 也会存在读取放大，放大的倍数和 HFile 数量有很大的关系。因此一次读请求可能会带来多次硬盘 IO 导致 IO 负载很高，读取延迟自然也会很高。

（2）写入阻塞原因分析

- 集群中某业务在某些时间段间歇性地执行无热点的随机读，因为自身读取延迟非常高导致长时间占用系统配置的 Active Handler，进而表现为系统 Active Handler 耗尽。
- 其他业务的写入请求因为抢占不到 handler，只能在请求队列中长时间排队，表现出来就是写入吞吐量急剧下降，甚至写入请求超时。

（3）解决方案

- 系统中读请求因为队列 handler 资源争用影响到写请求，可以使用 HBase 提供的读写队列隔离功能将读写业务在队列上进行有效隔离，使 handler 资源互相独立，不再共享。进一步还可以将 scan 请求和 get 请求在队列上进行隔离，有效防止大规模 scan 影响 get 请求。

- 虽然做了队列上的隔离，可以避免读写之间互相影响，但是依然解决不了读请求与读请求之间的影响。最好的办法还是尝试使用 RSGroup 功能将不同操作类型的业务隔离到不同的 RegionServer 上，从而实现进程级别的隔离。

案例三：HDFS 缩容导致部分写入异常

现象：业务反馈部分写入请求超时异常。此时 HBase 运维在执行 HDFS 集群多台 DataNode 退服操作。

（1）写入异常原因定位

步骤 1：和 Hadoop 运维沟通是否因为 DataNode 退服造成 HBase 集群不稳定，运维反馈理论上平滑退服不会造成上层业务感知。

步骤 2：排查 HBase 集群节点监控负载，发现退服操作期间节点间 IO 负载较高，如图 14-8 所示。

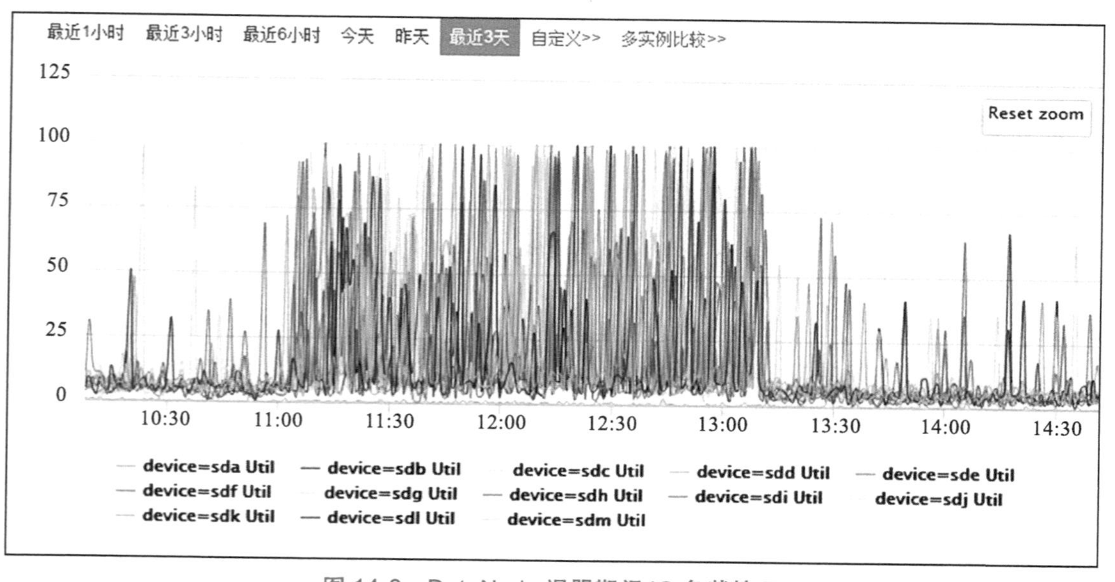

图 14-8　DataNode 退服期间 IO 负载情况

初步判定业务写入异常和退服期间 IO 负载较高有一定关系。

步骤 3：在异常时间区间查看 RegionServer 日志，搜索“Exception”关键字，得到如下异常信息：

```
    2019-04-24 13:03:16,700 INFO  [sync.0] wal.FSHLog: Slow sync cost: 13924 ms, current
pipeline: [10.200.148.21:50010, 10.200.148.25:50010]
    2019-04-24 13:03:16,700 INFO  [sync.1] wal.FSHLog: Slow sync cost: 13922 ms, current
pipeline: [10.200.148.21:50010, 10.200.148.25:50010]
    2019-04-24  13:03:16,700  WARN  [RW.default.writeRpcServer.handler=4,queue=4,
port=60020] ipc.RpcServer: (responseTooSlow):{"call":"Multi(org.apache.hadoop.hbase.
```

```
protobuf.generated.ClientProtos$MultiRequest)","starttimems":1556082182777,"response
size":8,"method":"Multi","param":"region=at_history,ZpJHq0H8ovf9NACJiSDjbr3WDhA8itN/
k8gIEHtSZnDs1Ps2zsX31JKMcaIdyqxmQANIljlNGs4k/IFFT153CQ==:20171027,1516372942980.5a2c
33420826374847d0840cdebd32ea., for 1 actions and 1st rowkey="...","processingtimems"
:13923,"client":"10.200.165.31:35572","queuetimems":0,"class":"HRegionServer"}
```

从日志上看，HLog 执行 sync 花费太长时间（13924ms）导致写入响应阻塞。

步骤 4：进一步查看 DataNode 日志，确认 DataNode 刷盘很慢，异常信息如下：

```
    2019-04-24 13:03:16,684 WARN org.apache.hadoop.hdfs.server.datanode.DataNode:
Slow BlockReceiver write data to disk cost:13918ms (threshold=300ms)
    2019-04-24 13:03:16,685 ERROR org.apache.hadoop.hdfs.server.datanode.DataNode:
newsrec-hbase10.dg.163.org:50010:DataXceiver error processing WRITE_BLOCK
operation  src: /10.200.148.21:55637 dst: /10.200.148.24:50010
```

（2）写入异常原因分析

- HDFS 集群 DataNode 退服会先拷贝其上数据块到其他 DataNode 节点，拷贝完成后再下线，拷贝过程中退服节点依然可以提供读服务，新数据块不会再写入退服节点。理论上退服流程不会对上层业务读写产生任何影响。
- 此案例中 HDFS 集群多台 DataNode 同时退服，退服过程中拷贝大量数据块会导致集群所有节点的带宽和 IO 负载压力陡增。
- 节点 IO 负载很高导致 DataNode 执行数据块落盘很慢，进而导致 HBase 中 HLog 刷盘超时异常，在集群写入压力较大的场景下会引起写入堆积超时。

（3）解决方案

- 和业务沟通在写入低峰期执行 DataNode 退服操作。
- 不能同时退服多台 DataNode，以免造成短时间 IO 负载压力急剧增大。同时，退服改为依次退服，减小对系统资源影响。

14.3 HBase 运维时问题分析思路

生产线问题是系统开发运维工程师的导师。之所以这样说，是因为对问题的分析可以让我们积累更多的问题定位手段，并且让我们对系统的工作原理有更加深入的理解，甚至接触到很多之前不可能接触到的知识领域。就像去一个未知的世界探索一个未知的问题，越往里面走，就越能看到别人看不到的世界。所以，生产线上的问题发生了，一定要抓住机会，追根溯源。毫不夸张地说，技术人员的核心能力很大部分表现在定位并解决问题的能力上。

实际上，解决问题只是一个结果。从收到报警看到问题的那一刻到最终解决问题，必然会经历三个阶段：问题定位，问题分析，问题修复。问题定位是从问题出发通过一定的技术手段找到触发问题的本质，问题分析是从原理上对整个流程脉络梳理清楚，问题解决依赖于问题分析，根据问题分析的结果对问题进行针对性修复或者全局修复。

1. 问题定位

定位问题的触发原因是解决问题的关键。问题定位的基本流程如图 14-9 所示。

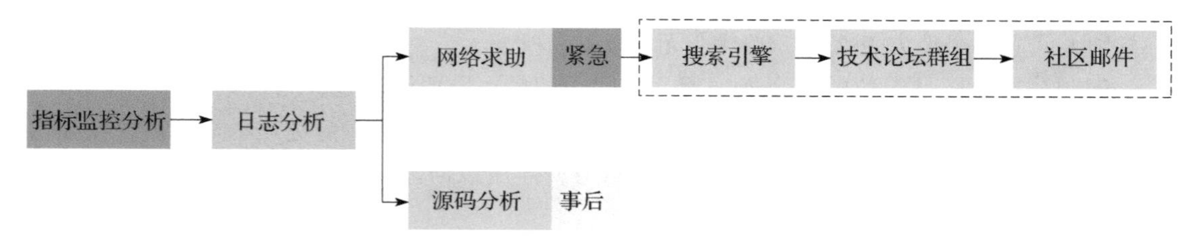

图 14-9　问题定位基本流程

- 指标监控分析。很多问题都可以直接在监控界面上直观地找到答案。比如业务反馈在某一时刻之后读延迟变的非常高，第一反应是去查看系统 IO、CPU 或者带宽是不是有任何异常，如果看到 IO 利用率在对应时间点变的异常高，就基本可以确定读性能下降就是由此导致。虽说 IO 利用率异常不是本质原因，但这是问题链上的重要一环，接下来就需要探究为什么 IO 利用率在对应时间点异常。

  对问题定位有用的监控指标非常多，宏观上看可以分为系统基础指标和业务相关指标两大类。系统基础指标包括系统 IO 利用率、CPU 负载、带宽等；业务相关指标包括 RegionServer 级别读写 TPS、读写平均延迟、请求队列长度 /Compaction 队列长度、MemStore 内存变化、BlockCache 命中率等。

- 日志分析。对于系统性能问题，监控指标或许可以帮上大忙，但对于系统异常类型的问题，监控指标有可能看不出来任何端倪。这个时候就需要对相关日志进行分析，HBase 系统相关日志最核心的有 RegionServer 日志和 Master 日志，另外，GC 日志、HDFS 相关日志（NameNode 日志和 DataNode 日志）以及 ZooKeeper 日志在特定场景下对分析问题都有帮助。

  对日志分析并不需要将日志从头到尾读一遍，可以直接搜索类似于 Exception，ERROR，甚至 WARN 这样的关键字，再结合时间段对日志进行分析。

  大多数情况下，系统异常都会在日志中有所反映，而且通过日志内容可以直观地明确问题所在。

- 网络求助。经过监控指标分析和日志分析之后，运维人员通常都会有所收获。也有部分情况下，我们能看到了 "Exception"，但不明白具体含义。此时需要去网络上求助。首先在搜索引擎上根据相关日志查找，大多数情况下都能找到相关的文章说明，因为你遇到的问题很大概率别人也会遇到。如果没有线索，接着去各个专业论坛查找或请教，比如 stackoverflow、hbase.group 以及各种 HBase 相关交流群组。最后，还可以发邮件到社区请教社区技术人员。
- 源码分析。在问题解决之后，建议通过源码对问题进行再次确认。

2. 问题分析

解决未知问题就像一次探索未知世界的旅程。定位问题的过程就是向未知世界走去，走得越远，看到的东西越多，见识到的世面越大。然而眼花缭乱的景色如果不仔细捋一捋，一旦别人问起那个地方怎么样，必然会无言以对。

问题分析是问题定位的一个逆过程。从问题的最本质原因出发，结合系统的工作原理，不断推演，最终推演出系统的异常行为。要把这个过程分析得清清楚楚，不仅仅需要监控信息、异常日志，更需要结合系统工作原理进行分析。所以回过头来看，只有把系统的原理理解清楚，才能把问题分析清楚。

3. 问题修复

如果能够把问题的来龙去脉解释清楚，相信就能够轻而易举地给出针对性的解决方案。这应该是整个问题探索中最轻松的一个环节。没有解决不了的问题，如果有，那就是没有把问题分析清楚。

第15章 HBase 2.x 核心技术

在 2018 年 4 月 30 日，HBase 社区发布了意义重大的 2.0.0 版本。该版本可以说是迄今为止改动最大的一个版本，共包含了 4500 余个 issue。这个版本主要包含以下核心功能：

- 基于 Procedure v2 重新设计了 HBase 的 Assignment Manager 和核心管理流程。通过 Procedure v2，HBase 能保证各核心步骤的原子性，从设计上解决了分布式场景下多状态不一致的问题。
- 实现了 In Memory Compaction 功能。该功能将 MemStore 分成若干小数据块，将多个数据块在 MemStore 内部做 Compaction，一方面缓解了写放大的问题，另一方面降低了写路径的 GC 压力。
- 存储 MOB 数据。2.0.0 版本之前对大于 1MB 的数据支持并不友好，因为大 value 场景下 Compaction 会加剧写放大问题，同时容易挤占 HBase 的 BucketCache。而新版本通过把大 value 存储到独立的 HFile 中来解决这个问题，更好地满足了多样化的存储需求。
- 读写路径全链路 Offheap 化。在 2.0 版本之前，HBase 只有读路径上的 BucketCache 可以存放 Offheap，而在 2.0 版本中，社区实现了从 RPC 读请求到完成处理，最后到返回数据至客户端的全链路内存的 Offheap 化，从而进一步控制了 GC 的影响。
- 异步化设计。异步的好处是在相同线程数的情况下，提升系统的吞吐量。2.0 版本中做了大量的异步化设计，例如提供了异步的客户端，采用 Netty 实现异步 RPC，实现 asyncFsWAL 等。

本章将依次剖析上述各核心功能的原理。

15.1 Procedure 功能

在 HBase 2.0 版本之前，系统存在一个潜在的问题：HBase 的元信息分布在 ZooKeeper、

HBase Meta 表以及 HDFS 文件系统中，而 HBase 的分布式管理流程并没法保证操作流程的原子性，因此，容易导致这三者之间的不一致。

举个例子，在 HBase 中创建一个带有 3 个 Region 的表（表名为 Test），主要有以下 4 步：

1）在 HDFS 文件系统上初始化表的相关文件目录。

2）将 HBase 3 个 Region 的信息写入 hbase:meta 表中。

3）依次将这 3 个 Region 分配到集群的某些节点上，此后 Region 将处于 online 状态。

4）将 Test 表的状态设为 ENABLED。

如果在第 3 步中发现某一个 region online 失败，则可能导致表处于异常状态。如果系统设计为不回滚，则导致 HDFS 和 hbase:meta 表中存在该表错误的元数据。如果设计为出错回滚，则可能在回滚过程中继续出错，导致每一个类似的分布式任务流都需要考虑失败之后甚至回滚后接着失败的这种复杂逻辑。

这样上层实现任务流的代码变得更加复杂，同时容易引入系统缺陷。例如，我们曾经碰到过一个 Region 被同时分配到两台 RegionServer 上的情况，hbase:meta 表其实只存了一个 Region 对应的 RegionServer，但是另一台 RegionServer 却在自己的内存中认为 Region 是分配到自己节点上，甚至还跑了 Major Compaction，删除了一些无用文件，导致另一个 RegionServer 读数据时发现缺少数据。最终，出现读取异常的情况。

在 HBase 2.0 版本之前，社区提供了 HBCK 工具。大部分的问题都可以遵循 HBCK 工具的修复机制，手动保证各元数据的一致性。但是，一方面，HBCK 并不完善，仍有很多复杂的情况没有覆盖。另一方面，在设计上，HBCK 只是一个用来修复缺陷的工具，而这个工具自身也有缺陷，从而导致仍有部分问题没有办法从根本上解决。

正是在这样的背景之下，HBase 2.0 引入了 Procedure v2 的设计。本质上是通过设计一个分布式任务流框架，来保证这个任务流的多个步骤全部成功，或者全部失败，即保证分布式任务流的原子性。

1. Procedure 定义

一个 Procedure 一般由多个 subtask 组成，每个 subtask 是一些执行步骤的集合，这些执行步骤中又会依赖部分 Procedure。

因此本质上，Procedure 可以用图 15-1 来表示。Procedure.0 有 A、B、C、G 共 4 个 subtask，而这 4 个 subtask 中的 C 又有 1 个 Procedure，也就是说只有等这个 Procedure 执行完，C 这个 subtask 才能算执行成功。而 C 中的子 Procedure，又有 D、E、F 共 3 个 subtask。

图 15-2 是另一个 Procedure 示例，Procedure.0 有 A、B、C、D 共 4 个 subtask。其中 subtask C 又有 Procedure.1、Procedure.2、Procedure.3 共 3 个子 Procedure。

仍以上述建表操作为例（参见图 15-3），建表操作可以认为是一个 Procedure，它由 4 个 subtask 组成。

- subtask.A：用来初始化 Test 表在 HDFS 上的文件。
- subtask.B：在 hbase:meta 表中添加 Test 表的 Region 信息。

- subtask.C：将 3 个 region 分配到多个节点上，而每个 Assign region 的过程又是一个 Procedure。
- subtask.D：最终将表状态设置为 ENABLED。

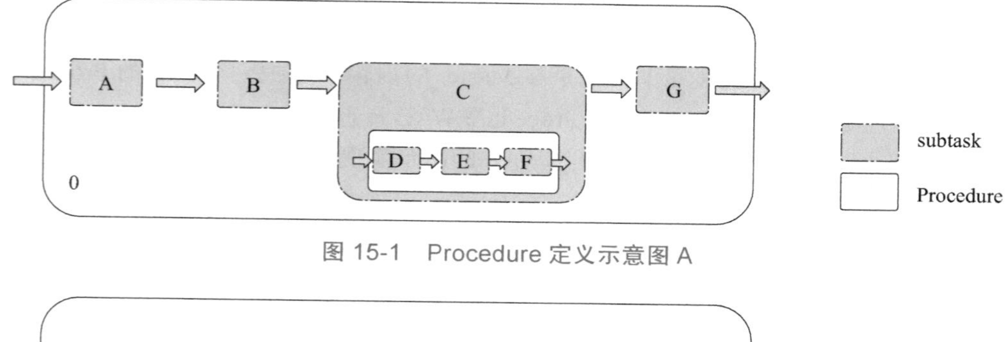

图 15-1　Procedure 定义示意图 A

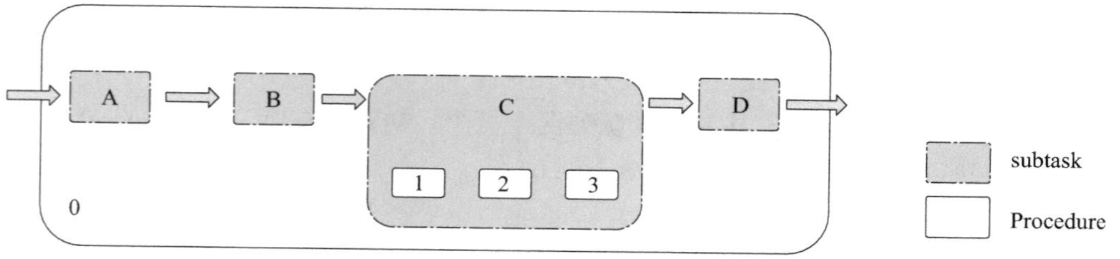

图 15-2　Procedure 定义示意图 B

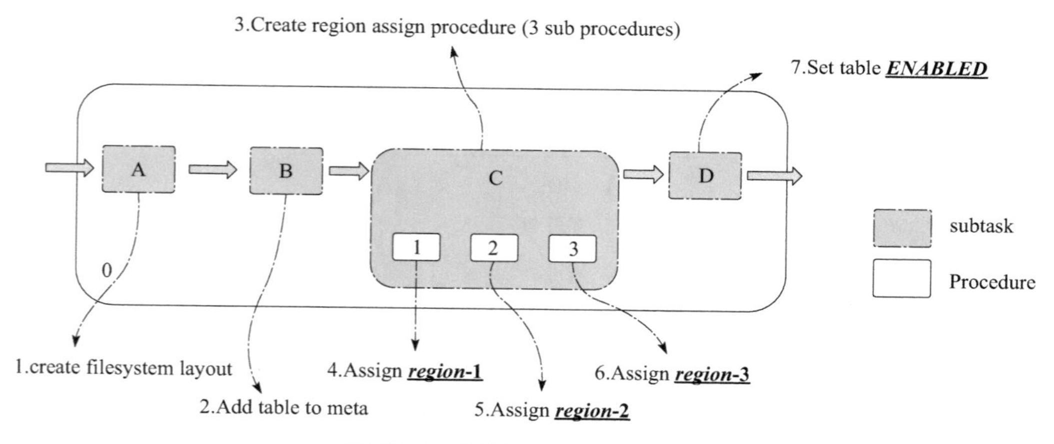

图 15-3　建表的 Procedure 流程

在明确了 Procedure 的结构之后，需要理解 Procedure 提供的两个接口：execute() 和 rollback()，其中 execute() 接口用于实现 Procedure 的执行逻辑，rollback() 接口用于实现 Procedure 的回滚逻辑。这两个接口的实现需要保证幂等性。也就是说，如果 x=1，执行两次 increment(x) 后，最终 x 应该等于 2，而不是等于 3。因为我们需要保证 increment 这个 subtask 在执行多次之后，同执行一次得到的结果完全相等。

2. Procedure 执行和回滚

下面以上述建表的 Procedure 为例，探讨 Procedure v2 是如何保证整个操作的原子性的。

首先，引入 Procedure Store 的概念，Procedure 内部的任何状态变化，或者 Procedure 的子 Procedure 状态发生变化，或者从一个 subtask 转移到另一个 subtask，都会被持久化到 HDFS 中。持久化的方式也很简单，就是在 Master 的内存中维护一个实时的 Procedure 镜像，然后有任何更新都把更新顺序写入 Procedure WAL 日志中。由于 Procedure 的信息量很少，内存占用小，所以只需内存镜像加上 WAL 的简单实现，即可保证 Procedure 状态的持久性。

其次，需要理解回滚栈和调度队列的概念。回滚栈用于将 Procedure 的执行过程一步步记录在栈中，若要回滚，则一个个出栈依次回滚，即可保证整体任务流的原子性。调度队列指的是 Procedure 在调度时使用的一个双向队列，如果某个 Procedure 调度优先级特别高，则直接入队首；如果优先级不高，则直接入队尾。

图 15-4 很好地展示了回滚栈和调度队列两个概念。初始状态时，Procedure.0 入队。因此，下一个要执行的 Procedure 就是 Procedure.0。

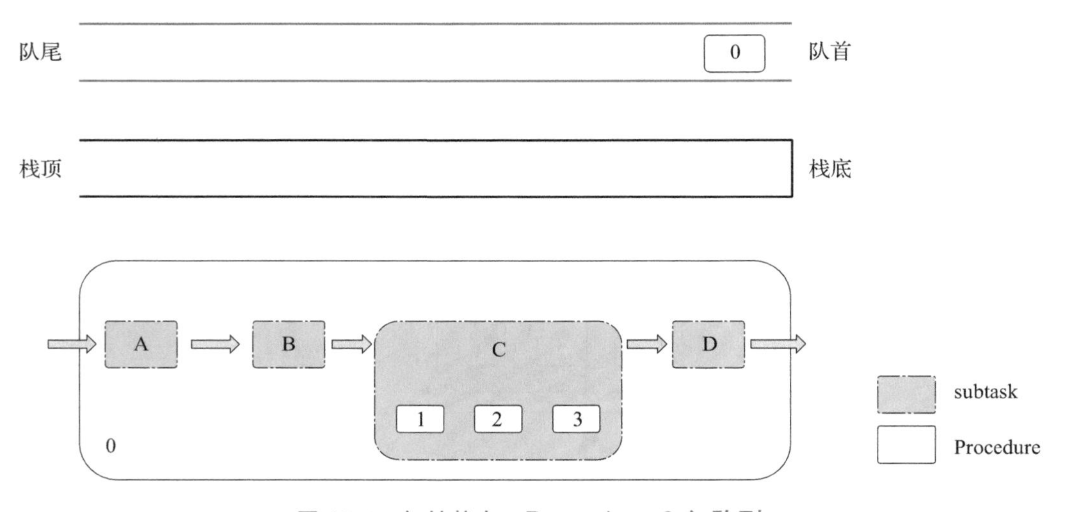

图 15-4 初始状态，Procedure.0 入队列

执行时，从调度队列中取出队首元素 Procedure.0，开始执行 subtask.A，如图 15-5 所示。

执行完 subtask.A 之后，将 Procedure.0 压入回滚栈，再接着执行 subtask.B，如图 15-6 所示。

执行完 subtask.B 之后，将 Procedure.0 再次压入回滚栈，再接着执行 subtask.C，如图 15-7 所示。

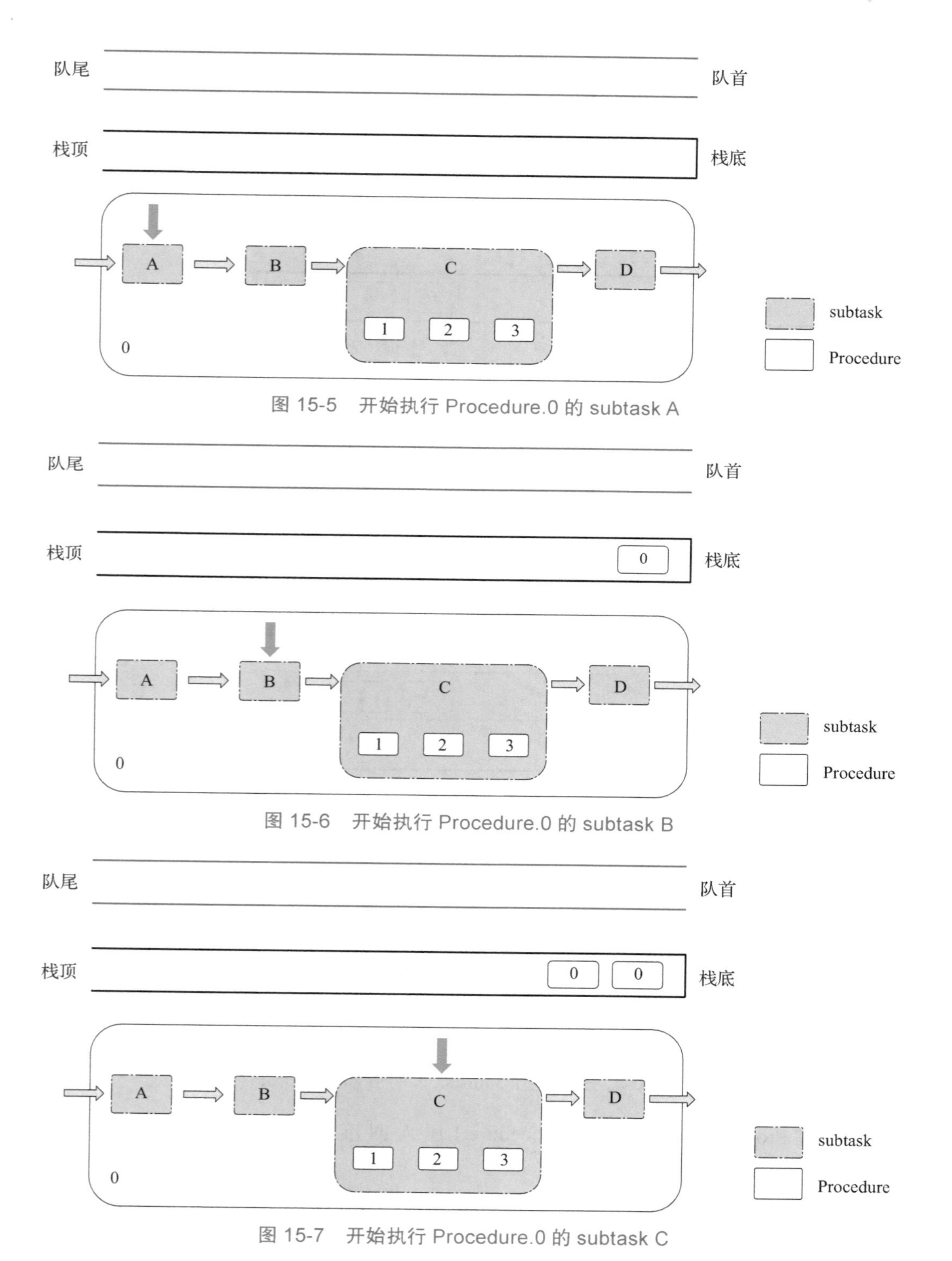

图 15-5　开始执行 Procedure.0 的 subtask A

图 15-6　开始执行 Procedure.0 的 subtask B

图 15-7　开始执行 Procedure.0 的 subtask C

执行完 subtask.C 后，发现 C 生成了 3 个子 Procedure，分别是 Procedure.1、Procedure.2、Procedure.3。因此，需要再次把 Procedure.0 压入回滚栈，再将 Procedure.3、Procedure.2、Procedure.1 依次压入调度队列队首，如图 15-8 所示。

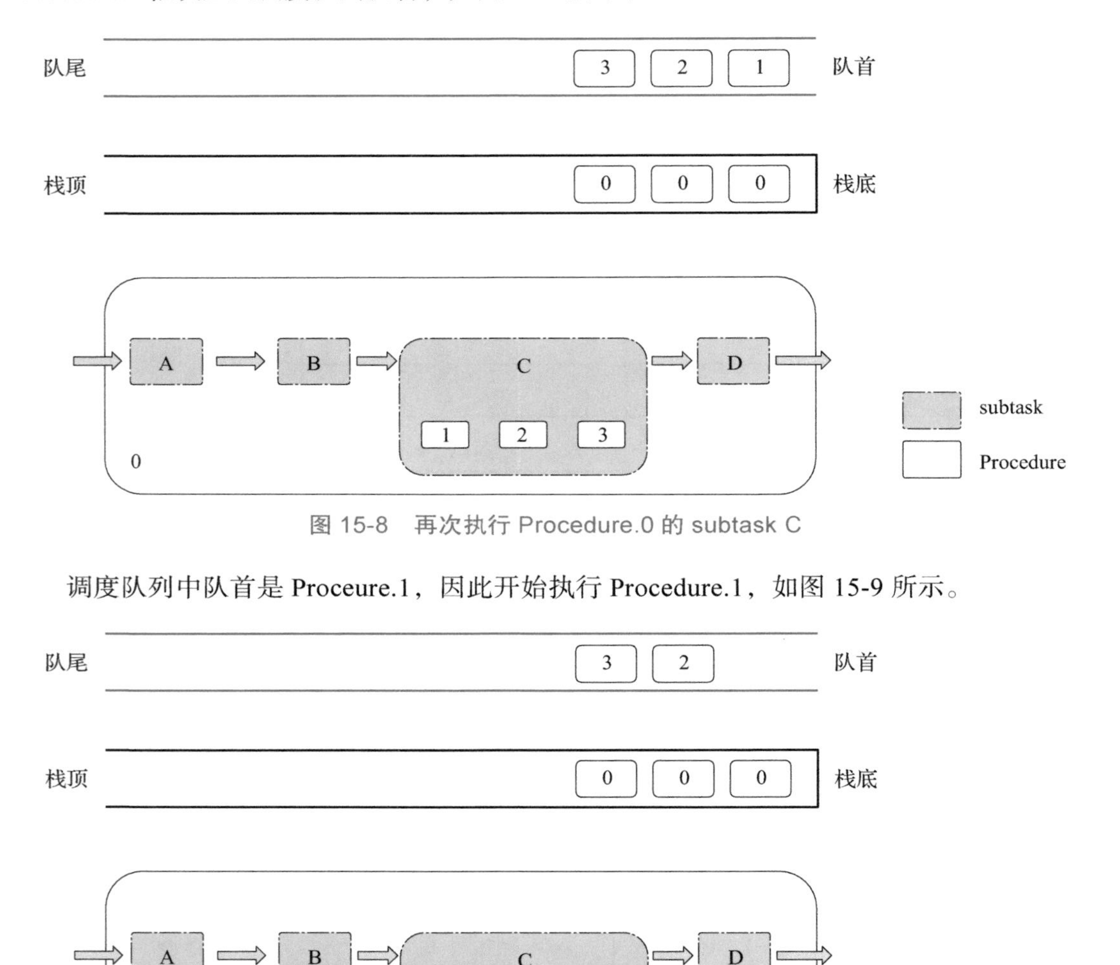

图 15-8　再次执行 Procedure.0 的 subtask C

调度队列中队首是 Proceure.1，因此开始执行 Procedure.1，如图 15-9 所示。

图 15-9　开始执行 subtask C 的子 Procedure.1

执行完 Procedure.1 之后，将 Procedure.1 压入回滚栈，开始执行 Procedure.2，如图 15-10 所示。

Procedure.2 和 Procedure.1 执行过程类似，执行完成后将 Procedure.2 压入回滚栈，开始执行 Procedure.3，如图 15-11 所示。

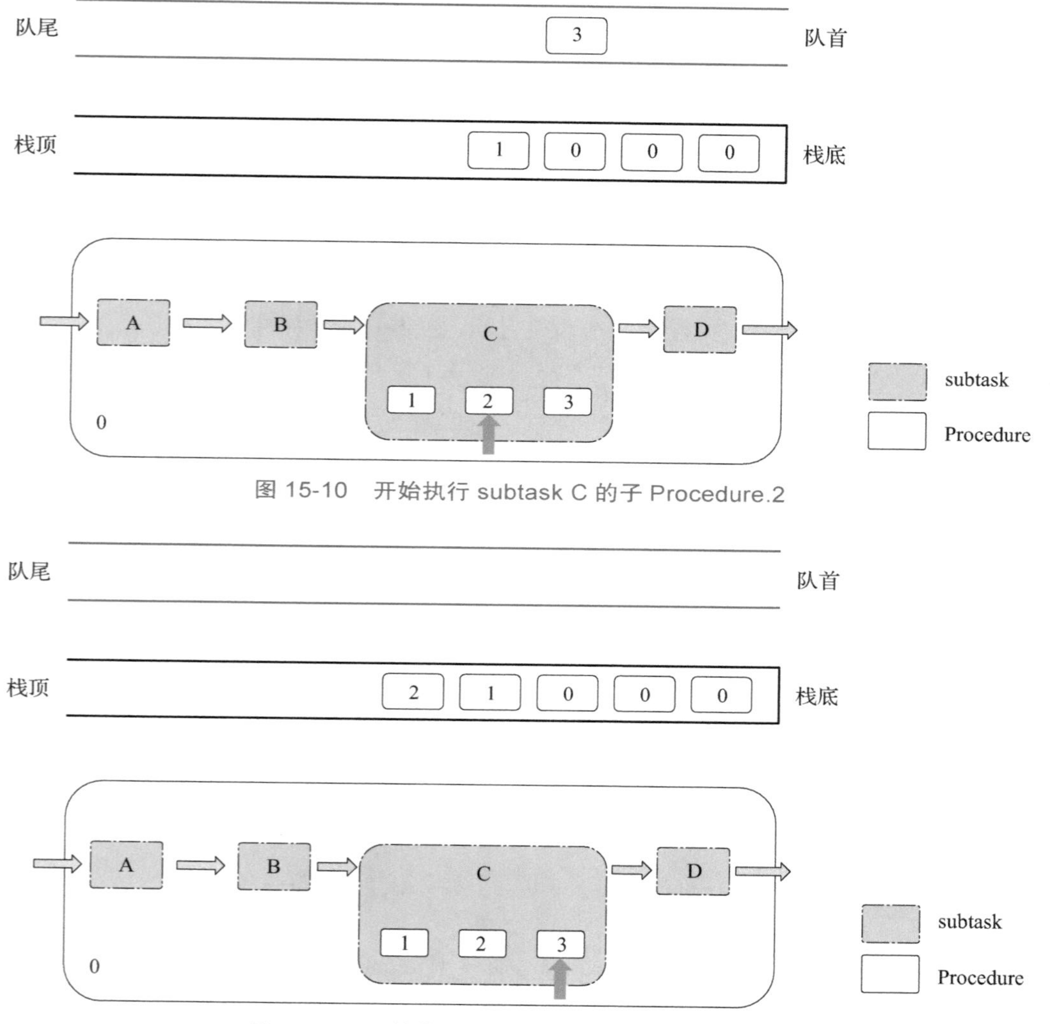

图 15-10 开始执行 subtask C 的子 Procedure.2

图 15-11 开始执行 subtask C 的子 Procedure.3

Procedure.3 执行过程亦类似。需要注意的是，3 个子 Procedure 可以由多个线程并发执行。因为我们在实现 Procedure 的时候，同时需要保证每一个子 Procedure 之间都是相互独立的，也就是它们之间不存在依赖关系，可以并行执行，如果 3 个子 Procedure 之间有依赖关系，则设计子 Procedure 的子 Procedure 即可。

执行完 Procedure.3 之后（此时 Procedure.3 已经压入回滚栈），可以发现 Procedure.0 的 subtask C 下所有的子 Procedure 已经全部执行完成。此时 ProcedureExecutor 会再次将 Procedure.0 调度到队列中，放入队首，如图 15-12 所示。

取出调度队列队首元素，发现是 Procedure.0。此时 Procedure.0 记录着 subtask C 已经执行完毕。于是，开始执行 subtask D，如图 15-13 所示。

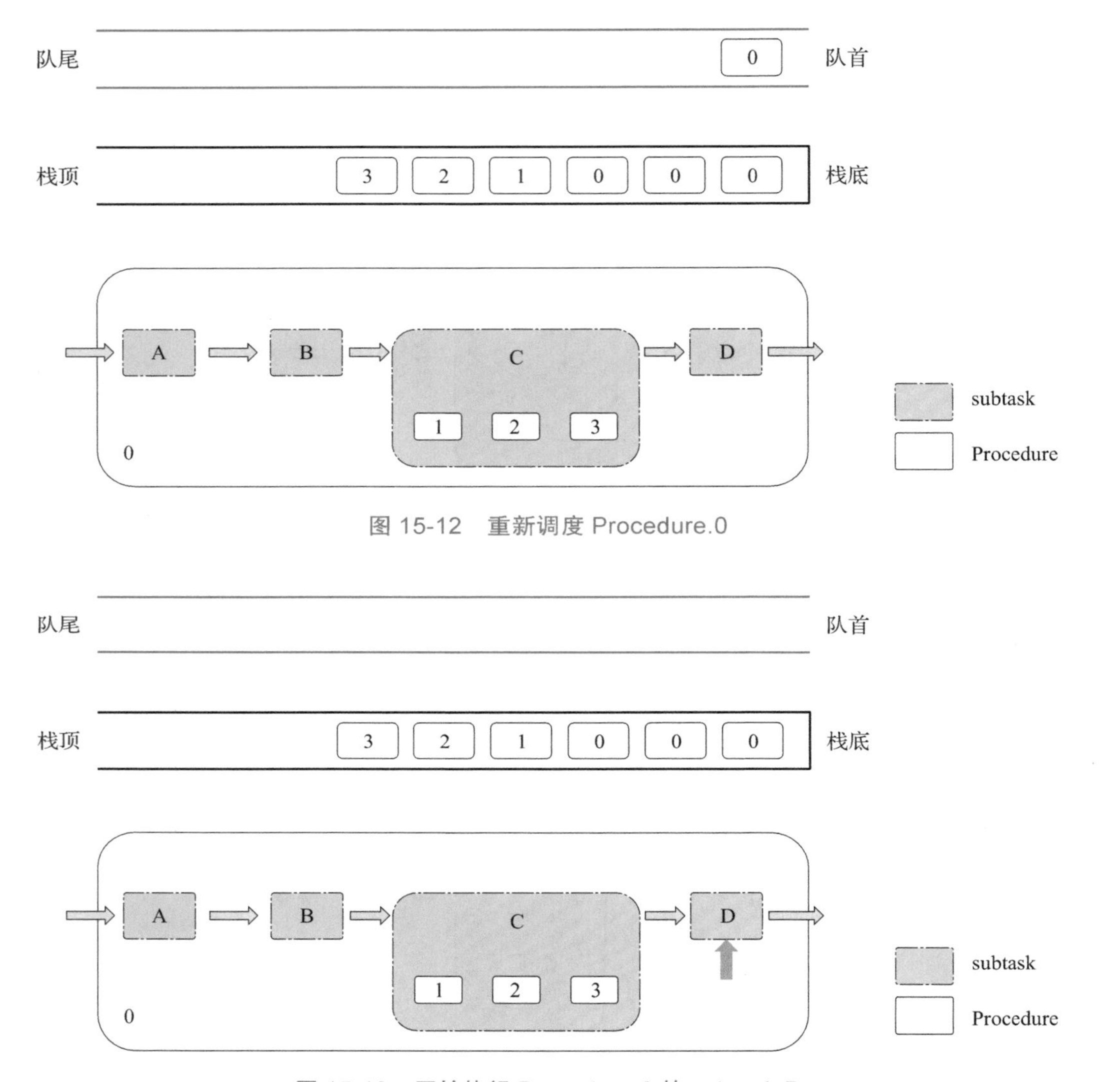

图 15-12 重新调度 Procedure.0

图 15-13 开始执行 Procedure.0 的 subtask D

待 Procedure.0 的 subtask D 执行完毕之后，将 Procedure.0 压入回滚栈，并将这个 Procedure.0 标记为执行成功，最终将在 Procedure Store 中清理这个已经成功执行的 Procedure，如图 15-14 所示。

Procedure 的回滚：有了回滚栈这个状态之后，在执行任何一步发生异常需要回滚的时候，都可以按照栈中顺序依次将之前已经执行成功的 subtask 或者子 Procedure 回滚，且严格保证了回滚顺序和执行顺序相反。如果某一步回滚失败，上层设计者可以选择重试，也可以选择跳过继续重试当前任务（设计代码抛出不同类型的异常），直接回滚栈中后一步状态。

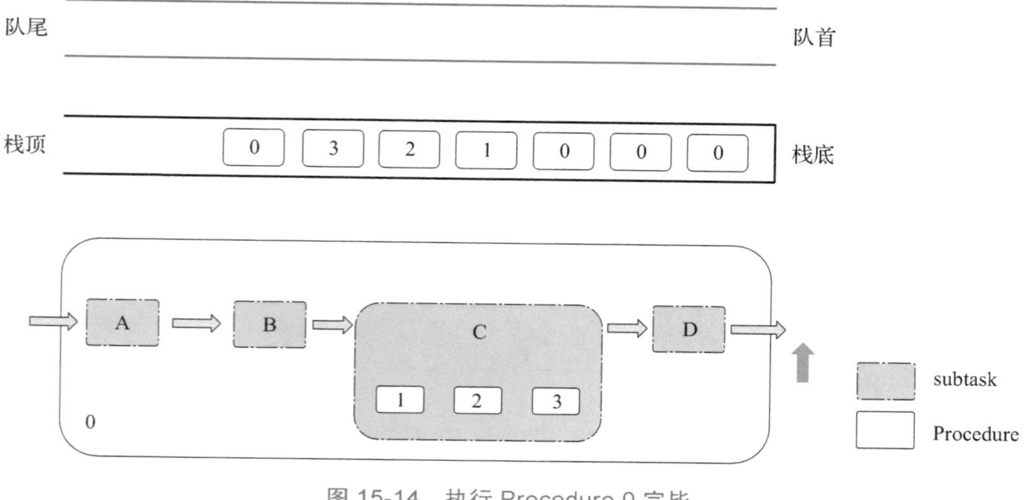

图 15-14　执行 Procedure.0 完毕

注意　Procedure 的 rollback() 实现必须是幂等的，因此在重试的时候，即使某一步回滚多次，依然能保证状态的一致性。

3. Procedure Suspend

在执行 Procedure 时，可能在某个阶段遇到异常后需要重试。而多次重试之间可以设定一段休眠时间，防止因频繁重试导致系统出现更恶劣的情况。这时候需要 suspend 当前运行的 Procedure，等待设定的休眠时间之后，再重新进入调度队列，继续运行这个 Procedure。

下面仍然以上文讨论过的 CreateTableProcedure 为例，说明 Procedure 的 Suspend 过程。首先，需要理解一个简单的概念——DelayedQueue，也就是说每个 Suspend 的 Procedure 都会被放入这个 DelayedQueue 队列，等待超时时间消耗完之后，一个叫作 TimeoutExecutor Thread 的线程会把 Procedure 取出，放到调度队列中，以便继续执行。

如图 15-15 所示，Procedure.0 在执行 subtask C 的子 Procedure.2 时发现异常，此时开始重试，设定两次重试之间的间隔为 30s。之后，把 Procedure.2 标记为 Suspend 状态，并放入到 DelayedQueue 中。

ProcedureExecutor 继续从调度队列中取出下一个待执行的子 Procedure.3，并开始执行 Procedure.3，如图 15-16 所示。

待 Procedure.3 执行完成之后，将 Procedure.3 压入回滚栈。此时 Procedure.0 的 subtask C 仍然没有完全执行完毕，必须等待 Procedure.2 执行完成，如图 15-17 所示。

在某个时间点，30s 等待已经完成。TimeoutExecutorThread 将 Procedure.2 从 DelayedQueue 中取出，放入到调度队列中，如图 15-18 所示。

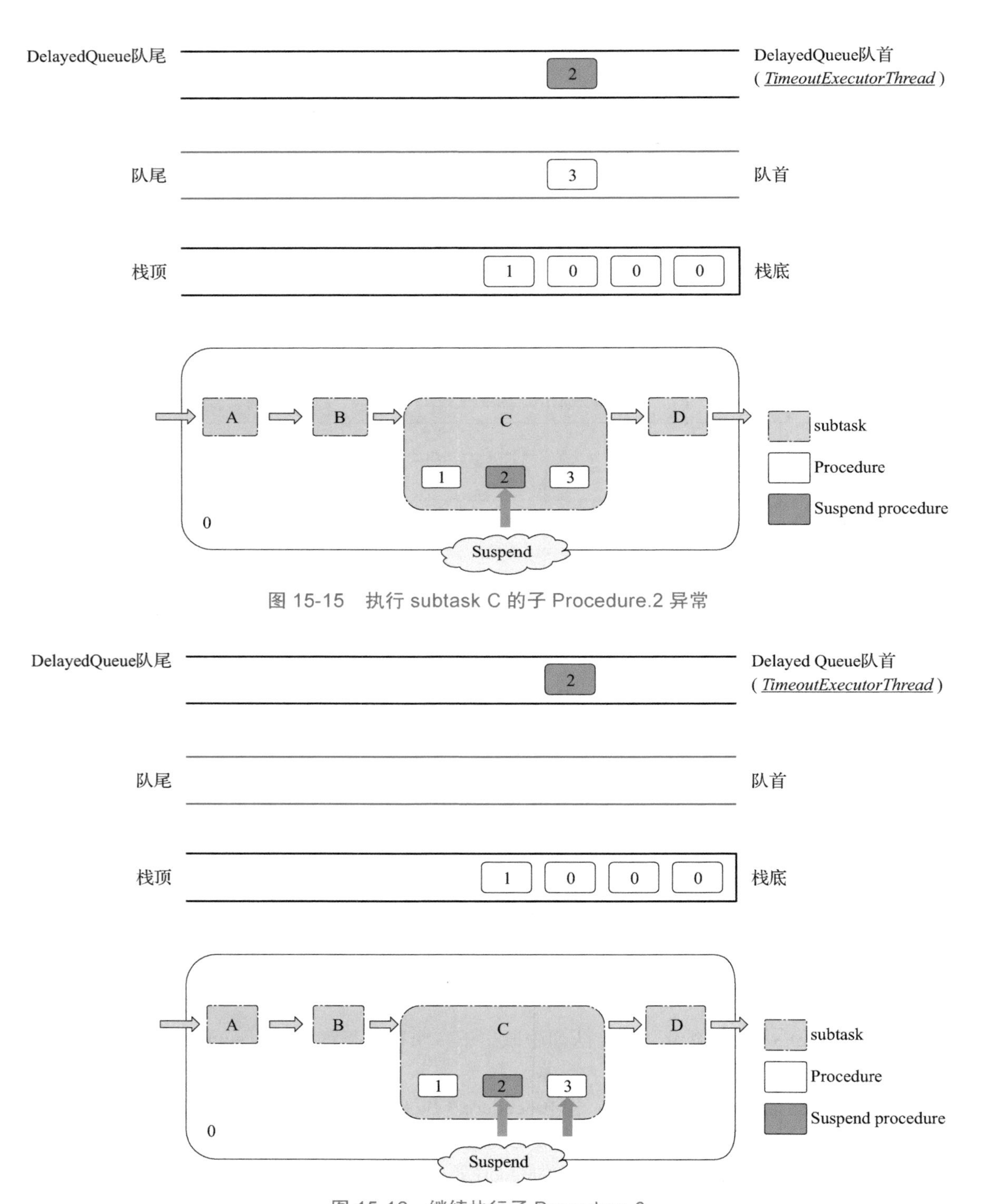

图 15-15 执行 subtask C 的子 Procedure.2 异常

图 15-16 继续执行子 Procedure.3

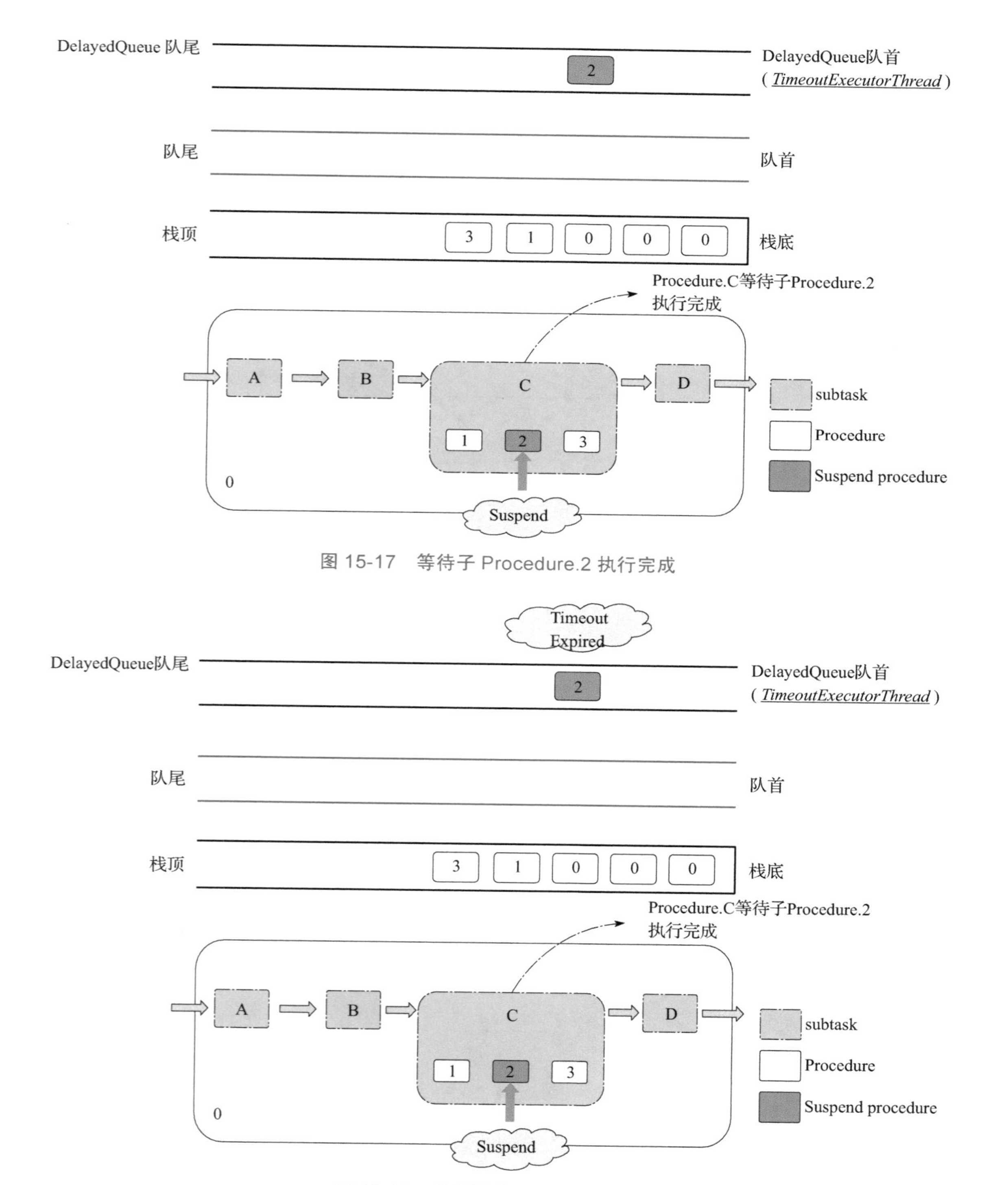

图 15-17　等待子 Procedure.2 执行完成

图 15-18　重新调度子 Procedure.2

ProcedureExecutor 从调度队列队首取出 Procedure.2，并开始执行 Procedure.2，如图 15-19 所示。

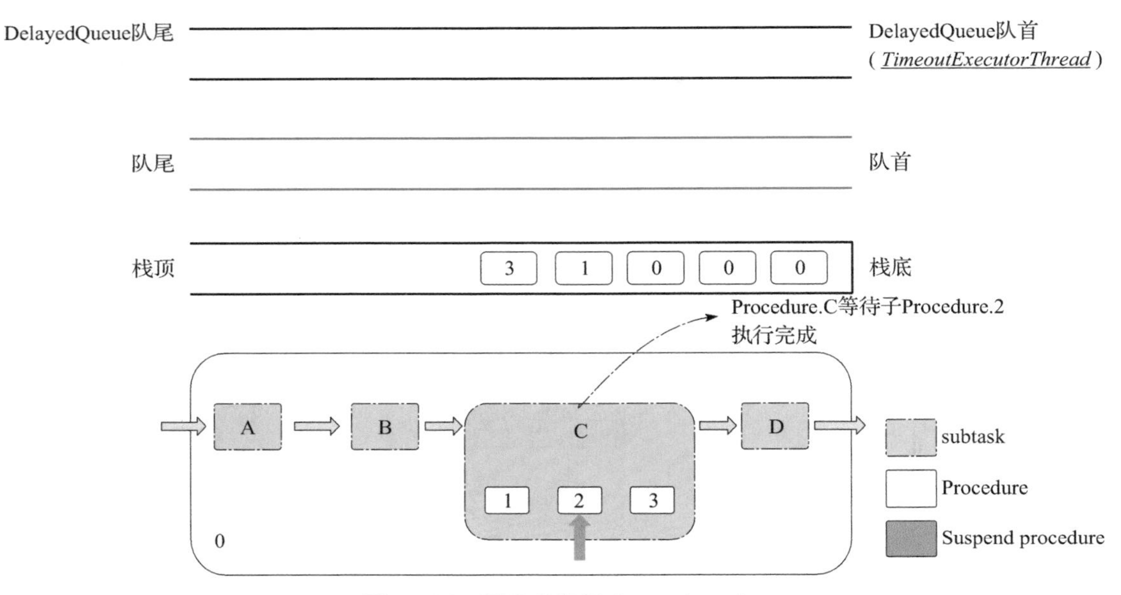

图 15-19 再次执行子 Procedure.2

Procedure.2 执行完成之后，subtask C 标记为执行成功。开始切换到下一个状态，开始 subtask 4，如图 15-20 所示。

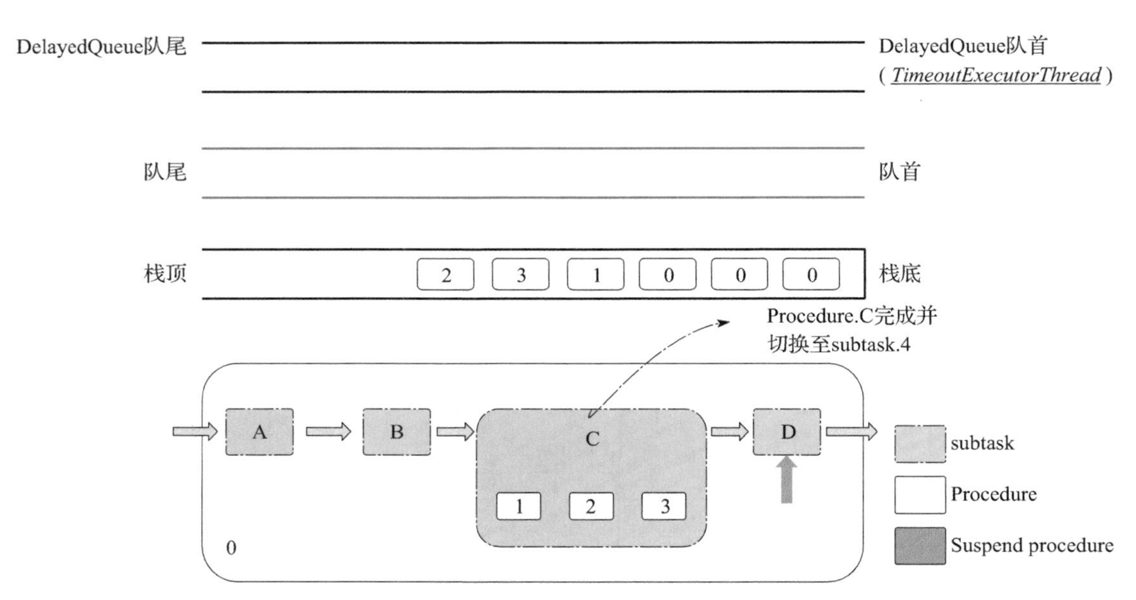

图 15-20 subtask C 执行完毕

4. Procedure Yield

Procedure v2 框架还提供了另一种处理重试的方式——把当前异常的 Procedure 直接从调度队列中移走，并将 Procedure 添加到调度队列队尾。等待前面所有的 Procedure 都执行完成之后，再执行上次有异常的 Procedure，从而达到重试的目的。

例如，在执行 subtask C 的子 Procedure.1 时发生异常。上层设计者要求当前 Procedure 开启 Yield 操作，如图 15-21 所示。

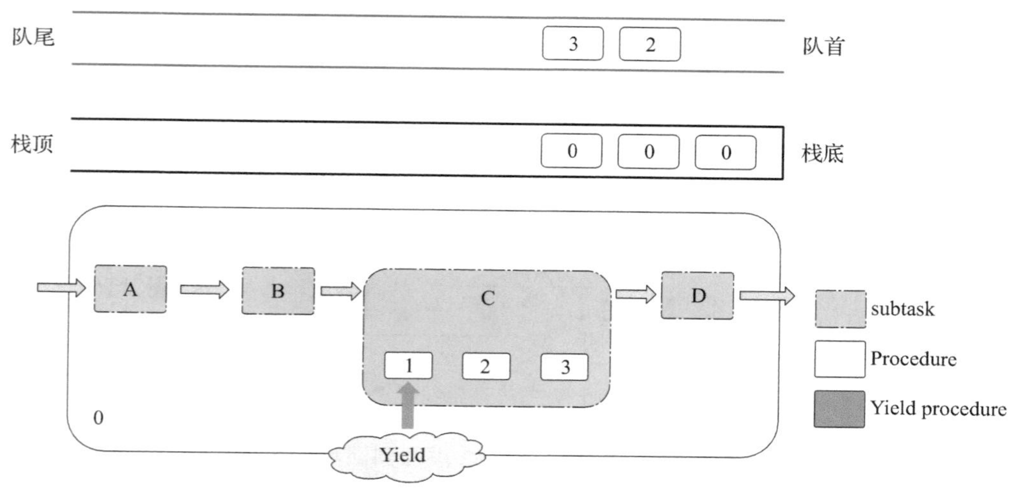

图 15-21　Yield 模式：初始状态

此时 Procedure.1 会被标记为 Yield，然后将 Procedure.1 添加到调度队列队尾，如图 15-22 所示。

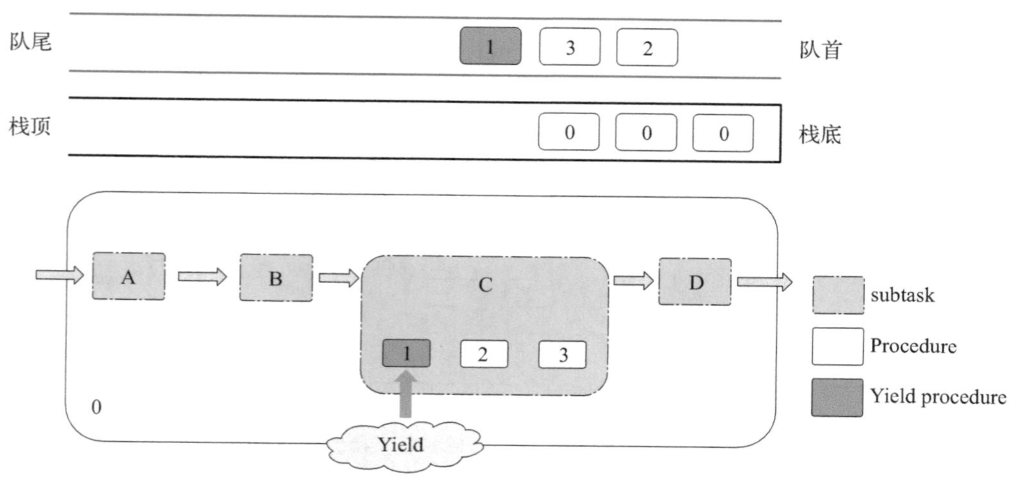

图 15-22　Yield 模式：移 Procedure.1 至队尾

ProcedureExecutor 取出调度队列队首元素，发现是 Procedure.2，开始执行 Procedure.2，如图 15-23 所示。

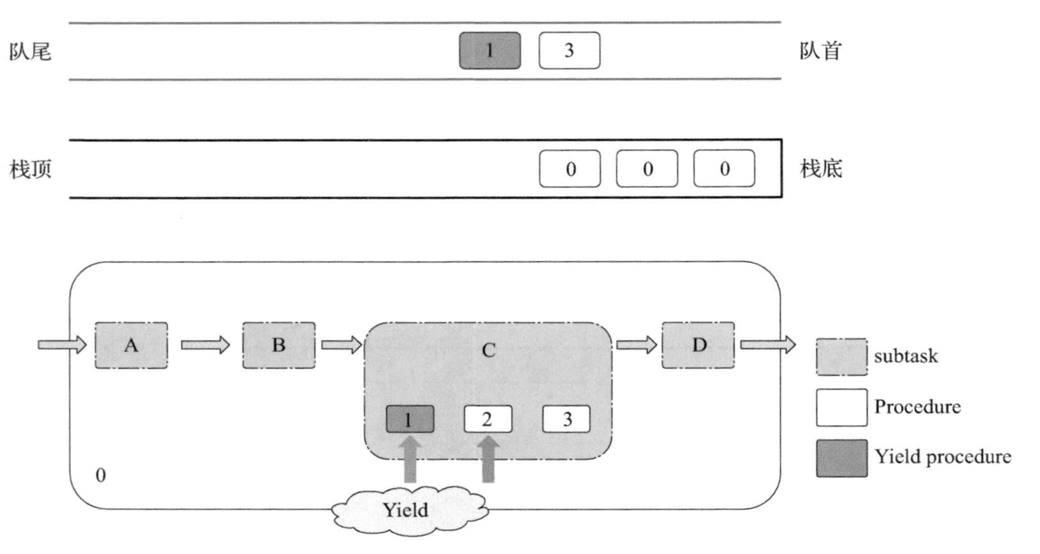

图 15-23　Yield 模式：开始执行 Procedure.2

待 Procedure.2 执行完成之后，将 Procedure.2 添加到回滚栈。ProcedureExecutor 继续去调度队列取出队首元素，发现是 Procedure.3，开始执行 Procedure.3，如图 15-24 所示。

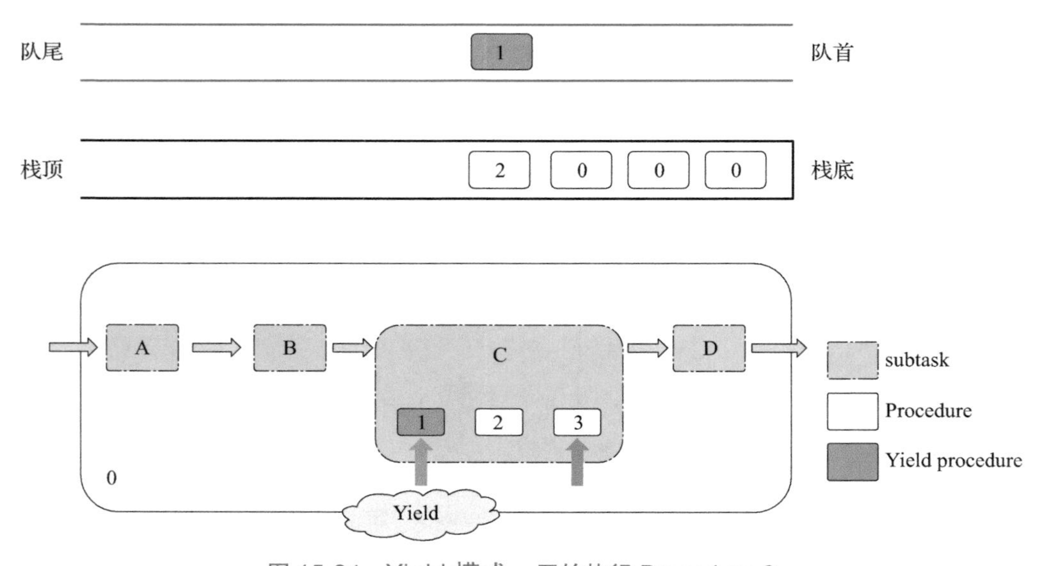

图 15-24　Yield 模式：开始执行 Procedure.3

Procedure.3 执行完成之后，将 Procedure.3 添加到回滚栈。ProcedureExecutor 继续去

调度队列中取出队首元素，发现是之前被 Yield 的 Procedure.1，开始执行 Procedure.1，如图 15-25 所示。

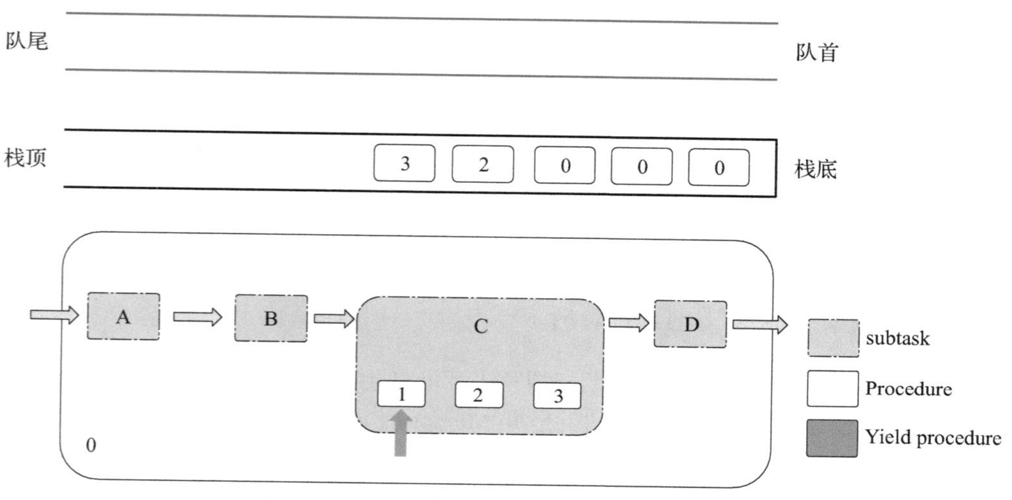

图 15-25 Yield 模式：重新执行 Procedure.1

待 Procedure.1 执行完成之后。subtask C 已经执行完毕，切换到执行 subtask D，如图 15-26 所示。

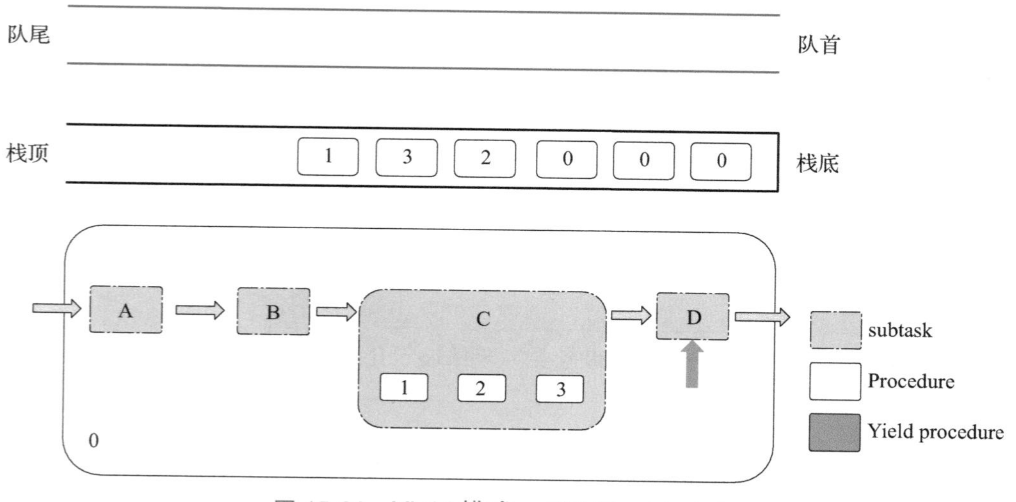

图 15-26 Yield 模式：切换到 subtask D

5. 总结

本节介绍了 HBase Procedure v2 框架的基本原理，目前的实现严格地保证了任务流的原子性。因此，HBase 2.x 版本的大量任务调度流程都使用 Procedure v2 重写，典型如建表流程、删表流程、修改表结构流程、Region Assign 和 Unassign 流程、故障恢复流程、复制链路增删改流程等。当然，仍然有一些管理流程没有采用 Procedure v2 重写，例如权限管理（HBASE-13687）和快照管理（HBASE-14413），这些功能将作为 Procedure v2 的第三期功能在未来的 HBase3.0 中发布，社区非常欢迎有兴趣的读者积极参与。

另外，值得一提的是，由于引入 Procedure v2，原先设计上的缺陷得到全面解决，因此在 HBase 1.x 中引入的 HBCK 工具将大量简化。当然，HBase 2.x 版本仍然提供了 HBCK 工具，目的是防止由于代码 Bug 导致某个 Procedure 长期卡在某个流程，使用时可以通过 HBCK 跳过某个指定 Prcedure，从而使核心流程能顺利地运行下去。

15.2 In Memory Compaction

在 HBase 2.0 版本中，为了实现更高的写入吞吐和更低的延迟，社区团队对 MemStore 做了更细粒度的设计。这里，主要指的就是 In Memory Compaction。

一个表有多个 Column Family，而每个 Column Family 其实是一个 LSM 树索引结构，LSM 树又细分为一个 MemStore 和多个 HFile。随着数据的不断写入，当 MemStore 占用内存超过 128MB（默认）时，开始将 MemStore 切换为不可写的 Snapshot，并创建一个新 MemStore 供写入，然后将 Snapshot 异步地 flush 到磁盘上，最终生成一个 HFile 文件。可以看到，这个 MemStore 设计得较为简单，本质上是一个维护 cell 有序的 ConcurrentSkipListMap。

1. Segment

这里先简单介绍一下 Segment 的概念，Segment 本质上是维护一个有序的 cell 列表。根据 cell 列表是否可更改，Segment 可以分为两种类型。

- MutableSegment：该类型的 Segment 支持添加 cell、删除 cell、扫描 cell、读取某个 cell 等操作。因此一般使用一个 ConcurrentSkipListMap 来维护列表。
- ImmutableSegment：该类型的 Segment 只支持扫描 cell 和读取某个 cell 这种查找类操作，不支持添加、删除等写入操作。因此简单来说，只需要一个数组维护即可。

注意 无论是何种类型的 Segment，都需要实时保证 cell 列表的有序性。

2. CompactingMemstore

在 HBase 2.0 中，设计了 CompactingMemstore。如图 15-27 所示，CompactingMemstore 将原来 128MB 的大 MemStore 划分成很多个小的 Segment，其中有一个 MutableSegment 和多个 ImmutableSegment。该 Column Family 的写入操作，都会先写入 MutableSegment。一旦发现 MutableSegment 占用的内存空间超过 2MB，则把当前 MutableSegment 切换成 ImmutableSegment，然后再初始化一个新的 MutableSegment 供后续写入。

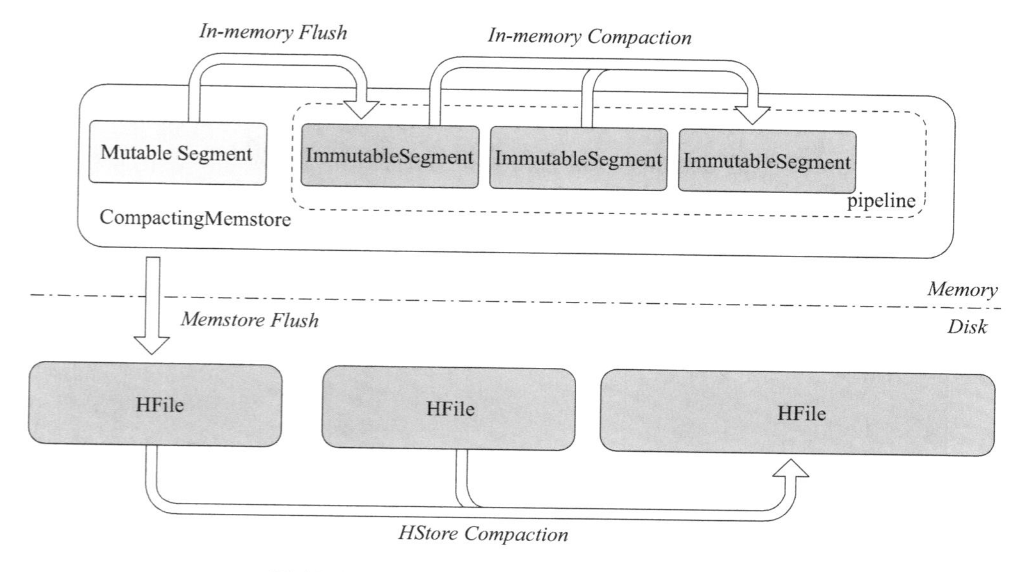

图 15-27　In-memory Compaction 整体结构

CompactingMemstore 中的所有 ImmutableSegment，我们称之为一个 Pipeline 对象。本质上，就是按照 ImmutableSegment 加入的顺序，组织成一个 FIFO 队列。

当对该 Column Family 发起读取或者扫描操作时，需要将这个 CompactingMemstore 的一个 MutableSegment、多个 ImmutableSegment 以及磁盘上的多个 HFile 组织成多个内部数据有序的 Scanner。然后将这些 Scanner 通过多路归并算法合并生成 Scanner（如图 15-28 所示），最终通过这个 Scanner 可以读取该 Column Family 的数据。

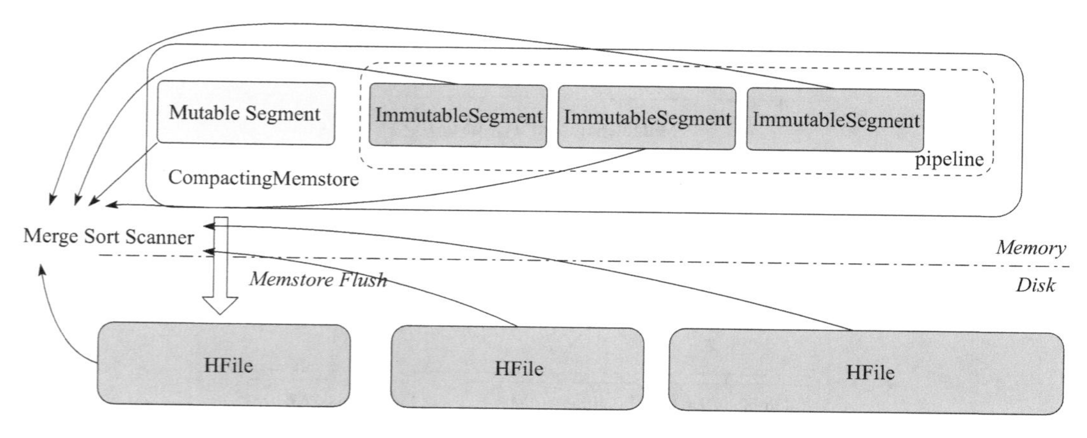

图 15-28　In-memory Compaction 的多路归并读取

但随着数据的不断写入，ImmutableSegment 个数不断增加，如果不做任何优化，需要多路归并的 Scanner 会很多，这样会降低读取操作的性能。所以，当 ImmutableSegment 个数到达某个阈值（可通过参数 hbase.hregion.compacting.pipeline.segments.limit 设定，默认值为 2）时，CompactingMemstore 会触发一次 In Memory 的 Memstore Compaction，也就是将 CompactingMemstore 的所有 ImmutableSegment 多路归并成一个 ImmutableSegment。这样，CompactingMemstore 产生的 Scanner 数量会得到很好的控制，对读性能基本无影响。同时在某些特定场景下，还能在 Memstore Compact 的过程中将很多可以确定为无效的数据清理掉，从而达到节省内存空间的目的。这些无效数据包括：TTL 过期的数据，超过 Family 指定版本的 cell，以及被用户删除的 cell。

在内存中进行 Compaction 之后，MemStore 占用的内存增长会变缓，触发 MemStore Flush 的频率会降低。

3. 更多优化

CompactingMemstore 中有了 ImmutableSegment 之后，我们便可以做更多细致的性能优化和内存优化工作。图 15-29 简要介绍这些工作。

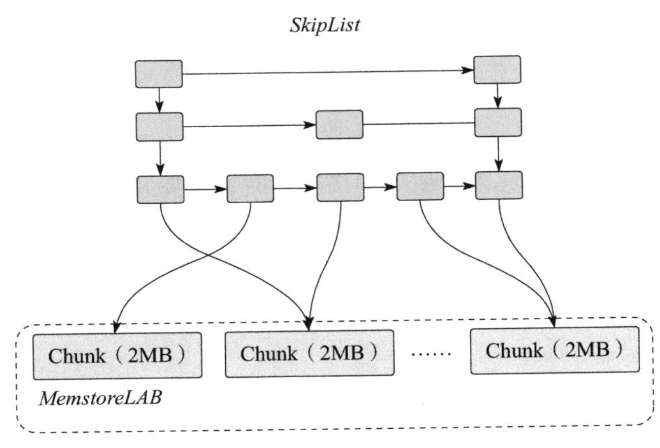

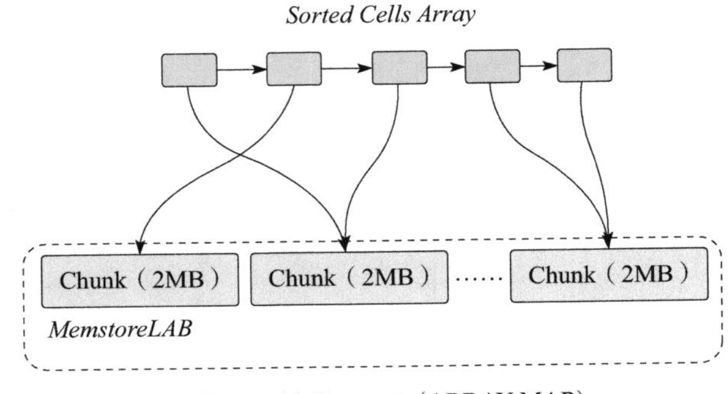

图 15-29 In-memory compaction 的三种内存压缩方式

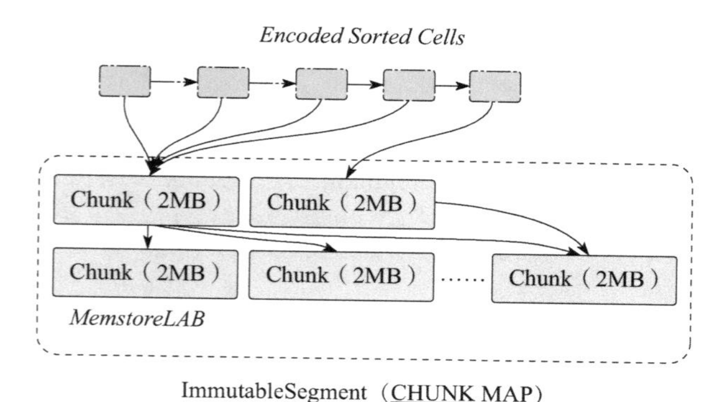

图 15-29 （续）

首先，ConcurrentSkipListMap 是一个内存和 CPU 都开销较大的数据结构。采用 In Memory Compaction 后，一旦 ImmutableSegment 需要维护的有序列表不可变，就可以直接使用数组（之前使用跳跃表）来维护有序列表。相比使用跳跃表，至少节省了跳跃表最底层链表之上所有节点的内存开销，对 Java GC 是一个很友好的优化。

注意 相比 DefautMemstore，CompactingMemstore 中 ImmutableSegment 的内存开销大量减少，这是 CompactiongMemstore 最核心的优势所在。

这是因为，ImmutableSegment 占用的内存更少，同样是 128MB 的 MemStore，CompactingMemstore 可以在内存中存放更多的数据。相比 DefaultMemstore，CompactingMemstore 触发 Flush 的频率就会小很多，单次 Flush 操作生成的 HFile 数据量会变大。于是，磁盘上 HFile 数量的增长速度就会变慢。这样至少有以下三个收益：

- 磁盘上 Compaction 的触发频率降低。很显然，HFile 数量少了，无论是 Minor Compaction 还是 Major Compaction，次数都会降低，这就节省了很大一部分磁盘带宽和网络带宽。
- 生成的 HFile 数量变少，读取性能得到提升。
- 新写入的数据在内存中保留的时间更长了。针对那种写完立即读的场景，性能有很大提升。

当然，在查询的时候，数组可以直接通过二分查找来定位 cell，性能比跳跃表也要好很多（虽然复杂度都是 O(log$N$)，但是常数好很多）。

使用数组代替跳跃表之后，每个 ImmutableSegment 仍然需要在内存中维护一个 cell 列表，其中每一个 cell 指向 MemstoreLAB 中的某一个 Chunk（默认大小为 2MB）。这个 cell 列表仍然可以进一步优化，也就是可以把这个 cell 列表顺序编码在很少的几个 Chunk 中。这样，ImmutableSegment 的内存占用可以进一步减少，同时实现了零散对象的“凑零为整”，这对 Java GC 来说，又是相当友好的一个优化。尤其 MemStore Offheap 化之后，cell

列表这部分内存也可以放到 offheap，onheap 内存进一步减少，Java GC 也会得到更好的改善。

> 注意 图 15-29 的第一幅图表示 MutableSegment 的实现；第二幅图表示用 cell 数组实现的 ImmutableSegment；第三幅图表示 cell 列表编码到 Chunk 之后的 ImmutableSegment。

其实，在 ImmutableSegment 上，还可以做更多细致的工作。例如，可以把 ImmutableSegment 直接编码成 HFile 的格式，这样 MemStore Flush 的时候，可以直接把内存数据写入磁盘，而不需要按照原来的方式（编码 -> 写入 -> 编码 -> 写入）写入磁盘。新的方式可进一步提升 Flush 的速度，写入吞吐也会更高、更稳定。当然，这部分工作暂时还没有在社区版本上实现，暂时只是一个提议。

4. 实践

有两种方式可以开启 In Memory Compaction 功能。第一种是在服务端的 hbase-site.xml 中添加如下配置，此配置对集群中所有的表有效：

```
hbase.hregion.compacting.memstore.type=BASIC   # 可选择 NONE/BASIC/EAGER 三种
```

当然，也可以针对某个表的给定 Column Family 打开 In Memory Compaction，代码如下：

```
create 'test', {NAME => 'cf', IN_MEMORY_COMPACTION => 'BASIC'} # NONE/BASIC/EAGER
```

注意，这里 IN_MEMORY_COMPACTION 三个取值的含义如下：

- NONE，系统默认值，表示不开启 In-Memory Compaction，仍使用之前默认的 DefaultMemstore。
- BASIC，表示开启 In-Memory Compaction，但是在 ImmutableSegment 做 Compaction 的时候，并不会走 ScanQueryMatcher 过滤无效数据，同时 cell 指向的内存数据不会发生任何移动。可以认为是一种轻量级的内存 Compaction。
- EAGER，表示开启 In-Memory Compaction。在 ImmutableSegment 做 Compaction 时，会通过 ScanQueryMatcher 过滤无效数据，并重新整理 cell 指向的内存数据，将其拷贝到一个全新的内存区域。可以认为是一种开销比 BASIC 的更大，但是更彻底的 Compaction。所谓无效数据包括 TTL 过期的数据、超过 Family 指定版本的 cell，以及被用户删除的 cell。

从原理上说，如果表中存在大量特定行的数据更新，则使用 EAGER 能获得更高的收益，否则使用 BASIC。

5. 总结

In-Memory Compaction 功能由 Stack 等 6 位社区成员共同完成，其中有雅虎 2 名美女工程师参与核心设计。更多详情可以参考：HBASE-13408。

In MemoryCompaction 主要有以下好处[㊀]：

- 由于 ImmutableSegment 的内存优化，Flush 和 HFile Compaction 频率降低，节省磁盘带宽和网络带宽。
- 利用 ImmutableSegment 不可变的特点，设计出更简单的数据结构，进一步控制 GC 对读写操作的影响，降低延迟。
- 新写入的数据在内存中保留的时间更长。对于写完立即读的场景，性能有很大提升。
- 对于特定行数据频繁更新的场景，可以采用 EAGER 方式在内存中清理掉冗余版本数据，节省了这部分数据落盘的代价。

在小米内部的 SSD 测试集群上进行测试，可以发现，开启 In Memory Compaction 之后，写入操作的 p999 延迟从之前的 100ms 左右下降到 50ms 以内，这是极大的性能提升，关键就在于该功能对 GC 有更好的控制。

15.3 MOB 对象存储

在 KV 存储中，一般按照 KeyValue 所占字节数大小进行分类：

- KeyValue 所占字节数小于 1MB，这样的数据一般称为 Meta 数据。
- KeyValue 所占字节数大于 1MB，小于 10MB。这样的数据一般称为 MOB，表示中等大小的数据。
- KeyValue 所占字节数大于 10MB。这样的数据一般称为 LOB，也就是大对象。

对 HBase 来说，存储 Meta 数据是最理想的应用场景。MOB 和 LOB 两种应用场景，可能需要其他的存储服务来满足需求，例如 HDFS 可以支持 LOB 的服务场景。MOB 会相对麻烦一点，之前的 Hadoop 生态中并不支持这种存储场景，只能借助第三方的对象存储服务来实现。

但是 MOB 存储的需求其实很常见，例如图片和文档，甚至在 HBase 中，某些业务的部分 Value 超过 1MB 也很正常。但是 HBase 存储 MOB 数据甚至是 LOB 数据，其实是有一些问题的：

- 由于 HBase 所有数据都需要先写 MemStore，所以写少数几个 MOB 的 cell 数据，就需要进行 Flush 操作。以 128MB 的 Flush 阈值为例，只需要写约 13 个（每个 KV 占用 10MB，13 个 KV 占用 130MB）MOB 数据，MemStore 就会触发 Flush 操作。频繁的 Flush 操作会造成 HDFS 上产生大量的 HFile 文件，严重影响 HBase 的读性能。
- 由于 HDFS 上 HFile 文件多了，触发 LSM 树进行 Compaction 的频率就会提高。而且大量的 Compaction 不断地合并那些没有变动的 Value 数据，也消耗了大量的磁盘 IO。

㊀ 更多信息可参考：Accordion: HBase Breathes with In-Memory Compaction: https://www.slideshare.net/HBaseCon/accordion-apache-hbase-beathes-with-inmemory-compaction

- 由于 MOB 数据的写入，会导致频繁地触发 Region 分裂，这也会影响读写操作延迟，因为分裂过程中 Region 需要经历 offline 再 online 的过程。

有一些简单的设计方案可以实现 MOB 功能，但各有缺陷。例如，比较容易想到的一个方案就是，把这些 MOB 数据分成 Meta 信息和 Value 分别存储在 HBase 和 HDFS 系统中。如图 15-30 所示，在 HBase 系统中维护一些 Meta 数据，而实际的 MOB 数据存储在 HDFS 文件系统中，在 Meta 中记录这个 MOB 数据落在哪个 HDFS 文件上的信息。这种方案简单粗暴，但是每一个 MOB 对应一个文件，这样对 HDFS NameNode 压力很大。

其实可以改进一下上文中的设计方案，多个 MOB 对象共享一个 HDFS 文件，如图 15-31 所示，然后在 Meta data 中记录这个 MOB 数据落在哪个文件上，以及具体的 offset 和 length 是多少，这样基本上能满足需求。

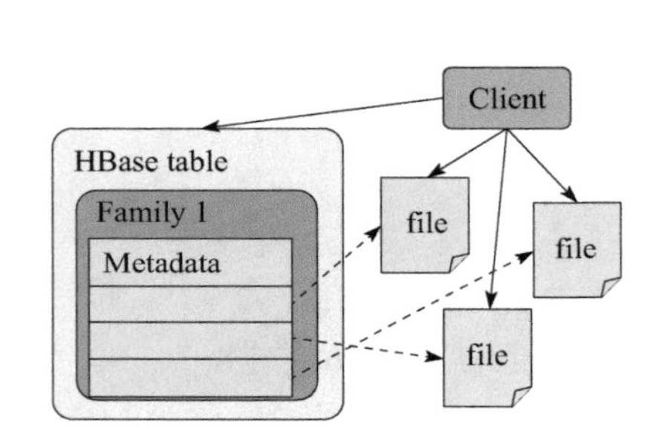

图 15-30 简单的 MOB 存储方案设计

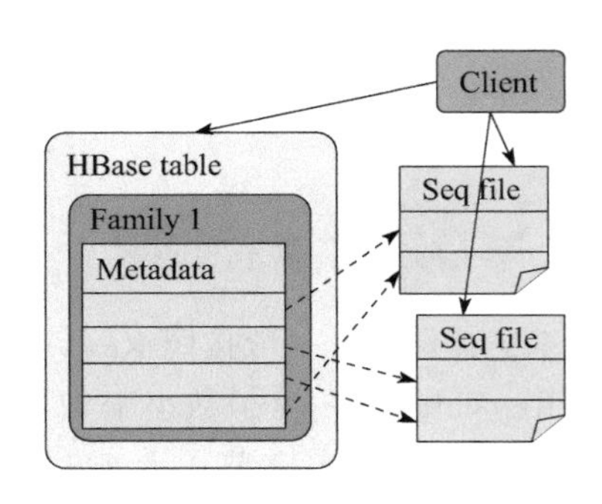

图 15-31 多个 MOB 共享同一个文件

改进的设计方案还是会引出不少问题：

- 对业务方来说，Meta 数据在 HBase 表中，而真实数据在 HDFS 中，增加了业务系统的复杂性。
- 对 MOB 数据，业务需要直接访问 HBase 和 HDFS，难以保证两套系统之间的原子性，权限认证也复杂很多。
- 对 MOB 数据，无法实现 HBase 表所支持的复制和快照等功能。

为了解决这些问题，HBase 社区实现了 CF 级别的 MOB 功能，也就是说同一个表，可以指定部分 CF 为 MOB 列，部分 CF 为正常列，同时还支持 HBase 表大部分功能，例如复制、快照、BulkLoad、单行事务等。这一方案极大地减轻了 MOB 用户的开发和维护成本。下面将从原理上探讨 HBase 2.0 MOB 这个功能。

1. HBase MOB 设计

HBase MOB 方案的设计本质上与 HBase+HDFS 方案相似，都是将 Meta 数据和 MOB 数据分开存放到不同的文件中。区别是，HBase MOB 方案完全在 HBase 服务端实现，cell 首先写入 MemStore，在 MemStore Flush 到磁盘的时候，将 Meta 数据和 cell 的 Value 分开存储到不同文件中。之所以 cell 仍然先存 MemStore，是因为如果在写入过程中，将这些

cell 直接放到一个单独的文件中，则在 Flush 过程中很难保证 Meta 数据和 MOB 数据的一致性。因此，这种设计也就决定了 cell 的 Value 数据量不能太大，否则一次写入可能撑爆 MemStore，造成 OOM 或者严重的 Full GC。

（1）写操作

首先，在建表时，我们可以对某个 Family 设置 MOB 属性，并指定 MOB 阈值，如果 cell 的 Value 超过 MOB 阈值，则按照 MOB 的方式来存储 cell；否则按照正常方式存储 cell。

MOB 数据的写路径实现，如图 15-32 所示。超过 MOB 阈值的 cell 仍然和正常 cell 一样，先写 WAL 日志，再写 MemStore。但是在 MemStore Flush 的时候，RegionServer 会判断当前取到的 cell 是否为 MOB cell，若不是则直接按照原来正常方式存储 cell；若是 MOB cell，则把 Meta 数据写正常的 StoreFile，把 MOB 的 Value 写入到一个叫作 MobStoreFile 的文件中。

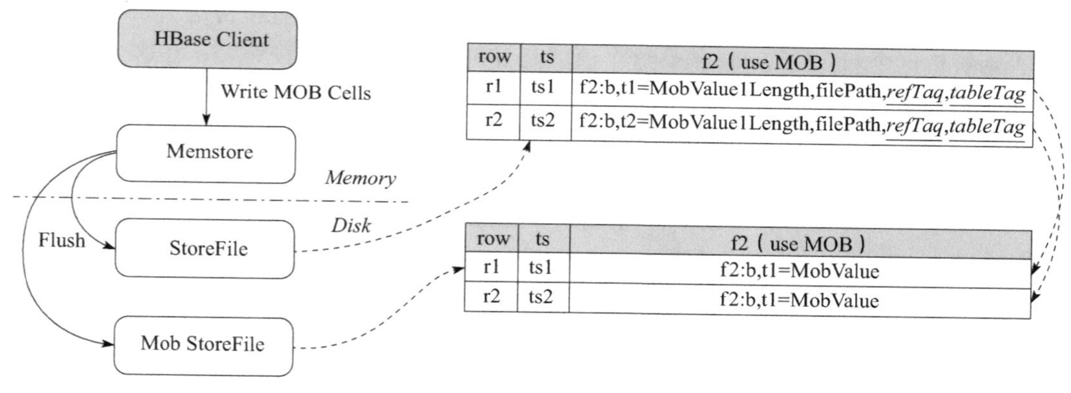

图 15-32　HBase 2.0 MOB 功能写入流程

具体讲，Meta 数据 cell 内存储的内容包括：

- row、timestamp、family、qualifer 这 4 个字段，其内容与原始 cell 保持一致。
- value 字段主要存储——MOB cell 中 Value 的长度（占 4 字节），MOB cell 中 Value 实际存储的文件名（占 72 字节），两个 tag 信息。其中一个 tag 指明当前 cell 是一个 reference cell，即表明当前 Cell 是一个 MOB cell，另外一个 tag 指明所属的表名。注意，MobStoreFile 的文件名长度固定为 72 字节。

MoB cell 的 Value 存储在 MobStoreFile 中，文件路径如下：

```
{rootDir}/mobdir/data/{namespace}/{tableName}/{regionEncodedName}
```

MobStoreFile 位于一个全新的目录，这里 regionEncodedName 并不是真实 Region 的 encoded name，而是一个伪造 Region 的 encoded name。表中所有 Region 的 MobStoreFile 都存放在这个伪造的 Region 目录下，因此一个表只有一个存储 MOB 文件的目录：

MobStoreFile 的文件名格式如图 15-33 所示，主要由 3 部分组成（合计 72 字节）。

- Region 的 Start Key 经过 MD5 哈希计算生成的 32 字节字符串。用来标识这个 StoreFile 位于哪个 Region。
- 8 字节 Timestamp，表示这个 MOB HFile 中所有 cell 最大的时间戳。
- 生成的 32 字节 UUID 字符串，用来唯一标识这个文件。

MD5Hash（Region Start Key）-32B	Timestamp-8B	UUID-32B

图 15-33 MobStoreFile 文件名格式

MobStoreFile 中的 cell 和写入的原始 cell 保持一致。

（2）读操作

理解了写操作流程以及数据组成之后，读操作就更好理解了。首先按照正常的读取方式，读正常的 StoreFile。若读出来的 cell 不包含 reference tags，则直接将这个 cell 返回给用户；否则解析这个 cell 的 Value 值，这个值就是 MobStoreFile 的文件路径，在这个文件中读取对应的 cell 即可。

需要注意的是，默认的 BucketCache 最大只缓存 513KB 的 cell。所以对于大部分 MOB 场景而言，MOB cell 是没法被 Bucket Cache 缓存的，事实上，Bucket Cache 也并不是为了解决大对象缓存而设计的。所以，在第二次读 MobStoreFile 时，一般都是磁盘 IO 操作，性能会比读非 MOB cell 差一点，但是对于大部分 MOB 读取场景，应该可以接受。

当然，MOB 方案也设计了对应的 Compaction 策略，来保证 MOB 数据能得到及时的清理，只是在 Compaction 频率上设置得更低，从而避免由于 MOB 而导致的写放大现象。

2. 实践

为了能够正确使用 HBase 2.0 版本的 MOB 功能，用户需要确保 HFile 的版本是 version 3。添加如下配置选项到 hbase-site.xml：

```
hfile.format.version=3
```

在 HBase Shell 中，可以通过如下方式设置某一个 Column Family 为 MOB 列。换句话说，如果这个列簇上的 cell 的 Value 部分超过了 100KB，则按照 MOB 方式来存储；否则仍按照默认的 KeyValue 方式存储数据。

```
create 't1', {NAME => 'f1', IS_MOB => true, MOB_THRESHOLD => 102400}
```

当然，也可以通过如下 Java 代码来设置一个列簇为 MOB 列：

```
HColumnDescriptor hcd = new HColumnDescriptor("f");
hcd.setMobEnabled(true);
hcd.setMobThreshold(102400);
```

对于 MOB 功能，可以指定如下几个参数：

```
hbase.mob.file.cache.size=1000
hbase.mob.cache.evict.period=3600
hbase.mob.cache.evict.remain.ratio=0.5f
```

此外，HBase 目前提供了如下工具来测试 MOB 的读写性能。

```
./bin/hbase org.apache.hadoop.hbase.IntegrationTestIngestWithMOB \
    -threshold 1024 \
    -minMobDataSize 512 \
    -maxMobDataSize 5120
```

3. 总结

HBase MOB[㊀]功能满足了在 HBase 中直接存储中等大小 cell 的需求，而且是一种完全在服务端实现的方案，对广大 HBase 用户非常友好。同时，还提供了 HBase 大部分的功能，例如复制、BulkLoad、快照等。但是，MOB 本身也有一定局限性：

- 每次 cell 写入都要存 MemStore，这导致没法存储 Value 过大的 cell，否则内存容易被耗尽。
- 暂时不支持基于 Value 过滤的 Filter。当然，一般很少有用户会按照一个 MOB 对象的内容做过滤。

15.4 Offheap 读路径和 Offheap 写路径

HBase 作为一个分布式数据库系统，需要保证数据库读写操作有可控的低延迟。由于使用 Java 开发，一个不可忽视的问题是 GC 的 STW（Stop The World）的影响。在 CMS 中，主要考虑 Young GC 和 Full GC 的影响，在 G1 中，主要考虑 Young GC 和 mixed GC 的影响。下面以 G1 为例探讨 GC 对 HBase 的影响。

在整个 JVM 进程中，HBase 占用内存最大的是写缓存和读缓存。写缓存是上文所说的 MemStore，因为所有写入的 KeyValue 数据都缓存在 MemStore 中，只有等 MemStore 内存占用超过阈值才会 Flush 数据到磁盘上，最后内存得以释放。读缓存，即我们常说的 BlockCache。HBase 并不提供行级别缓存，而是提供以数据块（Data Block）为单位的缓存，也就是读一行数据，先将这一行数据所在的数据块从磁盘加载到内存中，然后放入 LRU Cache 中，再将所需的行数据返回给用户后，数据块会按照 LRU 策略淘汰，释放内存。

MemStore 和 BlockCache 两者一般会占到进程总内存的 80% 左右，而且这两部分内存会在较长时间内被对象引用（例如 MemStore 必须 Flush 到磁盘之后，才能释放对象引用；Block 要被 LRU Cache 淘汰后才能释放对象引用）。因此，这两部分内存在 JVM 分代 GC 算法中，会长期位于 old 区。而小对象频繁的申请和释放，会造成老年代内存碎片严重，从

㊀ 更多信息请参考 HBase Mob: https://issues.apache.org/jira/browse/HBASE-11339。

而导致触发并发扫描，最终产生大量 mixed GC，大大提高 HBase 的访问延迟（如图 15-34 所示）。

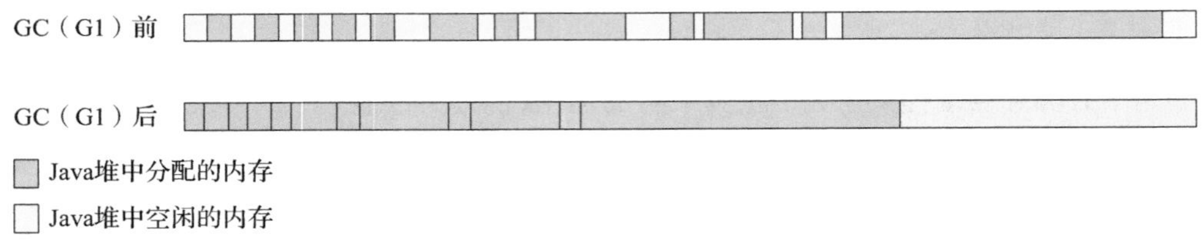

图 15-34 GC（G1）前后内存分布图

一种最常见的内存优化方式是，在 JVM 堆内申请一块连续的大内存，然后将大量小对象集中存储在这块连续的大内存上。这样至少减少了大量小对象申请和释放，避免堆内出现严重的内存碎片问题。本质上也相当于减少了 old 区触发 GC 的次数，从而在一定程度上削弱了 GC 的 STW 对访问延迟的影响。

MemStore 的 MSLAB 和 BlockCache 的 BucketCache，核心思想就是上述的"凑零为整"，也就是将多个零散的小对象凑成一个大对象，向 JVM 堆内申请。以堆内 BucketCache 为例，HBase 向堆内申请多块连续的 2MB 大小的内存，然后每个 2MB 的内存划分成 4KB，8KB，…，512KB 的小块。如图 15-35 所示，若此时有两个 3KB 的 Data Block，则分配在图中的 Bucket-1 中，因为 4KB 是能装下 3KB 的最小块。若有一个 7KB 的 Data Block，则分配在图中的 Bucket-2，因为 8KB 是能装下 7KB 的最小块。内存释放时，则直接标记这些被占用的 4KB，8KB，…512KB 块为可用状态。这样，我们把大量较小的数据块集中分布在多个连续的大内存上，有效避免了内存碎片的产生。有些读者会发现用 512KB 装 500KB 的数据块，有 12KB 的内存浪费，这其实影响不大，因为 BucketCache 一旦发现内存不足，就会淘汰掉部分 Data Block 以腾出内存空间。

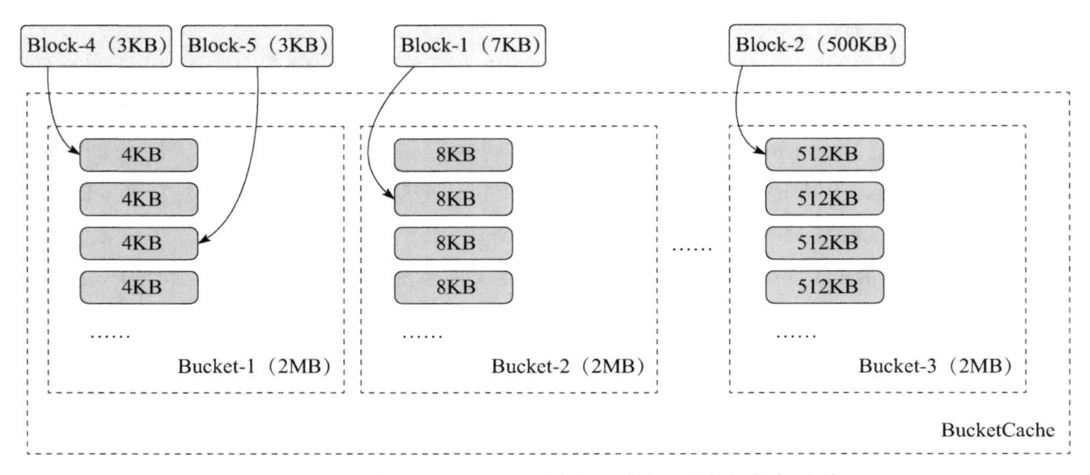

图 15-35 Bucket Cache"凑零为整"以减少内存碎片

至此基本解决了因 MemStore 和 BlockCache 中小对象申请和释放而造成大量碎片的问题。虽然堆内的申请和释放都是以大对象为单位，但是 old 区一旦触发并发扫描，这些大对象还是要被扫描。如图 15-36 所示，对 G1 这种在 old GC 会整理内存（compact）的算法来说，这些占用连续内存的大对象还是可能从一个区域被 JVM 移动到另外一个区域，因此一旦触发 Mixed GC，这些 Mixed GC 的 STW 时间可能较高。换句话说，“凑零为整”主要解决碎片导致 GC 过于频繁的问题，而单次 GC 周期内 STW 过长的问题，仍然无法解决。

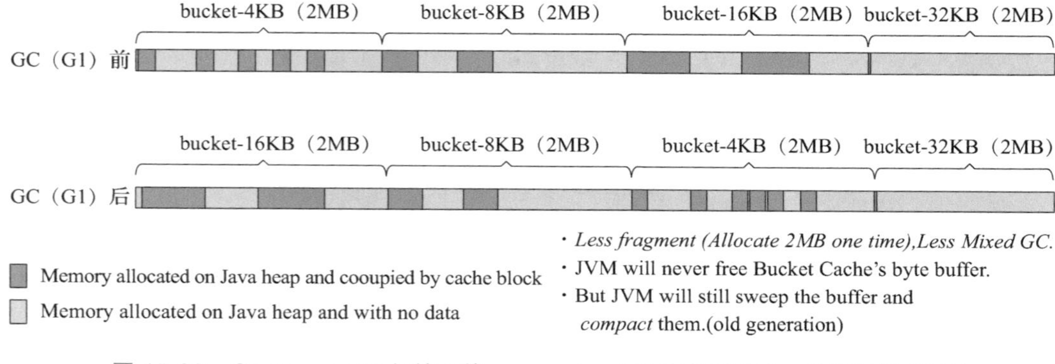

图 15-36　G1 Mixed GC 仍然可能 compact old 区的存活对象，从而导致 STW

事实上，JVM 支持堆内（onheap）和堆外（offheap）两种内存管理方式。堆内内存的申请和释放都是通过 JVM 来管理的，平常所谓 GC 都是回收堆内的内存对象；堆外内存则是 JVM 直接向操作系统申请一块连续内存，然后返回一个 DirectByteBuffer，这块内存并不会被 JVM 的 GC 算法回收。因此，另一种常见的 GC 优化方式是，将那些 old 区长期被引用的大对象放在 JVM 堆外来管理，堆内管理的内存变少了，单次 old GC 周期内的 STW 也就能得到有效的控制。

具体到 HBase，就是把 MemStore 和 BucketCache 这两块最大的内存从堆内管理改成堆外管理。甚至更进一步，我们可以从 RegionServer 读到客户端 RPC 请求那一刻起，把所有内存申请都放在堆外，直到最终这个 RPC 请求完成，并通过 socket 发送到客户端。所有的内存申请都放在堆外，这就是后面要讨论的读写全路径 offheap 化。

但是，采用 offheap 方式分配内存后，一个严重的问题是容易内存泄漏，一旦某块内存忘了回收，则会一直被占用，而堆内内存 GC 算法会自动清理。因此，对于堆外内存而言，一个高效且无泄漏的内存管理策略显得非常重要。目前 HBase 2.x 上的堆外内存分配器较为简单，如图 15-37 所示，内存分配器由堆内分配器和堆外分配器组合而成，堆外内存划分成多个 64KB 大小内存块。HBase 申请内存时，需要遵循以下规则：

1）分配小于 8KB 的小内存，如果直接分一个堆外的 64KB 块会比较浪费，所以此时仍然从堆内分配器分配。

2）分配大于等于 8KB 且不超过 64KB 的中等大小内存，此时可以直接分配一个 64KB 的堆外内存块。

3）分配大于 64KB 的较大内存，此时需要将多个 64KB 的堆外内存组成一个大内存，剩余部分通过第 1 条或第 2 条规则来分配。例如，要申请 130KB 的内存，首先分配器会申请 2 个 64KB 的堆外内存块，剩余的 2KB 直接去堆内分配。

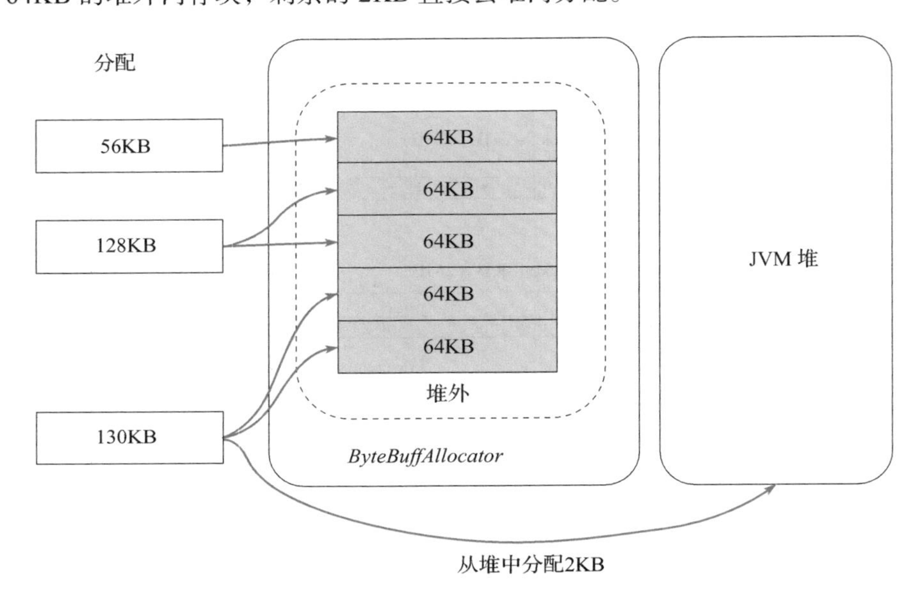

图 15-37　HBase 2.x 上的堆外内存分配器

这样就能够把大部分内存占用都分配在堆外，从而减小 old 区的内存，缓解 GC 压力。当然，上文说的 64KB 是可以根据不同业务场景来调整的，对于 cell 字节较大的场景，可以适当把这个参数调大，反之则调小。

1. 读路径 offheap 化

读路径 offheap 化的过程参见图 15-38。

在 HBase 2.0 版本之前，如果用户的读取操作命中了 BucketCache 的某个 Block，那么需要把 BucketCache 中的 Block 从堆外拷贝一份到堆内，最后通过 RPC 将这些数据发送给客户端。

从 HBase 2.0 开始，一旦用户命中了 BucketCache 中的 Block，会直接把这个 Block 往上层 Scanner 传，不需要从堆外把 Block 拷贝一份到堆内，因为社区已经把整个读路径都 ByteBuffer 化了，整个读路径上并不需要关心 Block 到底来自堆内还是堆外，这样就避免了一次拷贝的代价，减少了年轻代的内存垃圾。

2. 写路径 offheap 化

客户端的写入请求发送到服务端时，服务端可以根据 protobuffer 协议提前知道这个

request 的总长度，然后从 ByteBufferPool 里面拿出若干个 ByteBuffer 存放这个请求。写入 WAL 的时候，通过 ByteBuffer 接口写入 HDFS 文件系统（原生 HDFS 客户端并不支持写入 ByteBuffer 接口，HBas 自己实现的 asyncFsWAL 支持写入 ByteBuffer 接口），写入 MemStore 的时，则直接将 ByteBuffer 这个内存引用存入到 CSLM（CocurrentSkip ListMap），在 CSLM 内部对象 compare 时，则会通过 ByteBuffer 指向的内存来比较。直到 MemStore flush 到 HDFS 文件系统，KV 引用的 ByteBuffer 才得以最终释放到堆外内存中。这样，整个 KV 的内存占用都是在堆外，极大地减少了堆内需要 GC 的内存，从而避免了出现较长 STW（Stop The World）的可能。

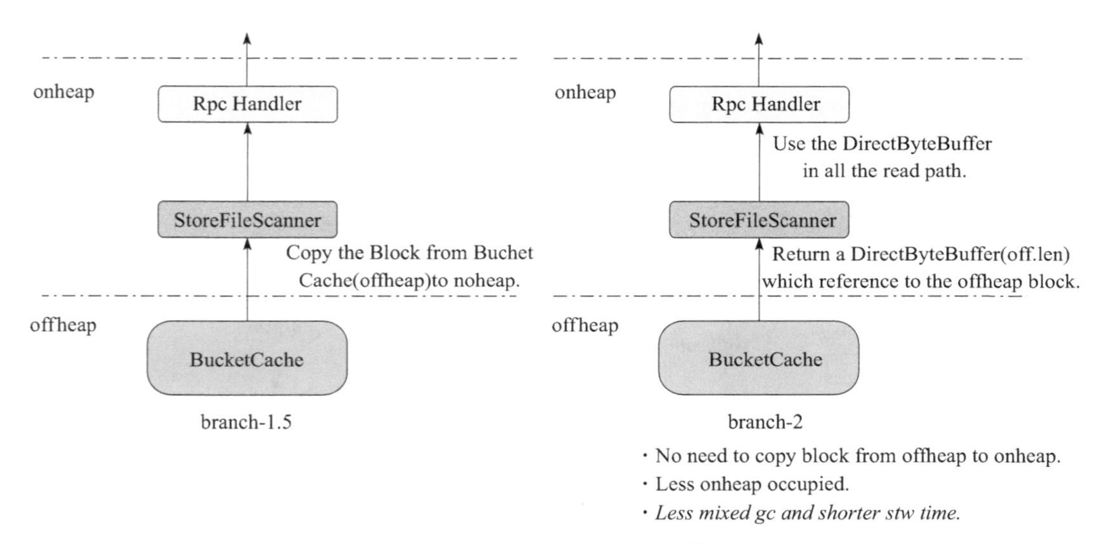

图 15-38 读路径 offheap 化

在测试写路径 offheap 时，一个特别需要注意的地方是 KV 的 overhead。如果我们设置的 kvlength=100 字节，则会有 100 字节的堆内额外开销。因此如果原计划分 6GB 的堆内内存给 MemStore，则需要分 3GB 给堆内，3GB 给堆外，而不是全部 6GB 都分给堆外。

3. 总结

为了尽可能避免 Java GC 对性能造成不良影响，HBase 2.0 已经对读写两条核心路径做了 offheap 化，如图 15-39 所示，也就是直接向 JVM offheap 申请对象，而 offheap 分出来的内存都不会被 JVM GC，需要用户自己显式地释放。在写路径上，客户端发过来的请求包都被分配到 offheap 的内存区域，直到数据成功写入 WAL 日志和 MemStore，其中维护 MemStore 的 ConcurrentSkipListSet 其实也不是直接存 cell 数据，而是存 cell 的引用，真实的内存数据被编码在 MSLAB 的多个 Chunk 内，这样比较便于管理 offheap 内存。类似地，在读路径上，先尝试读 BucketCache，Cache 命中时直接去堆外的 BucketCache 上读取

Block；否则 Cache 未命中时将直接去 HFile 内读 Block，这个过程在 Hbase 2.3.0 版本之前仍然是走 heap 完成。拿到 Block 后编码成 cell 发送给用户，大部分都是走 BucketCache 完成的，很少涉及堆内对象申请。

但是，在小米内部最近的性能测试中发现，100% get 的场景受 Young GC 的影响仍然比较严重，在 HBASE-21879 中可以非常明显地观察到 get 操作的 p999 延迟与 G1 Young GC 的耗时基本相同，都为 100ms 左右。按理说，在 HBASE-11425 之后，所有的内存分配都是在 offheap 的，heap 内应该几乎没有内存申请。但是，仔细梳理代码后发现，从 HFile 中读 Block 的过程仍然是先拷贝到堆内去的，一直到 BucketCache 的 WriterThread 异步地把 Block 刷新到 Offheap，堆内的 DataBlock 才释放。而磁盘型压测试验中，由于数据量大，Cache 命中率并不高（约为 70%），所以会有大量的 Block 读取走磁盘 IO，于是堆内产生大量的年轻代对象，最终导致 Young 区 GC 压力上升。

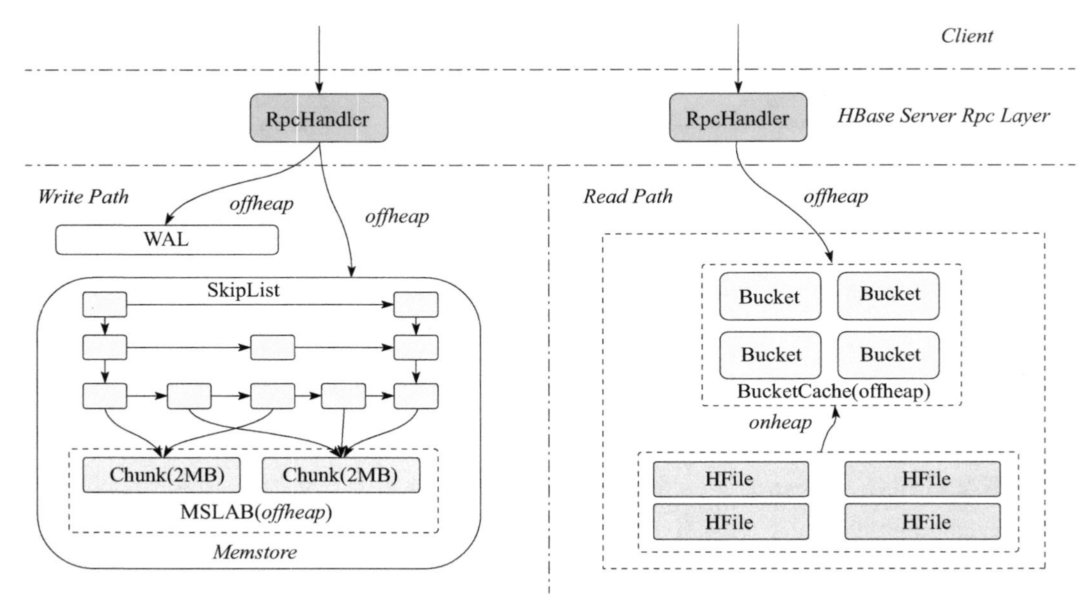

图 15-39 读写 offheap 化全局示意图

消除 Young GC 的直接思路就是，从 HFile 读 DataBlock 开始，直接去 Offheap 上读。小米 HBase 团队已经在持续优化这个问题，可以预期的是，HBase 2.x 性能必定朝更好的方向发展，尤其是 GC 对 p99 和 p999 的影响会越来越小。

拓展阅读

[1] 读路径 offheap HBASE-11425: https://issues.apache.org/jira/browse/HBASE-11425

[2] 写路径 offheap HBase-15179: https://issues.apache.org/jira/browse/HBASE-15179

15.5　异步化设计

对 HBase 来说，我们通常所说的性能，其实是分成两个部分的。

第一个部分是延迟指标，也就是说单次 RPC 请求的耗时。我们常用的衡量指标包括：get 操作的平均延迟耗时（ms），get 操作的 p75 延迟耗时，get 操作的 p99 延迟耗时，get 操作的 p999 延迟耗时（以 get p99 为例，其含义是将 100 个请求按照耗时从小到大排列，第 99 个请求的延迟耗时就是 p99 的值）。在第 13 章中，我们尽量保证更高的 Cache 命中率，保证更好的本地化率，使用布隆过滤器等，这些优化都有利于降低读取操作的延迟。在一般情况下，p99 延迟受限于系统某个资源，而 p999 延迟很大程度上与 Java GC 有关，如果能有效控制 STW 的耗时，那么 p999 将被控制在一个较理想的范围。

第二个部分是请求吞吐量，也可以简单理解为每秒能处理的 RPC 请求次数。最典型的衡量指标是 QPS（Query Per Second）。为了实现 HBase 更高的吞吐量，常见的优化手段有：

- 为 HBase RegionServer 配置更合适的 Handler 数，避免由于个别 Handler 处理请求太慢，导致吞吐量受限。但 Handler 数也不能配置太大，因为太多的线程数会导致 CPU 出现频繁的线程上下文切换，反而影响系统的吞吐量。
- 在 RegionServer 端，把读请求和写请求分到两个不同的处理队列中，由两种不同类型的 Handler 处理。这样可以避免出现因部分耗时的读请求影响写入吞吐量的现象。
- 某些业务场景下，采用 Buffered Put 的方式替换不断自动刷新的 put 操作，本质上也是为了实现更高的吞吐。

一般来说，一旦延迟降低，吞吐量都会有不同幅度的提升；反之，吞吐量上去了，受限于系统层面的资源或其他条件，延迟不一定随之降低。

在 branch-1 中，社区已经借助异步事件驱动的 Netty 框架实现了异步的 RPC 服务端代码，当然之前默认的 NIO RPC 依然可以配置使用，两者实现都是插件化的，可通过配置选择生效。在 HBase 2.0 中，为了实现对吞吐量的极致追求，社区进一步推动了关键路径的异步化。其中，最为关键的两点是：

- 实现了完全异步的客户端，这个客户端提供了包括 Table 和 Admin 接口在内的所有异步 API 接口。
- 将写路径上最耗时的 Append+Sync WAL 步骤全部异步化，以期实现更低延迟和更高吞吐。这部分我们简称为 AsyncFsWAL。

下面将分别介绍异步客户端和 AsyncFsWAL。

1. 异步客户端

为什么需要设计异步客户端呢？首先看看同步客户端与异步客户端的吞吐量对比，如图 15-40 所示。

图中左侧是同步客户端处理流程，右侧是异步客户端处理流程。很明显，在客户端采用单线程的情况下，同步客户端必须等待上一次 RPC 请求操作完成，才能发送下一次 RPC 请求。如果 RPC2 操作耗时较长，则 RPC3 一定要等 RPC2 收到 Response 之后才能开始发送请求，这样 RPC3 的等待时间就会很长。异步客户端很好地解决了后面请求等待时间过长的问题。客户端发送完第一个 RPC 请求之后，并不需要等待这次 RPC 的 Response 返回，可以直接发送后面请求的 Request，一旦前面 RPC 请求收到了 Response，则通过预先注册的 Callback 处理这个 Response。这样，异步客户端就可以通过节省等待时间来实现更高的吞吐量。

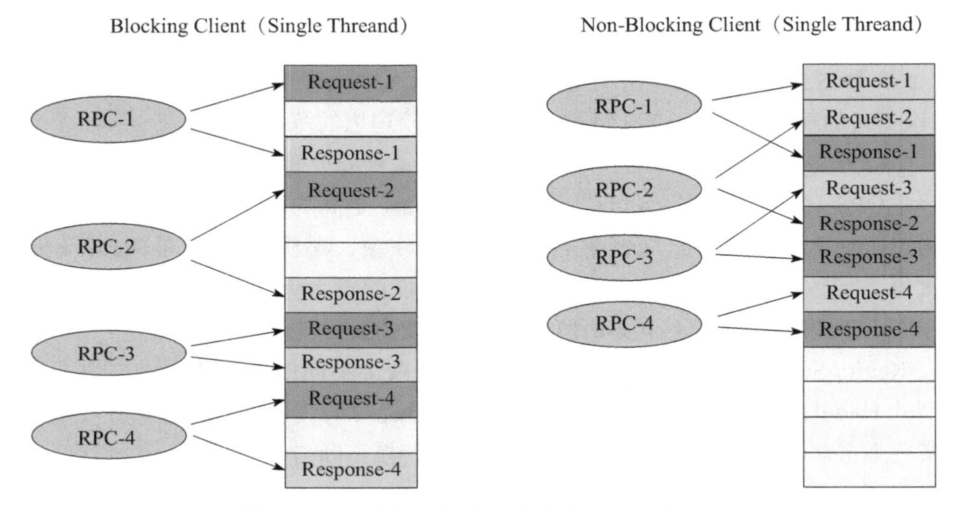

图 15-40 同步客户端和异步客户端吞吐对比

另外，异步客户端还有其他的好处。如图 15-41 所示，如果 HBase 业务方设计了 3 个线程来同步访问 HBase 集群的 RegionServer，其中 Handler1、Handler2、Handler3 同时访问了中间的这台 RegionServer。如果中间的 RegionServer 因为某些原因卡住了，那么此时 HBase 服务可用性的理论值为 66%，但实际情况是业务的可用性已经变成 0%，因为可能业务方所有的 Handler 都因为这台故障的 RegionServer 而卡住。换句话说，在采用同步客户端的情况下，HBase 方的任何故障，在业务方会被一定程度地放大，进而影响上层服务体验。

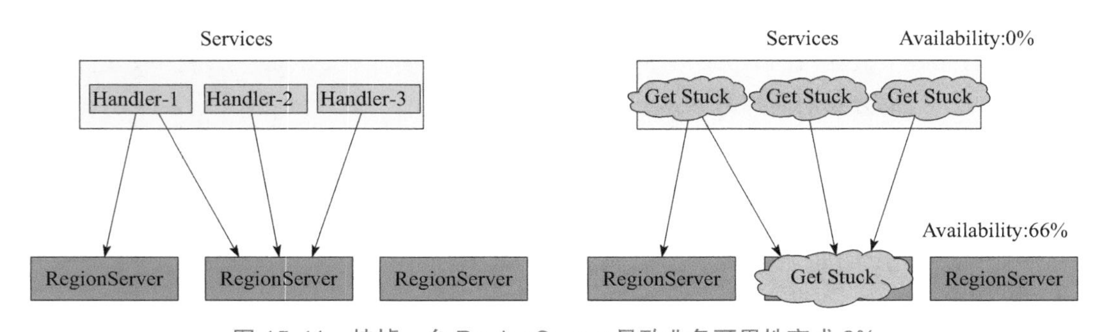

图 15-41 挂掉一台 RegionServer 导致业务可用性变成 0%

而事实上，影响 HBase 可用性的因素有很多，且没法完全避免。例如 RegionServer 或者 Master 由于 STW 的 GC 卡住、访问 HDFS 太慢、RegionServer 由于异常情况挂掉、某些热点机器系统负载高，等等。因此，社区在 HBase 2.0 中设计并实现了异步客户端。

异步客户端和同步客户端的架构对比如图 15-42 所示。异步客户端使用 ClientService.Interface，而同步客户端使用 ClientService.BlockingInterface，Interface 的方法需要传入一个 callback 来处理返回值，而 BlockingInterface 的方法会阻塞并等待返回值。值得注意的是，异步客户端也可以跑在 BlockingRpcClient 上，因为本质上，只要 BlockingRpcClient 实现了传入 callback 的 ClientService.Interface，就能实现异步客户端上层的接口。

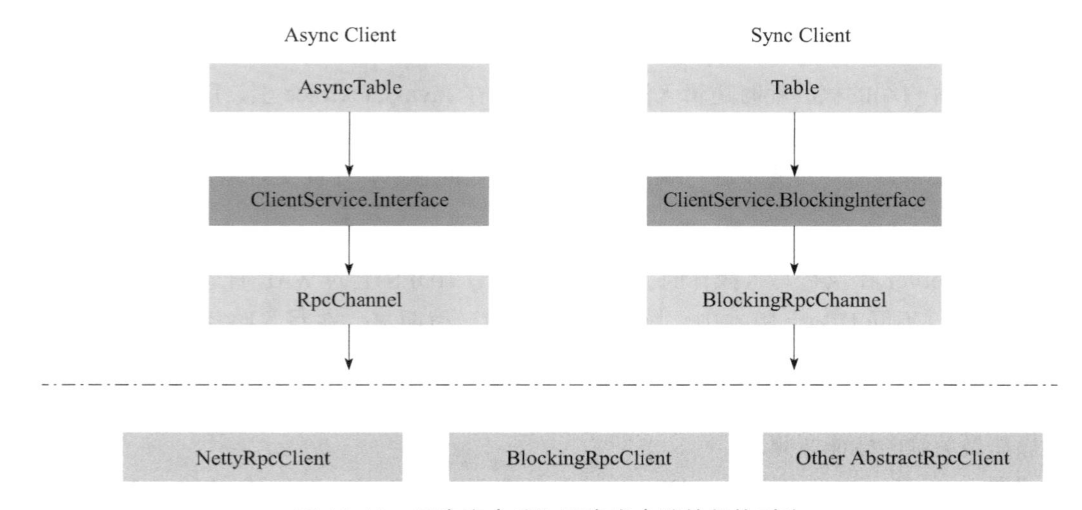

图 15-42　异步客户端和同步客户端的架构对比

总体来说，异步客户端在原理上并不十分复杂，其最大的工作量在于把社区支持的众多客户端 API 接口全部用异步的方式实现一遍，因此实现时花了不少精力。

下面将给出一个异步客户端操作 HBase 的示例。首先通过 conf 拿到一个异步的 connection，并在 asynConn 的 callback 中继续拿到一个 asyncTable，接着在这个 asyncTable 的 callback 中继续异步地读取 HBase 数据。可以看出，异步客户端的一个特点是，对那些所有可能做 IO 或其他耗时操作的方法来说，其返回值都是一个 CompletableFuture，然后在这个 CompletableFuture 上注册回调函数，进一步处理返回值。示例代码如下：

```
CompletableFuture<Result> asyncResult = new CompletableFuture<>();
ConnectionFactory.createAsyncConnection(conf).whenComplete((asyncConn, error) -> {
      if (error != null) {
        asyncResult.completeExceptionally(error);
        return;
      }
      AsyncTable<?> table = asyncConn.getTable(TABLE_NAME);
```

```
    table.get(new Get(ROW_KEY)).whenComplete((result, throwable) -> {
      if (throwable != null) {
        asyncResult.completeExceptionally(throwable);
        return;
      }
      asyncResult.complete(result);
    });
  });
```

当然，使用异步客户端有一些常见的注意事项：

- 由于异步 API 调用耗时极短，所以需要在上层设计合适的 API 调用频率，否则由于实际的 HBase 集群处理速度远远无法跟上客户端发送请求的速度，可能导致 HBase 客户端 OOM。
- 异步客户端的核心耗时逻辑无法直观地体现在 Java stacktrace 上，所以如果想要通过 stacktrace 定位一些性能问题或者逻辑 Bug，会有些麻烦。这对上层的开发人员有更高的要求，需要对异步客户端的代码有更深入的理解，才能更好地定位问题。

2. AsyncFsWAL

RegionServer 在执行写入操作时，需要先顺序写 HDFS 上的 WAL 日志，再写入内存中的 MemStore（不同 HBase 版本中，顺序可能不同）。很明显，在写入路径上，内存写速度远大于 HDFS 上的顺序写。而且，HDFS 为了保证数据可靠性，一般需要在本地写一份数据副本，远程写二份数据副本，这便涉及本地磁盘写入和网络写入，导致写 WAL 这一步成为写入操作最关键的性能瓶颈。

另外一个需要注意的点是：HBase 上的每个 RegionServer 都只维护一个正在写入的 WAL 日志，因此这个 RegionServer 上所有的写入请求，都需要经历以下 4 个阶段：

1）拿到写 WAL 的锁，避免在写入 WAL 的时候其他的操作也在同时写 WAL，导致数据写乱。

2）Append 数据到 WAL 中，相当于写入 HDFS Client 缓存中，数据并不一定成功写入 HDFS 中。读者可参考 3.2 节。

3）Flush 数据到 HDFS 中，本质上是将第 2 步中写入的数据 Flush 到 HDFS 的 3 个副本中，即数据持久化到 HDFS 中。一般默认用 HDFS hflush 接口，而不是 HDFS hsync 接口，同样可参考 3.2 节。

4）释放写 WAL 的锁。

因此，从本质上说所有的写入操作在写 WAL 的时候，是严格按照顺序串行地同步写入 HDFS 文件系统，这极大地限制了 HBase 的写入吞吐量。于是，在漫长的 HBase 版本演进中，社区对 WAL 写入进行了一系列的改进和优化，如图 15-43 所示。

在早前的 HBase 0.94 版本中，小米工程师已经开始着眼优化。最开始的优化方式是将写 WAL 这个过程异步化，这其实也是很多数据库在写 WAL 时采用的思路，典型如 MySQL

的 Group Commit 实现。

将写 WAL 的整个过程分成 3 个子步骤：

1）Append 操作，由一个名为 AsyncWriter 的独立线程专门负责执行 Append 操作。

2）Sync 操作，由一个或多个名为 AsyncSyncer 的线程专门负责执行 Sync 操作。

3）通知上层写入的 Handler，表示当前操作已经写完。再由一个独立的 AsyncNotifier 线程专门负责唤醒上层 Write Handler。

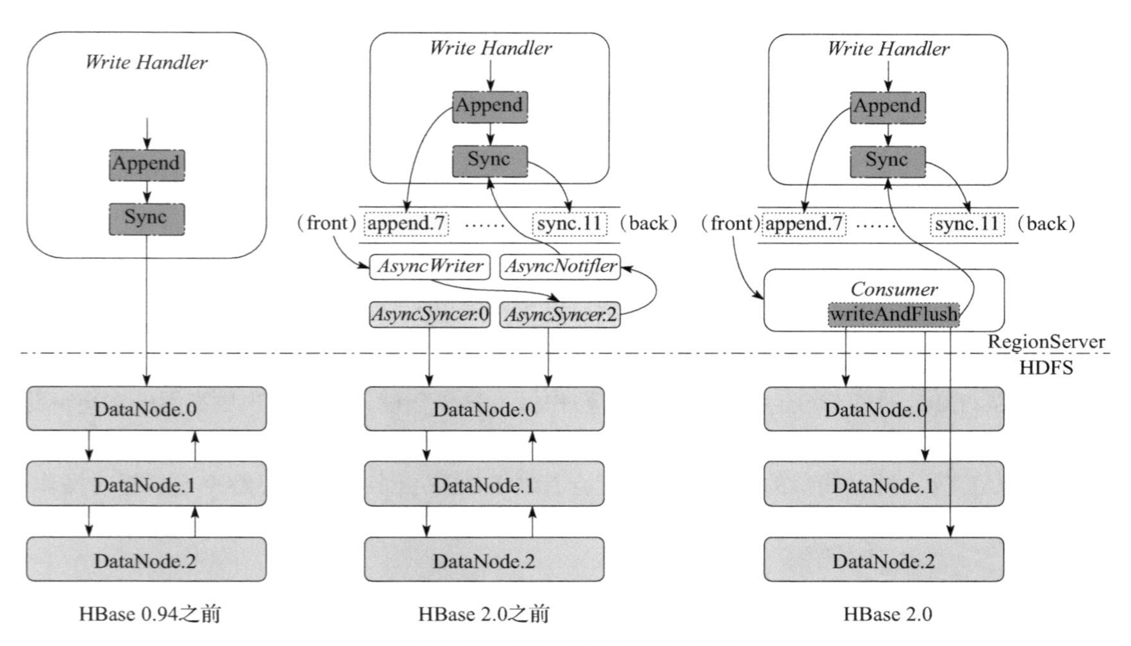

图 15-43 WAL 写入优化演进图

当 Write Handler 执行某个 Append 操作时，将这个 Append 操作放入 RingBuffer 队列的尾部，当前的 Write Handler 开始 wait()，等待 AsyncWriter 线程完成 Append 操作后将其唤醒。同样，Write Handler 调用 Sync 操作时，也会将这个 Sync 操作放到上述 RingBuffer 队列的尾部，当前线程开始 wait()，等待 AsyncSyncer 线程完成 Sync 操作后将其唤醒。

RingBuffer 队列后有一个消费者线程 AsyncWriter，AsyncWriter 不断地 Append 数据到 WAL 上，并将 Sync 操作分给多个 AsyncSyncer 线程中的某一个开始处理。AsyncWriter 执行完一个 Append 操作后，就会唤醒之前 wait() 的 Write Handler。AsyncSyncer 线程执行完一个 Sync 操作后，也会唤醒之前 wait() 的 Write Handler。这样，短时间内的多次 Append+Sync 操作会被缓冲进一个队列，最后一次 Sync 操作能将之前所有的数据都持久化到 HDFS 的 3 副本上。这种设计大大降低了 HDFS 文件的 Flush 次数，极大地提升了单个 RegionServer 的写入吞吐量。HBASE-8755 中的测试结果显示，使用这个优化方案之后，工程师们将 HBase 集群的写入吞吐量提升了 3 ～ 4 倍。

之后，HBase PMC 张铎提出：由于 HBase 写 WAL 操作的特殊性，可以设计一种特殊优化的 OutputStream，进一步提升写 WAL 日志的性能。这个优化称为 AsyncFsWAL，本质上是将 HDFS 通过 Pipeline 写三副本的过程异步化，以达到进一步提升性能的目的。核心思路可以参考图 15-43 的右侧。与 HBASE-8755 相比，其核心区别在于 RingBuffer 队列的消费线程的设计。首先将每一个 Append 操作都缓冲进一个名为 toWriteAppends 的本地队列，Sync 操作则通过 Netty 框架异步地同时 Flush 到 HDFS 三副本上。注意，在之前的设计中，仍然采用 HDFS 提供的 Pipeline 方式写入 HDFS 数据，但是在 AsyncFsWAL 中，重新实现了一个简化版本的 OutputStream，这个 OutputStream 会同时将数据并发地写入到三副本上。相比之前采用同步的方式进行 Pipeline 写入，并发写入三副本进一步降低了写入的延迟，同样也使吞吐量得到较大提升。

理论上，可以把任何 HDFS 的写入都设计成异步的，但目前 HDFS 社区似乎并没有在这方面投入更多精力。所以 HBase 目前也只能是实现一个为写 WAL 操作而专门设计的 AsyncFsWAL，一般一个 WAL 对应 HDFS 上的一个 Block，所以目前 AsyncFsWAL 暂时并不需要考虑拆分 Block 等一系列问题，实现所以相对简单一点。

3. 总结

HBase 2.0 针对部分核心路径上的耗时操作做了异步化设计，以实现更高吞吐和更低延迟的目的。目前已经异步化的地方主要包括 HBase 客户端、RegionServer 的 RPC 网络模型、顺序写 WAL 等。可以期待的是，未来社区会针对 HBase 更多关键核心路径上的耗时操作，做进一步异步化设计。

拓展阅读

[1] HBASE-8755: https://issues.apache.org/jira/browse/HBASE-8755
[2] HBASE-14790: https://issues.apache.org/jira/browse/HBASE-14790

第 16 章 高级话题

本章将介绍 HBase 的几个高级话题。二级索引是开发者常用的一个数据库功能，但是社区版本 HBase 并不支持二级索引功能，本章将提供一些常用的设计二级索引的思路。事务是数据库系统值得讨论的一个核心功能，HBase 目前仅支持单行事务，不支持多个分区之间的跨行事务，本章将给出跨行事务的设计思路。最后介绍 HBase 的社区运作机制以及 HBase 开发和测试相关内容，希望对参与社区建设感兴趣的读者有所裨益。

16.1 二级索引

现在有一张存放大学生信息的表，这个表中有学号、身份证号、性别、出生地址这 4 个字段。很明显，学号和身份证号两个字段都是全局唯一的，老师们可以通过给定的学号找出某个学生的详细信息，也可以根据身份证号查出这个学生的学号以及其他详细信息。在 MySQL 中，我们一般会设计这样一个表：

```
create table `student`(
    `STUDENT_NO`        int(15),
    `ID_NO`             varchar(20),
    `SEX`               int(5),
    `ADDRESS`           varchar(60),
    PRIMARY KEY(STUDENT_NO),
    INDEX ID_NO_IDX (ID_NO)
);
```

这个表中设计了两个索引，一个是 STUDENT_NO 这个主键索引，另外一个是 ID_NO 这个辅助索引。这样，无论老师们根据学号（STUDENT_NO）还是身份证号（ID_NO）查询学生详细信息，都可以通过 MySQL 索引快速定位到所需记录。一般我们将除主键索引之外的其他索引统一称为二级索引，例如这里 ID_NO_IDX 就是一个二级索引。二级索引通常存储索引列到主键值的映射关系，这样数据库可以先通过二级索引查询到主键值，然后再通过主键索引快速查出主键值对应的完整数据。

MySQL 中使用二级索引很方便，HBase 并不直接支持二级索引功能。但上述这种查询需求又很常见，如果没有 ID_NO_IDX 这个二级索引，用户只能扫描全表数据并过滤不满足条件的数据，最终查询到所需数据。在一个拥有数亿行记录的表中，做一次扫描全表操作将非常慢，同时还会消耗大量资源。因此，很多 HBase 的用户会尝试针对 HBase 表设计二级索引。一个常见的思路是，对上述大学生信息表，用户会设计两张表。

第一张是学生信息表，代码如下：

```
create 'student', {NAME=>'S', VERSIONS=>1, BLOOMFILTER => 'ROW'}
# ROW_KEY          存放学生学号；
# S:ID_NO          列的 Value 存放身份证号；
# S:SEX            列的 Value 存放学生性别；
# S:ADDRESS        列的 Value 存放学生地址；
```

另外一张是存放（身份证号、学号）映射关系的索引表，代码如下：

```
create `student_idno_idx`, {NAME=>'I', VERSIONS=>1, BLOOMFILTER =>'ROW'}
# ROW_KEY           存放身份证号；
# I:STUDENT_ID      列的 Value 存放学生学号；
```

在写入一条学生信息时，业务方需要同时写入 student 表和 student_idno_idx 表。那么，这里存在两个问题：

- 如何保证写入 student 表和 student_idno_idx 表的原子性？若写入 student 表成功，但是写 student_idno_idx 表失败，该如何处理比较好？
- HBase 的表会分成很多个 Region，落在不同的 RegionServer 上。因此，待写 student 表对应的 Region 所在的 RegionServer，与待写 student_idno_idx 表对应 Region 所在的 RegionServer，通常会是两个 RegionServer，因此一次写入至少进行两次 put 操作，每次 put 操作都要先写 WAL 日志，再写 MemStore。这样，写入的延迟和吞吐都会受到一定影响。

根据身份证号查询学生详细信息时，需要先读 student_idno_idx 表，找到学号后，再根据学号去 student 表查询学生的详细信息。这也面临两个问题：一个是主表和索引表如何保证一致性，例如用户先写完主表，还未写索引表时，业务直接查索引表会错误地认为某个身份证号不对应任何学生信息；另一个是该如何尽可能节省 RPC，保证良好的吞吐和延迟。

HBase 原生支持 Region 内部多行操作的原子性（若一次 RPC 的多个操作都落在一个 Region 内，则 HBase 可保证原子性；若一次 RPC 的多个操作落在不同的 Region 上，则 HBase 无法保证整个事务的原子性），但并不支持跨表事务（某个事务的多个操作落在不同表内，HBase 无法保证原子性）。因此，上述设计要实现主表和索引表操作的原子性，是比较困难的，但却有一些方案可以做到单个 Region 内的主索引和二级索引数据一致性，后文将介绍这种方案。另外需要理解的一点是：保证主表与索引数据强一致性和高性能，这两点本身难以兼顾，一致性程度越高，则需要消耗在 RPC 上的资源会更多，吞吐和延迟会变得更差，因为需要设计更复杂的分布式协议来保证。一个简单的例子就是，从 Region 级别一致性提升到全局一致性，需要花费的 RPC 要多很多。

1. 局部二级索引

所谓局部二级索引是指在 Region 内部建立二级索引，同时保证主表和索引数据的一致性。在不涉及额外的事务协议的前提下，因为 HBase 原生支持 Region 内事务的原子性，所以我们首先能想到的就是，把 Region-A 内的索引数据也存放在 Region-A 内，这样就可以很容易地保证索引数据和主表数据的原子性。

下面介绍一种可行的方案。

这里仍然以上述大学生信息表为例，我们在这个大学生信息表中添加一个额外的 Column Family，叫做 IDX，表示该列簇专门用来存放索引数据。表结构如下：

```
create 'student' \
    {NAME=>'S',   VERSIONS=>1, BLOOMFILTER =>'ROW'}, \
    {NAME=>'IDX', VERSIONS=>1, BLOOMFILTER =>'ROW'}

# ROW_KEY        存放学生学号；
# S:ID_NO        列的 Value 存放身份证号；
# S:SEX          列的 Value 存放学生性别；
# S:ADDRESS      列的 Value 存放学生地址；
# IDX:X          列的 Value 存放一个任意字节，用来表示这个 (Rowkey,IDX,X) 这个 cell 的存在性；
```

这里的 rowkey 做了特殊化设计，假设某个 Region 对应的 rowkey 区间为 [startKey, endKey)，索引列簇的 Rowkey 设计为：

```
rowkey = startKey:ID_NO:STUDENT_ID
```

即索引列簇的 rowkey 是由 startKey、身份证号和学号拼接组成，这里的 startKey 就是当前 Region 区间的起始端点。

这种设计能保证索引列的 rowkey 和数据列的 rowkey 落在同一个 Region 内，也就能保证同一行的数据列和索引列更新的原子性。

图 16-1 显示了 [2017，2020）这个 Region 的数据分布。

首先，前面 4 行数据表示身份证到学号的局部二级索引数据，2017:004X:20180204 这种格式的 rowkey 是索引列 rowkey，表示 Region 的区间起始端点是 2017，004X 表示学生的身份证号，20180204 表示该学生的学号。

注意，前面 4 行数据的 S:ID_NO，S:SEX 和 S:ADDRESS 列都是空的，因为索引列只存储（身份证号，学号）映射关系。

后面 4 行数据则表示学生的真实信息，即每个学号对应学生的身份证号，性别和地址，这 4 行数据在 IDX:X 列上不会存储任何数据。

RowKey	S (Data Column Family)			IDX (Index Column Family)
	ID_NO	SEX	ADDRESS	X
2017:004X:20180204				1
2017:009B:20180203				1
2017:005K:20190206				1
2017:0078:20170201				1
20170201	0078	F	HongKong	
20180203	009B	M	ShangHai	
20180204	004X	M	Beijing	
20190206	005K	F	HangZhou	

图 16-1 同一个 Region 内的二级索引和数据分布

当新增一条学生信息（20180212，007F，M，WuHan）时，需要在同一个 Region 写入两行数据，两行数据如图 16-2 所示。由于可以保证 Region 内多行操作的原子性，所以索引行和数据行更新的原子性也就得到了保障。

RowKey	S (Data Column Family)			IDX (Index Column Family)
	ID_NO	SEX	ADDRESS	X
2017:004X:20180204				1
2017:009B:20180203				1
2017:005K:20190206				1
2017:0078:20170201				1
2017:007F:20180212				1
20170201	0078	F	HongKong	
20180203	009B	M	ShangHai	
20180204	004X	M	Beijing	
20180212	007F	M	WuHan	
20190206	005K	F	HangZhou	

图 16-2 新增一条学生信息

读取时，根据学号 20180204 读取学生信息，明显可以直接根据学号 rowkey 找到学生其余的详细信息；而根据身份证号 0078 查找学生的信息则会稍微复杂一点：

1）需要确认可能包含 0078 这个身份证号的 Region 集合。

2）对 Region 集合中的每个 Region，把 Region 的 startKey 和 0078 拼成一个字节串，例如 2017:0078，然后以这个字节串为前缀扫描当前 Region，对返回的 rowkey 进行解析获得学号信息。

3）按照学号去 Region 中点查对应的学生信息。

具体实现时，为了保证读写操作的原子性，需要使用自定义的 Coprocessor。这种设计的好处是充分利用了 Region 内的原子性和 HBase 本身提供的 Coprocessor 机制，优雅地实现了Region内部的局部二级索引。这种方案已经可以从很大程度上解决非rowkey字段查询扫表效率低的问题。但毕竟是局部索引，根据身份证号查询学生信息时，需要去每个Region都读两次，效率会受到一定影响。

2. 全局二级索引

全局二级索引，是为整个表的某个字段建立一个全表级别的索引。仍以上述大学生信息表为例，需要建立如下HBase表：

```
create 'student' \
    {NAME=>'S',   VERSIONS=>1, BLOOMFILTER =>'ROW'}, \
    {NAME=>'IDX', VERSIONS=>1, BLOOMFILTER =>'ROW'}

# ROW_KEY        存放学生学号；
# S:ID_NO        列的 Value 存放身份证号；
# S:SEX          列的 Value 存放学生性别；
# S:ADDRESS      列的 Value 存放学生地址；
# IDX:X          列的 Value 存放学生学号；
```

这个表中的rowkey有两种含义：

1）ROWKEY = 20180203这种格式，我们认为该rowkey是学生的学号，S:ID_NO，S:SEX，S:ADDRESS列对应用户的信息，而IDX:X列不存储任何信息。

2）ROWKEY = MD5HEX(007F):007F这种格式，我们认为该rowkey是学生身份证号到学号的全局索引信息，S:ID_NO，S:SEX，S:ADDRESS列都为空，而IDX:X列存储学生的学号。

和局部二级索引不同的是，同一个Region内的学生数据对应的二级索引数据，分散在整个表的各个Region上，因此写入一条学生信息时，为了保证原子性，就需要有可靠的跨Region的跨行事务来保证。而HBase目前并不能做到这一点，这就需要依靠分布式事务协议来保证了。

读取的时候，比较简单，直接根据身份证生成对应的rowkey进行点查即可，全局二级索引比局部二级索引要快很多。

3. 总结

局部二级索引的写入性能很高，因为直接通过Region内部的原子Batch操作即可完成，但是读取的时候需要考虑每个Region是否包含对应的数据，适合写多读少的场景。全局二级索引的写入需要通过分布式事务协议来保证跨Region跨行事务的原子性，实现比局部二级索引复杂很多，写入的性能要比局部二级索引差很多，但是读取性能好很多，适合写少读多的场景。

16.2 单行事务和跨行事务

事务是任何数据库系统都无法逃避的一个核心话题，它指的是如何保证一批操作满足

ACID 特性。

- A（Atomicity），即原子性。这批操作执行的结果只有两种，一种是所有操作都成功，另一种是所有操作都失败。不容许存在部分操作成功，而另一部分操作失败的情况。
- C（Consistency），即一致性。数据库内会设置众多约束（例如 MySQL 中的主键唯一性约束、主键索引和二级索引保持严格一致等），无论事务成功或失败，都不能破坏预设约束。
- I（Isolation），即隔离性。多个事务之间容许并发运行，设计什么样的隔离级别，决定了并发事务读取到的数据版本。常见的隔离级别有 5 种，分别是 ReadUncommited、ReadCommitted、RepeatableRead、Snapshot、Serializable。
- D（Durability），即持久性。表示一个事务一旦成功提交，则所有数据都被持久化到磁盘中，即使系统断电重启，依然能读取到之前成功提交的事务结果。

目前，HBase 支持 Region 级别的事务，也就是说 HBase 能保证在同一个 Region 内部的多个操作的 ACID，无法支持表级别的全局 ACID。当然，我们普遍认为 HBase 仅支持行级别的 ACID，因为目前 HBase HTable 支持的接口基本都是行级别的事务；如果用户希望使用 Region 级别的事务操作，需要通过 MultiRowMutationEndpoint 这个 coprocessor 来实现。

1. 单行事务

在 HBase 中，一行数据下面有多个 Column Family，所谓单行事务就是，HBase 能保证该行内的多个 Column Family 的多个操作的 ACID 特性。

2. 跨行事务

对于很多使用 HBase 的用户来说，他们发现在很多时候 HBase 原生支持的单行事务并不够用，一旦想在一个事务中支持多行数据的更改，则没法通过 HBase 直接解决这个问题，典型例子是全局二级索引场景。在 Google BigTable 的很多内部用户中，同样面临类似的问题，因此，Google 后续设计了 Pecolator 协议来实现分布式跨行事务，其本质是借助 BigTable 的单行事务来实现分布式跨行事务。下面我们将探讨如何基于 BigTable 来实现分布式跨行事务。

首先，设计一个分布式跨行事务协议需要注意哪些事项呢？

- 分布式系统中的事务操作一般都要求高吞吐、高并发。因此，希望设计出来的分布式事务具有扩展能力，BigTable/HBase 支持的高吞吐量不会因为上层设计的分布式事务协议而大幅受限。
- 需要设计一个全局的时间戳服务。在分布式系统中，由于各个机器之间时间无法做到精确同步，不精确的时间会导致无法评定众多并发事务的先后顺序，也就无法有效保证事务的隔离性。HBase 或者 BigTable 之所以只能支持 Region 内事务，无法支持跨 Region 的事务，最关键的原因是，cell 的时间戳是按照 Region 级别划分的，而多个 Region 之间的时间戳无法保证全局有序。

- 设计一个全局的锁检测服务。两个并发事务不能修改同一行记录，而且要避免两个事务出现死锁。要做到这一点就必须有一个全局的锁检测服务，但是这个全局锁检测服务必须保证高吞吐。此外，全局锁服务还必须具备容错性。
- 保证跨行事务操作的 ACID。

那么，Pecolator 协议是如何来解决这些问题的呢？下面简要介绍 Pecolator 是如何基于 HBase/BigTable 单行事务实现跨行事务的。后续将以 Percolator 论文中依赖的各服务组件来介绍，其中 BigTable 对应 HBase，GFS 对应 HDFS，Tablet Server 对应 HBase 的 RegienServer，ChunkServer 对应 HDFS 的 DataNode，Chubby 对应 ZooKeeper。

先从整体来看 Percolator 协议的架构，如图 16-3 所示。

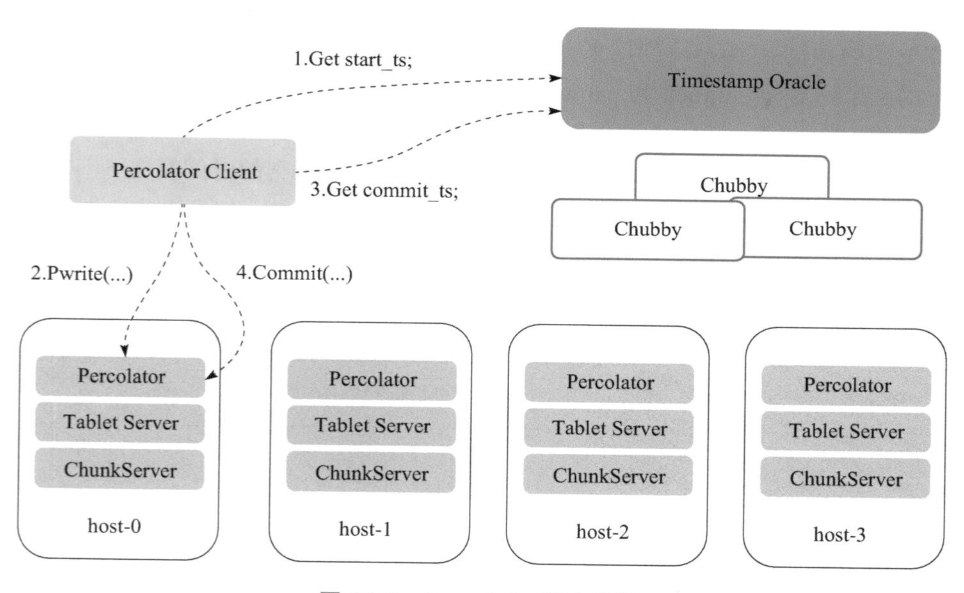

图 16-3　Percolator 服务架构

在 Google 集群中，每一个机器上同时部署了三种服务：Percolator，BigTable 的 Tablet Server，GFS 的 ChunkServer。这些服务又依赖 Chubby 来提供高吞吐、低延迟的分布式锁服务和协调服务。对于 Percolator 来说，主要引入了 2 个服务：

- Timestamp Oracle，用来提供一个全局自增的逻辑时间戳服务，注意这里的时间戳是逻辑时间戳，并非 Linux 的物理时间戳。这个服务实现非常轻量级。
- Percolator，在论文中一般都称 Percolator worker 服务，本质上是借助 BigTable 客户端来实现 Percolator 协议的服务。Pecolator worker 主要用来响应来自客户端的分布式事务 RPC 请求，多个 Pecolator worker 之间无任何状态依赖，因此可以通过部署众多 Percolator worker 来实现服务横向扩展。

Percolator 客户端发起一个分布式事务时，Percolator 服务端将按照以下步骤来实现。

1）向 Timestamp Oracle 服务发请求，请求分配一个自增的 ID，用来表示当前事务的开始时间戳 start_ts。

2）Percolator 客户端向 Percolator Worker 发起 Pwrite 请求，这里 Pwrite 请求是 2PC 提交中的第一步，此时数据已经成功写入 BigTable，但对其他事务尚不可见。

3）Percolator 客户端向 Timestamp Oracle 服务再次请求分配一个自增的 ID，用来表示当前事务的提交时间戳 commit_ts。

4）Percolator 客户端向 Percolator Worker 服务发起 Commit 请求，这是 2PC 提交中的第二步，该 Commit 操作执行成功后将对其他事务可见。

另外，对 BigTable 中的一个表采用 Percolator 实现分布式事务后，需要在同一个 Family 下增加两个 Column，分别叫做 lock 列和 write 列，其中 lock 列用来存放事务协调过程中需要用的锁信息，write 列用来存放当前行的可见时间戳版本。这里以 Family=bal 为例，新增的两个列名为 bal:lock 和 bal:write。

下面将以 Bob 向 Joe 转账 7 美金为例，阐述跨行事务的运行机制。

在初始状态下，Bob 账户内有 10 美金，最近一次事务提交的时间戳是 5（对应 Bob 这行的 bal:write 列，其中 data @5 表示该行当前可见版本为 5）；Joe 账户下有 2 美金，最近一次事务提交的时间戳也是 5。

key	*bal: data*	*bal: lock*	*bal: write*
Bob	*6:* *5:* $10	*6:* *5:*	*6:* data @ 5 *5:*
Joe	*6:* *5:*$2	*6:* *5:*	*6:* data @ 5 *5:*

1. Initial state: Joe's account contains $2 dollars, Bob's $10.

首先，对 Bob 账户进行 Pwrite 操作，往 Bob 这个 rowkey 下写入一行 timestamp=7 的数据，其中 bal:data 列为 3 美金，bal:lock 列标明当前行是分布式事务的主锁。这里，主锁表示整个事务是否成功执行，若主锁所在行的操作成功执行，则表示整个分布式事务成功执行；若主锁所在行执行失败，则整个分布式事务失败，将回滚。

key	*bal: data*	*bal: lock*	*bal: write*
Bob	*7:* **$3** *6* *5:* $10	*7:* **I am primary** *6:* *5:*	*7:* *6:* data @ 5 *5:*
Joe	*6:* *5:*$2	*6:* *5:*	*6:* data @ 5 *5:*

2. The transfer transaction begins by locking Bob's account balance by writing the lock column. This lock is the primary for the transaction. The transaction also writes data at its start timestamp, 7.

在对 Bob 账号成功完成 Pwrite 之后，开始对 Joe 账号进行 Pwrite 操作：往 Joe 这个 rowkey 下写入一行 timestamp=7 的数据，其中 bal:data 列为 9 美金，bal:lock 列标明当前行是分布式事务的指向主锁的从锁，其主锁是 Bol 行的 bal 这个 Column Family。从锁行是否提交成功并不影响整个分布式事务成功与否，只要主锁所在行提交成功，则后续会异步的将从锁行提交成功。

key	*bal: data*	*bal: lock*	*bal: write*
Bob	*7:* $3 *6* *5:* $10	*7:* I am primary *6:* *5:*	*7:* *6:* data @ 5 *5:*
Joe	*7:* **$9** *6:* *5:*$2	*7:* **primary @ Bob.bal** *6:* *5:*	*7:* *6:* data @ 5 *5:*

3. The transaction now locks Joe's account and writes Joe's new balance(again, at the start timestamp). The lock is a secondary for the transaction and contains a reference to the primary lock (stored in row "Bob", column "bal"); in case this lock is stranded due to a crash, a transaction that wishes to clean up the lock needs the location of the primary to synchronize the cleanup.

在 Bob 账户和 Joe 账户都成功执行完 Pwrite 之后，表示分布式事务 2PC 的第一阶段已经成功完成。注意，虽然 Pwrite 对 Bob 行和 Joe 行分别写入了两行数据，但这两行数据并不能被其他事务读取，因为当前的 bal:write 列存放的时间戳仍然是 5。若想被其他事务成功读取，必须执行 2PC 的第二个阶段：Commit 阶段。

key	*bal: data*	*bal: lock*	*bal: write*
Bob	*8:* *7:* $3 *6* *5:* $10	*8:* *7:* *6:* *5:*	*8:* **data @ 7** *7:* *6:* data @ 5 *5:*
Joe	*7:* $9 *6:* *5:*$2	*7:* primary @ Bob.bal *6:* *5:*	*7:* *6:* data @ 5 *5:*

4. The transaction has now reached the commit point: it erases the primary lock and replaces it with a write record at a new timestamp (called the commit timestamp): 8. The write record contains a pointer to the timestamp where the data is stored, Future readers of the column "bal" in row "Bod" will now see the value $3.

Commit 阶段会按照行数拆分成 BigTable 的多个单行事务。首先，Commit 主锁所在的行数据：

1）往 Bob 行写入一个 cell，将 bal:write 列设为 7，表示该行最近一次事务提交的时间戳是 7。

2）在 Bob 行写入一个删除 cell，将 timestamp = 7 的 bal:lock 主锁信息删除。

由于 BigTable 的单行事务保证，上述对 Bob 行写入 cell 和删除 cell 的操作是原子的。一旦成功执行，则标志着整个分布式跨行事务已经成功执行。

key	bal: data	bal: lock	bal: write
Bob	8:	8:	8: data @ 7
	7: $3	7:	7:
	6	6:	6: data @ 5
	5: $10	5:	5:
Joe	8:	8:	8: **data @ 7**
	7: $9	7:	7:
	6:	6:	6: data @ 5
	5:$2	5:	5:

5. The transaction completes by adding write records and deleting locks at the secondary cells. In this case, there is only one secondary: Joe.

在主锁所在行成功 Commit 之后，虽然分布式事务已经成功提交，结果已经能被其他事务读到，但是，Percolater 协议仍然会尝试提交从锁行的数据，因为若此时不提交，则需要推迟到后续读流程中提交，这样会拉升读取操作的延迟。从锁行 Commit 和主锁行 Commit 流程类似，向所在行原子地写入一个 cell 和删除一个 cell，表示该行数据已经成功提交。

上述讨论的都是分布式事务提交的成功流程，但是一旦放到分布式系统中，可能出现各种各样的异常情况。如果是 BigTable 层面出现机器宕机，并不影响 Percolator 协议的整体执行流程，因为 BigTable 即使发生 Tablet Server 宕机，单行事务的原子性依然能保证，Percolator 协议的依赖条件依然没变。所以，我们在主要关注 Percolator Client 的各 RPC 异常。

为方便读者更好理解，下面引用了 Percolator 论文中的算法伪代码：

```
1  class Transaction {
2   struct Write { Row row; Column col; string value; };
3   vector<Write> writes_;
4   int start_ts_;
5
6   Transaction() : start_ts_(oracle.GetTimestamp()) {}
7   void Set(Write w) { writes_.push_back(w); }
8   bool Get(Row row, Column c, string* value) {
9    while (true) {
10    bigtable::Txn T = bigtable::StartRowTransaction(row);
11    // Check for locks that signal concurrent writes.
12    if (T.Read(row, c+"lock", [0, start_ts_])) {
13     // There is a pending lock; try to clean it and wait
14     BackoffAndMaybeCleanupLock(row, c);
15     continue;
16    }
17
18    // Find the latest write below our start_timestamp.
19    latest_write = T.Read(row, c+"write", [0, start_ts_]);
20    if (!latest_write.found()) return false; // no data
21    int data_ts = latest_write.start_timestamp();
22    *value = T.Read(row, c+"data", [data_ts, data_ts]);
23    return true;
24   }
25  }
```

首先，进行 get 操作时，先检查在 start_ts 之前该行是否仍然遗留着 lock 信息，若有，则说明该行尚有其他未提交或者被异常中断提交的事务，此时需要尝试清理该行的锁信息。如果是从锁行，则直接根据从锁引用去找主锁行，若主锁行事务已经提交，则直接清理掉该从锁行的 lock 信息，因为分布式事务已经在主锁行提交完成时成功提交。若主锁行尚未提交，检查该主锁是否超过最长持锁时间（或者持有该主锁的 Percolator worker 进程已经退出），若是，则直接清理主锁，表示分布式事务失败；否则继续休眠重试。

在处理完遗留的锁信息之后，客户端开始确定当前能读取的最近一次成功提交的时间戳，然后用该时间戳去 get 数据。

下面是 Pwrite 流程的伪代码：

```
26 // Prewrite tries to lock cell w, returning false in case of conflict.
27  bool Prewrite(Write w, Write primary) {
28   Column c = w.col;
29   bigtable::Txn T = bigtable::StartRowTransaction(w.row);
30
31   // Abort on writes after our start timestamp ...
32   if (T.Read(w.row, c+"write", [start_ts_, ∞])) return false;
33   // ... or locks at any timestamp.
34   if (T.Read(w.row, c+"lock", [0, ∞])) return false;
35
36   T.Write(w.row, c+"data", start_ts_, w.value);
37   T.Write(w.row, c+"lock", start_ts_,
38     {primary.row, primary.col});     // The primary's location.
39   return T.Commit();
40  }
```

注意在 32 行和 34 行分别有两个判断。第一个判断是说在当前事务开始后，已经产生了成功提交的事务，此时当前事务应该失败回滚（上层可以重试）；第二个判断是说，当前行仍然有其他未提交的事务在执行，此时也应该将当前分布式事务标记为失败回滚。

注意，在 Pwrite 阶段，任何一行 Pwrite 操作失败，都将导致整个分布式事务失败回滚。回滚的方式很简单，就是异步地将 Pwrite 对应 timestamp 的行数据删除，由于清除后并没有将 write 列推向更新的时间戳，所以，本质上其他分布式事务仍然只能读取到该分布式事务开始之前的结果。

下面这一段代码表示 Commit 阶段。由于在调用 Transaction.Set(..) 时，是将 write 操作 append 到本地 buffer 的，所以这里把 Pwrite 操作移到了在 Commit() 方法中执行。流程很简单，先对每一行做 Pwrite，然后对主锁行进行 Commit，最后对从锁行进行 Commit。

```
41  bool Commit() {
42    Write primary = writes_[0];
43    vector<Write> secondaries(writes_.begin()+1, writes_.end());
44    if (!Prewrite(primary, primary)) return false;
45    for (Write w : secondaries)
46      if (!Prewrite(w, primary)) return false;
47
48    int commit_ts = oracle_.GetTimestamp();
49
50    // Commit primary first.
51    Write p = primary;
52    bigtable::Txn T = bigtable::StartRowTransaction(p.row);
53    if (!T.Read(p.row, p.col+"lock", [start_ts_, start_ts_]))
54      return false;      // aborted while working
55    T.Write(p.row, p.col+"write", commit_ts,
56            start_ts_); // Pointer to data written at start_ts_
57    T.Erase(p.row, p.col+"lock", commit_ts);
58    if (!T.Commit()) return false;      // commit point
59
60    // Second phase: write out write records for secondary cells.
61    for (Write w : secondaries) {
62      bigtable::Write(w.row, w.col+"write", commit_ts, start_ts_);
63      bigtable::Erase(w.row, w.col+"lock", commit_ts);
64    }
65    return true;
66  }
67 } // class Transaction
```

如果在 Pwrite 阶段发生失败，则整个分布式事务都将失败回滚。比较麻烦的问题是，如果在 Commit 主锁时 Percolator Worker 进程退出，此时无论主锁行还是从锁行都遗留了一个 lock 信息，后续读取时将很难确定当前事务该回滚还是该成功提交。Percolator 的做法是，在 lock 列存入 Percolator Worker 的信息，在 get 操作检查 lock 时，发现 lock 中存的 Percolator Worker 已经宕机，则直接清理该 lock 信息。当然，另一种可能是 Percolator worker 并没有宕机，但是该事务却卡住很长时间了，一旦发现主锁超过最长持锁时间，客户端可直接将 lock 删除，避免出现某行被长期锁住的风险。

3. 总结

Percolator 协议本质上是借助 BigTable/HBase 的单行事务来实现分布式跨行事务，主要的优点有：

- 基于 BigTable/HBase 的行级事务，实现了分布式事务协议。代码实现较为简单。
- 每一行的行锁信息都存储在各自的行内，锁信息是分布式存储在各个节点上的。换句话说，全局锁服务是去中心化的，不会限制整个系统的吞吐。

当然，Percolator 协议最大的问题就是依赖中心化的逻辑时钟，每一个事务在开始和提交时都需要取一次逻辑的 timestamp，这就决定了集群无法无限扩展。例如一个中心化的 Timestamp Oracle 服务，每秒可以提供 200 万的时间戳服务，也就决定了整个集群的事务吞吐量不可能超过每秒 200 万。当然，可以尝试通过将大集群拆分成多个小集群来获得更高的整体吞吐量。Percolator 协议另外一个问题就是采用乐观锁机制，相比 MySQL 的悲观锁机制，表现行为还是有一些不一致。最后值得注意的一点是，在事务执行过程中，写入都是先缓存在本地 buffer 中的，因此需要控制事务的更新数据量。

Percolator 协议目前已经在很多分布式系统中应用，小米实现的 Themis 系统以及流行的 NewSQL 系统（如 TiDB）都采用了 Percolator 协议实现分布式跨行事务。

若要对 Percolator 协议更进一步的了解和分析，可以参考论文（https://ai.google/research/pubs/pub36726）。

16.3 HBase 开发与测试

大家都知道 Apache HBase 项目是由 Apache 软件基金会负责发行维护的，它背后并没有一个占据压倒性优势的商业公司提供支持。事实上，HBase 社区是一个非常民主开放的技术社区，它的核心成员分散在全球各个科技公司之中，例如 Cloudera、Hortonworks、小米、阿里巴巴、华为、Salesforce、Intel 等。同样，也有很多普通的代码贡献者乐在其中，他们为社区贡献代码，既把自己的贡献合并到社区，减少自身后续版本的维护工作量，又可以跟社区资深工程师一起学习交流，这对有技术追求的工程师来说是一件很有成就感的事情。

据 2018 年 Apache 软件基金会的年度报告，在整个 Apache 社区最活跃项目排名中，HBase 已居第二，仅次于 Hadoop 项目。HBase 社区每天都会收到来自全球各地工程师贡献的代码，这些代码质量良莠不齐，其作者既有很多其他开源社区的老手，又有很多刚从事编程工作的初学者。那么，HBase 社区是通过怎样的机制来保证合并进来的代码都是较高质量的？这一节，我们一起聊聊 HBase 社区的运作机制，希望对有兴趣参与 HBase 项目的读者有所帮助。

16.3.1 HBase 社区运作机制

HBase 社区根据每位工程师对 HBase 项目的贡献大小，将工程师分成三个级别：PMC、Committer、Contributor。截止到 2019 年 1 月 1 日为止，社区总共有 45 位 PMC 成员，78 位 Committer 成员，210+ 位 Contributor。这里，简要说明下各级别工程师的职责和权限。

- HBase Contributor：为 HBase 项目贡献 feature、修复 bug、编写文档、添加或修改测试代码、在 hbase-user 邮件列表中回答用户问题、推广 HBase 和扩大社区影响力等。一般来说，只要是为 HBase 项目做了贡献的，无论贡献大小，都称之为 Contributor。而且，社区非常欢迎各路人才成为 HBase 社区的 Contributor。但一般来说，Contributor 没有 HBase 项目的 git 写权限，需要在 Committer 或 PMC 的帮助下，修改才能合并到 git 仓库。

- HBase Committer：当某位 Contributor 的贡献量到达一定程度，并被社区 PMC 成员认可，该 Contributor 就会被社区成员提名为 Committer。Committer 拥有 HBase 项目 git 仓库的写权限，他（她）可以为其他 Contributor 做 Code Review，待 review 通过后执行 +1 操作，并帮助提交代码到 git 仓库中。在社区决策投票（例如 Release 版本发布、依赖升级、功能合并等）中，Committer 的投票具有较大的影响力。
- HBase PMC：包含 Committer 所有的权利。此外，还负责 HBase 项目核心功能的设计和审查、发布 Release 版本、提名活跃 Contributor 晋升等。他们是社区权限最高的成员。

有了这一套职级规则后，不同的工程师职责较为分明。Committer 和 PMC 成员在业界都能得到广泛认可，无论从个人职业层面，还是从项目发展方面，这都是一个很好的机制。

那么，HBase 社区如何保证整个项目的代码质量，让项目长远地发展下去呢？当任一位成员提出一次代码修改后，需要经历如图 16-4 所示的流程后才能合并到社区。

图 16-4 HBase 代码合并流程图

- 第 1 步中，创建 ISSUE 的地址为：https://issues.apache.org/jira/browse/HBASE。对初次使用 Jira 的同学，需要发邮件给 dev@hbase.apache.org，申请开通 Jira 的 Contributor 权限。
- 第 3 步中，代码提交到本地 git 仓库后，通过 git format -1 将最近一次提交的代码导出到 patch 文件中，并将 patch 命名为：<issue-id>.<branch>.v1.patch，例如 HBASE-21657.master.v1.patch 就是一个符合规范的 patch 文件命名。因为 HadoopQA 是按照 patch 的命名去找到对应的 branch，然后跑对应 branch 的单元测试。v1 主要用来标识patch的版本，每做一次修改，版本号就需要加1。另外，有时候为了方便review patch，我们也会将patch文件提交到https://reviews.apache.org平台上，方便Contributor和Committer/PMC协作讨论。当然，目前也支持通过Github提Pull Request来协作，社区更推荐使用这种方式。

- 第8步中，编写Release Note的目的是，告诉未来使用新版本HBase的用户，本次修改主要对用户有何影响。当然，PMC成员在发布新的HBase版本时，也会列出Release Note，便于告知用户新版本所做的改动和影响。

16.3.2 项目测试

不得不说，测试在一个项目中扮演了极其重要的角色。一个没有自动测试代码的项目，随着代码库的日渐增长，未来开发新功能所付出的人工测试成本会是极其巨大的。在国内互联网公司环境下，很容易出现这样的情况：一个项目没有任何自动测试代码，而开发该项目的原创团队因为人员调动不再负责该项目，后面新来的工程师开发新功能时根本无法确定新增功能是否影响原有功能，最后的结果就是，要么投入更多的人力成本来开发测试代码，要么放弃该项目。

在编写代码时，必须为代码编写相应的测试代码，只有这样，测试Case才会随着项目发展而不断累加，覆盖到的测试路径将会越来越多，项目代码的运行结果也能得到更精确的控制，这样项目才能健康茁壮成长。参与开源项目的工程师们都认为，项目永远没有最完美的状态，只有通过不断的迭代让项目不断地趋向完美状态，而测试就是为了保障项目不在错误的方向上前进。

HBase本身是一个分布式系统，为分布式系统设计自动化测试用例是一个挑战性很大的工作，主要是因为分布式环境下涉及的因素非常繁杂，通过代码控制这些繁杂的因素以便突出核心测试需要很大的工作量。那么，HBase究竟是如何通过测试来保证代码的正确运行呢？

我们将HBase的测试工作分成3个部分：单元测试，集成测试，性能测试。

1. 单元测试

单元测试很好理解，就是将系统的运行路径分割成一个个的小单元，然后用一个测试用例覆盖这个单元路径，保证这个测试路径运行结果符合预期。说起来非常简单，但是在实际设计代码时，却并不那么容易。对于一些简单无依赖的工具类，设计UT其实非常容易。例如，org.apache.hadoop.hbase.util.FSUtils类中有一个静态方法：

```
/**
* Verifies root directory path is a valid URI with a scheme
* @param root root directory path
* @return Passed <code>root</code> argument.
* @throws IOException if not a valid URI with a scheme
*/
public static Path validateRootPath(Path root) throws IOException;
```

可以用这个方法验证给出的 hbase root 路径是否合法。测试代码非常简单，其中一个测试用例如下：

```
public void testRootPath() {
    try {
        // Try good path
        FSUtils.validateRootPath(new Path("file:///tmp/hbase/hbase"));
    } catch (IOException e) {
        LOG.fatal("Unexpected exception checking valid path:", e);
        fail();
    }
}
```

但实际上 HBase 有很多很多的独立组件，例如 Region、FSHLog、MemStore、FilterList 等，这些都有各自一定的依赖，因此没法通过上述 testRootPath() 方式直接写 UT。这时，我们需要借助 org.mockito.Mockito 框架来设计部分依赖 Class 的伪造实现，然后测试目标 Class 的运行路径。例如，在下面的代码中，通过 Mockito 框架伪造了两个子 Filter：subFilter1 和 subFilter2，然后为这两个子 Filter 的 filterCell(kv1) 方法设定各自预期的返回值，最终将这两个子 Filter 组成一个 filterList，并测试预期结果。本质上，subFilter1 和 subFilter2 都是实际项目用不到的类，但是为了便于测试，我们用 Mockito 框架虚拟出了两个类，并对指定方法的指定参数给出指定返回值，通过严格控制输入输出来测试 FilterList。

```
@Test
public void testFilterList() throws IOException {
KeyValue kv1 = new KeyValue(Bytes.toBytes("row1"),
                            Bytes.toBytes("fam"), Bytes.toBytes("a"),
                            100, Bytes.toBytes("value"));
Filter subFilter1 = Mockito.mock(FilterBase.class);
Mockito.when(subFilter1.filterCell(kv1)).thenReturn(ReturnCode.INCLUDE_AND_
NEXT_COL);

Filter subFilter2 = Mockito.mock(FilterBase.class);
Mockito.when(subFilter2.filterCell(kv1)).thenReturn(ReturnCode.SKIP);

Filter filterList = new FilterList(Operator.MUST_PASS_ONE, subFilter1,
subFilter2);
Assert.assertEquals(ReturnCode.INCLUDE, filterList.filterCell(kv1));
}
```

这种使用 Mockito 的测试方法一般都非常轻量级，运行耗时极短。虽然理论上任何 Class 都可以 Mock，但问题是在某些复杂场景下，可能需要对大量的输入做 Mock，这时工程师可能已经无法应对这种复杂性。例如，我想设计这样一个 UT：客户端调用 HBaseAdmin#majorCompact（TableName tableName）后，HBase 系统确实成功地完成了 major compact。该如何写一个测试用例呢？

HBase 社区为此设计了一个叫做 MiniCluster 的框架。如图 16-5 所示，MiniCluster 框架的核心是，通过多个线程启动多个不同的服务，搭建起一个运行在本地的完整分布式集群。

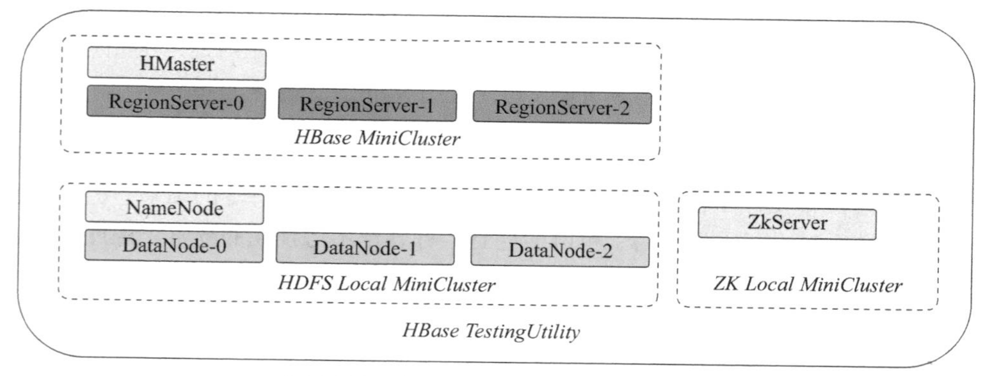

图 16-5 HBase MiniCluster 测试框架

图 16-5 中的 HDFS MiniCluster 有 1 个 NameNode、3 个 DataNode。那么，在 UT 进程中用 4 个线程分别启动这 4 个服务，这里所有的数据都是存储在本地的，虽然启动了多个 DataNode，但它们的数据其实都存放在本地的多个不同目录下。ZooKeeper 集群只需要一个线程启动 ZooKeeper Server 即可。HBase MiniCluster 和 HDFS MiniCluster 类似，用 4 个线程启动各自服务即可。

启动 HBase MiniCluster 的测试代码如下：

```
public class TestFromClientSide {
  protected final static HBaseTestingUtility TEST_UTIL = new HBaseTestingUtility();

  @BeforeClass
  public static void setUpBeforeClass()throws Exception {
    TEST_UTIL.startMiniCluster(3);
  }

  @AfterClass
  public static void tearDownAfterClass()throws Exception {
    TEST_UTIL.shutdownMiniCluster();
  }

  public void testMajorCompactCase1()throws Exception{
    //...your unit test code...
  }

  publicvoidtestMajorCompactCase1()throws Exception{
    //...your unit test code...
  }
}
```

每一个测试类启动一个 MiniCluster，然后在这个测试类中设计多个测试用例，最后把这个 MiniCluster 清理掉。有了 MiniCluster 框架后，代码开发者可以直接通过自动化代码覆盖从客户端到服务端的整个路径，保证了项目代码运行结果是符合预期的。但是，这种测试方法存在一些问题，HBase 目前有数千个测试用例，如果全部通过启动 MiniCluster 的方式来跑，则一次完整的 UT 运行时间可能是好几天。因此，一般的原则是，优先考虑用 Mock 的方式来写单元测试，实在无法用 Mock 来写，就用 MiniCluster 来写单元测试。

2. 集成测试

单元测试一般都是期望代码在特定的条件下运行，从而得到特定的结果。但是像 HBase 这样一个分布式系统在线上运行时，可能会遇到各种各样不可预期的异常。因此，HBase 社区针对性地设计了 Chaos Monkey 测试，即可以通过代码对集群随机做如下的操作：

- 重启 Active 的 Master。
- 随机重启某个 RegionServer。
- 重启 hbase:meta 表所在的 RegionServer。
- 批量重启 50% 的 RegionServer。
- 滚动重启 100% 的 RegionServer。

甚至用户还可以自己设计各种各样的对系统造成干扰的行为，最终检查整个集群的数据是否一致。

一般我们会用 IntegrationTestBigLinkedList（ITBLL）工具随机生成多个巨大的环形链表，并存放在一个 HBase 表中（一个链表默认有 2500 万个节点），这些链表的节点随机分布在集群的各个 RegionServer 上，如图 16-6 所示。

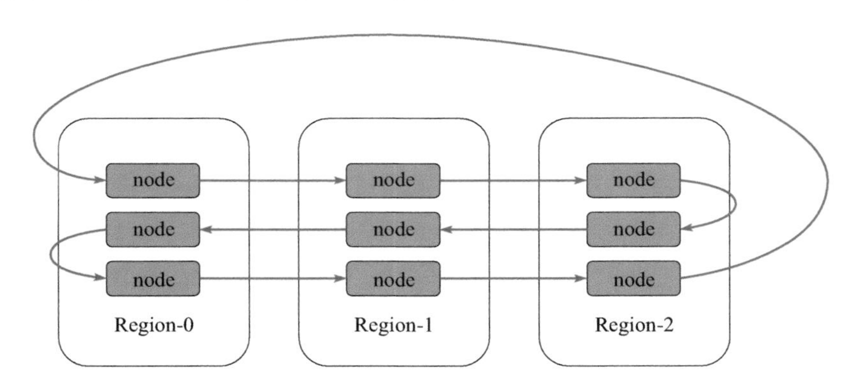

图 16-6　HBase 集成测试大链表

数据生成之后，启动 ChaosMonkey 工具，不断地干扰系统。最终，通过 ITBLL 工具检查这些环形链表数据是否与写入时保持一致。如果不一致，则说明 HBase 系统某个环节存在 BUG。通过跟踪日志和查阅代码，一般就可以定位到具体的问题。

ChaosMonkey 测试对一个分布式系统来说是非常重要的，它能够从一定程度上模拟集群可能发生的故障，考验系统的故障处理能力。

3. 性能测试

HBase的性能测试一般分为两种：一种是本地单机性能测试；一种是针对集群的性能测试。那么，这两种测试方式的区别是什么？

单机性能测试涉及的因素非常可控，所以适合做那种聚焦于某个代码模块的性能测试。例如，用户想比较并评估服务端采用BlockingRpcServer和采用NettyRpcServer对性能的影响。很明显，用户关心的是RPC框架这一个因素对性能的影响有多大，因此我们需要控制其他所有不相关的因素，例如cache命中率（我们最好期望cache命中率是100%）、Region个数（保持对比测试中Region个数相同即可）。这样，我们只需要在单机上压入很小的数据量，例如10 000行记录，然后用工具去多线程读取数据，对比吞吐数据即可。

一般来说，做单机性能测试只需要用PE工具即可：

```
./bin/hbase pe
```

集群的性能测试则和单机性能测试不同。因为集群的性能测试可能涉及各种各样不可控的因素。例如，HBase的Balance功能会按照一定的策略将Region从一个RegionServer上挪到另一个RegionServer上，这样Region的Locality就会发生变化，而由Locality变化测试出来的性能数据可能相差巨大。另一个例子是不同机器之间的某个Linux系统配置不一致，得出来的QPS数据可能相差巨大。

因此，在做集群性能测试时，我们同样需要控制其他所有不相关的因素，例如机器硬件条件、服务器系统配置、关掉Balance、保证每个节点的Localtiy都是1（一般是Flush一下表，再跑MajorCompact）等。总体来说，做集群性能测试所涉及的因素相比单机测试要更多，一般适合做集群的服务能力评估、不同HBase版本在真实环境下的性能指标等这样更接近真实环境的性能评估测试。

4. 总结

本小节主要介绍了社区的基本运行机制、代码开发流程、项目测试三个部分内容。前两者相对比较好理解，项目测试在实际设计过程中需要思考很多问题，好在目前HBase社区测试框架已经非常完善，感兴趣的读者可以试着去编写一些测试用例来理解HBase的运行行为。

希望本小节对开源项目爱好者有所帮助。

拓展阅读

[1] https://projects.apache.org/committee.html? hbase

[2] https://blogs.apache.org/foundation/entry/apache-in-2018-by-the? from=timeline

[3] http://hbase.apache.org/0.94/book/hbase.tests.html

Appendix A

附录 A HBase 热门问题集锦

1. 如何快速高效学习 HBase？有哪些经验？

笔者认为学习 HBase 是一个循序渐进的过程，高效学习 HBase 需要历经多个阶段：

1）认识 HBase。从理论上了解 HBase 是一种什么样的数据库，和 MySQL 等关系型数据库有什么区别，主要应用场景有哪些。了解 HBase 数据模型以及基本概念，比如 rowkey、列簇、列等基本概念。

2）部署使用 HBase。搭建一个完整的分布式 HBase 系统并将搭建过程记录下来，尤其是在搭建过程中遇到的问题更是需要详细记录。集群搭建成功之后使用 shell 命令执行创建表等 DDL 操作，并执行写入、查找等基本 DML 操作。

3）完成 HBase 基准性能测试。部署完成 HBase 集群之后，使用 YCSB 或其他性能测试工具对 HBase 集群进行基准性能测试，输出完整的性能测试报告。性能测试的目的，一方面是评估 HBase 系统的读写能力；另一方面需要重点关注测试过程中的资源消耗情况，确认 HBase 的读写性能瓶颈主要在哪里。

4）参与 HBase 系统运维。通过对线上 HBase 系统的运维，在问题出现的时候通过对 HBase 日志、监控甚至源代码的分析，有效判断出问题原因，提出对应的解决方案。经历多次线上问题运维之后，就会对 HBase 有一个非常深刻的理解。

5）学习 HBase 工作原理。通过阅读官方文档、博客等梳理 HBase 的系统架构、核心组件及其工作原理。

6）学习 HBase 核心参数并调优。调优系统是建立在对系统工作原理了解的基础之上，通过参数调优，认识这些参数的意义并反过来检验自己对系统理解的正确性。

7）学习 HBase 源码。在对 HBase 工作原理有了基本认知之后，可以进一步阅读 HBase 源码，深入理解 HBase 各个核心组件工作细节。阅读源码是一个非常有技术含量的工作，此处不做展开。

8）参与社区工作。了解社区动态可以有效把握 HBase 后期的发展规划和方向，参与社区工作（提交 patch、开发 feature）可以有效提升自己对 HBase 工作原理的理解。

2. 如何高效学习 HBase 源代码？

笔者结合大家的讨论以及自己的实践经验，并参考毕杰山的总结，认为有效阅读开源项目源代码需要重点关注如下几个问题：

- 选择合适的源码版本。如果阅读源码是为了在业务系统中更好地使用它，建议选择业务系统当前运行的版本；如果阅读源码纯粹是为了学习，建议选择最新的版本或者待发布的稳定版本。
- 熟悉源码架构。梳理源码目录，了解源码的模块组成，以及每个代码模块对应的理论知识点。这样有助于从源码结构上把握整体阅读架构，进而可以选择感兴趣的模块进行阅读。
- 阅读源码前提是熟悉系统框架和工作原理。在真正开始阅读源代码之前必须确保自己从理论上对系统的架构和待阅读源码模块的工作原理有比较基础的理解。如果不具备这样的基础，建议先行阅读官方文档或者博客等。
- 梳理主线，不碰细节。先期阅读源码模块建议跟着代码注释将代码核心工作主线梳理清楚，并做好笔记。随后将笔记整理成流程图，再与之前了解的理论知识进行对比。这里有个小窍门，梳理模块运行主线可以结合系统运行日志，通常系统运行日志都会将重要流程打印出来。比如阅读 flush 模块，可以将日志 level 调成 debug，手动执行 flush 之后查看对应 RegionServer 的日志。这个阶段千万不要接触实现细节，以防过早陷入旁枝末节。
- 深入细节，不断提问。理清主线之后再逐一深入主线细节，这个过程需要不断地针对源码设计、实现细节提出各种质疑，然后结合源码不断思考，或者通过 debug 和打印日志，最后找到说服自己的理由。提出问题、思考问题并解决问题的多少，最终决定了对整个流程理解的深度。需要注意的是，所有提出思考的问题以及最终结论都需要做完整的笔记，否则很快就可能忘记。
- 整理阅读笔记。阅读完成之后需要将模块工作原理整理成系列文章，目标是让入门读者一看就懂。写文章的过程是一个将源码重新梳理并重新组织的过程，写着写着必然会产生一些新的疑问，带着这些疑问再去阅读源码细节，会对模块工作流程理解得更加透彻。

3. 学习 HBase 有哪些好的参考资料？

如下网站有大量资料可以参考：

- HBase 官方文档：http://hbase.apache.org/book.html#arch.overview

- HBase 官方博客：https://blogs.apache.org/hbase
- cloudera 官方 HBase 博客：https://blog.cloudera.com/blog/category/hbase
- HBasecon 官网：http://hbase.apache.org/www.hbasecon.com
- HBase 开发社区：https://issues.apache.org/jira/projects/hbase/issues
- HBase 中文社区：http://hbase.group
- 范欣欣博客地址：http://hbasefly.com
- 胡争博客地址：http://openinx.github.io